高等学校规划教材

电动力学

韩奎 主编
王伟华 陆万利 副主编

化学工业出版社
·北京·

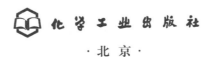

内 容 简 介

《电动力学》在普通物理电磁学的基础上，系统地阐述了电动力学的基本概念、基本原理和处理方法，力求基本概念和理论讲述清晰易懂，数学推导尽可能简单明了。全书内容包括：电动力学的数学基础，静电场，稳恒电流磁场，电磁场随时间变化的基本规律，电磁波的传播和辐射，狭义相对论，以及带电粒子和电磁场的相互作用等。每章配有一定数量的习题。

本书可以作为理工科大学应用物理学、光电信息科学与工程、无线电技术等专业的“电动力学”课程的教材或参考书，亦可供有关专业研究生和教师参考。

图书在版编目（CIP）数据

电动力学/韩奎主编．—北京：化学工业出版社，2021.3（2023.1重印）

高等学校规划教材

ISBN 978-7-122-38259-7

Ⅰ.①电…　Ⅱ.①韩…　Ⅲ.①电动力学-高等学校-教材　Ⅳ.①O442

中国版本图书馆CIP数据核字（2020）第259364号

责任编辑：陶艳玲　　文字编辑：王　硕　陈小滔
责任校对：王佳伟　　装帧设计：韩　飞

出版发行：化学工业出版社（北京市东城区青年湖南街13号　邮政编码100011）
印　　装：涿州市般润文化传播有限公司
787mm×1092mm　1/16　印张15¾　字数387千字　2023年1月北京第1版第3次印刷

购书咨询：010-64518888　　售后服务：010-64518899
网　　址：http://www.cip.com.cn
凡购买本书，如有缺损质量问题，本社销售中心负责调换。

定　　价：59.00元

前 言

本书根据应用物理专业对电动力学课程的教学要求，在编者多年使用讲义的基础上修改补充而形成。编写时对基本理论力求做到结构严谨、叙述简明，根据学生的认知规律编排内容顺序，以做到层次分明，同时介绍了电磁场调控的前沿内容，以突出创新能力培养。在教材的编写中对许多物理问题使用了归纳法、演绎法和类比法进行讲解，为今后的学习和研究打下坚实的电动力学基础。

全书共分为 7 章。第 1 章为数学预备知识，第 2 章主要讲述静电场遵守的基本规律和性质以及静电场相关问题的常用求解方法，第 3 章研究了稳恒电流磁场的基本规律和相关问题求解方法，第 4 章介绍了时变电磁场遵守的基本规律和电磁场遵守的守恒定律，第 5 章在波动方程的基础上讨论了电磁场在无界空间、有界空间的传播规律以及电磁波的辐射规律，第 6 章讨论了狭义相对论基础和相对论电动力学的主要内容，第 7 章讨论了带电粒子与电磁场相互作用的基本规律。本书各章还有大量的习题供学生课后练习，以巩固所学知识和理论。

本书第 1 章由李海鹏整理和编写，第 2、3、4 和 6 章由韩奎整理和编写，第 5 章由王伟华整理和编写，第 7 章由陆万利整理和编写。最后由韩奎对全书做进一步的整理和统稿。

本书可作为应用物理学、光电信息科学与工程、无线电技术等专业的教材，同时也可作为电子科学与技术专业的参考书。全书约需 56～64 课时。

本书的编写和出版得到了中国矿业大学国家一流专业培育建设经费的支持，在此编者表示衷心的感谢。同时在编写过程参阅并引用了许多教材和专著的相关内容，在此编者向有关作者一并致谢！

由于编者水平有限，书中不足之处在所难免，敬请阅读本书的广大读者批评指正。

编者

2020 年 7 月

目 录

第1章

数学基础知识

本章简要介绍了电动力学中常用的数学基础知识，主要内容包括矢量分析、场论基础和张量简介，重点讨论了标量场梯度、矢量场散度、矢量场旋度的概念和运算规律以及它们在正交坐标系中的数学形式。

1.1 矢量代数

1.1.1 标量和矢量

数学上，只有数值大小的量称为标量，既有数值大小又有方向的量称为矢量。无论是标量还是矢量，一旦被赋予物理单位，则称为一个具有物理意义的量，即所谓的物理量。时间、温度、电压、电量、质量、能量等物理量都是标量。实际上，所有的实数都是标量。力、速度、电场强度、磁感应强度等物理量都是矢量。习惯上用印刷体的黑体字母或者手写体在字母上加箭头来表示矢量，如 $\boldsymbol{A}$、$\boldsymbol{B}$ 或者 $\vec{A}$，$\vec{B}$，而以普通字母表示矢量的模(即大小)。例如用 $\boldsymbol{E}$ 或者 $\vec{E}$ 表示电场强度矢量，E 表示这个矢量的大小。在几何上，如图 1.1 所示，一个矢量 $\boldsymbol{A}$ 可用一条有方向的线段来表示，有向线段的长度表示矢量 $\boldsymbol{A}$ 的模，箭头指向表示矢量 $\boldsymbol{A}$ 的方向。

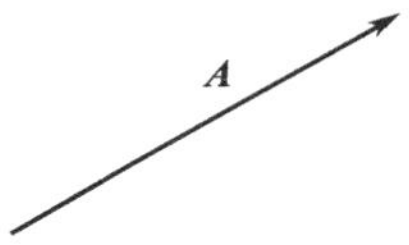

图 1.1 矢量的描述

一个矢量的模为零时称为空矢或者零矢。由于空矢的数值为零，所以它是唯一不能用有向线段表示的矢量。一个模为 1 的矢量称为单位矢量，用符号 $\boldsymbol{e}$ 表示。例如，用 $\boldsymbol{e}_x$、$\boldsymbol{e}_y$、$\boldsymbol{e}_z$ 或者 $\boldsymbol{i}$、$\boldsymbol{j}$、$\boldsymbol{k}$ 或者 $\boldsymbol{e}_1$、$\boldsymbol{e}_2$、$\boldsymbol{e}_3$ 分别表示直角坐标系中的 x、y、z 方向上的单位矢量。通常可以用一个单位矢量来表示一个矢量的方向。例如，矢量 $\boldsymbol{A}$ 可以写成：

$$\boldsymbol{A}=\boldsymbol{e}_A A \tag{1.1}$$

式中，$A=|\boldsymbol{A}|$ 为矢量 $\boldsymbol{A}$ 的模值；$\boldsymbol{e}_A$ 为与矢量 $\boldsymbol{A}$ 同方向的单位矢量。显然：

$$\boldsymbol{e}_A=\frac{\boldsymbol{A}}{A}=\frac{\boldsymbol{A}}{|\boldsymbol{A}|} \tag{1.2}$$

1.1.2 矢量的代数运算

(1) 矢量的加法和减法

两个矢量 $\boldsymbol{A}$ 与 $\boldsymbol{B}$ 相加，其和是另一个矢量 $\boldsymbol{D}$。矢量 $\boldsymbol{D}=\boldsymbol{A}+\boldsymbol{B}$ 可按平行四边形法则得

到：从同一点画出矢量 $\boldsymbol{A}$ 与 $\boldsymbol{B}$，构成一个平行四边形，其对角线量即为矢量 $\boldsymbol{D}$，如图 1.2 所示。

矢量的加法服从交换律和结合律：

$$\boldsymbol{A}+\boldsymbol{B}=\boldsymbol{B}+\boldsymbol{A}\text{（交换律）} \tag{1.3}$$

$$(\boldsymbol{A}+\boldsymbol{B})+\boldsymbol{C}=\boldsymbol{A}+(\boldsymbol{B}+\boldsymbol{C})\text{（结合律）} \tag{1.4}$$

如果 $\boldsymbol{B}$ 是一个矢量，则 $-\boldsymbol{B}$ 表示一个矢量和 $\boldsymbol{B}$ 的大小相等但方向相反。则两个矢量 $\boldsymbol{A}$ 与 $\boldsymbol{B}$ 相减定义为

$$\boldsymbol{A}-\boldsymbol{B}=\boldsymbol{A}+(-\boldsymbol{B}) \tag{1.5}$$

图 1.3 中平行四边形对角线即为 $\boldsymbol{A}-\boldsymbol{B}$。

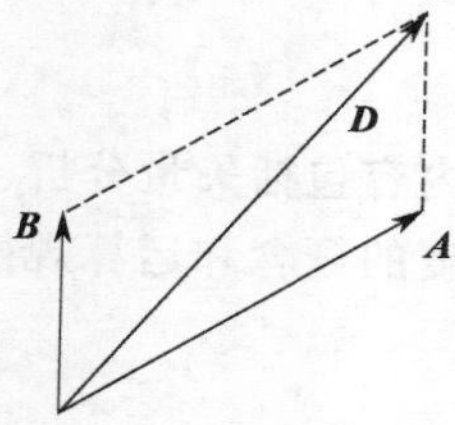

图 1.2　矢量的加法

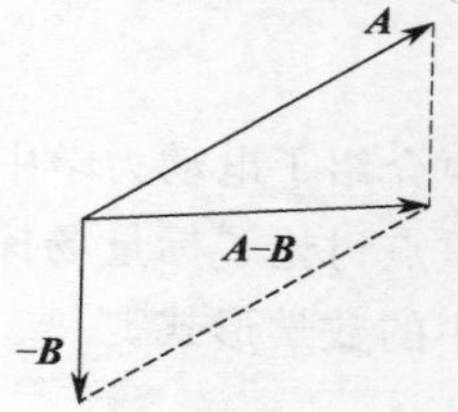

图 1.3　矢量的减法

（2）标量和矢量相乘

数乘是指一个标量 k 与一个矢量 $\boldsymbol{A}$ 的乘积，$k\boldsymbol{A}$ 仍为一个矢量，其大小为 $|k|A$，若 $k>0$，则 $k\boldsymbol{A}$ 与 $\boldsymbol{A}$ 同方向；若 $k<0$，则 $k\boldsymbol{A}$ 与 $\boldsymbol{A}$ 反方向。矢量 $k\boldsymbol{A}$ 的长度是原矢量 $\boldsymbol{A}$ 的 $|k|$ 倍。

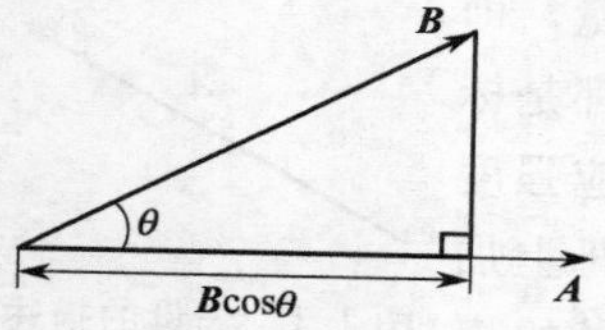

图 1.4　标量积的图示

（3）矢量的标量积和矢量积

两个矢量 $\boldsymbol{A}$ 与 $\boldsymbol{B}$ 的标量积（点乘）$\boldsymbol{A}\cdot\boldsymbol{B}$ 是一个标量，其值为矢量 $\boldsymbol{A}$ 和 $\boldsymbol{B}$ 的大小与它们之间较小的夹角的余弦之积，如图 1.4 所示，即

$$\boldsymbol{A}\cdot\boldsymbol{B}=AB\cos\theta \tag{1.6}$$

$\boldsymbol{A}$ 与 $\boldsymbol{B}$ 的标量积可看作 $\boldsymbol{A}$ 的模乘以 $\boldsymbol{B}$ 在 $\boldsymbol{A}$ 上的投影。

矢量的标量积服从交换律和分配律：

$$\boldsymbol{A}\cdot\boldsymbol{B}=\boldsymbol{B}\cdot\boldsymbol{A} \tag{1.7}$$

$$\boldsymbol{A}\cdot(\boldsymbol{B}+\boldsymbol{C})=\boldsymbol{A}\cdot\boldsymbol{B}+\boldsymbol{A}\cdot\boldsymbol{C} \tag{1.8}$$

另外还有 $\boldsymbol{A}\cdot\boldsymbol{A}=A^2$ 及 $\boldsymbol{e}_A\cdot\boldsymbol{e}_A=1$。若 $\boldsymbol{A}\cdot\boldsymbol{B}=0$，则 $\boldsymbol{A}$ 和 $\boldsymbol{B}$ 相互垂直。

两个矢量 $\boldsymbol{A}$ 与 $\boldsymbol{B}$ 的矢量积（叉乘）$\boldsymbol{A}\times\boldsymbol{B}$ 是一个矢量。它的方向根据右手螺旋法则确定，即右手四指从矢量 $\boldsymbol{A}$ 转向 $\boldsymbol{B}$ 时大拇指的方向，垂直于包含矢量 $\boldsymbol{A}$ 和 $\boldsymbol{B}$ 的平面，该方向的单位矢量为 $\boldsymbol{n}$；其大小为矢量 $\boldsymbol{A}$ 和 $\boldsymbol{B}$ 的大小与它们之间较小的夹角的正弦之积 $AB\sin\theta$，即 $\boldsymbol{A}$ 和 $\boldsymbol{B}$ 两矢量平行四边形所围面积的大小。如图 1.5 所示，即

$$\boldsymbol{A}\times\boldsymbol{B}=\boldsymbol{n}AB\sin\theta \tag{1.9}$$

根据矢量积的定义，显然有

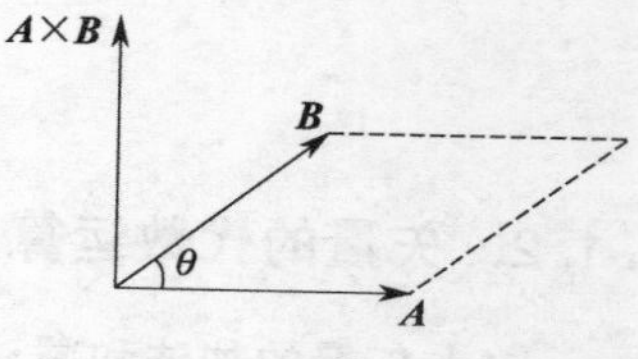

图 1.5　矢量积的图示

$$\boldsymbol{A}\times\boldsymbol{B}=-\boldsymbol{B}\times\boldsymbol{A} \tag{1.10}$$

因此，矢量积不满足交换律，但满足分配律：

$$\boldsymbol{A}\times(\boldsymbol{B}+\boldsymbol{C})=\boldsymbol{A}\times\boldsymbol{B}+\boldsymbol{A}\times\boldsymbol{C} \tag{1.11}$$

另外还有 $\boldsymbol{A}\times\boldsymbol{A}=0$。若 $\boldsymbol{A}\times\boldsymbol{B}=0$，则 $\boldsymbol{A}$ 和 $\boldsymbol{B}$ 两矢量平行。

（4）三重积

矢量 $\boldsymbol{A}$ 与矢量 $\boldsymbol{B}\times\boldsymbol{C}$ 的点乘 $\boldsymbol{A}\cdot(\boldsymbol{B}\times\boldsymbol{C})$ 称为标量三重积，它具有如下运算性质：

$$\boldsymbol{A}\cdot(\boldsymbol{B}\times\boldsymbol{C})=\boldsymbol{B}\cdot(\boldsymbol{C}\times\boldsymbol{A})=\boldsymbol{C}\cdot(\boldsymbol{A}\times\boldsymbol{B}) \tag{1.12}$$

矢量 $\boldsymbol{A}$ 与矢量 $\boldsymbol{B}\times\boldsymbol{C}$ 的叉乘 $\boldsymbol{A}\times(\boldsymbol{B}\times\boldsymbol{C})$ 称为矢量三重积，它具有如下运算性质：

$$\boldsymbol{A}\times(\boldsymbol{B}\times\boldsymbol{C})=\boldsymbol{B}(\boldsymbol{A}\cdot\boldsymbol{C})-\boldsymbol{C}(\boldsymbol{A}\cdot\boldsymbol{B}) \tag{1.13}$$

需要说明，这里在定义矢量的标量积和矢量积运算时没有参照任何坐标系，坐标系变化时矢量是不变的。但是，如果在一个特定的坐标系中把矢量分解成该坐标系所规定方向的分量，将会给矢量运算带来方便。

1.1.3　矢量函数的导数与微分

在直角坐标系中，沿坐标轴（x，y，z）方向的单位矢量用（$\boldsymbol{e}_x$，$\boldsymbol{e}_y$，$\boldsymbol{e}_z$）表示。设 $\boldsymbol{A}(t)$ 是自变量 t 的矢量函数，$A_x(t)$、$A_y(t)$ 和 $A_z(t)$ 分别是矢量函数 $\boldsymbol{A}(t)$ 在 x、y 和 z 轴上的投影，则 $\boldsymbol{A}(t)=A_x(t)\boldsymbol{e}_x+A_y(t)\boldsymbol{e}_y+A_z(t)\boldsymbol{e}_z$，如图 1.6 所示。对于任意的 t，$\boldsymbol{A}(t)$ 的起点都在原点，当 t 在其定义域内从 t 变到 $t+\Delta t$ 时，对应矢量从 $\boldsymbol{A}(t)$ 变化到 $\boldsymbol{A}(t+\Delta t)$，则称 $\Delta\boldsymbol{A}=\boldsymbol{A}(t+\Delta t)-\boldsymbol{A}(t)$ 为 $\boldsymbol{A}(t)$ 对应于 Δt 的增量。

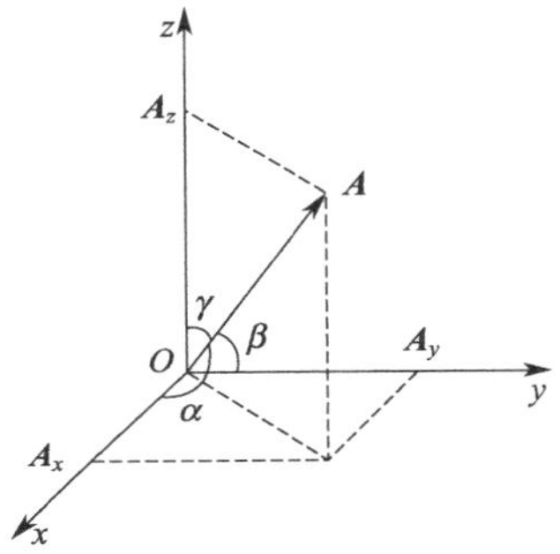

图 1.6　直角坐标系中矢量 $\boldsymbol{A}$ 的表示

设矢量函数 $\boldsymbol{A}(t)$ 在点 t 的某个邻域内有定义，并设 $t+\Delta t$ 也在此邻域内。如果极限 $\lim\limits_{\Delta t\to 0}\dfrac{\Delta\boldsymbol{A}}{\Delta t}=\lim\limits_{\Delta t\to 0}\dfrac{\boldsymbol{A}(t+\Delta t)-\boldsymbol{A}(t)}{\Delta t}=\lim\limits_{\Delta t\to 0}\dfrac{\Delta A_x}{\Delta t}\boldsymbol{e}_x+\lim\limits_{\Delta t\to 0}\dfrac{\Delta A_y}{\Delta t}\boldsymbol{e}_y+\lim\limits_{\Delta t\to 0}\dfrac{\Delta A_z}{\Delta t}\boldsymbol{e}_z$ 存在，则称 $\boldsymbol{A}(t)$ 在点 t 处可导，并称 $\lim\limits_{\Delta t\to 0}\dfrac{\Delta\boldsymbol{A}}{\Delta t}=\lim\limits_{\Delta t\to 0}\dfrac{\Delta A_x}{\Delta t}\boldsymbol{e}_x+\lim\limits_{\Delta t\to 0}\dfrac{\Delta A_y}{\Delta t}\boldsymbol{e}_y+\lim\limits_{\Delta t\to 0}\dfrac{\Delta A_z}{\Delta t}\boldsymbol{e}_z$ 为 $\boldsymbol{A}(t)$ 在点 t 处的导数，记作 $\dfrac{\mathrm{d}\boldsymbol{A}(t)}{\mathrm{d}t}$ 或 $\dot{\boldsymbol{A}}(t)$，即

$$\begin{aligned}\frac{\mathrm{d}\boldsymbol{A}}{\mathrm{d}t}&=\lim_{\Delta t\to 0}\frac{\Delta A_x}{\Delta t}\boldsymbol{e}_x+\lim_{\Delta t\to 0}\frac{\Delta A_y}{\Delta t}\boldsymbol{e}_y+\lim_{\Delta t\to 0}\frac{\Delta A_z}{\Delta t}\boldsymbol{e}_z\\&=\frac{\mathrm{d}A_x}{\mathrm{d}t}\boldsymbol{e}_x+\frac{\mathrm{d}A_y}{\mathrm{d}t}\boldsymbol{e}_y+\frac{\mathrm{d}A_z}{\mathrm{d}t}\boldsymbol{e}_z\end{aligned} \tag{1.14}$$

这样就把一个对矢量函数导数的计算转化为了三个对标量函数导数的计算。类似地，矢量函数的积分也可转化为对矢量函数的各分量分别进行操作。

1.2　标量场的梯度

在电动力学中，常常要研究某些物理量（如电势、电场强度、磁场强度等）在空间的分布和变化规律。为此，引入了场的概念。实际上，人们周围的空间存在着各种各样的场。例如：自由落体现象，说明存在一个重力场；人们能感觉到室内外的冷暖，说明周围分布着一个温度场；等等。场是一种特殊的物质，它具有能量属性。如果一个物理量在空间中的每一点都有一个确定的值，则称在此空间中确定了该物理量的场。根据物理量的不同，场分为标量场和矢量场。例如，空间的温度、电磁学中的电势为标量场，电场强度、磁感应强度则是矢量场。为了定量研究标量场的空间分布特征，首先需要引入梯度的概念。

在空间直角坐标系中，温度场描述的是空间各点的温度分布，$T(x,y,z)$ 是空间位置的函数。如果在这个标量场中，从某点出发经过路径 $\mathrm{d}\boldsymbol{l}$ 之后，温度 T 的变化为

$$\mathrm{d}T=\frac{\partial T}{\partial x}\mathrm{d}x+\frac{\partial T}{\partial y}\mathrm{d}y+\frac{\partial T}{\partial z}\mathrm{d}z \tag{1.15}$$

因为 $\mathrm{d}\boldsymbol{l}=\mathrm{d}x\boldsymbol{e}_x+\mathrm{d}y\boldsymbol{e}_y+\mathrm{d}z\boldsymbol{e}_z$，所以式(1.15) 可以改写为点乘形式：

$$\begin{aligned}\mathrm{d}T&=\left(\frac{\partial T}{\partial x}\boldsymbol{e}_x+\frac{\partial T}{\partial y}\boldsymbol{e}_y+\frac{\partial T}{\partial z}\boldsymbol{e}_z\right)\cdot(\mathrm{d}x\boldsymbol{e}_x+\mathrm{d}y\boldsymbol{e}_y+\mathrm{d}z\boldsymbol{e}_z)\\&=\nabla T\cdot\mathrm{d}\boldsymbol{l}=|\nabla T|\,|\mathrm{d}\boldsymbol{l}|\cos\theta\end{aligned} \tag{1.16}$$

式中，$\nabla T=\frac{\partial T}{\partial x}\boldsymbol{e}_x+\frac{\partial T}{\partial y}\boldsymbol{e}_y+\frac{\partial T}{\partial z}\boldsymbol{e}_z$，称为温度场的梯度。由式(1.16) 可知，$T$ 沿着 $\mathrm{d}\boldsymbol{l}$ 方向的空间增长率 $\mathrm{d}T$ 等于梯度 ∇T 在该方向的投影。当 $\mathrm{d}\boldsymbol{l}$ 沿着 ∇T 方向时，$\theta=0°$，此时 $\mathrm{d}T$ 最大。因此，∇T 的物理意义是：**数值大小表示场函数 T 在该点的最大变化率，方向是场函数空间变化率最大的方向**。在直角坐标系中，$\nabla=\boldsymbol{e}_x\frac{\partial}{\partial x}+\boldsymbol{e}_y\frac{\partial}{\partial y}+\boldsymbol{e}_z\frac{\partial}{\partial z}$，称为哈密顿算子。哈密顿算子是带有单位矢量的**微分算符**，只有作用于右方函数时才有意义。哈密顿算子有两方面的性质，既具有矢量性，又具有微分算符的性质。哈密顿算子不仅可以对标量函数作用，也可对矢量函数、张量函数作用。

根据梯度的定义，$\nabla\varphi$ 为标量函数 $\varphi(x,y,z)$ 的梯度，其在直角坐标系中的表达式为

$$\nabla\varphi=\boldsymbol{e}_x\frac{\partial\varphi}{\partial x}+\boldsymbol{e}_y\frac{\partial\varphi}{\partial y}+\boldsymbol{e}_z\frac{\partial\varphi}{\partial z}$$

此外，后面还经常用到拉普拉斯（Laplace）算符，即

$$\nabla^2=\nabla\cdot\nabla \tag{1.17}$$

在直角坐标系中，拉普拉斯算符 ∇^2 作用到标量函数 $\varphi(x,y,z)$ 上为

$$\nabla^2\varphi=\frac{\partial^2\varphi}{\partial x^2}+\frac{\partial^2\varphi}{\partial y^2}+\frac{\partial^2\varphi}{\partial z^2} \tag{1.18}$$

当式(1.18) 等于零或等于某个函数时，得到的方程称为拉普拉斯方程或泊松方程，它是电动力学中最常见的标量函数方程。

当算符 ∇^2 作用在矢量函数上时，称为矢量拉普拉斯算符，可以表示为

$$\nabla^2\boldsymbol{A}=\nabla(\nabla\cdot\boldsymbol{A})-\nabla\times(\nabla\times\boldsymbol{A}) \tag{1.19}$$

需要指出，算符 ∇ 和算符 ∇^2 的具体表达形式与坐标系的选取有关。在 1.6 节将给出正交曲线坐标系中算符 ∇ 和算符 ∇^2 的具体表达式。

例题 1-1：产生场的场源所在的空间位置点称为源点，场所在的空间位置点称为场点。在直角坐标系中，源点 Q 坐标为 $(x',\ y',\ z')$ 或 $\boldsymbol{x}'$，场点 P 的坐标为 $(x,\ y,\ z)$ 或 $\boldsymbol{x}$。将源点指向场点的距离矢量 $\overrightarrow{QP}$ 记为 $\boldsymbol{R}=\boldsymbol{x}-\boldsymbol{x}'=\boldsymbol{e}_x(x-x')+\boldsymbol{e}_y(y-y')+\boldsymbol{e}_z(z-z')$，其大小

$R=\sqrt{(x-x')^2+(y-y')^2+(z-z')^2}$。当把 R 表示式中的 x'、y'、z' 看作变量而对 R 求梯度时，将哈密顿算子写成 $\nabla'=\boldsymbol{e}_x\dfrac{\partial}{\partial x'}+\boldsymbol{e}_y\dfrac{\partial}{\partial y'}+\boldsymbol{e}_z\dfrac{\partial}{\partial z'}$。

试在直角坐标系中证明：$\nabla R=-\nabla' R=\dfrac{\boldsymbol{R}}{R}$ $(R\neq 0)$。

证明： 利用式(1.16)，当 $R\neq 0$ 时，得

$$\begin{aligned}\nabla R&=\boldsymbol{e}_x\frac{\partial R}{\partial x}+\boldsymbol{e}_y\frac{\partial R}{\partial y}+\boldsymbol{e}_z\frac{\partial R}{\partial z}\\&=\boldsymbol{e}_x\frac{x-x'}{R}+\boldsymbol{e}_y\frac{y-y'}{R}+\boldsymbol{e}_z\frac{z-z'}{R}\\&=\frac{\boldsymbol{e}_x(x-x')+\boldsymbol{e}_y(y-y')+\boldsymbol{e}_z(z-z')}{R}=\frac{\boldsymbol{R}}{R}\end{aligned}$$

$$\begin{aligned}\nabla' R&=\boldsymbol{e}_x\frac{\partial R}{\partial x'}+\boldsymbol{e}_y\frac{\partial R}{\partial y'}+\boldsymbol{e}_z\frac{\partial R}{\partial z'}\\&=\boldsymbol{e}_x\frac{-(x-x')}{R}+\boldsymbol{e}_y\frac{-(y-y')}{R}+\boldsymbol{e}_z\frac{-(z-z')}{R}=-\frac{\boldsymbol{R}}{R}\end{aligned}$$

所以

$$\nabla R=-\nabla' R=\frac{\boldsymbol{R}}{R}\tag{1.20}$$

1.3　矢量场的散度和旋度

在研究矢量场时，通常采用矢量线来形象地描述场矢量在矢量场中的空间分布情况。在矢量场中画出一系列有向的曲线，使曲线上每一点的切线方向与该点场矢量的方向相同，通过垂直于该点场矢量方向单位面积上矢量线的条数与该矢量场的量值成正比，这样的曲线叫做矢量场的流线。如静电场中的电场线、磁场中的磁感应线分别是电场强度和磁感应强度描述的矢量场中的矢量线。矢量线充满了矢量场所在的空间，且矢量线互不相交。为了定量研究矢量场的空间分布特性，需要引入散度和旋度的概念。

一般情况下物理场的物理量均是空间和时间的函数，如果某物理量在场中各处不随时间变化，则称该物理量的场为静态场；如果物理量随着时间变化，则称该物理量的场为动态场或时变场。一个矢量场可以用矢量函数来表示。例如，在直角坐标系中，某一矢量场 $\boldsymbol{A}$ 可以用矢量函数 $\boldsymbol{A}=\boldsymbol{A}(x,y,z,t)$ 表示。如果不考虑时间变化，在直角坐标系中静态场的矢量函数 $\boldsymbol{A}=\boldsymbol{A}(x,y,z)$ 可以表示为

$$\boldsymbol{A}=\boldsymbol{e}_xA_x(x,y,z)+\boldsymbol{e}_yA_y(x,y,z)+\boldsymbol{e}_zA_z(x,y,z)\tag{1.21}$$

式中，$A_x(x,y,z)$、$A_y(x,y,z)$、$A_z(x,y,z)$ 分别是矢量 $\boldsymbol{A}(x,y,z)$ 在三个坐标轴上的投影。这里，假定它们都是坐标变量的单值函数，且具有连续的偏导数。

1.3.1　矢量场的通量与散度

人们在研究流体动力学的过程中，得到了一套研究矢量场的数学方法。例如，通量和散度的概念最初就是在研究流体时引入的。通量和散度的意义可以推广到任意矢量场，虽然这时的矢量场不再具有流体质量的意义，但其数学意义没有变化，在确定该矢量场在各点邻域

中的“源头分布”方面仍起着同样的作用，描述了矢量场各空间点的源头分布情况。

若给定一个矢量场 $\boldsymbol{A}$，矢量函数 $\boldsymbol{A}=\boldsymbol{A}(x,y,z)$ 通过空间某一曲面 S 的通量等于矢量场对该曲面的面积分，数学表达式为

$$\phi=\int_S \boldsymbol{A}\cdot \mathrm{d}\boldsymbol{S} \tag{1.22}$$

式中，$\mathrm{d}\boldsymbol{S}$ 为曲面在点 P 处的面积微元。若曲面 S 为封闭曲面，所围体积为 V，则矢量场通过该闭合曲面的通量为

$$\phi=\oint_S \boldsymbol{A}\cdot \mathrm{d}\boldsymbol{S} \tag{1.23}$$

对于闭合曲面而言，曲面的法线方向一般指向闭合曲面的外部，因而流出该曲面的通量为正，流入该曲面的通量为负。矢量场的通量类似于不可压缩流体（如水）的流量。对不同的矢量场，通量的物理意义不同。例如，对于电场强度 $\boldsymbol{E}=\boldsymbol{E}(x,y,z)$，电场强度通量 $\phi=\oint_S \boldsymbol{E}\cdot \mathrm{d}\boldsymbol{S}$ 表示穿出闭合曲面 S 的电场线总数。

为了细致描述矢量场中每一点的矢量线（场线）的发散和汇聚情况，引入单位体积的通量的极限。在矢量场 $\boldsymbol{A}$ 中的一点 P，作一包围 P 点的闭合曲面 S，设 S 包围的空间区域的体积为 ΔV，并使 S 所限定的体积 ΔV 以任意方式向 P 点无限收缩并取极限。这个极限称为矢量场 $\boldsymbol{A}$ 在 P 点的散度，记作 $\mathrm{div}\,\boldsymbol{A}$，即

$$\mathrm{div}\,\boldsymbol{A}=\nabla\cdot\boldsymbol{A}=\lim_{\Delta V\to 0}\frac{\oint_S \boldsymbol{A}\cdot \mathrm{d}\boldsymbol{S}}{\Delta V} \tag{1.24}$$

应当注意，这个定义与所选取的坐标系无关。在 P 点，若 $\mathrm{div}\,\boldsymbol{A}>0$，则该点为该矢量场的矢量线的正源头（发散）；若 $\mathrm{div}\,\boldsymbol{A}<0$，则该点为矢量线的负源头（汇聚）；若 $\mathrm{div}\,\boldsymbol{A}=0$，则该点无源，矢量线只从该点穿过。若在某一区域内的所有点上矢量场的散度都等于零，则称该区域内的矢量场为**无散场**或**无源场**。研究任一矢量场时，如果确定了该矢量场的散度，就可以确定它的源头分布以及矢量场的矢量线的起点与终点，这对于深入了解该矢量场的性质具有重要意义。

虽然散度的定义与坐标系的选择无关，但是在不同的坐标系中，散度的具体表达式不同。可以证明，在直角坐标系中，矢量场 $\boldsymbol{A}$ 的散度计算公式为

$$\mathrm{div}\,\boldsymbol{A}=\nabla\cdot\boldsymbol{A}=\frac{\partial A_x}{\partial x}+\frac{\partial A_y}{\partial y}+\frac{\partial A_z}{\partial z} \tag{1.25}$$

利用矢量场散度的定义，由式(1.24) 可以推导得出

$$\oint_S \boldsymbol{A}\cdot \mathrm{d}\boldsymbol{S}=\int_V \nabla\cdot\boldsymbol{A}\,\mathrm{d}V \tag{1.26}$$

式(1.26) 表明，矢量场 $\boldsymbol{A}$ 通过任意封闭曲面 S 的通量等于它所包围的体积 V 内散度 $\nabla\cdot\boldsymbol{A}$ 的体积积分，称为**高斯散度定理**。利用此定理可以将体积积分和面积积分互换。

例题 1-2：在直角坐标系中，$\boldsymbol{R}=\boldsymbol{e}_x(x-x')+\boldsymbol{e}_y(y-y')+\boldsymbol{e}_z(z-z')$。试计算：(1) $\nabla\cdot\boldsymbol{R}$，(2) $\nabla\cdot\dfrac{\boldsymbol{R}}{R}(R\neq 0)$，(3) $\nabla'\cdot\boldsymbol{R}$。

解：利用式(1.25)，有

(1) $\nabla\cdot\boldsymbol{R}=\dfrac{\partial}{\partial x}(x-x')+\dfrac{\partial}{\partial y}(y-y')+\dfrac{\partial}{\partial z}(z-z')=3$

(2) 当 $R\neq 0$ 时，$\nabla\cdot\frac{\boldsymbol{R}}{R}=\frac{1}{R^3}\nabla\cdot\boldsymbol{R}+\boldsymbol{R}\cdot\nabla\left(\frac{1}{R^3}\right)$

由于$\nabla\left(\frac{1}{R^3}\right)=-\frac{3}{R^4}\nabla R=-\frac{3\boldsymbol{R}}{R^5}$，代入上式，得

$$\nabla\cdot\frac{\boldsymbol{R}}{R}=\frac{3}{R^3}+\boldsymbol{R}\cdot\left(-\frac{3\boldsymbol{R}}{R^5}\right)=0$$

(3) $\nabla'\cdot\boldsymbol{R}=\frac{\partial}{\partial x'}(x-x')+\frac{\partial}{\partial y'}(y-y')+\frac{\partial}{\partial z'}(z-z')=-3$

1.3.2　矢量场的环量和旋度

数学上常常把场矢量 $\boldsymbol{A}$ 沿任一封闭曲线 L 的线积分称为该矢量场的环流量，简称为环量，即

$$\Gamma=\oint_L \boldsymbol{A}\cdot \mathrm{d}\boldsymbol{l} \tag{1.27}$$

环量的物理意义应视具体的物理问题来确定。例如：如果矢量场是力场 $\boldsymbol{F}$，则 $W=\oint_L \boldsymbol{F}\cdot \mathrm{d}\boldsymbol{l}$ 是质点沿闭合曲线 L 运动一周时力 $\boldsymbol{F}$ 所做的功；如果矢量场是流体流动的流速 $\boldsymbol{v}$，则 $Q=\oint_L \boldsymbol{v}\cdot \mathrm{d}\boldsymbol{l}$ 是单位时间内沿闭合曲线 L 流体流动的环流。矢量场的环量是用来描述矢量场在空间某一有限区域内是否有涡旋存在的物理量。如果某一矢量场的环量不等于零，就认为场中必定有产生这种场的涡旋源。例如，在恒定磁场中，沿围绕电流的闭合环路的环量不等于零，电流就是产生磁场的涡旋源。如果一个矢量场中沿任何环路上的环量恒等于零，则在这个场中不可能有涡旋源，这种类型的场称为**无旋场**或**保守场**，例如静电场和重力场等。

矢量场的环量不具有局域性质，即它不能反映矢量场在空间任意一点的环量情况，需要引入旋度概念来刻画矢量场在空间某点上的环量特征。在矢量场 $\boldsymbol{A}$ 中任取一点 P，通过 P 点任作一面积元 ΔS，该面积元在 P 点处的法向单位矢量为 $\boldsymbol{n}$，L 是该面积元的边界有向闭合曲线，其绕行方向与 $\boldsymbol{n}$ 方向服从右手螺旋法则。需要指出，场矢量 $\boldsymbol{A}$ 沿此有向闭合曲线的环量 $\oint_L \boldsymbol{A}\cdot \mathrm{d}\boldsymbol{l}$ 不仅取决于面积元 ΔS 的大小，而且与 $\boldsymbol{n}$ 的方向有关。为了细微刻画矢量场中任一点处涡旋的性质，需要知道每个点附近的环量的情况。为此，把闭合路径 L 缩小，使它包围的面积元 ΔS 趋近于零，并保持其法线方向不变，如果极限 $\lim\limits_{\Delta S\to 0}\frac{\oint_L \boldsymbol{A}\cdot \mathrm{d}\boldsymbol{l}}{\Delta S}$ 存在，则称此极限为场矢量 $\boldsymbol{A}$ 在 P 点沿 $\boldsymbol{n}$ 方向的**环量面密度**，记为 σ_n，即

$$\sigma_n=\lim_{\Delta S\to 0}\frac{\oint_L \boldsymbol{A}\cdot \mathrm{d}\boldsymbol{l}}{\Delta S} \tag{1.28}$$

由此可见，在场中某点沿某个方向的环量面密度就是该方向上单位面积的环量。需要说明的是，环量面密度的值与面积元的法线方向密切相关。场中同一点面积元法向单位矢量 $\boldsymbol{n}$ 取不同方向，其环量面密度的值各不相同。在所有环量值中，有最大值 $\left[\oint_L \boldsymbol{A}\cdot \mathrm{d}\boldsymbol{l}\right]_{\max}$，对应的面积元法向单位矢量用 $\boldsymbol{n}^m$ 表示。例如，在流速场中，$\boldsymbol{n}^m$ 就是流体旋转的轴线。根据

环量的上述特性，矢量场$\boldsymbol{A}$在P点的旋度定义为

$$\mathbf{rot}\,\boldsymbol{A}=\nabla\times\boldsymbol{A}=\boldsymbol{n}^m\lim_{\Delta S\to 0}\frac{\left[\oint_L \boldsymbol{A}\cdot \mathrm{d}\boldsymbol{l}\right]_{\max}}{\Delta S} \tag{1.29}$$

式(1.29)说明，矢量场的旋度是一个矢量，其大小为面积趋于零时，单位面积上矢量场$\boldsymbol{A}$的最大净环量的极限值（表征了矢量场在P点“涡旋”的剧烈程度）；其方向为面积元的取向使净环量为最大时，该面积元的法线方向，即$\boldsymbol{n}^m$的方向（表征了矢量场在P点的“涡旋”方向）。如果在矢量场$\boldsymbol{A}$中各点的旋度均为零，即$\mathbf{rot}\,\boldsymbol{A}=\mathbf{0}$，则场中没有涡旋源，该矢量场就是一个**无旋场**。

旋度的定义和散度的定义一样，与坐标系的选择无关，但其具体数学表达形式与坐标系的选取有关。可以证明，在直角坐标系中，矢量场的旋度的表达式为

$$\mathbf{rot}\,\boldsymbol{A}=\nabla\times\boldsymbol{A}=\boldsymbol{e}_x\left(\frac{\partial A_z}{\partial y}-\frac{\partial A_y}{\partial z}\right)+\boldsymbol{e}_y\left(\frac{\partial A_x}{\partial z}-\frac{\partial A_z}{\partial x}\right)+\boldsymbol{e}_z\left(\frac{\partial A_y}{\partial x}-\frac{\partial A_x}{\partial y}\right)$$

可用三阶行列式表示为

$$\nabla\times\boldsymbol{A}=\left(\boldsymbol{e}_x\frac{\partial}{\partial x}+\boldsymbol{e}_y\frac{\partial}{\partial y}+\boldsymbol{e}_z\frac{\partial}{\partial z}\right)\times(\boldsymbol{e}_xA_x+\boldsymbol{e}_yA_y+\boldsymbol{e}_zA_z)$$

$$=\begin{vmatrix}\boldsymbol{e}_x & \boldsymbol{e}_y & \boldsymbol{e}_z\\ \dfrac{\partial}{\partial x} & \dfrac{\partial}{\partial y} & \dfrac{\partial}{\partial z}\\ A_x & A_y & A_z\end{vmatrix} \tag{1.30}$$

利用矢量场旋度的定义，由式(1.29)可以得到

$$\oint_L \boldsymbol{A}\cdot\mathrm{d}\boldsymbol{l}=\int_S(\nabla\times\boldsymbol{A})\cdot\mathrm{d}\boldsymbol{S} \tag{1.31}$$

式(1.31)表明，矢量场$\boldsymbol{A}$沿任一封闭曲线L的环量等于其旋度$\nabla\times\boldsymbol{A}$对该曲线所围面积$S$的面积分，称为**斯托克斯定理**。规定曲线$L$的方向与曲面$S$的法线方向成右手螺旋关系。利用此定理可以将面积积分和曲线积分互换。

例题 1-3：已知$\boldsymbol{R}=\boldsymbol{e}_x(x-x')+\boldsymbol{e}_y(y-y')+\boldsymbol{e}_z(z-z')$，试计算$\nabla\times\boldsymbol{R}$。

解：利用式(1.30)，有

$$\nabla\times\boldsymbol{R}=\begin{vmatrix}\boldsymbol{e}_x & \boldsymbol{e}_y & \boldsymbol{e}_z\\ \dfrac{\partial}{\partial x} & \dfrac{\partial}{\partial y} & \dfrac{\partial}{\partial z}\\ (x-x') & (y-y') & (z-z')\end{vmatrix}=0$$

位置矢量$\boldsymbol{R}$的旋度为零的物理意义是：矢量场$\boldsymbol{R}$的流线是从源头$Q(x',y',z')$发散出的一些直线，它们完全不闭合，因此，矢量场$\boldsymbol{R}$在任何地方均没有旋涡源。

1.4 哈密顿算子及其恒等式

哈密顿算子∇是一个微分算符，同时又是一个矢量算符，具有微分运算和矢量运算的双重性质。一方面它作为微分算符对被它作用的函数求导，另一方面这种运算又必须满足矢量运算法则。下面就来说明算符∇的运算性质，并给出电动力学中一些常用恒等式。必须指出，虽然∇算符与具体坐标系有关，但是这些公式的正确性与坐标系的选择无关。

(1) 算符∇具有微分算符求导运算的典型特征

设 u、v 是标量场，$\boldsymbol{A}$ 是矢量场，则常用公式为

① $\nabla f(u)=\dfrac{\mathrm{d}f}{\mathrm{d}u}\nabla u$　(1.32)

② $\nabla\cdot\boldsymbol{A}(u)=\dfrac{\mathrm{d}\boldsymbol{A}}{\mathrm{d}u}\cdot\nabla u$　(1.33)

③ $\nabla\times\boldsymbol{A}(u)=\nabla u\times\dfrac{\mathrm{d}\boldsymbol{A}}{\mathrm{d}u}$　(1.34)

④ $\nabla(uv)=v\nabla u+u\nabla v$　(1.35)

⑤ $\nabla\cdot(u\boldsymbol{A})=u\nabla\cdot\boldsymbol{A}+(\nabla u)\cdot\boldsymbol{A}$　(1.36)

⑥ $\nabla\times(u\boldsymbol{A})=u\nabla\times\boldsymbol{A}+(\nabla u)\times\boldsymbol{A}$　(1.37)

(2) 一般情况下算符∇符合矢量运算法则

① 拉普拉斯算符 $\nabla^2=\nabla\cdot\nabla$　(1.38)

② $\nabla\times(\nabla\times\boldsymbol{A})=\nabla(\nabla\cdot\boldsymbol{A})-\nabla^2\boldsymbol{A}$　(1.39)

③ $\nabla\times\nabla u=0$　(1.40)

④ $\nabla\cdot(\nabla\times\boldsymbol{A})=0$　(1.41)

(3) 算符∇具有“矢量”和“微分”的双重特性

① $\nabla\cdot(\boldsymbol{A}\times\boldsymbol{B})=\boldsymbol{B}\cdot(\nabla\times\boldsymbol{A})-\boldsymbol{A}\cdot(\nabla\times\boldsymbol{B})$　(1.42)

② $\nabla\times(\boldsymbol{A}\times\boldsymbol{B})=(\boldsymbol{B}\cdot\nabla)\boldsymbol{A}+(\nabla\cdot\boldsymbol{B})\boldsymbol{A}-(\boldsymbol{A}\cdot\nabla)\boldsymbol{B}-(\nabla\cdot\boldsymbol{A})\boldsymbol{B}$　(1.43)

③ $\nabla(\boldsymbol{A}\cdot\boldsymbol{B})=\boldsymbol{A}\times(\nabla\times\boldsymbol{B})+(\boldsymbol{A}\cdot\nabla)\boldsymbol{B}+\boldsymbol{B}\times(\nabla\times\boldsymbol{A})+(\boldsymbol{B}\cdot\nabla)\boldsymbol{A}$　(1.44)

1.5　亥姆霍兹定理

矢量场的散度、旋度和标量场的梯度都是场的重要量度。一个矢量场的性质完全可以由它的散度和旋度来描述，一个标量场的性质则完全可由它的梯度来描述。从前面的学习中知道如果一个矢量场的旋度为零，则称为无旋场；如果一个矢量场的散度为零，则称为无源场。如果一个矢量场的旋度或者散度有一个不为零，或者两个均不为零，那么能否引入标量和矢量函数来描述该矢量场呢？亥姆霍兹定理给出了答案。

亥姆霍兹定理：任意的矢量场 $\boldsymbol{A}$ 可分解为一个无旋场 $\boldsymbol{A}_1$ 和一个无源场 $\boldsymbol{A}_2$ 之和，即

$$\boldsymbol{A}=\boldsymbol{A}_1+\boldsymbol{A}_2 \tag{1.45}$$

式中，无旋场 $\boldsymbol{A}_1$ 称为 $\boldsymbol{A}$ 的纵场部分，可以引入一个标量势函数 φ，使 $\boldsymbol{A}_1=\pm\nabla\varphi$；无源场 $\boldsymbol{A}_2$ 称为 $\boldsymbol{A}$ 的横场部分，可以引入矢量势函数 $\boldsymbol{F}$，使 $\boldsymbol{A}_2=\nabla\times\boldsymbol{F}$。

亥姆霍兹定理表明，任意矢量场 $\boldsymbol{A}$ 可以分解为横场和纵场，其纵场分量完全由标势描述，横场分量则完全由矢势描述。

需要说明的是，一般的矢量场并不都是单纯的横场或纵场，其旋度和散度都可以不为零。因此，要确定矢量场的性质，需要同时知道其旋度和散度。同时还要注意，散度和旋度仅仅能确定矢量场函数满足的微分方程，要得到微分方程的唯一解，即确定矢量场的性质，还必须有适当的边界条件。下面给出确定矢量场性质的亥姆霍兹定理的另外一种表述。

① 在无界区域中，一个矢量场可由该场在各处的散度值和旋度值，以及假定在无穷远处该场的散度值和旋度值为零的条件所确定。

② 在有界区域中，要确定一个矢量场，除场在区域内各处的散度值和旋度值外，还需要知道场在边界面上的法线分量值。

由亥姆霍兹定理可知，研究任意一个矢量场（如电场、磁场等）都应该从散度和旋度两个方面去进行，其中：

$$\begin{cases}\nabla \cdot \boldsymbol{A}=\rho \\ \nabla \times \boldsymbol{A}=\boldsymbol{J}\end{cases} \tag{1.46}$$

称此为矢量场基本方程的微分形式。这里，ρ 和 $\boldsymbol{J}$ 分别表示形成矢量场的标量源（发散源）和矢量源（涡旋源）。

或者，从矢量场的通量和环量两个方面去研究，即

$$\begin{cases}\oint_S \boldsymbol{A} \cdot \mathrm{d}\boldsymbol{S}=\int_V \rho \mathrm{d}V \\ \oint_L \boldsymbol{A} \cdot \mathrm{d}\boldsymbol{l}=\int_S \boldsymbol{J} \cdot \mathrm{d}\boldsymbol{S}\end{cases} \tag{1.47}$$

上式称为矢量场基本方程的积分形式。

应该指出，只有在矢量函数 $\boldsymbol{A}$ 连续的区域内，$\nabla \cdot \boldsymbol{A}$ 和$\nabla \times \boldsymbol{A}$ 才有意义，也就是说，不能利用散度和旋度来分析不连续表面邻近的场的性质，此时一般用其积分形式来分析。

1.6 正交曲线坐标系

前面研究了标量场的梯度、矢量场的散度和旋度，并给出了直角坐标系中它们的计算公式。虽然电动力学的理论和定律与坐标系的选取无关，但是在解决实际问题时，直角坐标系并不总是方便。例如，将用电动力学定律导出的表达式放在与所给问题的几何形状相适应的坐标系中，有时选取圆柱坐标系、球坐标系等正交曲线坐标系可能更方便计算。因此，需要知道在这些正交曲线坐标系中标量场的梯度、矢量场的散度和旋度的计算公式。

1.6.1 正交曲线坐标系

在三维空间中，一个点的位置可以用三个面相交来确定。因此，空间中某一点的坐标可以用三个参数来表示，其中每个参数确定一个坐标面。当这三个面相互垂直时，便可获得正交坐标系。例如，由三个相互垂直的平面所确定的直角坐标系是最常用的正交坐标系。为了矢量分析的需要，可沿着三条坐标轴的切线方向各取一个单位矢量，称为单位坐标矢量。一个正交坐标系的单位坐标矢量相互正交并满足右手螺旋法则。

一般地，如果空间点的位置与有序数组（q_1,q_2,q_3）有一一对应的关系，则称（q_1,q_2,q_3）为空间点的曲线坐标。每个曲线坐标（q_1,q_2,q_3）都是空间点的单值函数，由于空间点又可以用直角坐标(x,y,z)来确定，因此曲线坐标（q_1,q_2,q_3）与直角坐标(x,y,z)互为单值函数，即

$$\begin{cases}q_1=q_1(x,y,z) \\ q_2=q_2(x,y,z) \\ q_3=q_3(x,y,z)\end{cases} \tag{1.48}$$

$$\begin{cases} x = x(q_1, q_2, q_3) \\ y = y(q_1, q_2, q_3) \\ z = z(q_1, q_2, q_3) \end{cases} \tag{1.49}$$

因此，如果已知空间某点的直角坐标，通过式(1.48) 可以求出该点对应的曲线坐标。如果已知空间某点的曲线坐标，通过式(1.49) 也可求出该点对应的直角坐标。

坐标曲面由下列等值曲面定义：

$$q_1(x, y, z) = C_1, q_2(x, y, z) = C_2, q_3(x, y, z) = C_3$$

式中，C_1、C_2、C_3 都为常数。赋予 C_1、C_2、C_3 不同的数值，就可得到三簇等值曲面。不同簇的坐标曲面两两相交，其交线称为坐标曲线。在曲线坐标系中，如果过空间每一点的三条坐标曲线互相正交，即三条坐标曲线在该点的切线互相正交，则过该点的三个坐标曲面的法线互相正交，称这种坐标系为**正交曲线坐标系**。如图 1.7 所示，在 $q_2 = C_2$ 与 $q_3 = C_3$ 的两个坐标曲面的交线上，只有 q_1 在变化，故称此交线为坐标曲线 q_1。同理，称坐标曲面 $q_1 = C_1$ 与 $q_3 = C_3$ 的交线为坐标曲线 q_2，坐标曲面 $q_1 = C_1$ 与 $q_2 = C_2$ 的交线为坐标曲线 q_3。通常规定坐标曲线 $q_i (i = 1, 2, 3)$ 增加的方向为坐标曲线 q_i 的正方向。

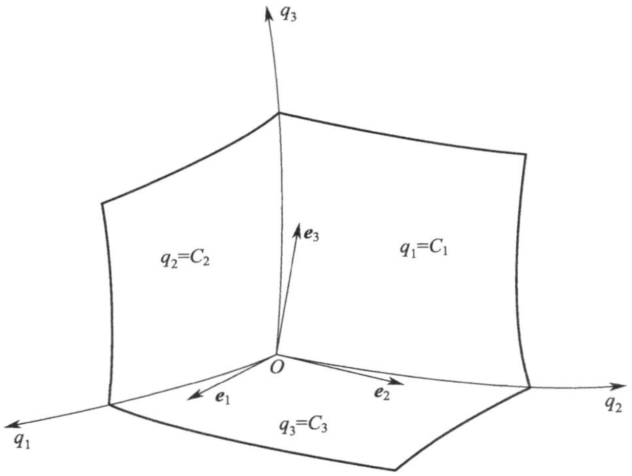

图 1.7 正交曲线坐标系的坐标线和单位坐标矢量

在正交曲线坐标系中任意一点 P 处沿坐标曲线 q_1、q_2、q_3 的正方向分别作单位矢量 $\boldsymbol{e}_1$、$\boldsymbol{e}_2$、$\boldsymbol{e}_3$，并使之在 P 点与各自坐标曲线相切，则 $\boldsymbol{e}_1$、$\boldsymbol{e}_2$、$\boldsymbol{e}_3$ 称为正交曲线坐标系中 P 点的三个单位坐标矢量。并且，正交曲线坐标系中任意一点处的三个单位坐标矢量彼此正交，并按 $\boldsymbol{e}_1$、$\boldsymbol{e}_2$、$\boldsymbol{e}_3$ 的顺序构成右手螺旋关系，即有

$$\boldsymbol{e}_i \cdot \boldsymbol{e}_j = \begin{cases} 0 & i \neq j \\ 1 & i = j \end{cases}, \boldsymbol{e}_1 \times \boldsymbol{e}_2 = \boldsymbol{e}_3, \boldsymbol{e}_2 \times \boldsymbol{e}_3 = \boldsymbol{e}_1, \boldsymbol{e}_3 \times \boldsymbol{e}_1 = \boldsymbol{e}_2$$

根据矢量相加的三角形运算法则，空间任意矢量场 **A** 在正交曲线坐标系中可以表示为

$$\boldsymbol{A} = A_1 \boldsymbol{e}_1 + A_2 \boldsymbol{e}_2 + A_3 \boldsymbol{e}_3 \tag{1.50}$$

式中，A_1、A_2、A_3 依次是场矢量 **A** 在单位坐标矢量 $\boldsymbol{e}_1$、$\boldsymbol{e}_2$、$\boldsymbol{e}_3$ 上的投影，并且它们都是坐标 (q_1, q_2, q_3) 的函数。

这里需要指出的是，正交曲线坐标系坐标、坐标曲面、坐标曲线、单位矢量等定义与直角坐标系中相应的定义完全类同。正交曲线坐标系有不同于直角坐标系的特点，除坐标曲线往往是曲线而非一定为直线、坐标曲面往往是曲面而非一定为平面以外，正交曲线坐标系与直角坐标系最根本的不同在于它的三个单位矢量 $\boldsymbol{e}_1$，$\boldsymbol{e}_2$，$\boldsymbol{e}_3$ 的方向随点 P 的变化而变化，即 $\boldsymbol{e}_1$，$\boldsymbol{e}_2$，$\boldsymbol{e}_3$ 都是空间点坐标（q_1,q_2,q_3）的矢量函数而不是常矢量。

1.6.2 正交曲线坐标系中长度元、面积元和体积元

在正交曲线坐标系中，推导梯度、散度、旋度等的计算公式时，首先要用到坐标曲线上的长度元、坐标曲面上的面积元以及坐标曲面所围的体积元。

空间任何一条曲线上线元矢量 $\mathrm{d}\boldsymbol{l}$ 在直角坐标系中可表示为

$$\mathrm{d}\boldsymbol{l}=\mathrm{d}x\boldsymbol{e}_x+\mathrm{d}y\boldsymbol{e}_y+\mathrm{d}z\boldsymbol{e}_x$$

其长度为

$$\mathrm{d}l=|\mathrm{d}\boldsymbol{l}|=\sqrt{(\mathrm{d}x)^2+(\mathrm{d}y)^2+(\mathrm{d}x)^2} \tag{1.51}$$

因为空间点的直角坐标（x，y，z）与正交曲线坐标（q_1,q_2,q_3）一一对应，所以由式(1.49) 对 x、y、z 求微分可得：

$$\begin{cases}\mathrm{d}x=\dfrac{\partial x}{\partial q_1}\mathrm{d}q_1+\dfrac{\partial x}{\partial q_2}\mathrm{d}q_2+\dfrac{\partial x}{\partial q_3}\mathrm{d}q_3\\ \mathrm{d}y=\dfrac{\partial y}{\partial q_1}\mathrm{d}q_1+\dfrac{\partial y}{\partial q_2}\mathrm{d}q_2+\dfrac{\partial y}{\partial q_3}\mathrm{d}q_3\\ \mathrm{d}z=\dfrac{\partial z}{\partial q_1}\mathrm{d}q_1+\dfrac{\partial z}{\partial q_2}\mathrm{d}q_2+\dfrac{\partial z}{\partial q_3}\mathrm{d}q_3\end{cases} \tag{1.52}$$

将式(1.52) 代入式(1.51)，可得到空间任意一条曲线上用正交曲线坐标表示的线元长度。

在正交曲线坐标系中，线元 $\mathrm{d}\boldsymbol{l}$ 又可表示为 $\mathrm{d}\boldsymbol{l}=\mathrm{d}l_1\boldsymbol{e}_1+\mathrm{d}l_2\boldsymbol{e}_2+\mathrm{d}l_3\boldsymbol{e}_3$。下面分别计算在坐标曲线 q_1、q_2、q_3 上对应的线元长度 $\mathrm{d}l_1$、$\mathrm{d}l_2$、$\mathrm{d}l_3$。

在坐标曲线 q_1 上，只有 q_1 是变量，q_2、q_3 都为常数。因此有 $\mathrm{d}q_1\neq0$，$\mathrm{d}q_2=\mathrm{d}q_3=0$，代入式(1.52)，得

$$\mathrm{d}x=\frac{\partial x}{\partial q_1}\mathrm{d}q_1,\mathrm{d}y=\frac{\partial y}{\partial q_1}\mathrm{d}q_1,\mathrm{d}z=\frac{\partial z}{\partial q_1}\mathrm{d}q_1$$

再代入式(1.51)，求出坐标曲线 q_1 上对应的线元长度为 $\mathrm{d}l_1$：

$$\mathrm{d}l_1=\sqrt{\left(\frac{\partial x}{\partial q_1}\right)^2+\left(\frac{\partial y}{\partial q_1}\right)^2+\left(\frac{\partial z}{\partial q_1}\right)^2}\,\mathrm{d}q_1=h_1\mathrm{d}q_1 \tag{1.53a}$$

类似地可求出坐标曲线 q_2 和 q_3 上的线元长度 $\mathrm{d}l_2$ 和 $\mathrm{d}l_3$：

$$\mathrm{d}l_2=\sqrt{\left(\frac{\partial x}{\partial q_2}\right)^2+\left(\frac{\partial y}{\partial q_2}\right)^2+\left(\frac{\partial z}{\partial q_2}\right)^2}\,\mathrm{d}q_2=h_2\mathrm{d}q_2 \tag{1.53b}$$

$$\mathrm{d}l_3=\sqrt{\left(\frac{\partial x}{\partial q_3}\right)^2+\left(\frac{\partial y}{\partial q_3}\right)^2+\left(\frac{\partial z}{\partial q_3}\right)^2}\,\mathrm{d}q_3=h_3\mathrm{d}q_3 \tag{1.53c}$$

式中，h_1、h_2、h_3 统称为标度因子或拉梅（Lame）系数，可表示为

$$h_i=\sqrt{\left(\frac{\partial x}{\partial q_i}\right)^2+\left(\frac{\partial y}{\partial q_i}\right)^2+\left(\frac{\partial z}{\partial q_i}\right)^2}\quad(i=1,2,3) \tag{1.54}$$

由式(1.53) 可知，在正交曲线坐标系中，坐标曲线上的线元长度等于该坐标的微分与

对应的标度因子之积，而不等于坐标的微分。这是正交曲线坐标系与直角坐标系的又一不同点。因此，正交曲线坐标系中的面积元、体积元也将有与直角坐标系中面积元、体积元不同的形式。利用坐标曲线上的长度元 $\mathrm{d}\boldsymbol{l}_i=\boldsymbol{e}_i\mathrm{d}l_i=\boldsymbol{e}_ih_i\mathrm{d}q_i$，可推导出坐标曲面上的面积元 $\mathrm{d}\boldsymbol{S}_i=\mathrm{d}\boldsymbol{l}_j\times\mathrm{d}\boldsymbol{l}_k$ 和以坐标曲面为边界面的体积元 $\mathrm{d}V=\mathrm{d}\boldsymbol{l}_i\cdot(\mathrm{d}\boldsymbol{l}_j\times\mathrm{d}\boldsymbol{l}_k)$。利用 $\boldsymbol{e}_i\cdot(\boldsymbol{e}_j\times\boldsymbol{e}_k)=1$，可得

$$\begin{cases}\mathrm{d}\boldsymbol{S}_1=\mathrm{d}\boldsymbol{l}_2\times\mathrm{d}\boldsymbol{l}_3=h_2h_3\mathrm{d}q_2\mathrm{d}q_3\boldsymbol{e}_1\\ \mathrm{d}\boldsymbol{S}_2=\mathrm{d}\boldsymbol{l}_3\times\mathrm{d}\boldsymbol{l}_1=h_1h_3\mathrm{d}q_1\mathrm{d}q_3\boldsymbol{e}_2\\ \mathrm{d}\boldsymbol{S}_3=\mathrm{d}\boldsymbol{l}_1\times\mathrm{d}\boldsymbol{l}_2=h_1h_2\mathrm{d}q_1\mathrm{d}q_2\boldsymbol{e}_3\end{cases}\tag{1.55}$$

$$\mathrm{d}V=\mathrm{d}l_1\mathrm{d}l_2\mathrm{d}l_3=h_1h_2h_3\mathrm{d}q_1\mathrm{d}q_2\mathrm{d}q_3\tag{1.56}$$

式中，$\mathrm{d}\boldsymbol{S}_i(i=1,2,3)$ 位于 $q_i=C_i$（C_i 为常数）的坐标曲面上。

对于任何正交曲线坐标系，只要列出其正交曲线坐标与直角坐标间的关系式，利用式(1.54) 推导出标度因子，代入式(1.53)、式(1.55)、式(1.56) 即可得到该正交曲线坐标系中线元、面积元和体积元的表达式。下面以圆柱坐标系和球坐标系为例说明。

（1）圆柱坐标系

如图 1.8 所示，P 点在空间的圆柱坐标用(ρ,φ,z)表示，令 $q_1=\rho$，$q_2=\varphi$，$q_3=z$，其中 ρ 是 P 点到 z 轴的距离，φ 是过 P 点和 x 轴的半平面与 xOz 平面的夹角，z 是 P 点在直角坐标系中的 x 轴坐标。易知 P 点的直角坐标(x,y,x)与它的圆柱坐标(ρ,φ,z)的关系为

$$x=\rho\cos\varphi,y=\rho\sin\varphi,z=z$$

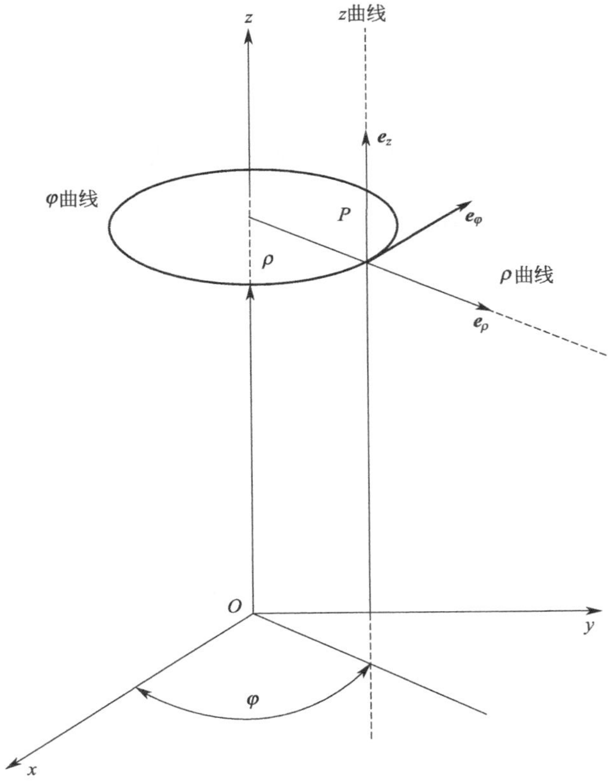

图 1.8　圆柱坐标系

将其代入式(1.54)，得圆柱坐标系中的三个标度因子分别为

$$h_1=1, \quad h_2=\rho, \quad h_3=1 \tag{1.57}$$

将其代入相关公式，容易得出圆柱坐标系中的长度元 $\mathrm{d}l$、面积元 $\mathrm{d}S$ 和体积元 $\mathrm{d}V$ 分别为：$\mathrm{d}l_1=h_1\mathrm{d}\rho=\mathrm{d}\rho$，$\mathrm{d}l_2=h_2\mathrm{d}\varphi=\rho\mathrm{d}\varphi$，$\mathrm{d}l_3=h_3\mathrm{d}z=\mathrm{d}z$；$\mathrm{d}S_1=\rho\mathrm{d}\varphi\mathrm{d}z$，$\mathrm{d}S_2=\mathrm{d}\rho\mathrm{d}z$，$\mathrm{d}S_3=\rho\mathrm{d}\rho\mathrm{d}\varphi$；$\mathrm{d}V=\rho\mathrm{d}\rho\mathrm{d}\varphi\mathrm{d}z$。

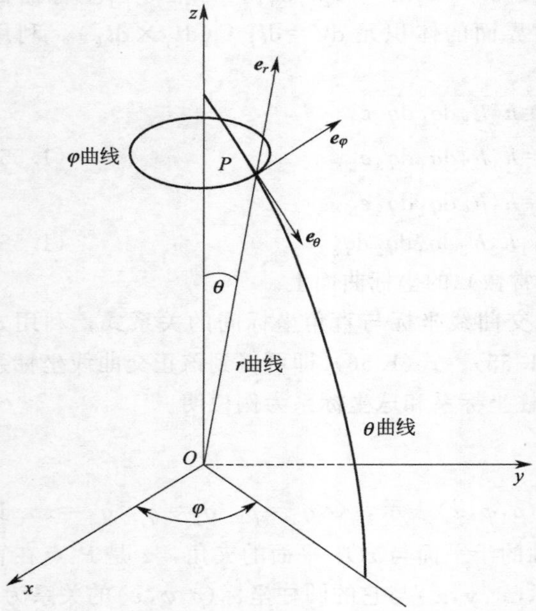

图 1.9 球坐标系

(2) 球坐标系

如图 1.9 所示，P 点在空间的球坐标用 (r,θ,φ) 表示，即 $q_1=r$，$q_2=\theta$，$q_3=\varphi$，其中 r 是 P 点到坐标原点的距离，θ 是线段 OP 与 Oz 轴间的夹角，φ 是过 P 点且以 Ox 轴为界的半平面与平面 xOz 间的夹角。易知 P 点的直角坐标 (x,y,z) 与球坐标 (r,θ,φ) 的关系为

$$x=r\sin\theta\cos\varphi, \quad y=r\sin\theta\sin\varphi, \quad z=r\cos\theta$$

将其代入式(1.54)，得到球坐标系中三个标度因子分别为

$$h_1=1, \quad h_2=r, \quad h_3=r\sin\theta \tag{1.58}$$

将其代入相关公式，得球坐标系中的长度元、面积元和体积元分别为：$\mathrm{d}l_1=\mathrm{d}r$，$\mathrm{d}l_2=r\mathrm{d}\theta$，$\mathrm{d}l_3=r\sin\theta\mathrm{d}\varphi$；$\mathrm{d}S_1=r^2\sin\theta\mathrm{d}\theta\mathrm{d}\varphi$，$\mathrm{d}S_2=r\sin\theta\mathrm{d}r\mathrm{d}\varphi$，$\mathrm{d}S_3=r\mathrm{d}r\mathrm{d}\theta$；$\mathrm{d}V=r^2\sin\theta\mathrm{d}r\mathrm{d}\theta\mathrm{d}\varphi$。

1.6.3 正交曲线坐标系中梯度、散度和旋度的表达式

设正交曲线坐标系的单位坐标矢量（基矢量）为 $\boldsymbol{e}_{q_1}$、$\boldsymbol{e}_{q_2}$、$\boldsymbol{e}_{q_3}$，$\phi=\phi(q_1,q_2,q_3)$ 是标量函数，$\boldsymbol{A}=\boldsymbol{A}(q_1,q_2,q_3)=A_1\boldsymbol{e}_{q_1}+A_2\boldsymbol{e}_{q_2}+A_3\boldsymbol{e}_{q_3}$ 是矢量函数。前面章节介绍了直角坐标系中梯度、散度和旋度的表达式，见式(1.16)、式(1.25) 和式(1.30)。由梯度、散度和旋度的定义出发，可以推导出一般广义正交曲线坐标系中梯度、散度和旋度的表达式分别为

$$\nabla\phi=\frac{1}{h_1}\frac{\partial\phi}{\partial q_1}\boldsymbol{e}_{q_1}+\frac{1}{h_2}\frac{\partial\phi}{\partial q_2}\boldsymbol{e}_{q_2}+\frac{1}{h_3}\frac{\partial\phi}{\partial q_3}\boldsymbol{e}_{q_3} \tag{1.59a}$$

$$\nabla\cdot\boldsymbol{A}=\frac{1}{h_1h_2h_3}\left[\frac{\partial(A_1h_2h_3)}{\partial q_1}+\frac{\partial(A_2h_1h_3)}{\partial q_2}+\frac{\partial(A_3h_1h_2)}{\partial q_3}\right] \tag{1.59b}$$

$$\nabla\times\boldsymbol{A}=\frac{1}{h_2h_3}\left[\frac{\partial(h_3A_3)}{\partial q_2}-\frac{\partial(h_2A_2)}{\partial q_3}\right]\boldsymbol{e}_{q_1}+\frac{1}{h_1h_3}\left[\frac{\partial(h_1A_1)}{\partial q_3}-\frac{\partial(h_3A_3)}{\partial q_1}\right]\boldsymbol{e}_{q_2}$$
$$+\frac{1}{h_1h_2}\left[\frac{\partial(h_2A_2)}{\partial q_1}-\frac{\partial(h_1A_1)}{\partial q_2}\right]\boldsymbol{e}_{q_3} \tag{1.59c}$$

(1) 圆柱坐标系

将式(1.57) 代入式(1.59)，得到在圆柱坐标系中梯度、散度和旋度的表达式分别为：

$$\nabla\phi=\frac{\partial\phi}{\partial\rho}\boldsymbol{e}_\rho+\frac{1}{\rho}\frac{\partial\phi}{\partial\varphi}\boldsymbol{e}_\varphi+\frac{\partial\phi}{\partial z}\boldsymbol{e}_z \tag{1.60a}$$

$$\nabla\cdot\boldsymbol{A}=\frac{1}{\rho}\frac{\partial(\rho A_\rho)}{\partial\rho}+\frac{1}{\rho}\frac{\partial(A_\varphi)}{\partial\varphi}+\frac{\partial A_z}{\partial z} \tag{1.60b}$$

$$\nabla\times\boldsymbol{A}=\frac{1}{\rho}\left[\frac{\partial A_p}{\partial\varphi}-\frac{\partial(\rho A_\varphi)}{\partial z}\right]\boldsymbol{e}_\rho+\left(\frac{\partial A_\rho}{\partial z}-\frac{\partial A_z}{\partial\rho}\right)\boldsymbol{e}_\varphi+\frac{1}{\rho}\left[\frac{\partial(\rho A_\varphi)}{\partial\rho}-\frac{\partial A_\rho}{\partial\varphi}\right]\boldsymbol{e}_z \tag{1.60c}$$

（2）球坐标系

将式(1.58) 代入式(1.59)，得球坐标系中梯度、散度和旋度的表达式分别为

$$\nabla\phi=\frac{\partial\phi}{\partial r}\boldsymbol{e}_r+\frac{1}{r}\frac{\partial\phi}{\partial\theta}\boldsymbol{e}_\theta+\frac{1}{r\sin\theta}\frac{\partial\phi}{\partial\varphi}\boldsymbol{e}_\varphi \tag{1.61a}$$

$$\nabla\cdot\boldsymbol{A}=\frac{1}{r^2}\frac{\partial(r^2A_r)}{\partial r}+\frac{1}{r\sin\theta}\frac{\partial(\sin\theta A_\theta)}{\partial\theta}+\frac{1}{r\sin\theta}\frac{\partial A_\varphi}{\partial\varphi} \tag{1.61b}$$

$$\nabla\times\boldsymbol{A}=\frac{1}{r^2\sin\theta}\left[\frac{\partial(r\sin\theta A_\varphi)}{\partial\theta}-\frac{\partial(rA_\theta)}{\partial\varphi}\right]\boldsymbol{e}_r+\frac{1}{r\sin\theta}\left[\frac{\partial A_r}{\partial\varphi}-\frac{\partial(r\sin\theta A_\varphi)}{\partial r}\right]\boldsymbol{e}_\theta$$
$$+\frac{1}{r}\left[\frac{\partial(rA_\theta)}{\partial r}-\frac{\partial A_r}{\partial\theta}\right]\boldsymbol{e}_\varphi \tag{1.61c}$$

1.6.4　正交曲线坐标系中$\nabla^2\phi$ 的表达式

根据拉普拉斯算符的定义，得

$$\nabla^2\phi=\nabla\cdot\nabla\phi$$

将式(1.61a) 代入上式，并应用式（1.61b）可以推导出正交曲线坐标系中$\nabla^2\phi$ 的表达式：

$$\nabla^2\phi=\frac{1}{h_1h_2h_3}\left[\frac{\partial}{\partial q_1}\left(\frac{h_2h_3}{h_1}\frac{\partial\phi}{\partial q_1}\right)+\frac{\partial}{\partial q_2}\left(\frac{h_1h_3}{h_2}\frac{\partial\phi}{\partial q_2}\right)+\frac{\partial}{\partial q_3}\left(\frac{h_1h_2}{h_3}\frac{\partial\phi}{\partial q_3}\right)\right] \tag{1.62}$$

将式(1.57) 代入式(1.62)，得圆柱坐标系中$\nabla^2\phi$ 的表达式为

$$\nabla^2\phi=\frac{1}{\rho}\frac{\partial}{\partial\rho}\left(\rho\frac{\partial\varphi}{\partial\rho}\right)+\frac{1}{\rho^2}\frac{\partial^2\phi}{\partial\varphi^2}+\frac{\partial^2\phi}{\partial z^2} \tag{1.63a}$$

将式(1.58) 代入式（1.63a)，得球坐标系中$\nabla^2\phi$ 的表示式为

$$\nabla^2\phi=\frac{1}{r^2}\frac{\partial}{\partial r}\left(r^2\frac{\partial\phi}{\partial r}\right)+\frac{1}{r^2\sin\theta}\frac{\partial}{\partial\theta}\left(\sin\theta\frac{\partial\phi}{\partial\theta}\right)+\frac{1}{r^2\sin^2\theta}\frac{\partial^2\phi}{\partial\varphi^2} \tag{1.63b}$$

例题 1-4：静电场强度 $\boldsymbol{E}$ 可以从标量电势 φ 的梯度导出，即 $\boldsymbol{E}=-\nabla\varphi$。试确定(1,1,0)处的 $\boldsymbol{E}$，分别假设：(1) $\varphi=\varphi_0e^{-x}\sin\frac{\pi y}{4}$；(2) $\varphi=\varphi_0r\cos\theta$。

解：(1) 在直角坐标系中计算电场强度为

$$\boldsymbol{E}=-\nabla\varphi=-\left[\boldsymbol{e}_x\frac{\partial}{\partial x}+\boldsymbol{e}_y\frac{\partial}{\partial y}+\boldsymbol{e}_z\frac{\partial}{\partial z}\right]\varphi_0e^{-x}\sin\frac{\pi y}{4}$$
$$=\left(\boldsymbol{e}_x\sin\frac{\pi y}{4}-\boldsymbol{e}_y\frac{\pi}{4}\cos\frac{\pi y}{4}\right)\varphi_0e^{-x}$$

则

$$\boldsymbol{E}(1,1,0)=\left(\boldsymbol{e}_x-\boldsymbol{e}_y\ \frac{\pi}{4}\right)\frac{\varphi_0}{\sqrt{2}\,\mathrm{e}}$$

(2) 在球坐标系中计算电场强度为

$$\begin{aligned}\boldsymbol{E}&=-\left(\boldsymbol{e}_r\ \frac{\partial}{\partial r}+\boldsymbol{e}_\theta\ \frac{1}{r}\frac{\partial}{\partial\theta}+\boldsymbol{e}_\varphi\ \frac{1}{r\sin\theta}\frac{\partial}{\partial\varphi}\right)\varphi_0 r\cos\theta\\&=-(\boldsymbol{e}_r\cos\theta-\boldsymbol{e}_\theta\sin\theta)\varphi_0\end{aligned}$$

则

$$\boldsymbol{E}(1,1,0)=\boldsymbol{e}_z\varphi_0$$

1.7 狄拉克函数与点电荷的密度分布

从宏观效果来看，可以认为带电体上的电荷是连续分布的。电荷分布在带电体内部时，单位体积内的电量称为体电荷密度，一般应为空间坐标的连续函数，用 $\rho(\boldsymbol{x})$ 表示。但是，在电动力学问题中也常常遇到点电荷的情况，点电荷是一个重要的物理模型。点电荷是电荷分布的极限情况，可以看作一个体积很小而电荷密度很大的带电小球的极限。

设场源 $\boldsymbol{x}'$ 点有一个单位点电荷，以 $\rho(\boldsymbol{x}-\boldsymbol{x}')$ 表示空间的电荷密度分布，则有

$$\rho(\boldsymbol{x}-\boldsymbol{x}')=\begin{cases}0 & \boldsymbol{x}\neq\boldsymbol{x}'\\ \infty & \boldsymbol{x}=\boldsymbol{x}'\end{cases}$$

$$\int_V\rho(\boldsymbol{x}-\boldsymbol{x}')\,\mathrm{d}V=\begin{cases}0 & 当\ \boldsymbol{x}'\ 不在\ V\ 内\\ 1 & 当\ \boldsymbol{x}'\ 在\ V\ 内\end{cases}$$

这种密度分布函数并不是数学中一个严格意义上的函数，而是被称为广义函数。英国物理学家保罗·狄拉克在量子力学研究中最早引进该函数，并用符号 δ 表示，后人都把它称为“狄拉克 δ 函数”。狄拉克 δ 函数可用于描述物理学中的一切点量，如点质量、点电荷、脉冲等，在近代物理学中也有着广泛的应用。

三维空间的狄拉克 δ 函数定义为

$$\delta(\boldsymbol{x}-\boldsymbol{x}')=\delta(x-x')\delta(y-y')\delta(z-z')=\begin{cases}0 & \boldsymbol{x}\neq\boldsymbol{x}'\\ \infty & \boldsymbol{x}=\boldsymbol{x}'\end{cases}\tag{1.64a}$$

$$\int_V\delta(\boldsymbol{x}-\boldsymbol{x}')\,\mathrm{d}V=\begin{cases}0 & 当\ \boldsymbol{x}'\ 不在\ V\ 内\\ 1 & 当\ \boldsymbol{x}'\ 在\ V\ 内\end{cases}\tag{1.64b}$$

式中，$\boldsymbol{x}$ 和 $\boldsymbol{x}'$ 分别为空间点 (x,y,z) 和 (x',y',z') 的位置矢径。所以，δ 函数可以表示单位点电荷的电荷密度。

对于位于场源 $\boldsymbol{x}'$ 处电荷量为 q 的点电荷，其电荷密度函数用 δ 函数可写为

$$\rho(\boldsymbol{x})=q\delta(\boldsymbol{x}-\boldsymbol{x}')=\begin{cases}0 & \boldsymbol{x}\neq\boldsymbol{x}'\\ \infty & \boldsymbol{x}=\boldsymbol{x}'\end{cases}\tag{1.65a}$$

$$\int_V\rho(\boldsymbol{x})\,\mathrm{d}V=\int_V q\delta(\boldsymbol{x}-\boldsymbol{x}')\,\mathrm{d}V=\begin{cases}0 & 当\ \boldsymbol{x}'\ 不在\ V\ 内\\ q & 当\ \boldsymbol{x}'\ 在\ V\ 内\end{cases}\tag{1.65b}$$

对于分别位于 $\boldsymbol{x}'_i\,(i=1,2,3,\cdots,n)$ 的 n 个离散点电荷 $q_i\,(i=1,2,3,\cdots,n)$ 构成的点电荷系统，其电荷密度函数为

$$\rho(\boldsymbol{x})=\sum_{i=1}^{n} q_i \delta(\boldsymbol{x}-\boldsymbol{x}_i') \tag{1.66}$$

由 δ 函数的定义可知，δ 函数具有以下性质。

性质 1（筛选性）：对于空间中任意函数 $f(x)$，有

$$\int_V f(\boldsymbol{x})\delta(\boldsymbol{x}-\boldsymbol{x}')\,\mathrm{d}V=\begin{cases}0 & \text{当 } \boldsymbol{x}' \text{ 不在 } V \text{ 内} \\ f(\boldsymbol{x}') & \text{当 } \boldsymbol{x}' \text{ 在 } V \text{ 内}\end{cases} \tag{1.67}$$

性质 2（偶函数）：

$$\delta(\boldsymbol{x}-\boldsymbol{x}')=\delta(\boldsymbol{x}'-\boldsymbol{x}) \tag{1.68}$$

例题 1-5：已知 $\boldsymbol{R}=\boldsymbol{x}-\boldsymbol{x}'$，$R=|\boldsymbol{x}-\boldsymbol{x}'|$，证明函数 $\nabla^2\frac{1}{R}$ 具有 δ 函数的性质：

$$\nabla^2\frac{1}{R}=-4\pi\delta(\boldsymbol{x}-\boldsymbol{x}') \tag{1.69}$$

证明：根据 δ 函数的定义，要证明式(1.69) 成立，只需证明 $\boldsymbol{x}\neq\boldsymbol{x}'$ 时 $\nabla^2\frac{1}{R}=0$，$\boldsymbol{x}'$ 在 V 内时 $\int_V \nabla^2\frac{1}{R}\mathrm{d}V=-4\pi$。

当 $\boldsymbol{x}\neq\boldsymbol{x}'$ 时，$R\neq0$，有

$$\nabla\cdot\frac{\boldsymbol{R}}{R^3}=-\nabla^2\frac{1}{R}=0 \tag{1.70}$$

当 $\boldsymbol{x}'$ 在 V 内时，应用高斯定理及有关恒等式，得

$$\int_V \nabla^2\frac{1}{R}\mathrm{d}V=\int_V \nabla\cdot\left(\nabla\frac{1}{R}\right)\mathrm{d}V=\oint_S \nabla\frac{1}{R}\cdot\mathrm{d}\boldsymbol{S}=-\oint_S \frac{\boldsymbol{R}}{R^3}\cdot\mathrm{d}\boldsymbol{S} \tag{1.71}$$

由式(1.70) 可知，$\nabla^2\frac{1}{R}$ 在 $\boldsymbol{x}\neq\boldsymbol{x}'$ 时为零，故当 $\boldsymbol{x}'$ 在 V 内时，可认为式(1.71) 右边积分区域 S 是以 $\boldsymbol{x}'$ 为球心、半径为 a 的体积 V 内的一个小球面，在此球面上 $R=a$，$\boldsymbol{R}$ 矢量与 $\mathrm{d}\boldsymbol{S}$ 矢量方向一致，则式(1.71) 可改写为

$$\int_V \nabla^2\frac{1}{R}\mathrm{d}V=-\oint_S \frac{\boldsymbol{R}}{R^3}\cdot\mathrm{d}\boldsymbol{S}=-\oint_S \frac{1}{a^2}\mathrm{d}S=-\frac{1}{a^2}4\pi a^2=-4\pi \tag{1.72}$$

又因为

$$\int_V -4\pi\delta(\boldsymbol{x}-\boldsymbol{x}')\mathrm{d}V=-4\pi$$

由于区域 V 的任意性，则有

$$\nabla^2\frac{1}{R}=-4\pi\delta(\boldsymbol{x}-\boldsymbol{x}')$$

得证。

讨论：由式(1.72) 与式(1.69)、式(1.70) 结合，可以得到一个有用的积分恒等式：

$$\oint_S \frac{\boldsymbol{R}}{R^3}\cdot\mathrm{d}\boldsymbol{S}=\begin{cases}4\pi & (\boldsymbol{x}' \text{ 在 } S \text{ 内}) \\ 0 & (\boldsymbol{x}' \text{ 在 } S \text{ 外})\end{cases} \tag{1.73}$$

式中，S 为空间一个任意的闭合曲面。

1.8 张量简介

物理学中的物理量均可以称为张量。例如，标量称为零阶张量，矢量称为一阶张量（在三维空间中有三个分量）。在三维空间中，物理学研究有时会遇到具有 9 个分量的物理量，例如刚体的转动惯量、电四极矩、应力等，人们通常称其为二阶张量，简称张量。一般情况下可以通过并矢来定义张量。

1.8.1 并矢与张量

两个矢量 $\boldsymbol{A}$ 和 $\boldsymbol{B}$ 直接并列，中间没有任何运算符号，称为两个矢量的并矢，也称为张量积，记为 $\boldsymbol{AB}$。设直角坐标系中坐标轴的单位矢量为 $\boldsymbol{e}_x$、$\boldsymbol{e}_y$、$\boldsymbol{e}_z$，矢量 $\boldsymbol{A}=A_x\boldsymbol{e}_x+A_y\boldsymbol{e}_y+A_z\boldsymbol{e}_z$，矢量 $\boldsymbol{B}=B_x\boldsymbol{e}_x+B_y\boldsymbol{e}_y+B_z\boldsymbol{e}_z$，则并矢 $\boldsymbol{AB}$ 可写为

$$\begin{aligned}\boldsymbol{AB}&=(A_x\boldsymbol{e}_x+A_y\boldsymbol{e}_y+A_x\boldsymbol{e}_z)(B_x\boldsymbol{e}_x+B_y\boldsymbol{e}_y+B_z\boldsymbol{e}_z)\\&=A_xB_x\boldsymbol{e}_x\boldsymbol{e}_x+A_xB_y\boldsymbol{e}_x\boldsymbol{e}_y+A_xB_z\boldsymbol{e}_x\boldsymbol{e}_z\\&\quad+A_yB_x\boldsymbol{e}_y\boldsymbol{e}_x+A_yB_z\boldsymbol{e}_y\boldsymbol{e}_z+A_zB_x\boldsymbol{e}_z\boldsymbol{e}_x\\&\quad+A_zB_y\boldsymbol{e}_z\boldsymbol{e}_y+A_zB_y\boldsymbol{e}_z\boldsymbol{e}_y+A_zB_z\boldsymbol{e}_z\boldsymbol{e}_z\end{aligned}\tag{1.74}$$

用矩阵表示为

$$\boldsymbol{AB}=\begin{bmatrix}A_xB_x & A_xB_y & A_xB_z\\A_yB_x & A_yB_y & A_yB_z\\A_zB_x & A_zB_y & A_zB_z\end{bmatrix}\tag{1.75}$$

一般来说，$\boldsymbol{AB}\neq\boldsymbol{BA}$。

在三维空间中，具有 9 个分量的物理量称为二阶张量，可以写为 $\overleftrightarrow{\boldsymbol{T}}=\sum\limits_{i,j}T_{ij}\boldsymbol{e}_i\boldsymbol{e}_j$，其中 i，$j=1$，2，3。将并矢 $\boldsymbol{e}_i\boldsymbol{e}_j$ 看作二阶张量的 9 个基，则一般二阶张量在这 9 个基上的分量就是 T_{ij}。二阶张量 $\overleftrightarrow{\boldsymbol{T}}$ 用矩阵表示为

$$\overleftrightarrow{\boldsymbol{T}}=\begin{bmatrix}T_{11} & T_{12} & T_{13}\\T_{21} & T_{22} & T_{23}\\T_{31} & T_{32} & T_{33}\end{bmatrix}\tag{1.76}$$

显然，并矢是二阶张量的一种特殊情形，但要注意不是所有张量都可以用并矢来表示。

二阶张量 $[T_{ij}](i,j=1,2,3)$ 如果满足 $T_{ij}=T_{ji}$，就称为**对称张量**。对称张量显然有 6 个独立分量：

$$T_{11},\quad T_{22},\quad T_{33},\quad T_{12}=T_{21},\quad T_{23}=T_{32},\quad T_{31}=T_{13}$$

如果二阶张量 $[T_{ij}]$ 满足 $T_{ij}=-T_{ji}$，就称它为**反对称张量**，且有

$$T_{11}=T_{22}=T_{33}=0,\quad T_{12}=-T_{21},\quad T_{23}=-T_{32},\quad T_{31}=-T_{13}$$

最简单的对称张量是

$$\overleftrightarrow{\boldsymbol{I}}=\boldsymbol{e}_x\boldsymbol{e}_x+\boldsymbol{e}_y\boldsymbol{e}_y+\boldsymbol{e}_z\boldsymbol{e}_z=\begin{bmatrix}1 & 0 & 0\\0 & 1 & 0\\0 & 0 & 1\end{bmatrix}\tag{1.77}$$

称为**单位张量**。

1.8.2　张量的代数运算

两个张量的加法和减法定义为

$$\overleftrightarrow{T} \pm \overleftrightarrow{V} = \sum_{i,j}(T_{ij} \pm V_{ij})\boldsymbol{e}_i\boldsymbol{e}_j$$

张量的加法和减法只能在同阶张量之间进行，两个同阶张量相加、减，只需要将各个对应分量相加、减。

并矢与矢量的点乘规则为

$$\boldsymbol{AB}\cdot\boldsymbol{C}=\boldsymbol{A}(\boldsymbol{B}\cdot\boldsymbol{C})=\boldsymbol{A}(\boldsymbol{C}\cdot\boldsymbol{B})=\boldsymbol{AC}\cdot\boldsymbol{B}$$

$$\boldsymbol{C}\cdot\boldsymbol{AB}=(\boldsymbol{C}\cdot\boldsymbol{A})\boldsymbol{B}=(\boldsymbol{A}\cdot\boldsymbol{C})\boldsymbol{B}=\boldsymbol{A}\cdot\boldsymbol{CB}$$

可见，并矢与矢量的点乘结果是一个矢量，且一般不能交换位置，即一般 $\boldsymbol{AB}\cdot\boldsymbol{C}\neq\boldsymbol{C}\cdot\boldsymbol{AB}$。

并矢与矢量的叉乘规则为

$$\boldsymbol{AB}\times\boldsymbol{C}=\boldsymbol{A}(\boldsymbol{B}\times\boldsymbol{C})$$

$$\boldsymbol{C}\times\boldsymbol{AB}=(\boldsymbol{C}\times\boldsymbol{A})\boldsymbol{B}$$

可见，并矢与矢量的叉乘结果仍然是一个并矢，且一般情况下 $\boldsymbol{AB}\times\boldsymbol{C}\neq\boldsymbol{C}\times\boldsymbol{AB}$。

两并矢的点乘定义为

$$\boldsymbol{AB}\cdot\boldsymbol{CD}=\boldsymbol{A}(\boldsymbol{B}\cdot\boldsymbol{C})\boldsymbol{D}=(\boldsymbol{B}\cdot\boldsymbol{C})\boldsymbol{AD}$$

可见，两个并矢的点乘运算结果仍然是一个并矢，且一般情况下：

$$\boldsymbol{AB}\cdot\boldsymbol{CD}\neq\boldsymbol{CD}\cdot\boldsymbol{AB}$$

两并矢的二次点乘满足下面的运算规则：

$$\boldsymbol{AB}:\boldsymbol{CD}=(\boldsymbol{B}\cdot\boldsymbol{C})(\boldsymbol{A}\cdot\boldsymbol{D})$$

即先把靠近的两矢量点乘，再把剩下的两矢量点乘。也就是说两个并矢的双点乘得到的是一个标量。

电动力学中常用到的是单位张量与矢量、并矢的点乘，它们分别为

$$\overleftrightarrow{I}\cdot\boldsymbol{A}=\boldsymbol{A}\cdot\overleftrightarrow{I}=\boldsymbol{A}$$

$$\overleftrightarrow{I}\cdot\overleftrightarrow{T}=\overleftrightarrow{T}\cdot\overleftrightarrow{I}=\overleftrightarrow{T} \tag{1.78}$$

因此，矢量、张量与单位张量点乘后不变。单位张量与并矢的双点乘为并矢中的两个矢量的点乘，即

$$\overleftrightarrow{I}\cdot\boldsymbol{AB}=\boldsymbol{A}\cdot\boldsymbol{B} \tag{1.79}$$

1.8.3　微分算符∇与并矢的运算

把微分算符∇作用在张量或并矢上，只要注意微分算符∇的矢量性和微分运算特性，可以推导出：

① $\nabla\cdot(\boldsymbol{f}\,\boldsymbol{g})=(\nabla\cdot\boldsymbol{f})\boldsymbol{g}+(\boldsymbol{f}\cdot\nabla)\boldsymbol{g}$　　(1.80)

② $\nabla \cdot \overleftrightarrow{T}=\frac{\partial}{\partial x}(e_x \cdot \overleftrightarrow{T})+\frac{\partial}{\partial y}(e_y \cdot \overleftrightarrow{T})+\frac{\partial}{\partial z}(e_z \cdot \overleftrightarrow{T})$ (1.81)

③ $\nabla A=e_x \frac{\partial}{\partial x}A+e_y \frac{\partial}{\partial y}A+e_z \frac{\partial}{\partial z}A=\frac{\partial A_x}{\partial x}e_x e_x+\frac{\partial A_y}{\partial x}e_x e_y+\cdots+\frac{\partial A_z}{\partial z}e_z e_z$ (1.82)

④ $\nabla \cdot (\nabla \cdot A)=e_x \nabla^2 A_x+e_y \nabla^2 A_y+e_z \nabla^2 A_z$ (1.83)

⑤ 对单位张量 $\overleftrightarrow{I}$，$\nabla \cdot \overleftrightarrow{I}=0$ (1.84)

⑥ $\nabla \cdot (\varphi \overleftrightarrow{I})=\nabla \varphi$ (1.85)

习题

1.1 给定三个矢量 A、B 和 C 如下：

$$A=e_x+2e_y-3e_z\text{；}B=-4e_y+e_z\text{；}C=5e_x-2e_z$$

求：(1) 矢量 A 的单位矢量 e_A；(2) $|A-B|$；(3) $A \cdot B$；(4) 矢量 A 和 B 的夹角；(5) $A \times C$；(6) $A \cdot (B \times C)$ 和 $(A \times B) \cdot C$；(7) $(A \times B) \times C$ 和 $A \times (B \times C)$。

1.2 求从点 $Q(-3,1,5)$ 到点 $P(2,-2,3)$ 的距离矢量 R 的大小和方向。

1.3 三角形的三个顶点坐标为 $A(4,1,-3)$，$B(0,1,-2)$ 和 $C(6,2,5)$。求 $\triangle ABC$ 的面积，并判断该三角形是否为一直角三角形。

1.4 已知 $u=\mathrm{e}^x$，$A=z^2 e_x+x^2 e_y+y^2 e_z$，计算 $\nabla \times (uA)$。

1.5 已知 $A=3ye_x+2xe_y+xye_z$，$B=x^2 e_x-4e_z$，求 $\nabla \times (A \times B)$。

1.6 设 u 是标量场，A 是矢量场。试在直角坐标系中证明：

(1) $\nabla f(u)=\frac{\mathrm{d}f}{\mathrm{d}u}\nabla u$；

(2) $\nabla \cdot (uA)=u\nabla \cdot A+(\nabla u) \cdot A$；

(3) $\nabla \cdot (\nabla \times A)=0$；

(4) $\nabla \times \nabla u=0$。

1.7 设 A 和 B 是矢量场。试证明：

(1) $\nabla \cdot (A \times B)=B \cdot (\nabla \times A)-A \cdot (\nabla \times B)$；

(2) $\nabla \times (A \times B)=(B \cdot \nabla)A+(\nabla \cdot B)A-(A \cdot \nabla)B-(\nabla \cdot A)B$；

(3) $\nabla (A \cdot B)=A \times (\nabla \times B)+(A \cdot \nabla)B+B \times (\nabla \times A)+(B \cdot \nabla)A$。

1.8 设 a 和 b 为常矢量，$R=x-x'$。试计算：

(1) $\nabla (a \cdot R)$；

(2) $(a \cdot \nabla)R$；

(3) $\nabla \times (a \times R)$；

(4) $\nabla \times [(a \cdot R)b]$。

1.9 证明任意散度为零的矢量场 $B(x)$，总可以写成另一矢量场 $A(x)$ 的旋度，即 $B(x)=\nabla \times A(x)$。

1.10 设 $E=E_0 \mathrm{e}^{ik \cdot x}$，其中 E_0、k 是常矢量。证明：

(1) $\nabla \cdot E=ik \cdot E$；

(2) $\nabla \times \boldsymbol{E} = i\boldsymbol{k} \times \boldsymbol{E}$。

1.11　求标量场 $\phi(x, y, z) = 6x^2y^3 + e^z$ 在点 $P(2, -1, 0)$ 的梯度。

1.12　求下列矢量场在给定点的散度：

(1) $\boldsymbol{A} = x^3\boldsymbol{e}_x + y^3\boldsymbol{e}_y + (3z - x)\boldsymbol{e}_z$ 在点 $P(1, 0, -1)$；

(2) $\boldsymbol{A} = x^2y\boldsymbol{e}_x + yz\boldsymbol{e}_y + 3z^2\boldsymbol{e}_z$ 在点 $P(1, 1, 0)$。

1.13　求下列矢量场的旋度：

(1) $\boldsymbol{A} = x^2\boldsymbol{e}_x + y^2\boldsymbol{e}_y + 3z^2\boldsymbol{e}_z$；

(2) $\boldsymbol{A} = yz\boldsymbol{e}_x + xz\boldsymbol{e}_y + xy\boldsymbol{e}_z$。

1.14　试计算 $\oint_S \boldsymbol{r} \cdot d\boldsymbol{S}$ 的值，式中的闭合曲面 S 是以原点为顶点的单位立方体（如图 1.10 所示），$\boldsymbol{r}$ 为空间任一点的位置矢量。

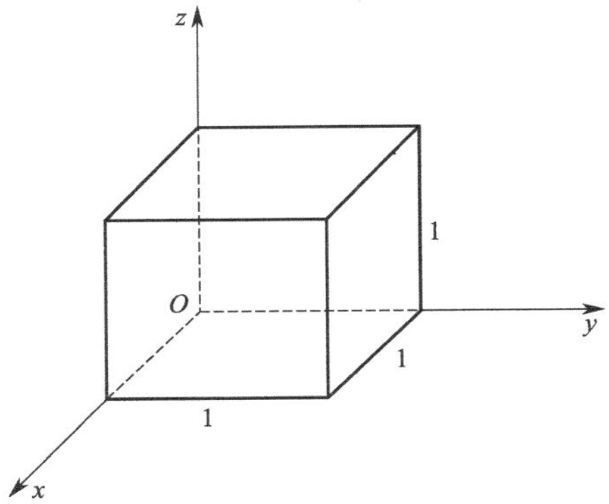

图 1.10　习题 1.14 图

1.15　在矢量场 $\boldsymbol{A} = x^2\boldsymbol{e}_x + xy\boldsymbol{e}_y + yz\boldsymbol{e}_z$ 中，有一个边长为 1 的立方体（称为单位立方体），它的一个顶点位于坐标原点上，如图 1.10 所示。试求：

(1) 矢量场 $\boldsymbol{A}$ 的散度；

(2) 从六面体内穿出的通量，并验证高斯散度定理。

1.16　在球坐标系中，已知标量函数 $\varphi = \dfrac{p\cos\theta}{4\pi\varepsilon_0 r^2}$，其中 p 和 ε_0 均为常数，求矢量场 $\boldsymbol{E} = -\nabla\varphi$。

1.17　在圆柱坐标系中，给定矢量 $\boldsymbol{A} = a\boldsymbol{e}_\rho + b\boldsymbol{e}_\varphi + c\boldsymbol{e}_z$，其中 a、b、c 为常数。

(1) 问 $\boldsymbol{A}$ 是否为常矢量；

(2) 求 $\nabla \cdot \boldsymbol{A}$ 和 $\nabla \times \boldsymbol{A}$。

1.18　现有三个矢量场 $\boldsymbol{A}$、$\boldsymbol{B}$ 和 $\boldsymbol{C}$。已知：

$$\boldsymbol{A} = \sin\theta\cos\varphi\boldsymbol{e}_r + \cos\theta\cos\varphi\boldsymbol{e}_\theta - \sin\varphi\boldsymbol{e}_\varphi$$

$$\boldsymbol{B} = z^2\sin\varphi\boldsymbol{e}_\rho + z^2\cos\varphi\boldsymbol{e}_\varphi + 2\rho z\sin\varphi\boldsymbol{e}_z$$

$$\boldsymbol{C} = (3y^2 - 2x)\boldsymbol{e}_x + 3x^2\boldsymbol{e}_y + 2z\boldsymbol{e}_z$$

试问：哪些矢量场为无旋场（即旋度为 0）？哪些矢量场为无散场（即散度为 0）？

1.19　已知 a 为常数且不为 0 时，一维 δ 函数 $\delta(ax) = \dfrac{\delta(x)}{|a|}$，称为 δ 函数的坐标缩放

性质。试证明二维 δ 函数也具有坐标缩放性质：$\delta(ax,by)=\dfrac{\delta(x,y)}{|ab|}$，这里 a 和 b 为常数且均不为 0。

1.20 已知单位张量 $\overleftrightarrow{\boldsymbol{I}}=\boldsymbol{e}_x\boldsymbol{e}_x+\boldsymbol{e}_y\boldsymbol{e}_y+\boldsymbol{e}_z\boldsymbol{e}_z$，标量函数 $\varphi=\varphi(x,y,z)$。试在直角坐标系中证明：

(1) $\nabla\cdot\overleftrightarrow{\boldsymbol{I}}=0$；

(2) $\nabla\cdot(\varphi\overleftrightarrow{\boldsymbol{I}})=\nabla\varphi$。

第2章

静电场

静电场是指相对于观察者静止且量值不随时间变化的带电体产生的电场。静电场的特点是场量不随时间变化，而仅是空间坐标的函数。静电场的内容虽然简单，但是对它的分析方法却具有普遍性和代表性。在本章中，主要从库仑定律和叠加原理出发，从数学上导出静电场的高斯定理和环路定理，接着讨论静电场与介质的相互作用、静电场的边界条件、静电场的基本解法、静电场的能量等。

2.1 真空中的静电场方程

2.1.1 库仑定律

库仑定律是静电现象的基本定律，是从实验中总结出来的描述真空中两个静止的点电荷 q_1 和 q_2 之间相互力的定律，其数学表达式为

$$\boldsymbol{F}_{12}=\frac{q_1 q_2 \boldsymbol{R}_{12}}{4\pi\varepsilon_0 R_{12}^3} \tag{2.1}$$

式中，$\boldsymbol{F}_{12}$ 表示点电荷 q_1 作用在点电荷 q_2 上的力；$\boldsymbol{R}_{12}=\boldsymbol{x}_2-\boldsymbol{x}_1$ 表示由 q_1 指向 q_2 的位置矢量，如图 2.1 所示；ε_0 为真空中介电常数，其值为 $\varepsilon_0=8.85\times10^{-12}\mathrm{C}^2/(\mathrm{N}\cdot\mathrm{m}^2)$。

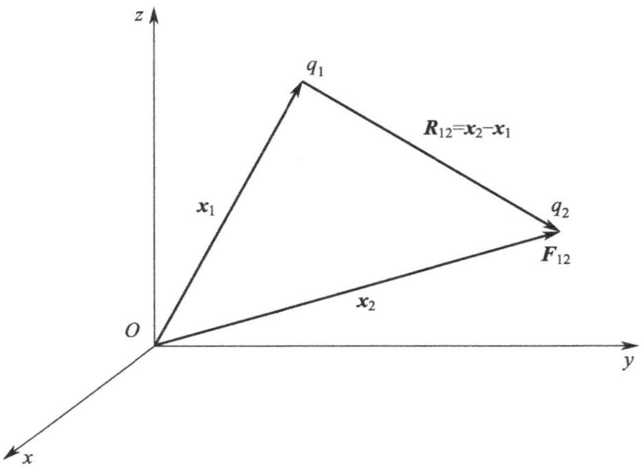

图 2.1 两个点电荷作用力示意图

图中，$R_{12}=\sqrt{(\boldsymbol{x}_2-\boldsymbol{x}_1)^2}=\sqrt{(x_2-x_1)^2+(y_2-y_1)^2+(z_2-z_1)^2}$，库仑定律所给出的力的大小与距离的关系，服从平方反比定律。

在宏观电动力学范围内，实际的带电体都有一定的形状和大小。不过在实际处理问题时，当带电体的线度大小和带电体到场点的距离大小相比很小时，可以忽略带电体的形状和大小，而认为电荷是集中在数学上一个几何点处，此带电体称为点电荷。点电荷是一个理想模型，与力学中的质点类似。

2.1.2 电场强度

库仑定律揭示了真空中两静止点电荷之间相互作用力的大小和方向，但并未说明这种力的传递方式，近代观点认为它是通过场的方式在空间传递的，即任何电荷均在自己的周围空间产生一种非实体粒子组成的物质，称为电场。电场对处在场内的其他电荷有力的作用，称此种力为电场力。场的概念的引入在电磁学发展史上起着重要的作用，在现代物理学中关于场的物质形态的研究也占有重要地位，通过本课程的学习将逐步加深读者对电磁场的物质性的认识。

通常引入电场强度即矢量 $\boldsymbol{E}$ 这一物理量来描述电场，它等于作用在场中单位电荷上的力，于是电荷 q_1 对试探电荷 q_2 的作用力为

$$\boldsymbol{F}_{12}=q_2\boldsymbol{E}$$

$$\boldsymbol{E}=\frac{1}{4\pi\varepsilon_0}\frac{q_1}{R_{12}^3}\boldsymbol{R}_{12} \tag{2.2}$$

式中，$\boldsymbol{E}$ 表示电荷 q_1 在 $\boldsymbol{x}_2$ 处的电场强度。各点场强的大小和方向只与源电荷 q 的量值和位置有关，与试探电荷无关，式(2.2) 即为点电荷的场强公式。点电荷电场如图 2.2 所示。

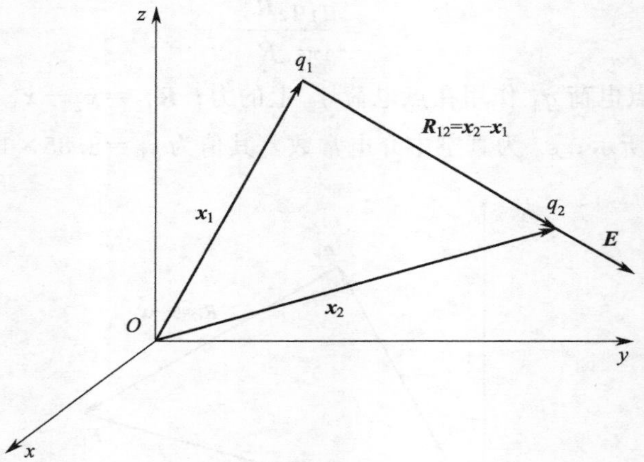

图 2.2 点电荷电场示意图

式(2.2) 表明，电场中一点的电场强度与产生它的点电荷的电量成正比，这种线性关系决定了可以利用叠加原理表述处在不同位置的几个点电荷在空间同一点产生的总电场强度。因此，在有几个点电荷同时存在的情况下，空间 $p(x,y,z)$ 处的电场强度，等于各个点电荷在该点单独产生的电场的矢量和：

$$\boldsymbol{E}=\frac{1}{4\pi\varepsilon_0}\sum_{i=1}^{n}\frac{q_i\boldsymbol{R}_i}{R^3} \tag{2.3}$$

式中，$\boldsymbol{R}_i$ 为第 i 个点电荷 q_i 到待求场点 $p(x,y,z)$ 的矢径。即

$$\boldsymbol{R}_i=|\boldsymbol{x}-\boldsymbol{x}_i|=\sqrt{(x-x_i)^2+(y-y_i)^2+(z-z_i)^2}$$

事实上，虽然电荷分布是不连续的，每个微观带电粒子的带电量都是量子化的，带电量是电子电荷的整数倍，但是在宏观电动力学范围内，当考察物体的宏观性质时，所取的宏观上足够小的体积元内，一般都是包含大量的带电粒子，因此可以把电荷分布看成是连续分布。

电荷可以连续分布于物体体积 V、物体表面的一个薄层和一条细线上，分别称为体电荷分布、面电荷分布和线电荷分布，如图 2.3 所示。为了描述这种电荷的分布情况，分别引入：电荷体密度 $\rho(x,y,z)$ ［图 2.3(a)］、电荷面密度 $\sigma(x,y,z)$ ［图 2.3(b)］ 和电荷线密度 $\lambda(x,y,z)$ ［图 2.3(c)］。它们分别为

$$\rho(x,y,z)=\lim_{\Delta V\to 0}\frac{\Delta q}{\Delta V}=\frac{\mathrm{d}q}{\mathrm{d}V} \tag{2.4}$$

式中，ΔV 为(x,y,z) 点周围一个小体积元；Δq 为 ΔV 内的电荷量。

$$\sigma(x,y,z)=\lim_{\Delta s=0}\frac{\Delta q}{\Delta s}=\frac{\mathrm{d}q}{\mathrm{d}s} \tag{2.5}$$

式中，Δs 为曲面上（x，y，z）点周围的面积元；Δq 为面积元 Δs 上的电量。

$$\lambda=\lim_{\Delta l\to 0}\frac{\Delta q}{\Delta l}=\frac{\mathrm{d}q}{\mathrm{d}l} \tag{2.6}$$

式中，Δq 为带电线上 x 处线元 Δl 上所带的电荷量。

对于上述的点电荷情况，为了像电荷连续分布那样引入电荷密度概念来描述空间的电荷分布特征，可以借助于数学上的 δ 函数形式。若空间内有位于坐标原点、电量为 q 的点电荷，则该空间内的电荷密度可以写为 $\rho(\boldsymbol{x})=q\delta(\boldsymbol{x})$；又若点电荷 q 位于 $\boldsymbol{x}'$ 点，则电荷密度可描述为 $\rho(\boldsymbol{x})=q\delta(\boldsymbol{x}-\boldsymbol{x}')$。

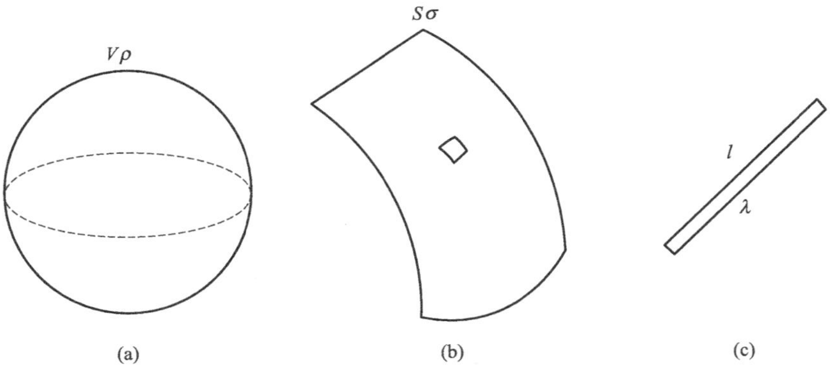

图 2.3　电荷分布图

引入电荷分布函数以后，对于图 2.4 所示的体电荷分布情况，可将其划分为许多很小的单元，每一单元都可以看成点电荷，若以 $\rho(\boldsymbol{x}')$ 表示电荷分布于区域 V 中的电荷体密度，$\mathrm{d}V$ 表示任意体积元大小，则 $p(x,y,z)$ 处的电场强度可表示为

$$\boldsymbol{E}(\boldsymbol{x})=\boldsymbol{E}(x,y,z)=\frac{1}{4\pi\varepsilon_0}\int_V \frac{\rho(\boldsymbol{x}')(\boldsymbol{x}-\boldsymbol{x}')}{|\boldsymbol{x}-\boldsymbol{x}'|^3}\mathrm{d}V' \tag{2.7}$$

同理，面电荷和线电荷分布产生的电场强度可以写为

$$\boldsymbol{E}(\boldsymbol{x})=\boldsymbol{E}(x,y,z)=\frac{1}{4\pi\varepsilon_0}\int_s \frac{\sigma(\boldsymbol{x}')(\boldsymbol{x}-\boldsymbol{x}')}{|\boldsymbol{x}-\boldsymbol{x}'|^3}\mathrm{d}s' \tag{2.8}$$

$$\boldsymbol{E}(\boldsymbol{x})=\boldsymbol{E}(x,y,z)=\frac{1}{4\pi\varepsilon_0}\int_l \frac{\lambda(\boldsymbol{x}')(\boldsymbol{x}-\boldsymbol{x}')}{|\boldsymbol{x}-\boldsymbol{x}'|^3}\mathrm{d}l' \tag{2.9}$$

以上各式中，积分是对源点 $\boldsymbol{x}'$，即对坐标（x',y',z'）进行，结果是 $\boldsymbol{x}$ 的函数，即电场是空间位置 $\boldsymbol{x}$ 的函数。

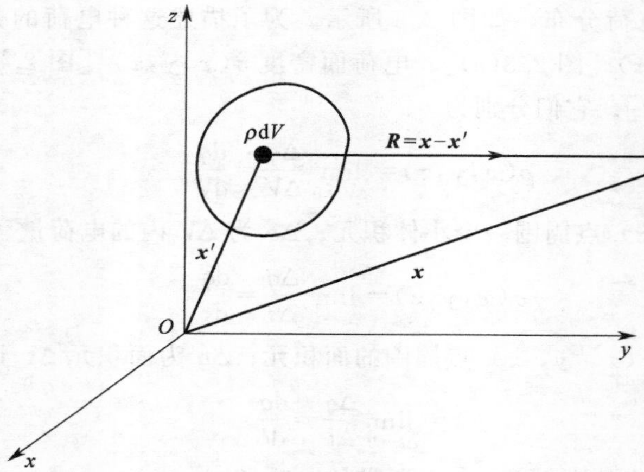

图 2.4　连续分布带电体的场

2.1.3 高斯定理和静电场的散度

静电场是矢量场，要把矢量场描述清楚，必须知道它的散度和旋度。现在来讨论电荷激发电场的一般性质，即研究一个电荷和它邻近的电场是怎样相互作用的，以及一点上的电场和它邻近的电场又是怎样联系的，即要找出静电场规律的微分形式。

在静电场中，通过任意闭合曲面的电通量只与它所包围的电荷的代数和成正比而与电荷的具体分布无关，数学表达式为

$$\oint_s \boldsymbol{E}\cdot\mathrm{d}\boldsymbol{s}=\frac{1}{\varepsilon_0}\int_V \rho\mathrm{d}V \tag{2.10}$$

此即为高斯定理的积分形式。必须注意，通过任意曲面的电通量与曲面外的电荷无关，但是曲面上各点的场强是由空间中所有电荷产生的。高斯定理对场中任一闭合曲面均成立，积分形式的高斯定理反映了一个有限范围内场与源的关系。为了得到空间无限小区域内场与源的关系，即反映点的情况，必须把积分形式的高斯定理写成微分形式。

利用矢量场的散度定理 $\oint_s \boldsymbol{A}\cdot\mathrm{d}\boldsymbol{s}=\int_V \nabla\cdot\boldsymbol{A}\mathrm{d}V$，方程(2.10) 可以写为

$$\oint_s \boldsymbol{E}\cdot\mathrm{d}\boldsymbol{s}=\int_V \nabla\cdot\boldsymbol{E}\mathrm{d}V=\frac{1}{\varepsilon_0}\int_V \rho\mathrm{d}V$$

所以

$$\int_V \nabla \cdot \boldsymbol{E} \mathrm{d}V - \frac{1}{\varepsilon_0}\int_V \rho \mathrm{d}V = 0$$

由于曲面是任意选取的，所以上式成立必须要求被积函数为零，所以可以得到

$$\nabla \cdot \boldsymbol{E} = \frac{\rho(\boldsymbol{x})}{\varepsilon_0} \tag{2.11}$$

此即为高斯定理的微分形式。该定理表明，空间任意一点电场强度的散度等于该点电荷密度与真空介电常数之比。如果$\nabla \cdot \boldsymbol{E} > 0$，则该点 $\rho > 0$，即有正电荷堆积，电力线由该点向外发散；反之，如果$\nabla \cdot \boldsymbol{E} < 0$，则该点 $\rho < 0$，即有负电荷堆积，电力线向该点会聚；又若某点$\nabla \cdot \boldsymbol{E} = 0$，则该点 $\rho = 0$，即该点无电荷堆积，电力线只是通过该点，因此可以知道电场的一个重要性质，即静电场是一个有源场，电荷是场的源，电力线起始于正电荷，而终止于负电荷。

2.1.4 环路定理和静电场的旋度

静电力与重力一样是保守力，即电场力移动电荷所做的功与所经过的路径无关，即

$$\oint_l \boldsymbol{E} \cdot \mathrm{d}\boldsymbol{l} = 0 \tag{2.12}$$

此即为静电场环路定理的积分形式，利用矢量场的斯托克斯定理，有

$$\oint_l \boldsymbol{E} \cdot \mathrm{d}\boldsymbol{l} = \int_s (\nabla \times \boldsymbol{E}) \cdot \mathrm{d}\boldsymbol{s} = 0$$

由于曲面是任意的，要想使上式成立则需满足被积函数等于零，即

$$\nabla \times \boldsymbol{E} = 0 \tag{2.13}$$

此式即为静电场的旋度方程，即环路定理的微分形式，表明静电场是一种无旋场，即在静电场情况下，电力线是无旋涡状的结构。

2.1.5 静电场基本方程

静电场的性质可用它的散度和旋度描述或者用它在闭合曲面上的通量和闭合曲线上的环量描述，前者对应于场基本方程的微分形式，后者对应于场基本方程的积分形式，因此静电场基本方程的微分形式为

$$\begin{cases} \nabla \cdot \boldsymbol{E} = \dfrac{\rho(\boldsymbol{x})}{\varepsilon_0} \\ \nabla \times \boldsymbol{E} = 0 \end{cases} \tag{2.14}$$

静电场基本方程的积分形式为

$$\begin{cases} \oint_s \boldsymbol{E} \cdot \mathrm{d}\boldsymbol{s} = \dfrac{1}{\varepsilon_0}\int_V \rho \mathrm{d}V \\ \oint_l \boldsymbol{E} \cdot \mathrm{d}\boldsymbol{l} = 0 \end{cases} \tag{2.15}$$

例题 2-1：电荷 Q 均匀分布在半径为 a 的球内，求空间各点的电场强度，并计算电场强度的散度和旋度。

解：由于电荷分布的球对称性，电场只有沿 $\boldsymbol{r}$ 方向的分量，并且在与带电球同心的球面上电场强度的大小相等。因此，可由高斯定律求出空间的电场分布。应注意到：$r > a$ 时，

半径为 r 的球内电荷量为 Q；$r<a$ 时的球内电荷量是 Qr^3/a^3。因此可以得到电场分布为

$$\boldsymbol{E}=\frac{Q\boldsymbol{r}}{4\pi\varepsilon_0 r^3}\quad r>a$$

$$\boldsymbol{E}=\frac{Q\boldsymbol{r}}{4\pi\varepsilon_0 a^3}\quad r<a$$

空间电场的散度分别为

$$\nabla\cdot\boldsymbol{E}=\frac{Q}{4\pi\varepsilon_0}\nabla\cdot\frac{\boldsymbol{r}}{r^3}=0\quad r>a$$

$$\nabla\cdot\boldsymbol{E}=\frac{Q}{4\pi\varepsilon_0 a^3}\nabla\cdot\boldsymbol{r}=\frac{Q}{\frac{4\pi}{3}a^3\varepsilon_0}=\frac{\rho}{\varepsilon_0}\quad r<a$$

以上所得的结果与静电场方程的结果完全一致，再次看出散度概念的局域性质。

例题 2-2：试证明场强 $\boldsymbol{E}=\frac{1}{4\pi\varepsilon_0}\frac{q\boldsymbol{r}}{r^3}$是点电荷场方程$\nabla\cdot\boldsymbol{E}=\frac{1}{\varepsilon_0}q\delta(\boldsymbol{r})$的解。

证明：由所给的场方程容易看出点电荷位于坐标原点，电荷密度为 $\rho(\boldsymbol{r})=q\delta(\boldsymbol{r})$。点电荷的场是球对称分布，场强只有径向分布，在球坐标下只有 $\boldsymbol{r}$ 方向的分量，在球坐标系下，可以得到

$$\nabla\cdot\boldsymbol{E}=\frac{1}{r^2}\frac{\mathrm{d}}{\mathrm{d}r}(r^2E_r)=\frac{1}{\varepsilon_0}q\delta(\boldsymbol{r})$$

由此可以得到

$$r^2E_r=\frac{1}{\varepsilon_0}\int_0^r q\delta(\boldsymbol{r})r^2\mathrm{d}r=\frac{q}{4\pi\varepsilon_0}\int_V\delta(\boldsymbol{r})\mathrm{d}V$$

式中，$\mathrm{d}V$ 为体积元。根据 δ 函数的定义，得到

$$E_r=\frac{q}{4\pi\varepsilon_0 r^2}$$

考虑到场强的方向，则

$$\boldsymbol{E}=\frac{1}{4\pi\varepsilon_0}\frac{q\boldsymbol{r}}{r^3}$$

结论得证。

2.2 静电势

在一般情况下，直接求解电场强度是困难的。由于静电场具有无旋性，因此在求解静电场时往往引入势函数，即通过求解静电场的标势来解决静电问题，可使问题大为简化。下面介绍静电场的标势。

在静电情况下，静电场是无旋场，即$\nabla\times\boldsymbol{E}=0$，根据矢量场的性质可知任意一个标量场的梯度的旋度恒等于零，所以静电场总可以表示成某一标量函数的梯度，即

$$\boldsymbol{E}=-\nabla\varphi(\boldsymbol{x})\tag{2.16}$$

式中，$\varphi(\boldsymbol{x})$ 就称为**静电场的标势**或**电势**。式中负号的引入只是习惯的做法，这样就使电场的方向与电势梯度的方向相反。在直角坐标系中，电场强度的三个分量为

$$\boldsymbol{E}(x,y,z)=E_x\boldsymbol{e}_x+E_y\boldsymbol{e}_y+E_z\boldsymbol{e}_z=-\nabla\varphi=-\frac{\partial\varphi}{\partial x}\boldsymbol{e}_x-\frac{\partial\varphi}{\partial y}\boldsymbol{e}_y-\frac{\partial\varphi}{\partial z}\boldsymbol{e}_z \tag{2.17}$$

在球坐标系下：

$$E_r=-\frac{\partial\varphi}{\partial r}\qquad E_\theta=-\frac{1}{r}\frac{\partial\varphi}{\partial\theta}\qquad E_\alpha=-\frac{1}{r\sin\theta}\frac{\partial\varphi}{\partial\alpha} \tag{2.18}$$

电势可以通过电势与场强度的积分关系求出，即由

$$E_l=-(\nabla\varphi)_l=-\frac{\partial\varphi}{\partial l} \tag{2.19}$$

沿任意路径 L 由 P 点到 Q 点积分可得

$$\varphi_P-\varphi_Q=\int_P^Q\boldsymbol{E}\cdot\mathrm{d}\boldsymbol{l} \tag{2.20}$$

可见 P、Q 两点之间的电势差等于电场强度 $\boldsymbol{E}$ 沿任意路径 L 从 P 到 Q 点的线积分值，同时可以理解为把一个单位正电荷从 P 点沿任意路径 L 移动到 Q 点的过程中，电场力所做的功。

必须注意由式(2.16) 定义的电势 $\varphi(\boldsymbol{x})$ 不是单值的，它可以附加任意常数，即 $\varphi(\boldsymbol{x})$与 $\varphi(\boldsymbol{x})+\boldsymbol{C}$ 描述同一静电场。为了用单值势函数来表述电场，可以通过选定电势的参考点(电势零点) 来使电场中每一点都有一个单值的电势与之相对应，如取 Q 点电势为零，则：

$$\varphi_P(\boldsymbol{x})=\int_P^Q\boldsymbol{E}\cdot\mathrm{d}\boldsymbol{l} \tag{2.21}$$

式(2.21) 即表示空间中任一点电势等于把单位正电荷从该点移动到电势零点处时电场力所做的功。一般而言，电势零点的选取是任意的，但在实际工作中常选大地作为参考点，在理论计算中，当电荷分布在有限区域时，常选无穷远处为参考点，即规定无穷远处电势为零，所以：

$$\varphi_P(\boldsymbol{x})=\int_P^\infty\boldsymbol{E}\cdot\mathrm{d}\boldsymbol{l} \tag{2.22}$$

当无穷远处的电荷分布不为零时，则不能选取无穷远处作为电势参考点（如无穷长带电直导线等)，如何选取要根据具体情况而定。式(2.16) 和式(2.22) 是电场强度和电势关系的一般表达式，当已知电场强度时，由这些公式可以求出空间的电势分布，反过来已知电势分布时，可以求出空间场强的分布。下面计算给定电荷分布所在空间激发的电势。

已知点电荷 q 激发的电场强度为

$$\boldsymbol{E}=\frac{1}{4\pi\varepsilon_0}\frac{q\boldsymbol{r}}{r^3}$$

式中，$\boldsymbol{r}=\boldsymbol{x}$ 为源点到场点的矢径。因此有

$$\varphi_P(\boldsymbol{x})=\int_P^\infty\boldsymbol{E}\cdot\mathrm{d}\boldsymbol{l}=\int_r^\infty\frac{q\,\mathrm{d}r}{4\pi\varepsilon_0 r^2}=\frac{q}{4\pi\varepsilon_0 r} \tag{2.23}$$

由电场的叠加性原理可知，多个电荷激发的电势等于每个电荷激发电势的代数和。设一组点电荷 q_i，与场点的距离为 r_i，则这组点电荷在 $P(x,y,z)$ 点的电势为

$$\varphi(\boldsymbol{x})=\sum_i\frac{Q_i}{4\pi\varepsilon_0 r_i} \tag{2.24}$$

如果电荷连续分布于一个区域 V 内，体电荷密度为 $\rho(\boldsymbol{x}')$，可以将区域 V 分成许多小体积元，每个小体积元都可以看成点电荷，则带电体在空间的电势分布为

$$\varphi(\boldsymbol{x})=\frac{1}{4\pi\varepsilon_0}\int_V\frac{\rho(\boldsymbol{x}')\mathrm{d}V'}{|\boldsymbol{x}-\boldsymbol{x}'|}\tag{2.25}$$

积分区域包括 $\rho(\boldsymbol{x}')$ 不为零的全部空间，对于电荷呈面分布和线分布的情况也有类似的结果：

$$\varphi(\boldsymbol{x})=\frac{1}{4\pi\varepsilon_0}\int_s\frac{\sigma(\boldsymbol{x}')\mathrm{d}s'}{|\boldsymbol{x}-\boldsymbol{x}'|}\tag{2.26}$$

$$\varphi(\boldsymbol{x})=\frac{1}{4\pi\varepsilon_0}\int_l\frac{\lambda(\boldsymbol{x}')\mathrm{d}l'}{|\boldsymbol{x}-\boldsymbol{x}'|}\tag{2.27}$$

例题 2-3：求如图 2.5 所示均匀电场 $\boldsymbol{E}_0$ 产生的电势分布。

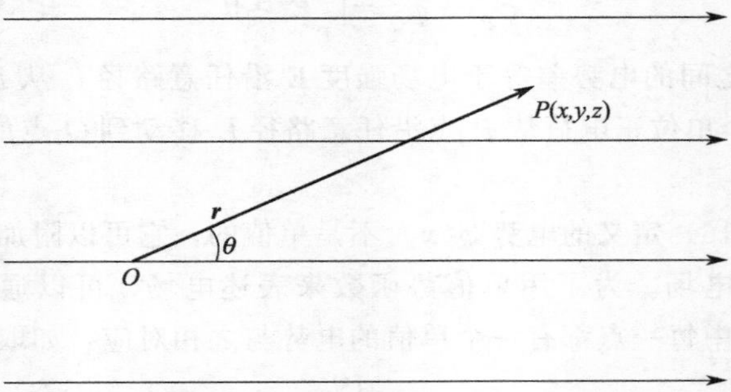

图 2.5　均匀电场示意图

解：要求空间任一点 $P(x,y,z)$ 的电势 $\varphi(\boldsymbol{r})$，可以选取一点 O 作为坐标原点，如图 2.5 所示，由于

$$\varphi_P-\varphi_O=\int_P^O\boldsymbol{E}\cdot\mathrm{d}\boldsymbol{l}=-\boldsymbol{E}_0\cdot\boldsymbol{r}\tag{2.28}$$

可见均匀电场的电势不能取无穷远作电势参考点，故取 O 点为电势参考点，则

$$\varphi_P=-\boldsymbol{E}\cdot\boldsymbol{r}=-E_0r\cos\theta$$

例题 2-4：试求如图 2.6 所示电偶极子在远区的电势。

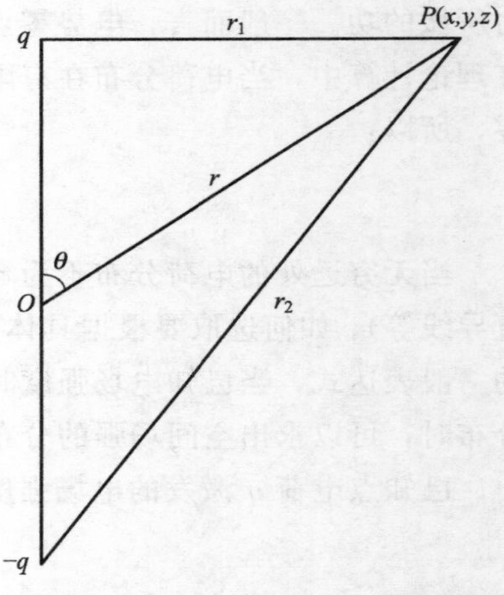

图 2.6　电偶极子示意图

解：在静电学中，电偶极子是经常遇到的一种电荷分布形式，电偶极子是由两个电量相等的正负点电荷，位于十分靠近的两点上组成的带电系统。描写电偶极子的特征量是电偶极矩 $\boldsymbol{p}$，定义为 $\boldsymbol{p}=q\boldsymbol{l}$，方向由负电荷指向正电荷，大小为 ql，其中 l 是正负电荷之间的距离。

取坐标原点在两点电荷的中心，z 轴沿电偶极矩方向，据式(2.23) 可得任一点 $P(x,y,z)$ 处的电势为

$$\varphi(\boldsymbol{r})=\frac{1}{4\pi\varepsilon_0}\left(\frac{q}{r_1}-\frac{q}{r_2}\right)$$

两点电荷很近，是指 $r\gg l$，则有关系：

$$r_1 \approx r - \frac{l}{2}\cos\theta \qquad r_2 \approx r + \frac{l}{2}\cos\theta$$

所以$\frac{1}{r_1}-\frac{1}{r_2}=\frac{l\cos\theta}{r^2}$，$\theta$ 是 $\boldsymbol{p}$ 与 $\boldsymbol{r}$ 之间的夹角，因此任一点的电势为

$$\varphi(\boldsymbol{r})=\frac{q}{4\pi\varepsilon_0}\frac{l\cos\theta}{r^2}=\frac{1}{4\pi\varepsilon_0}\frac{p\cos\theta}{r^2}=\frac{\boldsymbol{p}\cdot\boldsymbol{r}}{4\pi\varepsilon_0 r^3} \tag{2.29}$$

空间场强分布为

$$\boldsymbol{E}(\boldsymbol{r})=-\nabla\varphi(\boldsymbol{r})=-\frac{1}{4\pi\varepsilon_0}\nabla\left(\frac{\boldsymbol{p}\cdot\boldsymbol{r}}{r^3}\right)=\frac{1}{4\pi\varepsilon_0}\left[\frac{3(\boldsymbol{p}\cdot\boldsymbol{r})\boldsymbol{r}}{r^5}-\frac{\boldsymbol{r}}{r^3}\right] \tag{2.30}$$

注意，在式中利用了：

$$\nabla(\boldsymbol{p}\cdot\boldsymbol{r})=\boldsymbol{p}$$

$$\nabla\frac{1}{r^3}=-\frac{3\boldsymbol{r}}{r^5}$$

在球坐标系中的三个分量为

$$\begin{cases} E_r=\dfrac{2p\cos\theta}{4\pi\varepsilon_0 r^3} \\ E_\theta=\dfrac{p\sin\theta}{4\pi\varepsilon_0 r^3} \\ E_\alpha=0 \end{cases} \tag{2.31}$$

从结论即式(2.29) 和式(2.31) 可以看出，电偶极子在远区产生场的特点是电势和场强分别与 r^2 和 r^3 成反比，而不像单个点电荷那样分别与 r 与 r^2 成反比。

在球坐标系中远区电势和场强均与坐标 α 无关，图 2.7 为电偶极子的电力线和等势线图。

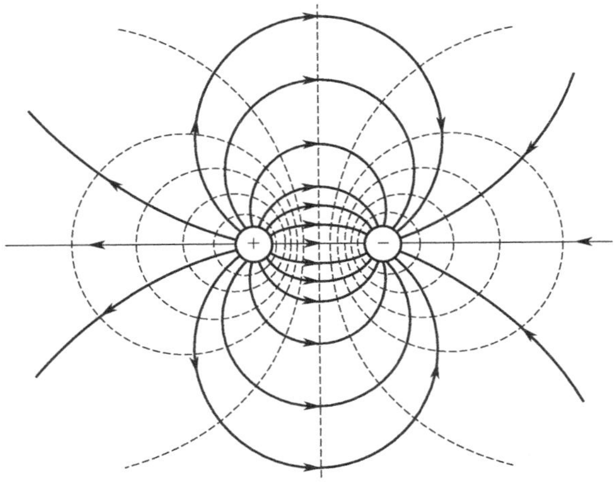

图 2.7 电偶极子等势线和电力线图

2.3 电荷系统在远区的电势

2.3.1 势的多极展开

在许多实际物理问题中，电荷分布在小区域内，而观测场点离电荷区域又很远，此时可不直接积分而用多极展开的方法近似计算远区电场。例如在研究原子能级和光谱的超精细结构时，就必须考虑原子核的电荷分布对原子外层的电子作用。由于原子核的电荷分布于10^{-15}m线度内，而原子内电子到核的距离大约在10^{-10}m线度，因此原子核对核外电子的作用可以看成小区域电荷分布的场对电子的作用。

设电荷分布的小区域线度为l，取坐标原点在小区域内，观测场点坐标为$\boldsymbol{x}$，满足$|\boldsymbol{x}|=r\gg l$，带电体的电荷密度为$\rho(\boldsymbol{x}')$，$R=|\boldsymbol{x}-\boldsymbol{x}'|$。由于$\boldsymbol{x}'$点限制在小区域内，所以$x'$、$y'$、$z'$都是小量，$1/R$可以在坐标原点处对$\boldsymbol{x}'$展开。

设$f(\boldsymbol{x}-\boldsymbol{x}')$为$\boldsymbol{x}-\boldsymbol{x}'$的函数，在$\boldsymbol{x}'=\boldsymbol{0}$点附近展开$f(\boldsymbol{x}-\boldsymbol{x}')$，令$x_1'=x'$，$x_2'=y'$，$x_3'=z'$，则由泰勒级数展开公式可得

$$\begin{aligned}f(\boldsymbol{x}-\boldsymbol{x}')&=f(\boldsymbol{x})-\left(x'\frac{\partial}{\partial x'}+y'\frac{\partial}{\partial y'}+z'\frac{\partial}{\partial z'}\right)f(\boldsymbol{x})+\frac{1}{2!}\left(x'\frac{\partial}{\partial x'}+y'\frac{\partial}{\partial y'}+z'\frac{\partial}{\partial z'}\right)^2 f(\boldsymbol{x})+\cdots\\&=f(\boldsymbol{x})-\boldsymbol{x}'\cdot\nabla f(\boldsymbol{x})+\frac{1}{2!}(\boldsymbol{x}'\cdot\nabla)^2 f(\boldsymbol{x})+\cdots\end{aligned}$$

取$f(\boldsymbol{x}-\boldsymbol{x}')=\dfrac{1}{|\boldsymbol{x}-\boldsymbol{x}'|}=\dfrac{1}{R}$，有

$$\frac{1}{R}=\frac{1}{r}-\boldsymbol{x}'\cdot\nabla\frac{1}{r}+\frac{1}{2!}\sum_{ij}x'_i x'_j\frac{\partial^2}{\partial x_i\partial y_j}\frac{1}{r}+\cdots$$

将上式带入电势表达式(2.25)得到

$$\begin{aligned}\varphi(\boldsymbol{x})&=\frac{1}{4\pi\varepsilon_0}\int_V\frac{\rho(\boldsymbol{x}')\mathrm{d}V'}{|\boldsymbol{x}-\boldsymbol{x}'|}\\&=\frac{1}{4\pi\varepsilon_0}\int_V\rho(\boldsymbol{x}')\left[\frac{1}{r}-\boldsymbol{x}'\cdot\nabla\frac{1}{r}+\frac{1}{2!}\sum_{i,j}x'_i x'_j\frac{\partial^2}{\partial x_i\partial x_j}\frac{1}{r}+\cdots\right]\mathrm{d}V'\\&=\frac{1}{4\pi\varepsilon_0}\left[\frac{q}{r}-\boldsymbol{p}\cdot\nabla\frac{1}{r}+\frac{1}{6}\sum_{i,j}D_{ij}\frac{\partial^2}{\partial x_i\partial x_j}\frac{1}{r}+\cdots\right]\end{aligned}\tag{2.32}$$

其中：

$$q=\int_V\rho(\boldsymbol{x})\mathrm{d}V'\tag{2.33}$$

$$\boldsymbol{p}=\int_V\boldsymbol{x}'\rho(\boldsymbol{x}')\mathrm{d}V'\tag{2.34}$$

$$D_{ij}=\int_V 3x'_i x'_j\rho(\boldsymbol{x}')\mathrm{d}V'\tag{2.35}$$

q、$\boldsymbol{p}$、D_{ij}分别称为电荷系统的电零极矩、电偶极矩和电四极矩。式(2.32)即为电荷系统激发的势在远处的多极展开式。

通常电四极矩定义为

$$D_{ij}=\int\rho(\boldsymbol{x}')(3x'_i x'_j-\delta_{ij}r'^2)\mathrm{d}V'\tag{2.36}$$

显然，$D_{ij}=D_{ji}$，且 $\sum_i D_{ii}=0$，所以电四极矩只有五个独立的分量。

2.3.2 电多极矩的势

现在分析展开式(2.32) 中各项的物理意义，展开式第一项：

$$\varphi^{(0)}(\boldsymbol{x})=\frac{q}{4\pi\varepsilon_0 r} \tag{2.37}$$

此即为电荷 q 处于原点处激发的电势分布表达式，因此作为一级近似，可以把电荷体系看作集中于原点上，它激发的电势就是式(2.37)。当系统的净电荷等于零时，此项为零；当 $q\neq 0$ 时，它是式(2.32) 中最大的一项。

展开式(2.32) 中第二项：

$$\varphi^{(1)}(\boldsymbol{x})=-\frac{1}{4\pi\varepsilon_0}\boldsymbol{p}\cdot\nabla\frac{1}{r}=\frac{\boldsymbol{p}\cdot\boldsymbol{r}}{4\pi\varepsilon_0 r^3} \tag{2.38}$$

它是电偶极矩 $\boldsymbol{p}$ 处于原点处时产生的电势，对于分立分布的电荷系统，其电偶极矩为

$$\boldsymbol{p}=\sum_k q_k \boldsymbol{x}'_k \tag{2.39}$$

如果一个体系的电荷分布对原点对称，由式(2.34) 和式(2.39) 可知它们的电偶极矩为零，因此只有对原点不对称的电荷分布才有电偶极矩。电偶极矩 $\boldsymbol{p}$ 反映了系统的电荷分布特征，是描述系统电学性质的重要物理量。

展开式(2.32) 的第三项：

$$\varphi^{(2)}(\boldsymbol{x})=\frac{1}{4\pi\varepsilon_0}\frac{1}{6}\sum_{i,j}D_{ij}\frac{\partial^2}{\partial x_i\partial x_j}\frac{1}{r} \tag{2.40}$$

它是电四极矩 D_{ij} 产生的电势，D_{ij} 由式(2.35) 或式(2.36) 决定，若电荷分布为分立的情况，则

$$D_{ij}=\sum_k q_k x'_{ki}x'_{kj} \qquad (i,j=1,2,3) \tag{2.41}$$

或

$$D_{ij}=\sum_k q_k(3x'_{ki}x'_{kj}-\delta_{ij}r'^2) \qquad (i,j=1,2,3) \tag{2.42}$$

式中，δ_{ij} 为 Kroneeker 符号：

$$\delta_{ij}=\begin{cases}0 & i\neq j\\ 1 & i=j\end{cases} \tag{2.43}$$

以 i 为行标，j 为列标，也可以将 D_{ij} 写成一个矩阵的形式：

$$D=\begin{bmatrix}D_{11} & D_{12} & D_{13}\\ D_{21} & D_{22} & D_{23}\\ D_{31} & D_{32} & D_{33}\end{bmatrix} \tag{2.44}$$

称此矩阵为电荷系统的电四极矩张量，共有 9 个分量，如果采用定义式(2.42)，则只有 5 个分量是独立的。电四极矩势完全由 D 来决定：

$$\varphi^{(2)}(\boldsymbol{x})=\frac{1}{24\pi\varepsilon_0}\sum_{i,j}D_{ij}\frac{\partial^2}{\partial x_i\partial x_j}\left(\frac{1}{r}\right)=\frac{1}{24\pi\varepsilon_0}\sum_{i,j}D_{ij}\left(\frac{3x_ix_j}{r^5}-\frac{\delta_{ij}}{r^3}\right) \tag{2.45}$$

综上所述，得到分布在小区域的电荷分布产生的电势，可以写为各级电多极矩的叠加，

具体形式为

$$
\begin{aligned}
\varphi(\boldsymbol{x}) &= \varphi^{(0)}(\boldsymbol{x})+\varphi^{(1)}(x)+\varphi^{(2)}(\boldsymbol{x})+\cdots \\
&= \frac{q}{4\pi\varepsilon_0 r}+\frac{\boldsymbol{p}\cdot\boldsymbol{r}}{4\pi\varepsilon_0 r^3}+\frac{1}{24\pi\varepsilon_0}\sum_{i,j}D_{ij}\left(\frac{3x_i x_j}{r^5}-\frac{\delta_{ij}}{r^3}\right)+\cdots
\end{aligned} \tag{2.46}
$$

例题 2-5：求图 2.8 所示电荷系统的电偶极矩和电四极矩，并求出远处的电势（此带电系统称为电四极子）。

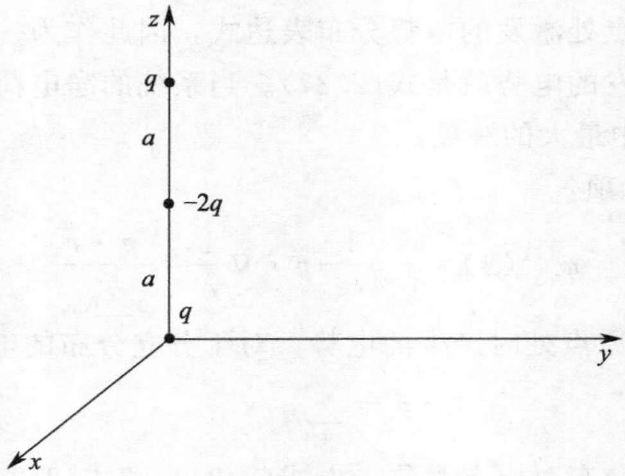

图 2.8　电四极子示意图

解：带电系统的总电荷为

$$q=\sum_k q_k=q+q+(-2q)=0$$

$$\varphi^{(0)}(\boldsymbol{x})=0$$

系统的电偶极矩为

$$\boldsymbol{p}=\sum_k q_k\boldsymbol{x}'_k$$

所以

$$p_x=p_y=p_z=0 \qquad \boldsymbol{p}=0$$

$$\varphi^{(1)}(\boldsymbol{x})=0$$

电四极矩为

$$D_{ij}=\sum_k q_k(3x'_{ki}x'_{kj}-r'_k\delta_{ij})$$

$$D_{12}=D_{21}=0$$

$$D_{13}=D_{31}=0$$

$$D_{23}=D_{32}=0$$

$$D_{11}=\sum_k q_k(3x'^2_k-x'^2_k-y'^2_k-z'^2_k)=-\sum_k q_k z'^2_k=-q(2a)^2+2qa^2=-2qa^2$$

$$D_{22}=-2qa^2$$

$$D_{33}=4qa^2$$

所以电四极矩张量为

$$\boldsymbol{D}=\begin{bmatrix} -2qa^2 & 0 & 0 \\ 0 & -2qa^2 & 0 \\ 0 & 0 & 4qa^2 \end{bmatrix}$$

四极势为

$$\begin{aligned} \varphi^{(2)}(\boldsymbol{x}) &= \frac{1}{24\pi\varepsilon_0}\sum_{i,j} D_{ij}\left(\frac{3x_i x_j}{r^5}-\frac{\delta_{ij}}{r^3}\right) \\ &= \frac{1}{24\pi\varepsilon_0}\left[D_{11}\left(\frac{3x^2}{r^5}-\frac{1}{r^3}\right)+D_{22}\left(\frac{3y^2}{r^5}-\frac{1}{r^3}\right)+D_{33}\left(\frac{3z^2}{r^5}-\frac{1}{r^3}\right)\right. \\ &= \frac{a^2 q}{4\pi\varepsilon_0}\left(\frac{3z^2}{r^5}-\frac{1}{r^3}\right) \end{aligned}$$

例题 2-6：如图 2.9 所示，一个均匀带电的回转椭球体，长半轴为 a，短半轴为 b，总电荷为 Q，求它的电偶极矩、电四极矩和远区的电势。

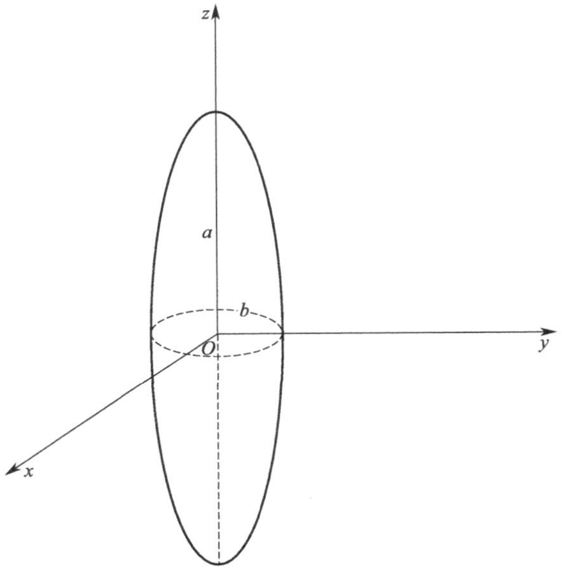

图 2.9　带电椭球示意图

解：取 z 轴为旋转轴，坐标原点为椭球的中心，椭球方程为

$$\frac{x^2+y^2}{b^2}+\frac{z^2}{a^2}=1$$

椭球带电体的电荷密度为

$$\rho=\frac{Q}{\frac{4\pi ab^2}{3}}=\frac{3Q}{4\pi ab^2}$$

电四极矩为 $D_{ij}=\int\rho(\boldsymbol{x}')(3x_i'x_j'-\delta_{ij}r'^2)\,\mathrm{d}V'$，由对称性可以知道

$$\int xy\,\mathrm{d}V=\int yz\,\mathrm{d}V=\int zx\,\mathrm{d}V=0$$

所以 $D_{12}=D_{23}=D_{31}=0$，取广义坐标系：

$$x'=br'\sin\theta'\cos\varphi'$$
$$y'=br'\sin\theta'\sin\varphi'$$
$$z'=ar'\cos\theta'$$

由三重积分变量替换的 Jacobi 行列式求得 $\mathrm{d}V'=ab^2r'^2\mathrm{d}r'\sin\theta'\mathrm{d}\theta'\mathrm{d}\varphi'$，所以：

$$\int x'^2\mathrm{d}V'=\int y'^2\mathrm{d}V'=\frac{4}{15}\pi ab^4$$

$$\int z'^2\mathrm{d}V'=\frac{4}{15}\pi a^3b^2$$

因此：$D_{33}=\rho\int(3z'^2-r'^2)\mathrm{d}V'=\rho\int(2z'^2-x'^2-y'^2)\mathrm{d}V'=\frac{2}{5}(a^2-b^2)Q$

由于 $D_{11}+D_{22}+D_{33}=0$，$D_{11}=D_{22}$，所以 $D_{11}=D_{22}=-\frac{1}{2}D_{33}=-\frac{1}{5}Q(a^2-b^2)$。因此可得

$$\boldsymbol{D}=\begin{bmatrix}-\frac{1}{5}Q(a^2-b^2) & 0 & 0\\ 0 & -\frac{1}{5}Q(a^2-b^2) & 0\\ 0 & 0 & \frac{2}{5}Q(a^2-b^2)\end{bmatrix}$$

电四极矩在远处的电势为

$$\varphi^{(2)}=\frac{1}{24\pi\varepsilon_0}\sum_{i,j}D_{ij}\left(\frac{3x_ix_j}{r^5}-\frac{\delta_{ij}}{r^3}\right)$$

$$=\frac{1}{24\pi\varepsilon_0}\left[-\frac{1}{5}Q(a^2-b^2)\left(\frac{3x^2}{r^5}-\frac{1}{r^3}\right)-\frac{1}{5}Q(a^2-b^2)\left(\frac{3y^2}{r^5}-\frac{1}{r^3}\right)+\frac{2}{5}Q(a^2-b^2)\left(\frac{3z^2}{r^5}-\frac{1}{r^3}\right)\right]$$

$$=\frac{1}{24\pi\varepsilon_0}\left[-\frac{1}{5}Q(a^2-b^2)\right]\left(\frac{3x^2+3y^2-6z^2}{r^5}-\frac{2}{r^3}+\frac{2}{r^3}\right)$$

$$=-\frac{1}{24\pi\varepsilon_0}\frac{1}{5}Q(a^2-b^2)\left(\frac{3r^2-9z^2}{r^5}\right)$$

$$=\frac{Q}{40\pi\varepsilon_0}(a^2-b^2)\left(\frac{3z^2}{r^5}-\frac{1}{r^3}\right)$$

由于系统电荷分布具有相对中心的反演对称性，所以系统的电偶极矩等于零，因此近似到四极项，电荷均匀分布椭球体在远处的势为

$$\varphi=\frac{Q}{4\pi\varepsilon_0}\left[\frac{1}{r}+\frac{a^2-b^2}{10}\left(\frac{3z^2-r^2}{r^5}\right)\right]$$

2.4　电介质中的静电场方程

以上各节所讨论的都是真空中的静电场，实际上对静电场调控的主要因素之一就是电介质。从本节开始讨论有电介质存在时静电场的情况。所谓电介质就是电阻率很大，导电能力很差的物质。电介质的主要特征是它的原子或分子中电子和原子核的结合很强，电子处于束缚状态。当电介质处于电场中时，不论是原子中的电子，还是分子中的离子，或是晶体点阵上的带电粒子等都会在电场作用下，在原子大小范围内移动，当达到静电平衡时，在电介质表面层或者体内会出现极化电荷。因此，介质中电场特点及其电场所遵循的规律的表述方式与真空中的电场应有所不同。

2.4.1　介质的极化

由电磁学知识知道，构成介质的分子可以分为极性分子和非极性分子。极性分子是指内部电荷分布不对称的分子，虽然这种分子在整体上是电中性的，但分子的正负电荷中心都不重合，即使无外加电场，分子本身也有偶极矩，称为分子的固有偶极矩，例如：H_2O、H_2S、SO_2 等。另一类分子是非极性分子，是指分子内部电荷分布对称，正负电荷中心重合，无外加电场时，分子的偶极矩为零，例如：H_2、N_2、CH_4 等。

在无外加电场时，由于分子的无规则热运动，分子的排列是杂乱无章的，因此，若在介质内任意取一个宏观小体积元，只要保证其中包含大量分子，则总电荷与总电偶极矩等于零，因此对外不显示任何电性。而当有外场存在时，由于分子中的正负电荷在电场作用下向相反的方向移动，极性分子会出现与外场方向一致的感应偶极矩，而非极性分子的电偶极矩会不同程度地转向外场方向，此时在介质中会出现宏观偶极矩，此种现象称为介质的极化。极化的结果是在介质的内部和表面上可能出现电荷的宏观积累，这种电荷不能在介质中自由移动，而是被束缚在分子上，因此称为束缚电荷。束缚电荷又在空间中产生宏观电场，而介质中的总电场应是外电场与束缚电荷产生电场的叠加，即：

$$\boldsymbol{E}_{总}=\boldsymbol{E}_{外}+\boldsymbol{E}_{束} \tag{2.47}$$

介质最终的极化状态由总电场决定，而总电场又由介质的极化状态和外电场共同决定。

2.4.2　极化强度

从上面的讨论可以看出，两种不同的电结构电介质极化的微观过程虽然不同，但是宏观效果却是相同的，都是在介质内部有沿外场方向的电偶极矩存在，所以从宏观上描述电介质的极化现象时不必区分两类电介质。在电介质中任取一宏观小体积元 ΔV，当无外场时，这个体积元中所有分子的电偶极矩的矢量和 $\sum\limits_i \boldsymbol{p}_i$ 等于零；但是在外场作用下，由于电介质的极化，$\sum\limits_i \boldsymbol{p}_i$ 将不再等于零，外电场愈强，$\sum\limits_i \boldsymbol{p}_i$ 的值也愈大。极化强度矢量定义为

$$P = \frac{\sum_i p_i}{\Delta V} \tag{2.48}$$

式中，$\boldsymbol{p}_i$ 为第 i 个分子的电偶极矩，求和符号 $\sum$ 表示对 ΔV 内所有分子求和。这样定义的矢量 $\boldsymbol{P}$ 是空间位置的函数，如果介质中各点的 $\boldsymbol{P}$ 都相同，就称之为均匀极化，否则就是非均匀极化。由于极化，分子正负电中心发生相对位移，因而物理小体积元 ΔV 内可能出现净余的正电或负电，即出现宏观的束缚电荷分布，这种电荷可能出现在体内或者在介质表面上。下面来讨论这些电荷与极化强度 $\boldsymbol{P}$ 之间的关系如何。

用一个简化模型来表示介质中的分子，设每个分子由相距为 $|\boldsymbol{l}|$ 的一对正负电荷 $\pm q$ 组成，分子电偶极矩为 $\boldsymbol{p}=q\boldsymbol{l}$，如图 2.10 所示，并取介质内曲面 S 上的一个面积元 $\mathrm{d}\boldsymbol{S}$。介质被极化后，有一些分子电偶极矩跨过 $\mathrm{d}\boldsymbol{S}$，显然由图可见当偶极子的负电荷处于体积 $\boldsymbol{l}\cdot\mathrm{d}\boldsymbol{S}$ 内时，同一偶极子的正电荷就穿出了界面 $\mathrm{d}\boldsymbol{S}$。

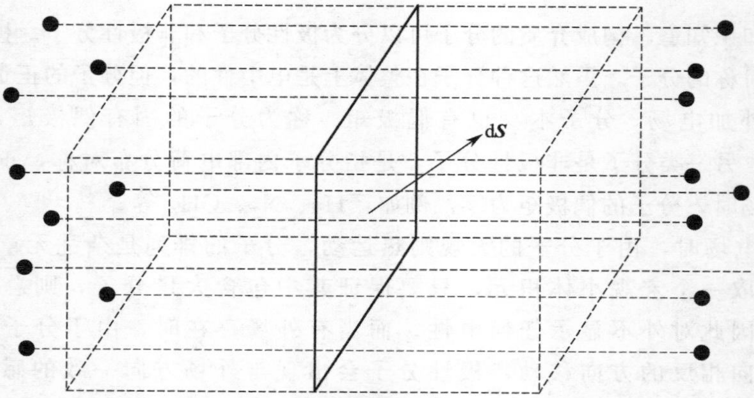

图 2.10　电极化强度与极化电荷体密度之间的关系

设单位体积内的分子数为 N，q 为每个分子的正电荷量，则穿出 $\mathrm{d}\boldsymbol{S}$ 的正电荷量为

$$Nq\boldsymbol{l}\cdot\mathrm{d}\boldsymbol{S}=N\boldsymbol{p}\cdot\mathrm{d}\boldsymbol{S}=\boldsymbol{P}\cdot\mathrm{d}\boldsymbol{S} \tag{2.49}$$

穿过 S 面的正电荷量为 $\mathrm{d}q'=\boldsymbol{P}\cdot\mathrm{d}\boldsymbol{S}$，设 S 所围的体积为 V，所以上式就是从 V 中流出的正电荷。由于电介质是电中性的，所以体积 V 内必然剩余电荷 $-q'$，$-q'$ 就是极化束缚电荷，如果 ρ_P 是束缚电荷体密度，则有

$$\int_V \rho_P \,\mathrm{d}V = -\oint_s \boldsymbol{P}\cdot\mathrm{d}\boldsymbol{S}$$

由高斯公式可得

$$\int_V \rho_P \,\mathrm{d}V = -\int_V \nabla\cdot\boldsymbol{P}\,\mathrm{d}V$$

由于体积 V 是任意的，所以在空间每一点必然有

$$\rho_P = -\nabla\cdot\boldsymbol{P} \tag{2.50}$$

从式(2.50) 可以看出：对于非均匀极化，一般在整个介质内部都出现极化电荷，但对于均匀极化，束缚电荷只出现在自由电荷附近及介质界面处。

现在说明两介质分界面的面束缚电荷的概念。图 2.11 所示为介质 1 和介质 2 分界面上的一个面元 $\mathrm{d}\boldsymbol{S}$，穿过 $\mathrm{d}\boldsymbol{S}$ 的电荷就积累在表面附近一个薄层内，可以作为面电荷来处理，面电荷密度为 σ_P。由式(2.49) 可知，通过薄层下侧面进入薄层的正电荷为 $\boldsymbol{P}_2\cdot\mathrm{d}\boldsymbol{S}_2$，由介质 1 通过薄层上侧面进入薄层内的正电荷为 $\boldsymbol{P}_1\cdot\mathrm{d}\boldsymbol{S}_1$，因此薄层内出现的净余电荷为 $-(\boldsymbol{P}_1\cdot\mathrm{d}\boldsymbol{S}_1+\boldsymbol{P}_2\cdot\mathrm{d}\boldsymbol{S}_2)=\sigma_P\mathrm{d}S$，由于 $\mathrm{d}\boldsymbol{S}_1=\mathrm{d}S\boldsymbol{n}=-\mathrm{d}\boldsymbol{S}_2$，所以

$$\sigma_P=-(\boldsymbol{P}_2-\boldsymbol{P}_1)\cdot\boldsymbol{n}=P_{1n}-P_{2n} \tag{2.51}$$

式中，$\boldsymbol{n}$ 为分界面上由电介质 1 指向电介质 2 的法线单位矢量。必须注意：所谓面电荷不是真正分布在一个几何面上的电荷，而是在一个含有相当多分子层内的效应。

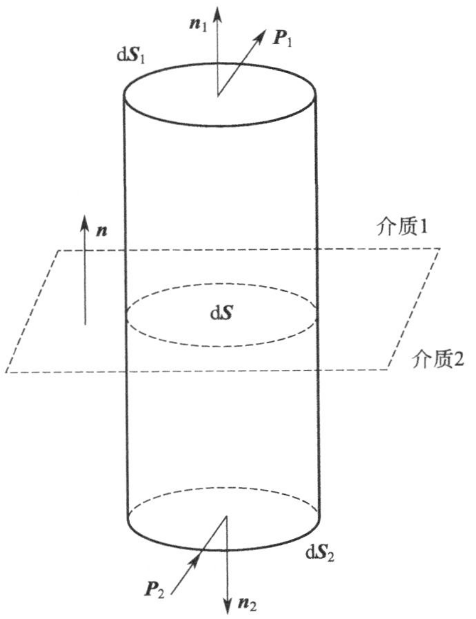

图 2.11 电极化强度与极化电荷面密度之间的关系

2.4.3 介质存在时的场方程

介质内的电现象包括两个方面：一方面是电场使介质极化而产生束缚电荷分布；另一方面是束缚电荷分布反过来又产生电场，这两个方面是相互制约的。因此，此时空间中的总电场应是外场和束缚电荷产生场的叠加，在真空中高斯定理中的电荷应包括自由电荷和束缚电荷，所以介质中的高斯定理可以写为

$$\oint_s \boldsymbol{E}\cdot\mathrm{d}\boldsymbol{S}=\frac{1}{\varepsilon_0}\int_V(\rho_P+\rho)\mathrm{d}V=\frac{1}{\varepsilon_0}\int_V\rho_P\mathrm{d}V+\frac{1}{\varepsilon_0}\int_V\rho\mathrm{d}V$$

$$=\frac{1}{\varepsilon_0}\int_V\rho\mathrm{d}V-\frac{1}{\varepsilon_0}\int_V\nabla\cdot\boldsymbol{P}\mathrm{d}V=\frac{1}{\varepsilon_0}\int_V\rho\mathrm{d}V-\frac{1}{\varepsilon_0}\int_s\boldsymbol{P}\cdot\mathrm{d}\boldsymbol{S}$$

所以可得到

$$\oint_s(\varepsilon_0\boldsymbol{E}+\boldsymbol{P})\cdot\mathrm{d}\boldsymbol{S}=\frac{1}{\varepsilon_0}\int_V\rho\mathrm{d}V$$

令

$$\boldsymbol{D}=\varepsilon_0\boldsymbol{E}+\boldsymbol{P} \tag{2.52}$$

可得

$$\oint_s\boldsymbol{D}\cdot\mathrm{d}\boldsymbol{S}=q \tag{2.53}$$

此即为有介质存在时的高斯定理。将其写成微分形式为

$$\nabla\cdot\boldsymbol{D}=\rho \tag{2.54}$$

在式(2.53) 中已经消去了束缚电荷，但是引入了一个辅助量 $\boldsymbol{D}$，矢量 $\boldsymbol{D}$ 称为电位移矢量，单位为库仑/米^2，即 $\mathrm{C/m^2}$。式(2.53) 表明，在有介质时，通过任意闭合曲面的电位移的通量等于该曲面内所包围的自由电荷的代数和。

在介质中静电场的旋度仍等于零，沿任意一条闭合回路的环流等于零。这是由于束缚电荷产生的电场的规律也符合库仑定律。写成数学表达式为

$$\oint_l \boldsymbol{E}\cdot d\boldsymbol{l}=0$$

或者写成微分形式：

$$\nabla\times\boldsymbol{E}=\boldsymbol{0}$$

综上所述，可将静电场方程的微分形式归纳为

$$\begin{cases}\nabla\cdot\boldsymbol{D}=\rho\\ \nabla\times\boldsymbol{E}=0\end{cases}\tag{2.55}$$

积分形式归纳为

$$\begin{gathered}\oint_s \boldsymbol{D}\cdot d\boldsymbol{S}=\sum q\\ \oint_l \boldsymbol{E}\cdot d\boldsymbol{l}=0\end{gathered}\tag{2.56}$$

2.4.4 介质的本构方程

由于在式(2.52)中引入了辅助量$\boldsymbol{D}$，因此必须给出$\boldsymbol{D}$和$\boldsymbol{E}$之间的关系，才能解出电场强度。实验指出，各种电介质有不同的电磁性能，$\boldsymbol{D}$和$\boldsymbol{E}$的关系也有多种形式。对于一般各项同性线性介质，在场强不太强时，极化强度与电场之间存在简单的线性关系：

$$\boldsymbol{P}=\chi_e\varepsilon_0\boldsymbol{E}\tag{2.57}$$

式中，ε_0为真空中的介电常数；χ_e为介质的极化率，是无量纲常数。从式(2.52)可知

$$\boldsymbol{D}=\varepsilon_0(1+\chi_e)\boldsymbol{E}=\varepsilon_0\varepsilon_r\boldsymbol{E}=\varepsilon\boldsymbol{E}\tag{2.58}$$

式中，$\varepsilon_r=1+\chi_e$，$\varepsilon=\varepsilon_r\varepsilon_0$，$\varepsilon_r$和$\varepsilon$分别称为电介质的相对电容率和电容率。

自然界除了存在$\boldsymbol{P}$与$\boldsymbol{E}$为同方向的各向同性介质外，还存在$\boldsymbol{P}$与$\boldsymbol{E}$方向不相同的各向异性介质，比如：许多晶体属于各向异性介质，在这些介质内某些方向容易极化，另一些方向不易极化，此时介质的极化率可用一个张量来描述。电位移矢量与电场强度的关系可表示为

$$\begin{bmatrix}D_x\\D_y\\D_z\end{bmatrix}=\begin{bmatrix}\varepsilon_{xx}&\varepsilon_{xy}&\varepsilon_{xz}\\\varepsilon_{yx}&\varepsilon_{yy}&\varepsilon_{yz}\\\varepsilon_{zx}&\varepsilon_{zy}&\varepsilon_{zz}\end{bmatrix}\begin{bmatrix}E_x\\E_y\\E_z\end{bmatrix}\tag{2.59}$$

这意味着，电位移矢量的每一个分量不仅与同方向的电场强度有关，也与其他两个不同方向的电场分量有关。

在强场作用下，许多介质呈现非线性现象，在这种情形下，$\boldsymbol{D}$不仅与$\boldsymbol{E}$的一次式有关，而且与$\boldsymbol{E}$的二次、三次式都有关系。在非线性介质中$\boldsymbol{D}$与$\boldsymbol{E}$的一般关系式是

$$D_i=\sum_j\varepsilon_{ij}E_j+\sum_{j,k}\varepsilon_{ijk}E_jE_k+\sum_{j,k,l}\varepsilon_{ijkl}E_jE_kE_l+\cdots\tag{2.60}$$

式中，i，j，k，$l=1$，2，3。

例题 2-7：半径为 a，带电量为 Q 的导体球，其外套有外半径为 b，介电常数为 ε 的介质球壳，如图 2.12 所示。求：空间任意一点的电位移矢量和电场强度；介质中的极化电荷体密度和介质球壳表面的极化电荷面密度。

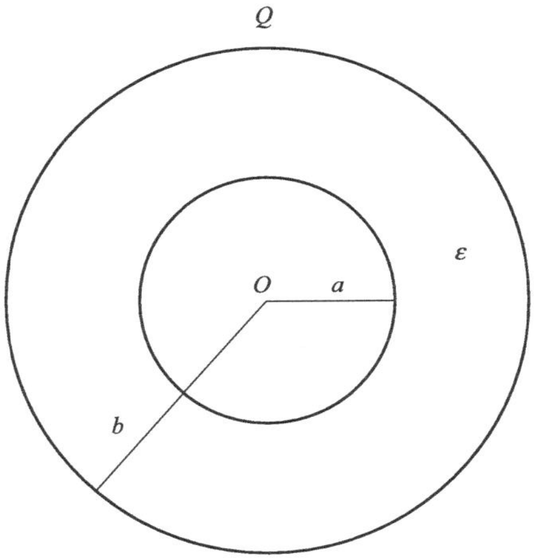

图 2.12　例题 2-7 示意图

解：由于导体球和介质球壳的结构是对称的，因此自由电荷和极化电荷也是球对称的，从而 $\boldsymbol{D}$ 与 $\boldsymbol{E}$ 只有沿径向方向的分量。

取球面为高斯面，利用介质中的高斯定理 $\oint_S \boldsymbol{D}\cdot \mathrm{d}\boldsymbol{S}=\int_V \rho \mathrm{d}V$ 可得

$$\boldsymbol{D}=\begin{cases}0 & 0<r<a\\ \dfrac{Q}{4\pi r^3}\boldsymbol{r} & a<r<b\\ \dfrac{Q}{4\pi r^3}\boldsymbol{r} & r>b\end{cases}$$

电场强度分布为

$$\boldsymbol{E}=\begin{cases}0 & 0<r<a\\ \dfrac{Q}{4\pi\varepsilon r^3}\boldsymbol{r} & a<r<b\\ \dfrac{Q}{4\pi\varepsilon_0 r^3}\boldsymbol{r} & r>b\end{cases}$$

介质球壳内极化电荷体密度为

$$\rho_P=-\nabla\cdot\boldsymbol{P}=-\nabla\cdot(\boldsymbol{D}-\varepsilon_0\boldsymbol{E})=-\nabla\cdot(\varepsilon-\varepsilon_0)\boldsymbol{E}=-\left(1-\frac{1}{\varepsilon_r}\right)\rho=0$$

介质球壳表面极化电荷面密度为

$$\rho_s=\boldsymbol{n}\cdot\boldsymbol{P}=\begin{cases}-P_{r=a}=-\left(1-\dfrac{1}{\varepsilon_r}\right)\dfrac{Q}{4\pi a^2}\\ P_{r=b}=\left(1-\dfrac{1}{\varepsilon_r}\right)\dfrac{Q}{4\pi b^2}\end{cases}$$

从本题结论可以看出，对于均匀介质，只有在有自由电荷处才有极化电荷体分布存在。

2.5　静电场的边界条件

在实际静电问题中，静电场存在的区域并非由单一介质填充，而是由多种媒质填充，因此出现了不同介质的分界面。在介质的分界面上，场量发生突变，场量的空间微商不存在，因此静电场方程的微分形式在界面上失去了意义。但是场方程的积分形式仍然有效，所以在研究界面处的场性质时，以积分形式的场方程为基础，推导出相应的边值关系，即边界条件。

2.5.1　电场法向分量的跃变

在有电介质的情况下，介质中的高斯定理为 $\oint \boldsymbol{D}\cdot \mathrm{d}\boldsymbol{S}=\sum q$，为此，在介质的分界面上

取一个扁平圆柱高斯面，如图 2.13 所示。

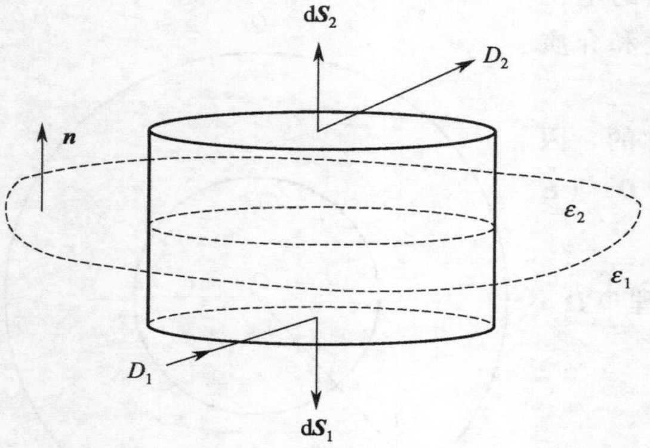

图 2.13 两种介质面的扁平圆柱

设圆柱的高为 Δh，上下底面的大小为足够小的 $\Delta \boldsymbol{S}$，方向指向曲面的外法向，底面与界面平行；$\boldsymbol{n}$ 为界面的法向，由介质 1 指向介质 2，$\boldsymbol{D}_1$、$\boldsymbol{D}_2$ 分别是介质 1 和介质 2 中靠近界面处的电位移。由高斯定理可知

$$\boldsymbol{D}_1 \cdot \Delta \boldsymbol{S}_1 + \boldsymbol{D}_2 \cdot \Delta \boldsymbol{S}_2 + \int_{侧面} \boldsymbol{D} \cdot \mathrm{d}\boldsymbol{S} = \sigma_f \Delta S$$

$$\boldsymbol{D}_1 \cdot \Delta \boldsymbol{S}_1 + \boldsymbol{D}_2 \cdot \Delta \boldsymbol{S}_2 = \sigma_f \Delta S$$

$$(\boldsymbol{D}_2 - \boldsymbol{D}_1) \cdot \boldsymbol{n} = \sigma_f \tag{2.61}$$

或

$$D_{2n} - D_{1n} = \sigma_f \tag{2.62}$$

也可以写为

$$\varepsilon_2 E_{2n} - \varepsilon_1 E_{1n} = \sigma_f$$

即在介质分界面两侧电位移的法向分量不连续。若在界面处无自由电荷，则

$$D_{1n} = D_{2n} \tag{2.63}$$

2.5.2 电场切向分量的边值关系

现在将环路定理应用到分界面上，在分界面上任取一个足够小的线元 d$\boldsymbol{l}$，并作如图 2.14 所示的矩形小回路，其中 ab，cd 分别位于界面两侧且平行于界面，长度为$|\mathrm{d}\boldsymbol{l}|$，$|\mathrm{d}\boldsymbol{l}|$很小以至于可以认为其上各点的电场强度相等，$bc$ 和 da 的长度 h 趋于零，由此 $\boldsymbol{E}$ 沿闭合回路的积分为

$$\oint \boldsymbol{E} \cdot \mathrm{d}\boldsymbol{l} = \left(\int_a^b + \int_b^c + \int_c^d + \int_d^a\right) \boldsymbol{E} \cdot \mathrm{d}\boldsymbol{l} = \int_a^b \boldsymbol{E} \cdot \mathrm{d}\boldsymbol{l} + \int_c^d \boldsymbol{E} \cdot \mathrm{d}\boldsymbol{l} = \int_a^b (\boldsymbol{E}_1 - \boldsymbol{E}_2) \cdot \mathrm{d}\boldsymbol{l} = 0$$

所以

$$E_{1t} = E_{2t} \tag{2.64}$$

或者

$$\boldsymbol{n} \times (\boldsymbol{E}_2 - \boldsymbol{E}_1) = \boldsymbol{0} \tag{2.65}$$

式中，$\boldsymbol{n}$ 为由介质 1 指向介质 2 的界面法向单位向量。

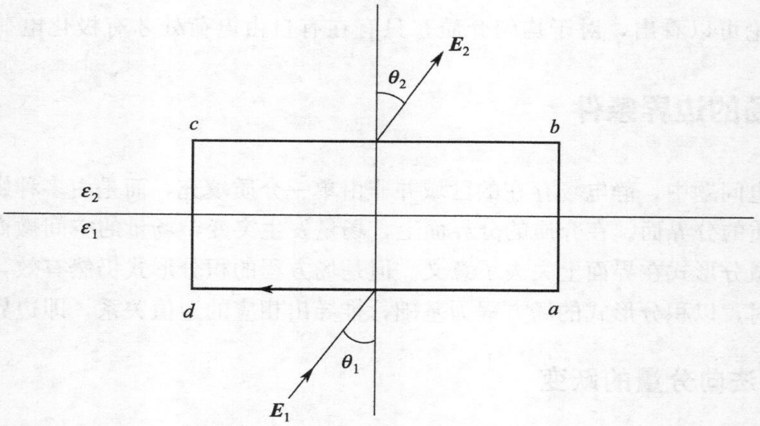

图 2.14 两种介质面的闭合回路

2.5.3 电势的边值关系

在两介质的界面上，电势满足一定的边值关系。在界面两侧：

$$\varphi_2-\varphi_1=-\int_1^2 \boldsymbol{E}\cdot \mathrm{d}\boldsymbol{l}=0$$

所以

$$\varphi_1=\varphi_2 \tag{2.66}$$

即在界面上电势是连续的。

另一边值关系可由式(2.62) 得

$$\varepsilon_2\frac{\partial \phi_2}{\partial n}-\varepsilon_1\frac{\partial \phi_1}{\partial n}=-\sigma_f \tag{2.67}$$

式中，σ 为界面上自由电荷体密度。以上给出了界面边值关系的一般形式。

在静电问题中要经常涉及一些导体，这些导体在外场中处于静电平衡时有其独特的性质。在静电平衡时，归纳起来导体有以下一些特点：

① 导体内部不带电，电荷只能分布在导体的表面上；

② 导体内部电场处处为零；

③ 导体表面处电场必沿法线方向，因此导体表面为等势面，导体为等势体。

设介质 1 为导体，介质 2 的介电常数为 ε，导体外表面处电势为 φ，则边界条件归结为

$$\varphi|_S=\text{常数} \tag{2.68}$$

$$\sigma_f=-\varepsilon\frac{\partial \varphi}{\partial n},\quad \text{或者 } Q=-\int_S \varepsilon\frac{\partial \varphi}{\partial n}\mathrm{d}S \tag{2.69}$$

式中，σ_f 为导体界面上的电荷密度；n 为导体界面的法向；Q 为导体上的总电荷。除了所研究的区域 V 内各分区交界面上的边值关系外，确定区域 V 中的场还需要给出 V 边界面 S 上的边界条件。S 面上的边界条件一般有以下三种类型。

① 给定区域边界面 S 上的电势值，即 $\varphi|_S$ 为给定，此称为第一类边界条件。

② 给定区域边界面 S 上电势的法向导数，即$\left.\frac{\partial \varphi}{\partial n}\right|_S$ 为给定，此称为第二类边界条件。

③ 给定一部分边界面上的 $\varphi|_S$，在其余部分边界上给出$\left.\frac{\partial \varphi}{\partial n}\right|_S$，此称为第三类边界条件。

2.5.4 电势满足的微分方程

只要知道空间的电荷分布，原则上通过积分就可以求出空间的电势和电场分布。但是在通常情况下电荷分布要由电场来调控。例如在电场中引进导体或者电介质时，就会在导体表面和介质上出现感应电荷或者极化电荷，这些电荷又产生场，最终这些电荷是由总场来决定，而感应电荷和极化电荷不可能事先给出。在这种情况下，利用积分形式的解显然不合适。为此必须找出电荷和空间电场的相互制约关系，即场和电荷分布所满足的微分方程。

将 $\boldsymbol{E}=-\nabla\varphi$ 代入高斯定理的微分形式$\nabla\cdot\boldsymbol{D}=\rho$，在均匀各向同性介质中有 $\boldsymbol{D}=\varepsilon\boldsymbol{E}$，所以可以得到电势满足的微分方程：

$$\nabla^2\varphi=-\frac{\rho}{\varepsilon} \tag{2.70}$$

此方程为泊松（Poisson）方程，是一个二阶线性非齐次的微分方程，它给出了静电场中任一点的电势 φ 与同一点的自由电荷密度 ρ 之间的关系。如果所研究的区域中无自由电荷分布，则方程化为

$$\nabla^2\varphi=0 \tag{2.71}$$

此方程称为拉普拉斯（Laplace）方程。泊松方程和拉普拉斯方程只在一种均匀介质内部成立，在所求解区域含有几个均匀分区时，还必须利用在介质分界面处电势所满足的边界条件。

2.6 静电场的唯一性定理

在上一节求得了电势所必须满足的泊松方程或拉普拉斯方程，而静电问题是求出在所有边界上满足边值关系和给定边界条件的泊松方程或拉普拉斯方程的解。由于方程是微分方程，因此必须清楚到底给出什么条件才能把静电场唯一地确定下来，这是在求解静电场之前必须要解决的问题。静电场的唯一性定理正是为了解决这一问题而提出的，它告诉大家哪些因素可以决定静电场，而且对于不管用什么方法得到的解，只要满足给定的条件，它就是唯一真正的解。

定理：设区域 V 可以分成若干个均匀区域 V_i，每一均匀区域的介电常数为 ε_i，V 内自由电荷分布为 $\rho(x, y, z)$，电势在均匀区域 V_i 中满足 $\nabla^2\varphi=-\dfrac{\rho}{\varepsilon_i}$，在任意两区域的分界面上满足边值关系：

$$\begin{cases}\varphi_i=\varphi_j\\ \varepsilon_i\left(\dfrac{\partial\varphi}{\partial n}\right)_i=\varepsilon_j\left(\dfrac{\partial\varphi}{\partial n}\right)_j\end{cases} \tag{2.72}$$

要完全确定 V 内的电场，必须给出 V 的边界 S 上的 $\varphi|_S$ 或者 $\left(\dfrac{\partial\varphi}{\partial n}\right)\Big|_S$ 的值，此时 V 内电场唯一地确定，即 V 内存在唯一解。

证明：为简单计，假设求解空间只有一种介质。设有两个解 φ'、φ'' 满足上述条件，即

$$\boldsymbol{E}'=-\nabla\varphi'$$
$$\boldsymbol{E}''=-\nabla\varphi''$$

并且

$$\nabla\cdot\boldsymbol{D}'=\nabla\cdot\boldsymbol{D}''=\rho$$

根据叠加原理，构造一个新的场，即令

$$\varphi=\varphi'-\varphi'',\quad \boldsymbol{E}=\boldsymbol{E}'-\boldsymbol{E}'',\quad \boldsymbol{D}=\boldsymbol{D}'-\boldsymbol{D}''$$

显然

$$\nabla\cdot\boldsymbol{D}=0$$

这个新场的能量可以表示为

$$\frac{1}{2}\int_V\boldsymbol{E}\cdot\boldsymbol{D}\,\mathrm{d}V=-\frac{1}{2}\int_V\nabla\varphi\cdot\boldsymbol{D}\,\mathrm{d}V=-\frac{1}{2}\int_V[\nabla\cdot(\varphi\boldsymbol{D})-\varphi\,\nabla\cdot\boldsymbol{D}]\mathrm{d}V \tag{2.73}$$

所以

$$\frac{1}{2}\int_V \boldsymbol{E}\cdot\boldsymbol{D}\mathrm{d}V=-\frac{1}{2}\int_V \nabla\varphi\cdot\boldsymbol{D}\mathrm{d}V=-\frac{1}{2}\int_V[\nabla\cdot(\varphi\boldsymbol{D})\mathrm{d}V]=-\frac{1}{2}\oint_S\varphi\boldsymbol{D}\cdot\mathrm{d}\boldsymbol{S} \tag{2.74}$$

$$\frac{1}{2}\int_V(\boldsymbol{E}'-\boldsymbol{E}'')\cdot(\boldsymbol{D}'-\boldsymbol{D}'')\mathrm{d}V=-\frac{1}{2}\oint_S(\varphi'-\varphi'')(\boldsymbol{D}'-\boldsymbol{D}'')\cdot\mathrm{d}\boldsymbol{S} \tag{2.75}$$

在 V 的边界面上：

$$(\varphi'-\varphi'')|_S=0，或者\ \boldsymbol{n}\cdot(\boldsymbol{D}'-\boldsymbol{D}'')|_S=0$$

总之，式(2.75) 右边面积分等于零，因此有

$$\int_V\varepsilon\ |\boldsymbol{E}'-\boldsymbol{E}''|^2\mathrm{d}V=0$$

由于被积函数是正定的，积分结果为零，所以

$$\boldsymbol{E}'=\boldsymbol{E}''$$

即两个解相同，表示解是唯一的。

当待求场区域内有导体存在时，为了唯一地确定电场，除上述条件外，还必须给出每个导体的电势值或者导体所带的总电量。

唯一性定理的重要性在于它不仅给出了唯一确定一个区域中的静电场的条件，同时也说明了一个满足唯一性定理的静电场的解就是真实解，而不管这个解是用什么方式得到的。

例题 2-8： 在两同心导体球壳之间充以两种介质，如图 2.15 所示。左半球介质的介电常数为 ε_1，右半球介质的介电常数为 ε_2，设内球壳带电荷总量为 Q，外球壳接地，求电场及球壳上的电荷分布。

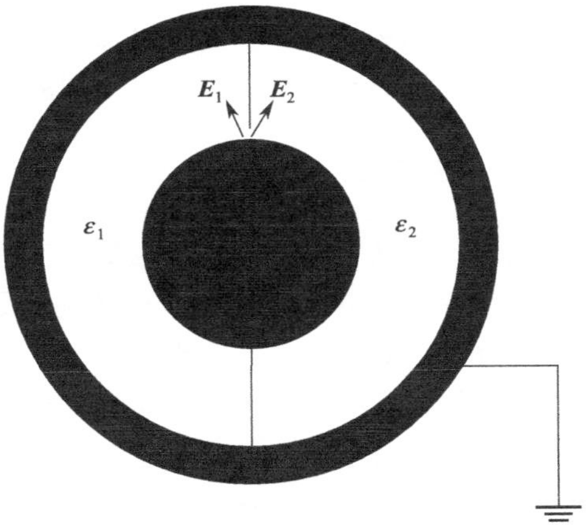

图 2.15　例题 2-8 示意图

解： 设两介质内的电势、电场强度和电位移分别为 φ_1，$\boldsymbol{E}_1$，$\boldsymbol{D}_1$ 和 φ_2，$\boldsymbol{E}_2$，$\boldsymbol{D}_2$。在两个介质的界面上的边值关系为

$$E_{1t}=E_{2t}$$

$$D_{1n}=D_{2n}$$

假设电场强度仍满足球对称性，此时可满足界面的边值关系。

把电场强度写为

$$\boldsymbol{E}_1=\frac{A}{r^3}\boldsymbol{r}\qquad（左半部）$$

$$\boldsymbol{E}_2=\frac{A}{r^3}\boldsymbol{r}\qquad（右半部）$$

式中，A 为待定常数。此时解显然满足球面为等势面。可以选择常数 A 的大小使内球壳上带电量为 Q。

由高斯定理：

$$\oint_S\boldsymbol{D}\cdot\mathrm{d}\boldsymbol{S}=\int_{S_1}\varepsilon_1\boldsymbol{E}_1\cdot\mathrm{d}\boldsymbol{S}+\int_{S_2}\varepsilon_2\boldsymbol{E}_2\cdot\mathrm{d}\boldsymbol{S}=Q$$

把电场强度的值代入可得 $2\pi(\varepsilon_1+\varepsilon_2)A=Q$，解出

$$\boldsymbol{E}_1=\frac{Q}{2\pi(\varepsilon_1+\varepsilon_2)r^3}\boldsymbol{r} \qquad (左半部)$$

$$\boldsymbol{E}_2=\frac{Q}{2\pi(\varepsilon_1+\varepsilon_2)r^3}\boldsymbol{r} \qquad (右半部)$$

此解满足唯一性定理的所有条件，所以是唯一正确的解。虽然电场强度保持球对称性，但是电位移和导体面上的电荷密度不具有球对称性。假设内导体球的半径为 a，则球面上的电荷密度为

$$\sigma_{1f}=D_{1r}=\varepsilon_1 E_{1r}=\frac{\varepsilon_1 Q}{2\pi(\varepsilon_1+\varepsilon_2)a^2} \qquad (左半部)$$

$$\sigma_{2f}=D_{2r}=\varepsilon_2 E_{2r}=\frac{\varepsilon_{21} Q}{2\pi(\varepsilon_1+\varepsilon_2)a^2} \qquad (右半部)$$

值得注意的是，尽管题中介质不具有球对称分布，但电场却是球对称的。原因为电场是由自由电荷和极化电荷共同激发，由于介质非球对称，所以自由电荷和极化电荷是非球对称的，但二者之和却可以是球对称，从而保持了电场强度的球对称性。

2.7 静电问题解法

根据静电场的唯一性定理可知，无论用什么方法，只要能求出满足边值关系的解，这个解就是静电场的唯一解。因此对不同的静电问题，可以用各种简单的方法来求解。

2.7.1 电像法

电像法的基本思想是：在电场的作用下，区域 V 内导体或均匀极化介质面上要出现感应电荷或者极化电荷，区域 V 内的场就是由 V 内的自由电荷和这些界面上的感应或极化电荷场的叠加。如果能找出假想的位于区域 V 外的电荷等效地代替导体或界面上的电荷，则这些电荷称为像电荷，这样得到的解在求解区域内显然满足泊松方程。如果这些像电荷的大小和位置选取适当，就可使界面上的电荷所产生的场用像电荷来等效，此时所得的电场解如果满足边值关系，就是唯一的电场解。必须牢记：假想电荷必须位于待求场区域之外，只有这样才能保证泊松方程不变。

下面举几例来说明这种方法的应用。

例题 2-9：如图 2.16 所示，在真空中一接地的无限大导体平板附近有一个点电荷 q，它距平板的距离为 d，求空间的电场分布。

解：设导体面位于 $x=0$，点电荷位于 x 轴上，由于导体接地，导体的静电屏蔽作用使 $x<0$ 的区域电场为零，只需要求 $x>0$ 区域的场，设此区域电势分布为 $\varphi(x,y,z)$，由题意可得电势满足的方程和边界条件为

$$\nabla^2\varphi=-\frac{1}{\varepsilon_0}q\delta(x-d,y,z)$$

$$\varphi\big|_{r\to\infty}=0 \qquad (2.76)$$

$$\varphi\big|_{x=0}=0$$

$x>0$ 区域的解来自两部分的贡献：一是区域内分布的电荷产生的势，二是导体平面上

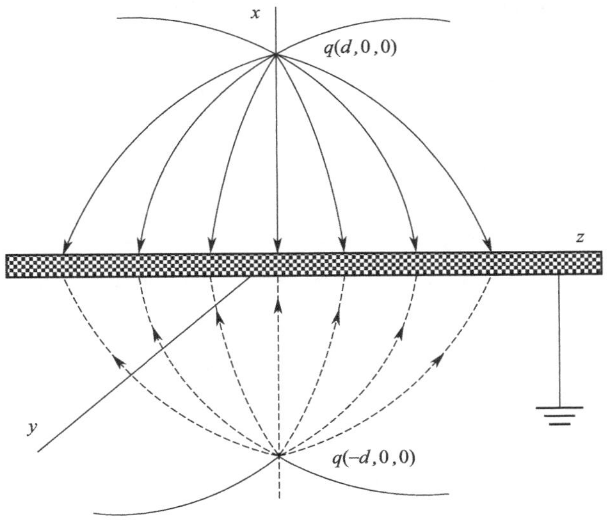

图 2.16 例题 2-9 示意图

感应电荷所产生的势。此时可以把势写为

$$\varphi=\varphi_{点}+\varphi_{感应}$$

$\varphi_{点}$ 可以简单地写为

$$\varphi_{点}=\frac{1}{4\pi\varepsilon_0}\frac{q}{r}=\frac{1}{4\pi\varepsilon_0}\frac{q}{\sqrt{(x-d)^2+y^2+z^2}}$$

$\varphi_{感应}$ 显然是未知的，但由电像法的思想，这一项的贡献可以等效地用边界和 $x>0$ 区域外的电荷分布来代替。问题是如何在区域外设置像电荷（位置和电量大小）。因为导体面上的电力线都是垂直于表面的，电力线分布与在（$-d$,0,0）处有一个电量为 $-q$ 电荷的电力线分布相同。这样就把感应电荷的贡献等效地用区域 V 外（$-d$,0,0）处一个电量为 $-q$ 的电荷所产生的场来代替。所以得到问题的一个尝试解：

$$\varphi=\frac{1}{4\pi\varepsilon_0}\left(\frac{q}{r}-\frac{q}{r'}\right)=\frac{1}{4\pi\varepsilon_0}\frac{q}{\sqrt{(x-d)^2+y^2+z^2}}-\frac{1}{4\pi\varepsilon_0}\frac{q}{\sqrt{(x+d)^2+y^2+z^2}} \tag{2.77}$$

显然此解满足式(2.76)。根据唯一性定理，它就是问题的解。由此可见，接地导体平面好像是一面镜子，它对 $x>0$ 区域的作用，可以用位于（$-d$,0,0）的虚电荷 $-q$ 代替，因此电像法又叫做镜像法。

现在求导体面上的感应电荷面密度及总的电荷：

$$\sigma_f=\varepsilon_0 E_n|_{x=0}=-\varepsilon_0\frac{\partial\varphi}{\partial x}\bigg|_{x=0}=-\frac{q}{4\pi}\left[\left(\frac{\partial}{\partial r}\frac{1}{r}\right)\frac{\partial r}{\partial x}-\left(\frac{\partial}{\partial r'}\frac{1}{r'}\right)\frac{\partial r'}{\partial x}\right]\bigg|_{x=0}$$

$$=-\frac{qd}{2\pi(x^2+y^2+d^2)^{\frac{3}{2}}}$$

$$Q=\int_S\sigma_f\mathrm{d}S=-\frac{qd}{2\pi}\int_0^{\infty}\frac{2\pi r\,\mathrm{d}r}{(r^2+d^2)^{\frac{3}{2}}}=-q$$

所以导体面上的感应电荷恰好等于像电荷的大小。

q 受到的导体上感应电荷的作用力可计算如下：

根据对称性，以原点 O 为圆心，在导体表面取半径 $r=\sqrt{z^2+y^2}$、宽为 $\mathrm{d}r$ 的环带，这环带上的电量为 $\mathrm{d}q=\sigma 2\pi r\mathrm{d}r$，它作用在 q 的库仑力为

$$\mathrm{d}\boldsymbol{F}=\frac{1}{4\pi\varepsilon_0}\frac{q\mathrm{d}q}{r^2+d^2}\cos\theta\boldsymbol{e}_x=-\frac{q^2d^2}{4\pi\varepsilon_0}\frac{r\mathrm{d}r}{(r^2+d^2)^3}\boldsymbol{e}_x$$

于是得 q 受到的导体上电荷的作用力为

$$\boldsymbol{F}=-\frac{q^2d^2}{4\pi\varepsilon_0}\int_0^{\infty}\frac{r\mathrm{d}r}{(r^2+d^2)^3}\boldsymbol{e}_x=-\frac{q^2}{16\pi\varepsilon_0 d^2}\boldsymbol{e}_x$$

这一结果正好是源电荷和像电荷之间的库仑力，所以计算导体面上的感应电荷和点电荷之间的作用力可以通过直接计算像电荷和源电荷之间的库仑力来得到，这种力称为镜像力。

这个例子说明，镜像法的关键是寻找等效的镜像电荷，寻找的根据是电势必须满足的泊松方程和边界条件。为了不改变电位所满足的方程，镜像电荷不能放在所求场的区域。

如果导体平面不是无穷大平面，而是像图 2.17 所示相互正交的两个无限大接地平面，同样可以应用电像法，此时需要三个镜像电荷才能满足边界条件，并且在所求的区域，电荷分布未发生任何变化。实际上如果两个平面的夹角 α 满足$\frac{2\pi}{\alpha}$为偶数的情形，都可以用电像法来求解。此时镜像电荷的个数等于$\frac{2\pi}{\alpha}-1$。

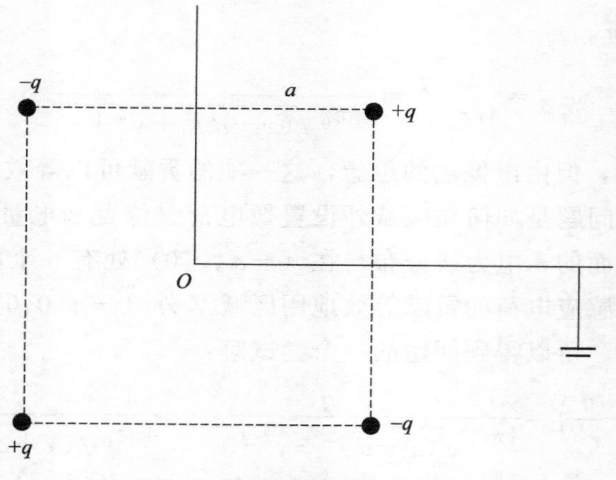

图 2.17　正交接地导体平面示意图

例题 2-10：球面镜像电荷。真空中有一半径为 a 的接地导体球，如图 2.18(a) 所示。在距离球心为 d 处有一点电荷 q，求空间电势分布。

解：现在的任务是要用像电荷来代替球面上的感应电荷，为了保证代替后能保持静电微分方程成立，像电荷必须在球内；为了保证球面是等势面，像电荷必须处在球心和原来电荷的连线上。设像电荷的电量为 q'，距球心的距离为 d'，且 $d'<a$。

如图 2.18(b) 所示，空间中任一点 P 处的电势为

$$\varphi=\frac{1}{4\pi\varepsilon_0}\left(\frac{q}{R}+\frac{q'}{R'}\right) \tag{2.78}$$

其中

$$R=\sqrt{r^2+d^2-2rd\cos\theta},\quad R'=\sqrt{r^2+d'^2-2rd'\cos\theta}$$

由导体的电势可以确定 q'和 d'的大小。将 $\varphi|_{r=a}=0$ 代入式(2.78) 中可以得到：

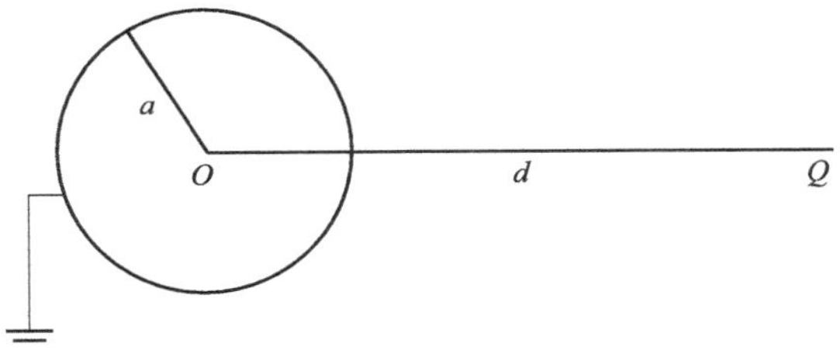

(a) 题图

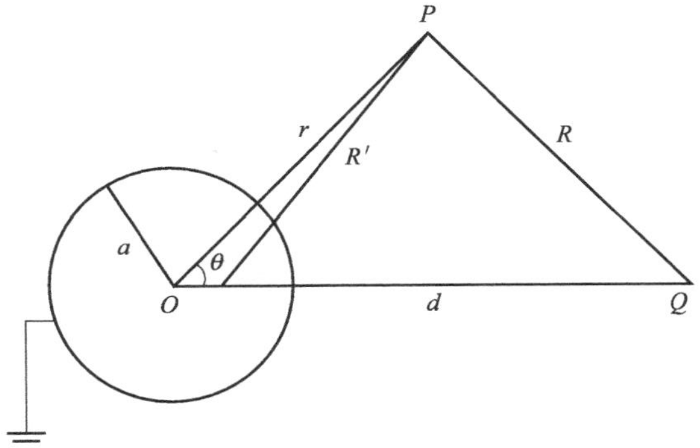

(b) 解题示意图

图 2.18　例题 2-10 示意图

$$\frac{q}{\sqrt{r^2+d^2-2rd\cos\theta}}+\frac{q'}{\sqrt{r^2+d'^2-2rd'\cos\theta}}=0$$

此式可以化简为

$$q^2(a^2+d'^2)-2q^2ad'\cos\theta=q'^2(a^2+d^2)-2q'^2ad\cos\theta$$

要使此式对任意 θ 成立，必须满足：

$$q^2(a^2+d'^2)=q'^2(a^2+d^2)$$

$$q'^2d=q^2d'$$

联立求解可得

$$d'=\frac{a^2}{d},\ q'=-\frac{qa}{d}$$

满足所有的条件。由此可得球外的电势分布为

$$\varphi=\frac{1}{4\pi\varepsilon_0}\left(\frac{q}{\sqrt{r^2+d^2-2rd\cos\theta}}-\frac{q}{\sqrt{\frac{d^2}{a}r^2+a^2-2rd\cos\theta}}\right) \tag{2.79}$$

球面上的感应电荷面密度为

$$\sigma_f=-\varepsilon_0\frac{\partial\varphi}{\partial r}\bigg|_{r=a}=-\frac{q}{4\pi}\frac{d^2-a^2}{a(d^2+a^2-2da\cos\theta)^{\frac{3}{2}}}$$

球面上的感应电荷为

$$Q=\int_{r=a}\sigma_f\mathrm{d}S=-\frac{q}{4\pi}\int_0^{\pi}\frac{2\pi(d^2-a^2)a^2\sin\theta\mathrm{d}\theta}{a(d^2+a^2-2da\cos\theta)^{\frac{3}{2}}}=-\frac{aq}{d}=q'$$

从结果可以看出，感应电荷和像电荷的大小相等。显然由 q 发出的电力线只有一部分收敛于球面上，剩下的部分伸展至无穷远处。

电荷 q 和导体球的相互作用力为

$$\boldsymbol{F}=-\frac{1}{4\pi\varepsilon_0}\frac{qq'}{(d-d')^2}\boldsymbol{e}_x$$

对以上问题可以作以下引申。

① 导体球不带电不接地，此时边界条件改变为

$$\varphi|_{r=a}=\text{常数}$$

$$-\varepsilon_0\int_{r=a}\frac{\partial\varphi}{\partial r}\mathrm{d}s=0$$

显然式(2.79)不能满足导体球的电中性，这时在球心放置一个像电荷，就可以满足上述边界条件，所以球外电势为

$$\varphi=\frac{1}{4\pi\varepsilon_0}\left(\frac{q}{\sqrt{r^2+d^2-2rd\cos\theta}}-\frac{q}{\sqrt{\frac{d^2}{a}r^2+a^2-2rd\cos\theta}}+\frac{qa}{dr}\right)$$

② 导体球接电势 V，此时边值关系为

$$\varphi|_{r=a}=V$$

为了满足边值关系，可使球心放置电量为 $4\pi\varepsilon_0 aV$ 的点电荷。此时球外电势解为

$$\varphi=\frac{1}{4\pi\varepsilon_0}\left(\frac{q}{\sqrt{r^2+d^2-2rd\cos\theta}}-\frac{q}{\sqrt{\frac{d^2}{a}r^2+a^2-2rd\cos\theta}}\right)+\frac{Va}{r}$$

③ 点电荷 q 在导体球壳内，距离球心为 d 处，球内电势等于源电荷 q 和像电荷 $q'=-\frac{a}{d}q$ 在距球心为 $d'=\frac{a^2}{d}$ 处所产生的电势。此时像电荷大于源电荷，球内的场与导体球是否接地、是否带电都无关。

④ 若导体球带有电量 Q，此时解变为

$$\varphi=\frac{1}{4\pi\varepsilon_0}\left(\frac{q}{\sqrt{r^2+d^2-2rd\cos\theta}}-\frac{q}{\sqrt{\frac{d^2}{a}r^2+a^2-2rd\cos\theta}}+\frac{\frac{a}{d}q+Q}{r}\right)$$

例题 2-11：如图 2.19 所示，$x>0$ 与 $x<0$ 的区域充满两种均匀介质，介电常数分别为 ε_1 和 ε_2，在 x 轴上的 d 处有一个点电荷 q，求空间的电势分布。

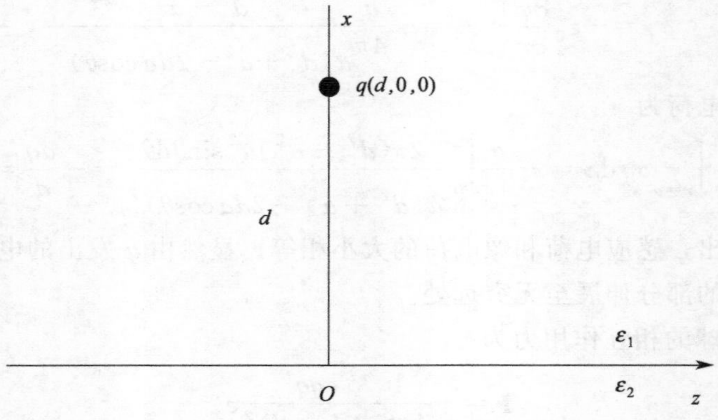

图 2.19　例题 2-11 示意图

解：电像法也可以用来求存在介质分界面时的电场。这时空间的电势由点电荷 q 与分界面上的束缚电荷、q 附近的束缚电荷共同产生。设在 $x>0$ 区域的电势为 φ_1，$x<0$ 区域的

电势为 φ_2，在空间满足的方程为

$$\begin{aligned} \nabla^2\varphi_1 &= -\frac{q}{\varepsilon_1}\delta(x-d,y,z) \quad & x>0 \\ \nabla^2\varphi_2 &= 0 & x<0 \end{aligned} \tag{2.80}$$

在分界面上满足

$$\begin{cases} \varphi_1=\varphi_2 \\ \varepsilon_1 \dfrac{\partial\varphi_1}{\partial x}\Big|_{x=0}=\varepsilon_2\dfrac{\partial\varphi_2}{\partial x}\Big|_{x=0} \\ \varphi_1\big|_{r\to\infty}=\varphi_2\big|_{r\to\infty}=0 \end{cases} \tag{2.81}$$

在用电像法求解 φ_1 时，用处于 $x<0$ 区域的像电荷来代替分界面上的极化面电荷，代替后面电荷不再存在，而全部空间充满介电常数为 ε_1 的均匀介质。为保证泊松方程不变，可设像电荷位于 $x=-d'$处，电量为 q'。则 $x>0$ 空间的解为

$$\varphi_1=\frac{1}{4\pi\varepsilon_1}\left(\frac{q}{\sqrt{(x-d)^2+y^2+z^2}}+\frac{q'}{\sqrt{(x+d')^2+y^2+z^2}}\right) \tag{2.82}$$

在求 $x<0$ 区域的解时，像电荷应处于 $x>0$ 区域的 x 轴上，用像电荷来代替分界面上的面电荷，全空间只充满介电常数为 ε_2 的均匀介质。设像电荷位于 $x=d'$，电量大小为 q''，此时 $x<0$ 空间的势由原有电荷和像电荷共同产生，即

$$\varphi_2=\frac{1}{4\pi\varepsilon_2}\left(\frac{q}{\sqrt{(x-d)^2+y^2+z^2}}+\frac{q''}{\sqrt{(x-d')^2+y^2+z^2}}\right) \tag{2.83}$$

由式(2.81) 可以解出

$$d'=d,\quad q'=-q''=\frac{\varepsilon_1-\varepsilon_2}{\varepsilon_1+\varepsilon_2}q$$

所以空间的电势解为

$$\begin{aligned} \varphi_1&=\frac{1}{4\pi\varepsilon_1}\left(\frac{q}{\sqrt{(x-d)^2+y^2+z^2}}+\frac{\varepsilon_1-\varepsilon_2}{\varepsilon_1+\varepsilon_2}\frac{q}{\sqrt{(x+d)^2+y^2+z^2}}\right) \\ \varphi_2&=\frac{1}{4\pi}\frac{2q}{\varepsilon_1+\varepsilon_2}\frac{1}{\sqrt{(x+d)^2+y^2+z^2}}\Bigg) \end{aligned} \tag{2.84}$$

2.7.2 分离变量法

用电像法解静电场的边值问题的优点是比较简单，但只适用一些特殊情况。在一般的情况下，分离变量法则是一种简便而有效的方法。若在所考虑的区域内不存在自由电荷，且自由电荷只出现在区域的边界面上，则区域内电势满足拉普拉斯方程，区域边界上的电荷将通过边界条件显示出来。因此，这类静电问题归结为求满足特定边值关系的拉普拉斯方程的解。这在数学上是早已解决的问题。根据不同的边界形状选取合适的坐标系，用分离变量法求解拉普拉斯方程满足边界条件的通解。

以球坐标系为例来说明如何利用分离变量法来解决实际问题。在球坐标系中，拉普拉斯方程为

$$\frac{1}{r^2}\frac{\partial}{\partial r}\left(r_2\frac{\partial\varphi}{\partial r}\right)+\frac{1}{r^2\sin\theta}\frac{\partial}{\partial\theta}\left(\sin\theta\frac{\partial\varphi}{\partial\theta}\right)+\frac{1}{r^2\sin^2\theta}\frac{\partial^2\varphi}{\partial\alpha^2}=0$$

其一般形式的解为

$$\varphi(r,\theta,\alpha)=\sum_{m,n}\left(A_{mn}r^n+\frac{B_{mn}}{r^{n+1}}\right)P_n^m(\cos\theta)\cos m\alpha+\sum_{m,n}\left(C_{mn}r^n+\frac{D_{mn}}{r^{n+1}}\right)P_n^m(\cos\theta)\sin m\alpha$$

式中，r、θ、α 分别为球坐标系下半径、极角和方位角；P_n^m 为 m 阶 n 次缔合勒让德(Legendre) 多项式；A_n^m、B_n^m、C_n^m、D_n^m 为待定系数，由具体的边界条件确定。

如果问题具有轴对称性，并取极轴为对称轴，则电场分布与方位角 α 无关，此时一般解为

$$\varphi(r,\theta)=\sum_n\left(A_nr^n+\frac{B_n}{r^{n+1}}\right)P_n(\cos\theta) \tag{2.85}$$

式中，$P_n(\cos\theta)$ 为勒让德多项式；A_n、B_n 为待定系数。于是问题就转化为由相应的边界条件来确定通解中的待定系数。

对于在直角坐标系和柱坐标系情况下的解，解法完全相同，此处不再详述。

例题 2-12：如图 2.20 所示，在均匀外场 $\boldsymbol{E}_0$ 中，置入半径为 a 的导体球，球上带总电荷为 Q，求空间电场的分布规律。

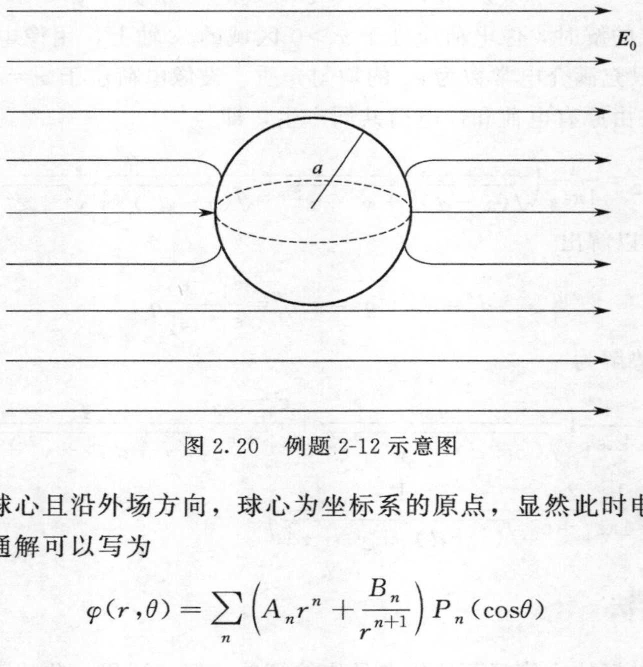

图 2.20 例题 2-12 示意图

解：取极轴过球心且沿外场方向，球心为坐标系的原点，显然此时电场分布与方位角 α 无关，球外电势的通解可以写为

$$\varphi(r,\theta)=\sum_n\left(A_nr^n+\frac{B_n}{r^{n+1}}\right)P_n(\cos\theta)$$

边界条件为

$$\varphi|_{r\to\infty}=-E_0r\cos\theta=-E_0rP_1(\cos\theta) \tag{2.86}$$

$$\varphi|_{r\to a}=\varphi_0 \tag{2.87}$$

$$-\varepsilon_0\oint_{r=a}\frac{\partial\varphi}{\partial r}\mathrm{d}S=Q \tag{2.88}$$

由边界条件式(2.86) 可得

$$A_1=-E_0,\ A_n=0\quad(n\neq1)$$

由边界条件式(2.87) 可得

$$B_0=a\varphi_0\quad,\quad B_1=E_0a^3\quad,\quad B_n=0\quad(n\geqslant2)$$

$$\varphi=-E_0 r\cos\theta+\frac{a\varphi_0}{r}+\frac{E_0 a^3}{r^2}\cos\theta \tag{2.89}$$

由边界条件式(2.88) 可以得到常数 φ_0 的值。

因为

$$Q=-\varepsilon_0\int_0^{\pi}\int_0^{2\pi}\left(-E_0 r\cos\theta+\frac{a\varphi_0}{r}+\frac{E_0 a^3}{r^2}\cos\theta\right)\Bigg|_{r=a} a^2\sin\theta\,\mathrm{d}\theta\,\mathrm{d}\alpha=4\pi\varepsilon_0\varphi_0 a$$

所以

$$\varphi_0=\frac{Q}{4\pi\varepsilon_0 a}$$

因此球外的电势分布为

$$\varphi=-E_0 r\cos\theta+\frac{Q}{4\pi\varepsilon_0 r}+\frac{E_0 a^3}{r^2}\cos\theta$$

球外的电场分布为

$$\boldsymbol{E}=-\nabla\varphi=\frac{Q\boldsymbol{r}}{4\pi\varepsilon_0 r^3}+a^3\left[\frac{3(\boldsymbol{E}_0\cdot\boldsymbol{r})\boldsymbol{r}}{r^5}-\frac{\boldsymbol{E}_0}{r^3}\right]+\boldsymbol{E}_0 \tag{2.90}$$

从式(2.90) 可以看出，球外空间的电场是由原来的均匀场、球心电量为 Q 的点电荷和一个位于球心的电偶极子共同产生的场，显然球面上的感应电荷对球外的贡献相当于一个位于球心且偶极矩为 $\boldsymbol{P}=4\pi\varepsilon_0 a^3\boldsymbol{E}_0$ 的电偶极子所产生的场。

若导体球接地，则式(2.89) 右边第一项为零，可以得

$$\varphi=-E_0 r\cos\theta+\frac{E_0 a^3}{r^2}\cos\theta$$

导体球表面电荷分布为

$$\sigma_f=-\varepsilon_0\left(\frac{\partial\varphi}{\partial r}\right)_{r=a}=3\varepsilon_0 E_0\cos\theta$$

例题 2-13：如图 2.21 所示，在均匀电场 $\boldsymbol{E}_0$ 中有一个介电常数为 ε 的均匀介质球，球外为真空，介质球半径为 a，求球内外的电场。

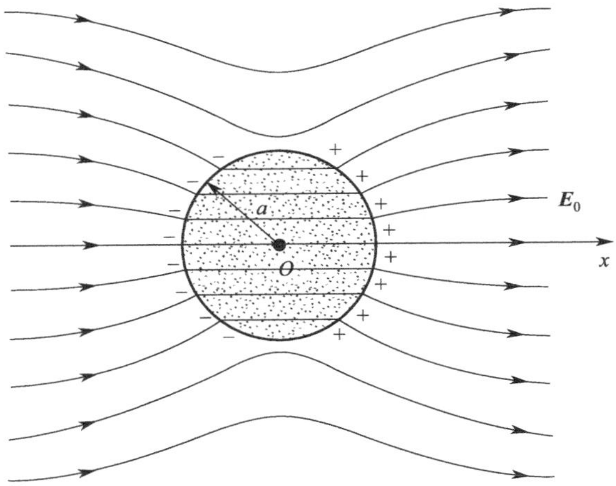

图 2.21　例题 2-13 示意图

解： 此问题具有轴对称性，对称轴为通过球心沿外场 $\boldsymbol{E}_0$ 方向的轴线。选取球心为原点的球坐标系，极轴沿 $\boldsymbol{E}_0$ 方向。φ_1 和 φ_2 分别表示球内和球外的电势。它们满足的方程和边界条件为

$$\nabla^2\varphi_1=0$$

$$\nabla^2\varphi_2=0$$

$$\varphi_1|_{r=0}\text{ 处,电势有限} \tag{2.91}$$

$$\varphi_2|_{r\to\infty}=-E_0 r\cos\theta \tag{2.92}$$

$$\varphi_1|_{r=a}=\varphi_2|_{r=a} \tag{2.93}$$

$$\varepsilon\frac{\partial\varphi_1}{\partial r}\Big|_{r=a}=\varepsilon_0\frac{\partial\varphi_2}{\partial r}\Big|_{r=a} \tag{2.94}$$

φ_1 和 φ_2 的通解为

$$\varphi_1(r,\theta)=\sum_n\left(A_n r^n+\frac{B_n}{r^{n+1}}\right)P_n(\cos\theta)\qquad r<a$$

$$\varphi_2(r,\theta)=\sum_n\left(C_n r^n+\frac{D_n}{r^{n+1}}\right)P_n(\cos\theta)\qquad r>a$$

由边界条件和边值关系可以求出通解中所有的未知系数。由式(2.92) 可知：

$$C_1=-E_0,\ C_n=0\quad(n\neq1)$$

由式(2.91) 可知：

$$B_n=0$$

由式(2.93) 和式(2.94) 得

$$\sum_n A_n a^n P_n(\cos\theta)=-E_0 a P_1(\cos\theta)+\sum_n\frac{D_n}{a^{n+1}}P_n(\cos\theta)$$

$$\varepsilon\sum_n nA_n a^{n-1}P_n(\cos\theta)=-\varepsilon_0\left[E_0 P_1(\cos\theta)+\sum_n(n+1)\frac{D_n}{a^{n+2}}P_n(\cos\theta)\right]$$

比较 $P_n(\cos\theta)$ 的系数可得

$$\begin{cases}A_1 a=-E_0 a+\dfrac{D_1}{a^2}\\[2mm] \varepsilon A_1=-\varepsilon_0\left(E_0+\dfrac{2D_1}{a^3}\right)\end{cases}\quad(n=1) \tag{2.95}$$

$$\begin{cases}A_n a^n=\dfrac{D_n}{a^{n+1}}\\[2mm] \varepsilon nA_n a^{n-1}=-\varepsilon_0(n+1)\dfrac{D_n}{a^{n+2}}\end{cases}\quad(n\neq1) \tag{2.96}$$

由此解出

$$A_1=-\frac{3\varepsilon_0}{\varepsilon+\varepsilon_0}E_0,\ D_1=\frac{\varepsilon-\varepsilon_0}{\varepsilon+2\varepsilon_0}E_0 a^3$$

$$A_n=D_n=0\qquad n\neq1$$

把系数代入得到问题的解为

$$\varphi_1(r,\theta)=-\frac{3\varepsilon_0}{\varepsilon+2\varepsilon_0}E_0 r\cos\theta \quad r<a$$
$$\varphi_2(r,\theta)=-E_0 r\cos\theta+\frac{\varepsilon-\varepsilon_0}{\varepsilon+2\varepsilon_0}\frac{E_0 a^3\cos\theta}{r^2} \quad r>a \tag{2.97}$$

球内的电场为

$$\boldsymbol{E}_1=-\nabla\varphi_1=\frac{3\varepsilon_0}{\varepsilon+2\varepsilon_0}\boldsymbol{E}_0 \tag{2.98}$$

球外的电场为

$$\boldsymbol{E}_2=-\nabla\varphi_2=\frac{1}{4\pi\varepsilon_0}\left[\frac{3(\boldsymbol{P}\cdot\boldsymbol{r})\boldsymbol{r}}{r^5}-\frac{\boldsymbol{P}}{r^3}\right]+\boldsymbol{E}_0 \tag{2.99}$$

式中，$\boldsymbol{P}$ 为处于原点处的电偶极子的电偶极矩。

$$\boldsymbol{P}=4\pi\varepsilon_0\left(\frac{\varepsilon-\varepsilon_0}{\varepsilon+2\varepsilon_0}\right)a^3\boldsymbol{E}_0 \tag{2.100}$$

式(2.98) 和式(2.99) 的物理意义是非常明显的，即球内的电场为均匀场且比原来的电场 $\boldsymbol{E}_0$ 弱，这是由于介质球极化后在右半球面上产生正束缚电荷，在左半球面上产生负束缚电荷，因此在球内束缚电荷激发的场与原外场的方向相反。

球外的电场可以看成原来的电场叠加位于球心的一个电偶极子的场，即介质球面上的束缚电荷对于球外区域的贡献等效于一个位于球心的电偶极子，它的电偶极矩见式(2.100)。

现在对上题结果作一些简单的讨论：

① 当 $\varepsilon\to-\infty$ 时，式(2.97) 变为

$$\varphi_1=0 \qquad (r<a)$$
$$\varphi_2=-E_0 r\cos\theta+\frac{E_0 a^3}{r^2}\cos\theta \quad (r>a)$$

这结果与均匀场中导体球的结果相同，说明在静电问题中，当介质的介电常数趋于负无穷大时，介质的行为相当于导体。

② 如果介质球外不是真空，而是充满另一种介电常数为 ε' 的均匀介质，则此时球内电场为 $\boldsymbol{E}_1=-\nabla\varphi_1=\frac{3\varepsilon'}{\varepsilon+2\varepsilon'}\boldsymbol{E}_0$，可见球内电场仍为均匀场。当介质球的介电常数大于外部介质的介电常数时，$\boldsymbol{E}_1<\boldsymbol{E}_0$，这是由于极化后在右半球面上出现了正束缚电荷，在左半球面上出现了负束缚电荷，束缚电荷的场与 $\boldsymbol{E}_0$ 的方向相反，使内部电场减弱。当介质球的介电常数小于外部介质的介电常数时，$\boldsymbol{E}_1>\boldsymbol{E}_0$，这是由于极化后在左半球面上出现了正束缚电荷，在右半球面上出现了负束缚电荷，束缚电荷的场与 $\boldsymbol{E}_0$ 的方向相同，使内部电场增强。

从以上例题中可以看出，介质球外部的电场大小由介质球的大小和介电常数来控制，因此在静电学中具有实际应用。比如：静电选矿就是利用非均匀电场对介质颗粒的吸引力来分选颗粒的。在非均匀电场中，若在颗粒体积之内电场变化不大，则介质颗粒的偶极矩大致由式(2.100) 来决定，其中 $\boldsymbol{E}_0$ 为颗粒所在处的外电场。颗粒极化后受到非均匀电场的吸引力，吸引力的大小依赖于颗粒的介电常数，由此可以分选不同的矿物质。

例题 2-14： 如图 2.22(a) 所示，有一不带电的导体球，半径为 a，在 $b>a$ 处有一个电量为 q 的点电荷，求空间的电势分布。

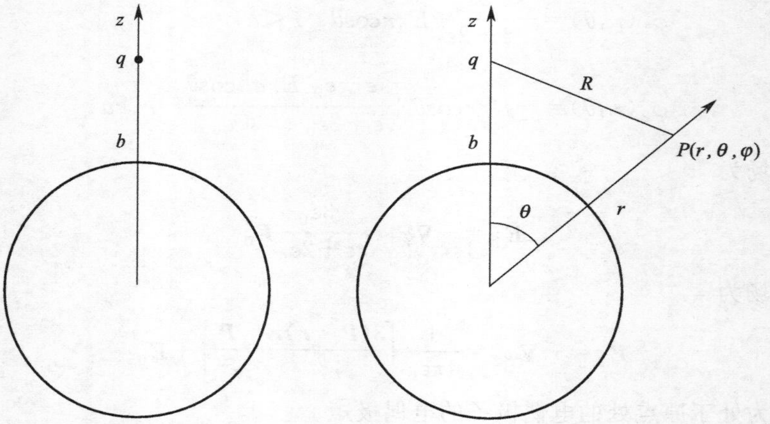

(a) 题图　　(b) 解题示意图

图 2.22　例题 2-14 示意图

解：选取球坐标系［图 2-14(b)］。φ_1 和 φ_2 分别表示球内和球外的电势，φ_1 为常数，φ_2 满足泊松方程

$$\nabla^2\varphi_2=-\frac{q}{\varepsilon_0}\delta(x,y,z-b) \tag{2.101}$$

边界条件为

$$\varphi_2|_{r\to\infty}=0 \tag{2.102}$$

$$\varphi_2|_{r=a}=C(\text{常数}) \tag{2.103}$$

$$\int_S\varepsilon_0\frac{\partial\varphi_2}{\partial r}\,|_{r=a}\mathrm{d}S=0 \tag{2.104}$$

对于泊松方程的边值问题，先不考虑边界条件，先找出泊松方程的一个特解 φ'，这样可以把式(2.101) 的一般解写为 $\varphi_2=\varphi'+\varphi''$，其中 φ''仍然满足拉普拉斯方程$\nabla^2\varphi''=0$。求出 φ''的一般解后，利用 φ 的边界条件来确定 φ_2 中的待定常数，这样就得到了原来泊松方程的解。

显然，对此问题特解为点电荷的势，泊松方程的一般解为

$$\varphi_2=\frac{q}{4\pi\varepsilon_0R}+\varphi''$$

式中，$R=\sqrt{b^2+r^2-2br\cos\theta}$；$\varphi''(r,\theta)=\sum\limits_n\left(A_nr^n+\frac{B_n}{r^{n+1}}\right)P_n(\cos\theta)$。

由边界条件

$$\varphi_2|_{r\to\infty}=0$$

可得

$$A_n=0$$

所以

$$\varphi_2=\frac{q}{4\pi\varepsilon_0\sqrt{b^2+r^2-2br\cos\theta}}+\sum_n\frac{B_n}{r^{n+1}}P_n(\cos\theta)$$

将 φ_2 中的第一项按照 $P_n(\cos\theta)$ 展开，利用公式

$$(1-2xt+t^2)^{-\frac{1}{2}}=\sum_n P_n(x)t^n \qquad |t|<1 \tag{2.105}$$

可得在 $r<b$ 的情况下，φ_2 的表达式为

$$\varphi_2=\frac{q}{4\pi\varepsilon_0}\sum_n \frac{r^n}{b^{n+1}}P_n(\cos\theta)+\sum_n \frac{B_n}{r^{n+1}}P_n(\cos\theta) \tag{2.106}$$

由 $\varphi_2|_{r=a}=C$（常数）可求出

$$B_n=\begin{cases}-\dfrac{qa}{4\pi\varepsilon_0 b}+Ca & n=0\\[2mm] -\dfrac{q}{4\pi\varepsilon_0}\dfrac{a^{2n+1}}{b^{n+1}} & n\neq 0\end{cases}$$

由于导体球的电势是未知的，所以 B_0 也是未知的。利用式(2.104) 可得

$$\int_S \varepsilon_0 \frac{\partial\varphi_2}{\partial r}\Big|_{r=a}\mathrm{d}S=0$$

可确定 B_0，将式(2.106) 代入式(2.104)，并注意

$$\int_0^\pi P_n(\cos\theta)\sin\theta\mathrm{d}\theta=\int_{-1}^1 P_n(x)\mathrm{d}x=\int_{-1}^1 P_n(x)P_0(x)\mathrm{d}x$$

再利用正交关系：

$$\int_{-1}^1 P_n(x)P_m(x)\mathrm{d}x=\begin{cases}\dfrac{2}{2n+1} & m=n\\ 0 & m\neq n\end{cases}$$

可以确定 B_0 等于零。

所以

$$\varphi_2=\frac{q}{4\pi\varepsilon_0\sqrt{b^2+r^2-2br\cos\theta}}-\frac{q}{4\pi\varepsilon_0}\sum_n \frac{a^{2n+1}}{b^{n+1}}\frac{1}{r^{n+1}}P_n(\cos\theta) \tag{2.107}$$

此结果可以和电像法所得结果作一个比较。令 $\dfrac{a^2}{b}=b'$，由于 $b'<a$，再利用式(2.105)可得

$$\frac{1}{R'}=\frac{1}{\sqrt{b'^2+r^2-2b'r\cos\theta}}=\sum_{n=0}^{\infty}\frac{b'^n}{r^{n+1}}P_n(\cos\theta) \tag{2-108}$$

式(2.107) 的最后一项可以写为

$$-\frac{q}{4\pi\varepsilon_0}\sum_n \frac{a}{b}\frac{b'^n}{r^{n+1}}P_n(\cos\theta)+\frac{q}{4\pi\varepsilon_0}\frac{a}{b}\frac{1}{r}=-\frac{q}{4\pi\varepsilon_0}\frac{a}{b}\frac{1}{\sqrt{b'^2+r^2-2b'r\cos\theta}}+\frac{\dfrac{aq}{b}}{4\pi\varepsilon_0 r}$$

令 $q'=\dfrac{a}{b}q$

则式(2.107) 可以写为

$$\varphi_2=\frac{q}{4\pi\varepsilon_0\sqrt{b^2+r^2-2br\cos\theta}}-\frac{q'}{4\pi\varepsilon_0\sqrt{b'^2+r^2-2b'r\cos\theta}}+\frac{q'}{4\pi\varepsilon_0 r}$$

此结果和用电像法得出的结果一致。

2.7.3 格林函数法

在电像法中研究了点电荷的特定边值问题的解，本部分利用格林函数方法研究一般带电体的边值问题。

格林函数法是先找出与给定问题的边界相同，但边界条件更为简单的单位点电荷的解，此解称为格林函数，用 $G(\boldsymbol{x},\boldsymbol{x}')$ 表示，其中 $\boldsymbol{x}$ 表示场点的坐标，$\boldsymbol{x}'$ 表示源点的坐标。然后通过格林公式将复杂电荷分布的解通过格林函数表示出来。

在区域 V 内，若位于 $\boldsymbol{x}'$ 的单位正点电荷在 $\boldsymbol{x}$ 处产生的势 $G(\boldsymbol{x},\boldsymbol{x}')$ 满足泊松方程：

$$\nabla^2 G(\boldsymbol{x},\boldsymbol{x}')=-\frac{1}{\varepsilon_0}\delta(\boldsymbol{x}-\boldsymbol{x}') \tag{2.109}$$

在区域 V 的边界面 S 上满足边界条件：

$$G|_S=0 \tag{2.110}$$

则称这样的 $G(\boldsymbol{x},\boldsymbol{x}')$ 为区域 V 上第一类问题的格林函数。如果在 V 的边界面上满足边界条件：

$$\left.\frac{\partial G}{\partial n}\right|_S=-\frac{1}{\varepsilon_0 S} \tag{2.111}$$

则称 $G(\boldsymbol{x},\boldsymbol{x}')$ 为 V 上第二类边值问题的格林函数。格林函数具有对称性，即

$$G(\boldsymbol{x},\boldsymbol{x}')=G(\boldsymbol{x}',\boldsymbol{x}) \tag{2.112}$$

即位于 $\boldsymbol{x}'$ 点上的单位点电荷在一定的边界条件下在 $\boldsymbol{x}$ 的电势等于相同边界条件下位于 $\boldsymbol{x}$ 点的点电荷在 $\boldsymbol{x}'$ 点的电势。现在讨论如何从格林函数获得一般带电体的边值问题的解。

(1) 考虑第一类边值问题：已知区域 V 内的电荷分布为 ρ，边界面 S 上给定的电势为 $\varphi|_S$，求 V 内的电势分布 $\varphi(\boldsymbol{x})$。

相应的格林函数问题是在 V 内 $\boldsymbol{x}'$ 点上有一点电荷，在 V 内的解为 $G(\boldsymbol{x},\boldsymbol{x}')$，在边界 S 上给定电势为 $G|_S=0$，现在应用格林公式将 $G(\boldsymbol{x},\boldsymbol{x}')$ 与 $\varphi(\boldsymbol{x})$ 联系起来。

假设在区域 V 内的两个函数为 $\varphi(\boldsymbol{x})$ 和 $G(\boldsymbol{x},\boldsymbol{x}')$，由格林公式：

$$\int_V(\Psi\nabla^2\phi-\phi\nabla^2\Psi)\mathrm{d}V=\oint_S\left(\Psi\frac{\partial\phi}{\partial n}-\phi\frac{\partial\Psi}{\partial n}\right)\mathrm{d}S \tag{2.113}$$

式中，n 为界面 S 的外法线单位矢量。设 $\Psi=G(\boldsymbol{x},\boldsymbol{x}')$，$\phi=\varphi(\boldsymbol{x})$。为方便起见，把格林公式中的积分变量 $\boldsymbol{x}$ 改为 $\boldsymbol{x}'$，$G(\boldsymbol{x},\ \boldsymbol{x}')$ 中的 $\boldsymbol{x}$ 与 $\boldsymbol{x}'$ 互换，则有

$$\int_V[G(\boldsymbol{x},\boldsymbol{x}')\nabla'^2\varphi(\boldsymbol{x})-\varphi(\boldsymbol{x})\nabla^2G(\boldsymbol{x},\boldsymbol{x}')]\mathrm{d}V=\oint_S[G(\boldsymbol{x},\boldsymbol{x}')\frac{\partial\varphi(\boldsymbol{x}')}{\partial n}-\varphi(\boldsymbol{x}')\frac{\partial G(\boldsymbol{x},\boldsymbol{x}')}{\partial n})\mathrm{d}S' \tag{2.114}$$

由于

$$\nabla^2\varphi(\boldsymbol{x}')=-\frac{1}{\varepsilon_0}\rho(\boldsymbol{x}') \tag{2.115}$$

以及边界面上 $\varphi|_S$ 为已知，并且

$$\nabla^2G(\boldsymbol{x}',\boldsymbol{x})=-\frac{1}{\varepsilon_0}\delta(\boldsymbol{x}'-\boldsymbol{x})$$

同时，在边界面 S 上满足边界条件 $G(\boldsymbol{x}',\boldsymbol{x})|_S=0$，则式(2.114) 变为

$$\int_V\left[G(\boldsymbol{x}',\boldsymbol{x})\left(-\frac{\rho(\boldsymbol{x}')}{\varepsilon_0}\right)-\frac{\varphi(\boldsymbol{x}')}{\varepsilon_0}\delta(\boldsymbol{x}'-\boldsymbol{x})\right]\mathrm{d}V'=-\oint_{S'}\varphi(\boldsymbol{x}')\frac{\partial G(\boldsymbol{x}',\boldsymbol{x})}{\partial n}\mathrm{d}S' \tag{2.116}$$

利用 δ 函数的性质，式(2.116) 变为

$$\varphi(\boldsymbol{x})=\int_V\rho(\boldsymbol{x}')G(\boldsymbol{x}',\boldsymbol{x})\mathrm{d}V'-\varepsilon_0\oint_{S'}\varphi(\boldsymbol{x}')\frac{\partial G(\boldsymbol{x}',\boldsymbol{x})}{\partial n'}\mathrm{d}S' \tag{2.117}$$

这就是用格林函数表示的第一类边值问题的解。由式(2.117) 可知，只要知道格林函数 $G(\boldsymbol{x}',\boldsymbol{x})$ 和电势 φ 在边界 S 上的值，就可以算出电势 $\varphi(\boldsymbol{x})$ 的分布。因而第一类边值问题完全解决。所以式(2.117) 被称为格林函数表示的第一类边值问题的解。

(2) 考虑第二类边值问题：已知区域 V 内的电荷分布 ρ，在边界面 S 上给定 $\left.\frac{\partial\varphi}{\partial n}\right|_S$，求区域 V 内的电势分布 $\varphi(\boldsymbol{x})$。

由于 $G(\boldsymbol{x}',\boldsymbol{x})$ 是 $\boldsymbol{x}$ 处点电荷在 $\boldsymbol{x}'$处产生的电势，其在 S 面上的电通量应等于$\frac{1}{\varepsilon_0}$，所以格林函数 $G(\boldsymbol{x}',\boldsymbol{x})$ 在 S 面上最简单的边值关系是

$$\left.\frac{\partial G(\boldsymbol{x}',\boldsymbol{x})}{\partial n}\right|_S=-\frac{1}{\varepsilon_0 S} \tag{2.118}$$

式中，S 是界面的总面积。由式(2.114)、式(2.115) 和式(2.118) 可得

$$\varphi(\boldsymbol{x})=\int_V\rho(\boldsymbol{x}')G(\boldsymbol{x}',\boldsymbol{x})\mathrm{d}V'+\varepsilon_0\oint_{S'}G(\boldsymbol{x}',\boldsymbol{x})\frac{\partial\varphi(\boldsymbol{x}',\boldsymbol{x})}{\partial n'}\mathrm{d}S'+\langle\phi\rangle_S \tag{2.119}$$

式中，$\langle\varphi\rangle_S$ 为电势在界面 S 上的平均值。

式(2.119) 就是格林函数表示的第二类边值问题。由式(2.117) 和式(2.119) 可知，只要求出 V 内的格林函数，则相应的一般边值问题就可以得到解决。因此原则上来讲，格林函数方法是计算电磁场的普遍方法之一。

在使用格林函数方法求解给定区域的静电场时，首先需要解决的问题是求出区域内相应问题的格林函数。但是，求解一定区域的格林函数不是一件轻而易举的事，只有当区域具有简单几何形状时才能得出格林函数的解析解。2.7.1 节介绍的电像法就是解格林函数的一种方法，下面给出利用电像法求得的几种简单边界问题的格林函数。

2.7.3.1　无界空间的格林函数

无界空间中单位点电荷的电势满足

$$\nabla^2 G(\boldsymbol{x},\boldsymbol{x}')=-\frac{1}{\varepsilon_0}\delta(\boldsymbol{x}-\boldsymbol{x}')$$

$$G(\boldsymbol{x},\boldsymbol{x}')|_{r\to\infty}=0$$

所以无界空间的格林函数为

$$G(\boldsymbol{x},\boldsymbol{x}')=\frac{1}{4\pi\varepsilon_0|\boldsymbol{x}-\boldsymbol{x}'|}=\frac{1}{4\pi\varepsilon_0\sqrt{(x-x')^2+(y-y')^2+(z-z')^2}} \tag{2.120}$$

2.7.3.2　上半空间的格林函数

上半空间的格林函数符合边值问题：

$$\nabla^2 G(\boldsymbol{x},\boldsymbol{x}')=-\frac{1}{\varepsilon_0}\delta(\boldsymbol{x}-\mathrm{d}\boldsymbol{i})$$

$$G(\boldsymbol{x},\boldsymbol{x}')|_{x=0}=0$$
$$G(\boldsymbol{x},\boldsymbol{x}')|_{r\to\infty}=0$$

由电像法可求得上半空间任一点的电势满足式(2.121)，此即为上半空间的格林函数。

$$G(\boldsymbol{x}',\boldsymbol{x})=\frac{1}{4\pi\varepsilon_0}\left(\frac{1}{\sqrt{(x-d)^2+y^2+z^2}}-\frac{1}{\sqrt{(x+d)^2+y^2+z^2}}\right) \tag{2.121}$$

2.7.3.3 球外空间的格林函数

如图 2.23 所示，设 O 为坐标原点，单位点电荷处于 $\boldsymbol{x}'$位置，场点 P 的位矢为 $\boldsymbol{x}$，则 $|\boldsymbol{x}|=r=\sqrt{x^2+y^2+z^2}$，$|\boldsymbol{x}'|=r'=\sqrt{x'^2+y'^2+z'^2}$。若 P 点在球坐标系下为（r，θ，α），P'点在球坐标系为（r',θ',α'），则有关系式：

$$\cos\varphi=\cos\theta\cos\theta'+\sin\theta\sin\theta'\cos(\alpha-\alpha')$$

球外空间的格林函数符合的边值问题为

$$\nabla^2 G(\boldsymbol{x},\boldsymbol{x}')=-\frac{1}{\varepsilon_0}\delta(\boldsymbol{x}-\boldsymbol{x}')$$
$$G(\boldsymbol{x},\boldsymbol{x}')|_{r=a}=0$$
$$G(\boldsymbol{x},\boldsymbol{x}')|_{r\to\infty}=0$$

利用式(2.79) 的结果可以得到球外空间的格林函数：

$$G(\boldsymbol{x},\boldsymbol{x}')=\frac{1}{4\pi\varepsilon_0}\left(\frac{1}{\sqrt{r^2+r'^2-2rr'\cos\varphi}}-\frac{a}{r'\sqrt{r^2+\frac{a^4}{r'^2}-2rr'\cos\varphi}}\right) \tag{2.122}$$

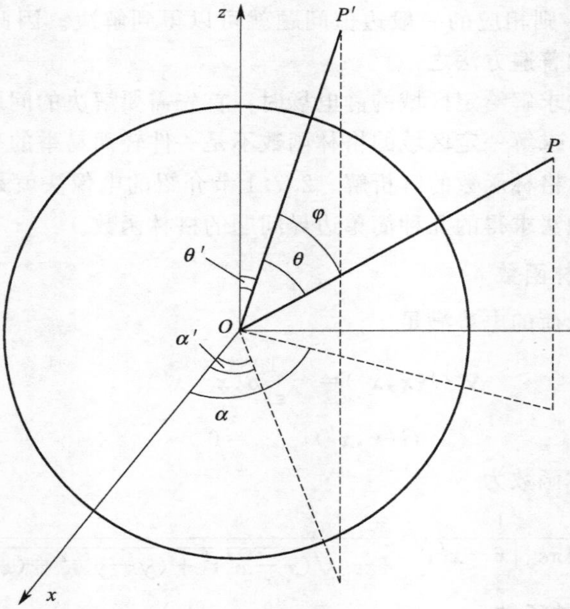

图 2.23 球外空间格林函数求解示意图

根据式(2.117) 来求某一区域内的电势分布时，首先求出该区域内的格林函数，然后求出在区域边界面上的$\dfrac{\partial G}{\partial n}$，代入式(2.117) 积分即可。

例题 2-15： 在无穷大导体平面上有半径为 a 的圆，圆内和圆外用极狭窄的绝缘环绝缘。设圆内电势为 V_0，导体板其余部分电势为 0，求上半空间的电势。

解： 以圆心为柱坐标系原点，z 轴与平板垂直，R 为空间点到 z 轴的距离，$\boldsymbol{x}$ 点的直角坐标为 $(R\cos\alpha，R\sin\alpha，z)$，$\boldsymbol{x}'$点的直角坐标为 $(R'\cos\alpha'，R'\sin\alpha'，z')$，上半空间的格林函数式(2.122) 在柱坐标系中表示出来为

$$G(\boldsymbol{x},\boldsymbol{x}')=\frac{1}{4\pi\varepsilon_0}\left[\frac{1}{\sqrt{R^2+z^2+R'^2+z'^2-2zz'-2RR'\cos(\alpha-\alpha')}}\right.$$
$$\left.-\frac{1}{\sqrt{R^2+z^2+R'^2+z'^2-2zz'-2RR'\cos(\alpha-\alpha')}}\right] \quad (2.123)$$

由于在上半空间 $\rho=0$，因此问题变为拉普拉斯方程的第一类边值问题，则式(2.117) 变为

$$\varphi(\boldsymbol{x})=-\varepsilon_0\oint_S\varphi(\boldsymbol{x}')\frac{\partial G(\boldsymbol{x},\boldsymbol{x}')}{\partial n}\mathrm{d}S' \quad (2.124)$$

积分面 S 是 $z'=0$ 的无穷大平面，法线沿 $-z'$方向，所以

$$-\frac{\partial G}{\partial n}=\frac{\partial G}{\partial z'}\bigg|_{z'=0}=\frac{1}{2\pi\varepsilon_0}\frac{z}{[R^2+z^2+R'^2-2RR'\cos(\alpha-\alpha')]^{\frac{3}{2}}} \quad (2.125)$$

由于在 S 上只有圆内部分电势不为零，因此上式积分只需对 $r\leqslant a$ 的范围积分，即

$$\varphi(\boldsymbol{x})=-\varepsilon_0\oint_S\varphi(\boldsymbol{x}')\frac{\partial G(\boldsymbol{x},\boldsymbol{x}')}{\partial n}\mathrm{d}S'=\frac{V_0}{2\pi}\int_0^a R'\mathrm{d}R'\int_0^{2\pi}\mathrm{d}\alpha'\frac{z}{[R^2+z^2+R'^2-2RR'\cos(\alpha-\alpha')]^{\frac{3}{2}}}$$
$$=\frac{V_0 z}{2\pi}\int_0^a R'\mathrm{d}R'\int_0^{2\pi}\mathrm{d}\alpha'\frac{1}{(R^2+z^2)^{\frac{3}{2}}}\left[1+\frac{R'^2-2RR'\cos(\alpha-\alpha')}{R^2+z^2}\right]^{-\frac{3}{2}}$$

当 $R^2+z^2\gg a^2$ 时，可以把被积函数展开：

$$\varphi(\boldsymbol{x})=\frac{V_0}{2\pi(R^2+z^2)^{\frac{3}{2}}}\int_0^a R'\mathrm{d}R'\int_0^{2\pi}\mathrm{d}\alpha'\left\{1-\frac{3}{2}\frac{R'^2-2RR'\cos(\alpha-\alpha')}{R^2+z^2}+\right.$$
$$\left.\frac{15}{8}\frac{[R'^2-2RR'\cos(\alpha-\alpha')]^2}{(R^2+z^2)^2}+\cdots\right\}$$
$$=\frac{V_0a^2}{2}\frac{z}{(R^2+z^2)^{\frac{3}{2}}}\left[1-\frac{3}{4}\frac{a^2}{R^2+z^2}+\frac{15R^2a^2}{8(R^2+z^2)^2}+\cdots\right]$$

2.8 静电场的能量和静电作用力

2.8.1 静电场能量

电场是一种物质，必然具有能量，由普通物理知识知道，介质中静电场的总能量的表达式为

$$W=\int_V\frac{1}{2}\boldsymbol{D}\cdot\boldsymbol{E}\mathrm{d}V \quad (2.126)$$

在静电场的情况下，由电势和电场的关系 $\boldsymbol{E}=-\nabla\varphi$、介质中的高斯定理 $\nabla\cdot\boldsymbol{D}=\rho$ 可得

$$\boldsymbol{E}\cdot\boldsymbol{D}=(-\nabla\varphi)\cdot\boldsymbol{D}=-[\nabla\cdot(\varphi\boldsymbol{D})-\varphi\nabla\cdot\boldsymbol{D}]=-\nabla\cdot(\varphi\boldsymbol{D})+\varphi\rho$$

所以

$$W=-\frac{1}{2}\int_V\nabla\cdot(\varphi\boldsymbol{D})\mathrm{d}V+\frac{1}{2}\int_V\varphi\rho\mathrm{d}V$$

由高斯公式可得式(2.127)：

$$W=-\frac{1}{2}\oint_S\varphi\boldsymbol{D}\cdot\mathrm{d}\boldsymbol{S}+\frac{1}{2}\int_V\varphi\rho\mathrm{d}V \tag{2.127}$$

因为

$$\varphi\propto\frac{1}{r},D\propto\frac{1}{r^2},\mathrm{d}S\propto r^2$$

所以在 $r\to\infty$ 时，式(2.127) 中第一项在无穷大封闭面上进行积分的结果为零，所以静电场的能量表示式为

$$W=\frac{1}{2}\int_V\rho\varphi\mathrm{d}V \tag{2.128}$$

式中，ρ 是空间的电荷分布，φ 是空间的电势分布，积分区域包括所有的带电区域。要注意式(2.128) 是静电场能量的又一种表示式。由于静电场的能量存在于整个电场存在的区域，而不是只存在于电荷分布的区域内，所以不能把 $\frac{1}{2}\rho\varphi$ 看成电荷密度。

2.8.2 点电荷系的相互作用能

将点电荷的电荷密度表达式：

$$\rho=\sum_i q_i\delta(\boldsymbol{x}-\boldsymbol{x}_i)$$

代入式(2.128) 可得电荷体系的相互作用能为

$$W_{\text{互}}=\frac{1}{2}\sum_i q_i\int_V\varphi(\boldsymbol{x})\delta(\boldsymbol{x}-\boldsymbol{x}_i)\mathrm{d}V=\frac{1}{2}\sum_i q_i\varphi_i \tag{2.129}$$

式中，φ_i 为第 i 个点电荷 q_i 处的电势。它是除第 i 个点电荷 q_i 之外，其余所有电荷在电荷 q_i 处产生的电势之和，所以这个能量只是点电荷之间的相互作用能，即将各点电荷从无穷远处移至体系电荷所在位置处时所做的功。注意此式没有考虑带电体的自能。

2.8.3 带电导体系的能量

由式(2.128) 可得带电导体系的总能量。由于每个导体都是等势体且电荷都分布在导体的表面上，所以

$$W=\frac{1}{2}\sum_i\oint_{S_i}\varphi_i\sigma_i\mathrm{d}S=\frac{1}{2}\sum_i\varphi_i q_i \tag{2.130}$$

式中，φ_i 为第 i 个导体的电势，它是由所有的电荷激发的；q_i 为第 i 个导体上的总电荷。若只有一个导体，则式(2.130) 给出的能量 $W_{\text{自}}=\frac{1}{2}q\varphi$ 就是该导体的自能。

所以带电导体系的相互作用能为

$$W=\frac{1}{2}\sum_i \varphi_i q_i-\frac{1}{2}\sum_i \varphi_{自i} q_i=\frac{1}{2}\sum_i \varphi'_i q_i \tag{2.131}$$

式中，φ_i'为除第i个导体外其他所有电荷在第i个导体上激发的电势。

2.8.4 小区域中的电荷体系在外场中的能量

小区域电荷分布在外场中的能量就是小区域中的电荷和激发外场的电荷间的相互作用能。它等于电荷体系和产生外电场的电荷同时存在时具有的能量减去两者单独存在时具有的能量。

设小区域电荷分布为$\rho(\boldsymbol{x})$，它激发的电势分布为$\varphi(\boldsymbol{x})$，激发外场的电荷分布为$\rho_e(\boldsymbol{x})$，它激发的电势分布为$\varphi_e(\boldsymbol{x})$，把系统看成一个体系，则由式(2.128)可知带电系统的总静电能为

$$W=\frac{1}{2}\int_V[\rho_e(\boldsymbol{x})+\rho(\boldsymbol{x})][\varphi_e(\boldsymbol{x})+\varphi(\boldsymbol{x})]\mathrm{d}V$$

当$\rho_e(\boldsymbol{x})$和$\rho(\boldsymbol{x})$单独存在时，它们分别具有的电场能量为

$$W=\frac{1}{2}\int_V\rho(\boldsymbol{x})\varphi(\boldsymbol{x})\mathrm{d}V$$

$$W_e=\frac{1}{2}\int_V\rho_e(\boldsymbol{x})\varphi_e(\boldsymbol{x})\mathrm{d}V$$

所以得到带电体系在外场中的能量为

$$\begin{aligned}W_i&=\frac{1}{2}\int_V[\rho_e(\boldsymbol{x})+\rho(\boldsymbol{x})][\varphi_e(\boldsymbol{x})+\varphi(\boldsymbol{x})]\mathrm{d}V-\frac{1}{2}\int_V\rho_e(\boldsymbol{x})\varphi_e(\boldsymbol{x})\mathrm{d}V-\frac{1}{2}\int_V\rho(\boldsymbol{x})\varphi(\boldsymbol{x})\mathrm{d}V\\&=\frac{1}{2}\int_V[\rho(\boldsymbol{x})\varphi_e(\boldsymbol{x})+\rho_e(\boldsymbol{x})\varphi(\boldsymbol{x})]dV\end{aligned} \tag{2.132}$$

可以证明式(2.132)中积分部分的两项相同，因为

$$\int_V\rho_e(\boldsymbol{x})\varphi(\boldsymbol{x})\mathrm{d}V=\int_V\rho_e(\boldsymbol{x})\mathrm{d}V\int_{V'}\frac{\rho(\boldsymbol{x}')\mathrm{d}V'}{4\pi\varepsilon_0|\boldsymbol{x}-\boldsymbol{x}'|}=\int_{V'}\rho(\boldsymbol{x}')\varphi_e(\boldsymbol{x}')\mathrm{d}V'$$

所以带电体在外场中的能量为

$$W_{互}=\int_V\rho(\boldsymbol{x})\varphi_e(\boldsymbol{x})\mathrm{d}V \tag{2.133}$$

在电荷分布的小区域内选择适当的位置为坐标原点，在坐标原点处用泰勒级数将$\varphi(\boldsymbol{x})$展开为

$$\varphi_e(\boldsymbol{x})=\varphi_e(0)+\sum_{i=1}^{3}x_i\frac{\partial}{\partial x_i}\varphi_e(0)+\frac{1}{2!}\sum_{i,j}x_ix_j\frac{\partial^2}{\partial x_i\partial x_j}\varphi_e(0)+\cdots \tag{2.134}$$

代入式(2.133)中

$$\begin{aligned}W&=\int\rho(\boldsymbol{x})[\varphi_e(0)+\sum_{i=1}^{3}x_i\frac{\partial}{\partial x_i}\varphi_e(0)+\frac{1}{2!}\sum_{i,j}x_ix_j\frac{\partial^2}{\partial x_i\partial x_j}\varphi_e(0)+\cdots]\mathrm{d}V\\&=\boldsymbol{Q}\varphi_e(0)+\sum_i p_i\frac{\partial}{\partial x_i}\varphi_e(0)+\frac{1}{6}\sum_{i,j}D_{ij}\frac{\partial^2}{\partial x_i\partial x_j}\varphi_e(0)+\cdots\\&=\boldsymbol{Q}\varphi_e(0)+\boldsymbol{p}\cdot\nabla\varphi_e(0)+\frac{1}{6}\overleftrightarrow{\boldsymbol{D}}:\nabla\nabla\varphi_e(0)+\cdots\end{aligned} \tag{2.135}$$

式(2.135) 中的 Q，$\boldsymbol{p}$，$\overleftrightarrow{\boldsymbol{D}}$ 分别是处在小区域范围的电荷系统的总电荷量、电偶极矩和电四极矩。此式就是小区域内电荷体系在外场中的能量的近似表达式。

现在讨论上式各项的物理意义，展开式的第一项：

$$W^{(0)}=Q\varphi_e(0) \tag{2.136}$$

是体系的电荷集中于原点上时在外场中的能量。展开式第二项：

$$W^{(1)}=\boldsymbol{p}\cdot\nabla\varphi_e(0)=-\boldsymbol{p}\cdot\boldsymbol{E}_e(0) \tag{2.137}$$

是体系的电偶极矩在外场中的能量。展开式中第三项：

$$W^{(2)}=\frac{1}{6}\overleftrightarrow{\boldsymbol{D}}:\nabla\nabla\varphi_e(0)=-\frac{1}{6}\overleftrightarrow{\boldsymbol{D}}:\nabla\boldsymbol{E}_e \tag{2.138}$$

是电四极子在外场中的能量。

式(2.135) 式表明，小区域电荷系统在外场中的能量可以表示为各级电多极矩在外场中的能量之和。其中点电荷在外场中的能量和外场电势有关，电偶极子在外场中的能量和外场强度有关，而电四极子在外场中的能量则和外电场强度的梯度有关。只有在非均匀外场中，电四极子在外场中的能量才不为零。

2.8.5 由静电能量计算静电相互作用力

密度为 $\rho(\boldsymbol{x})$ 的电荷系统受到静电场的作用力为

$$\boldsymbol{F}=\int\rho(\boldsymbol{x})\boldsymbol{E}(\boldsymbol{x})\mathrm{d}V \tag{2.139}$$

计算上述矢量积分式是不方便的，在实际工作中往往采取虚位移法来解决问题。当带电体在电场中移动时，电场力要做功，因此静电场能量要发生改变。通过电场能量的改变，可以求出带电体系的受力。

通常规定系统形状、尺寸和位置（位形）的一组独立的几何量 $x_k(k=1,2,3,\cdots)$ 为系统的广义坐标。系统的静电能量显然是这些广义坐标的函数 $W(x_k)$。广义坐标可以是距离、角度、体积和面积等，相应的广义力就是通常的力、力矩、压强和表面张力等。当带电体的广义坐标 x_k 有一虚位移 Δx_k 时，广义电场力所做的广义功为

$$\Delta A=\sum_k F_k\Delta x_k \tag{2.140}$$

此时能量的改变量为

$$\Delta W=\sum_k\frac{\partial W}{\partial x_k}\Delta x_k \tag{2.141}$$

在体系的位形发生变化的过程中，假设带电系统保持电荷量不变，即体系与外界不发生能量交换，那么广义电场力所做功 ΔA 应等于场能 W 的减少，即

$$\Delta A=-\Delta W \tag{2.142}$$

比较式(2.140)、式(2.141) 和式(2.142) 可以得到

$$F_k=-\left(\frac{\partial W}{\partial x_i}\right)_{q\text{不变}} \tag{2.143}$$

另一种情况是电荷系统在移动的过程中，保持电势不变，而带电系统和外界电源有能量的交换，根据能量转化和守恒定律有

$$\Delta W_s=\Delta W+\Delta A$$

式中，ΔW_s 为电源供给的能量；ΔW 为带电体移动过程中静电能的改变量；ΔA 为在带电体移动的过程中电场力所做的功。

由于在移动过程中保持电势不变，所以由式(2.130) 可知

$$\Delta W=\frac{1}{2}\sum_i\varphi_i\Delta q_i \tag{2.144}$$

式中，Δq_i 为第 i 个带电体的电荷改变量。在此过程中，电源提供的能量为

$$\Delta W_s=\sum_i\varphi_i\Delta q_i \tag{2.145}$$

比较式(2.144) 和式(2.145) 可得

$$\Delta W=\Delta A \tag{2.146}$$

比较式(2.140)、式(2.141) 和式(2.145)，得到在电势不变的情况下，带电体的受力为

$$F_i=\left(\frac{\partial W}{\partial x_i}\right)\Bigg|_{电势不变} \tag{2.147}$$

式(2.143) 和式(2.147) 是根据静电场能量求带电体所受作用力的基本公式。究竟用哪一个公式计算取决于在带电体移动过程中是电量不变还是电势不变。

例题 2-16：计算偶极矩为 $\boldsymbol{p}$ 的电偶极子在外场 $\boldsymbol{E}$ 中受到的作用力和力矩。

解：假设电偶极子是刚性的，在电场作用下偶极矩 $\boldsymbol{p}$ 不发生变化。由式(2.137) 可知电偶极子在外场中的能量为

$$\boldsymbol{W}=-\boldsymbol{p}\cdot\boldsymbol{E}=-pE\cos\theta \tag{2.148}$$

式中，θ 为 $\boldsymbol{p}$ 与外场 $\boldsymbol{E}$ 的夹角。因此所受的力矩由式(2.143) 可以求得

$$L=-\frac{\partial W}{\partial\theta}\bigg|_{q不变}=-pE\sin\theta$$

力矩的方向使 $\boldsymbol{p}$ 与 $\boldsymbol{E}$ 的夹角减少，故上式可以写为矢量式：

$$\boldsymbol{L}=\boldsymbol{p}\times\boldsymbol{E} \tag{2.149}$$

作用在偶极子上的力为

$$\boldsymbol{F}=-(\nabla W)_{q不变}=\nabla(\boldsymbol{p}\cdot\boldsymbol{E})=\boldsymbol{p}\cdot\nabla\boldsymbol{E} \tag{2.150}$$

可见，只有在非均匀外场中，电偶极子才受到不为零的静电力。

例题 2-17：有一长为 l，宽为 b，极板间距为 d 的平行板电容器。用一块介电常数为 ε 的介质板插入电容器中，插入深度为 x，介质板与导体板间无空隙，如图 2.24 所示，设极板所加电压为 V。求介质板所受的力。

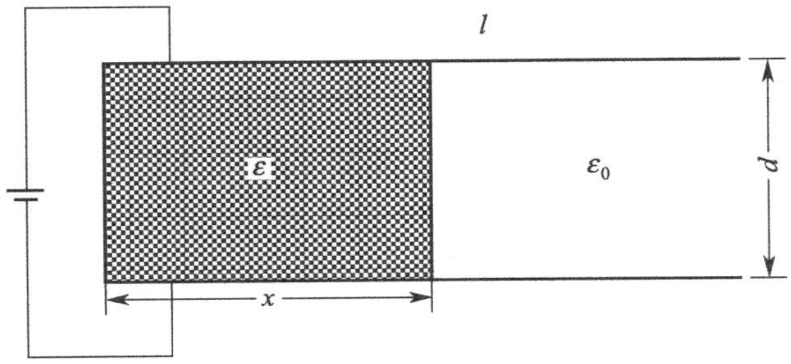

图 2.24　例题 2-17 示意图

解：首先求电容器的储存能量：

$$W=\frac{1}{2}CV^2$$

电容 C 是由两个电容器并联而成，未被介质填充部分的电容为 C_1，填充部分电容为 C_2，则有

$$C_1=\frac{\varepsilon_0(l-x)b}{d},\quad C_2=\frac{\varepsilon xb}{d}$$

总电容为

$$C=C_1+C_2=\frac{b}{d}[\varepsilon_0 l+x(\varepsilon-\varepsilon_0)]$$

静电场的总能量为

$$W=\frac{1}{2}CV^2=\frac{1}{2}V^2\frac{b}{d}[\varepsilon_0 l+x(\varepsilon-\varepsilon_0)]$$

所以由式(2.147) 可求得介质极板所受的静电力为

$$F_x=\left(\frac{\partial W}{\partial x}\right)\bigg|_{\text{电势不变}}=\frac{1}{2}V^2\frac{b(\varepsilon-\varepsilon_0)}{d}$$

由上式可以看出 $F_x>0$，即力沿 x 轴的正方向，说明静电力使介质更深地进入电容器中。由结论可以看出受力与介质介电常数、电容器尺寸以及外加电压有关，而电容和插入深度及介电常数有关，这一结论在检测系统具有重要应用。

习题

2.1　静电场有哪些基本性质？导体和介质在静电场中的性质有哪些不同？

2.2　电偶极矩和电四极矩的定义是什么？它们是否与坐标原点的选取有关？分析电势多极展开式中各项的物理意义？

2.3　试说明如何用电像法解静电问题？

2.4　试说明如何用分离变量法解静电问题？

2.5　试证明在无电荷区域中任一点的静电势之值等于以该点为球心的任一球面上的电势的平均值。

2.6　平行板电容器的两极板上各带有 $\pm\sigma_f$ 的电荷分布，内部场强为 $\boldsymbol{E}$，则极板单位面积上受到的力是 $\sigma_f E^2$ 还是 $\frac{1}{2}\sigma_f E^2$？试说明理由。

2.7　设 $r=\sqrt{(x-x')^2+(y-y')^2+(z-z')^2}$ 为源点 $\boldsymbol{x}'$ 到场点 $\boldsymbol{x}$ 的距离，$\boldsymbol{r}$ 的方向规定为从源点指向场点，其中 $\boldsymbol{a}$、$\boldsymbol{E}_0$、$\boldsymbol{k}$ 为常矢量。求 $\nabla\cdot\boldsymbol{r}$，$\nabla\times\boldsymbol{r}$，$(\boldsymbol{a}\cdot\nabla)\boldsymbol{r}$，$\nabla(\boldsymbol{a}\cdot\boldsymbol{r})$，$\nabla\cdot[\boldsymbol{E}_0\sin(\boldsymbol{k}\cdot\boldsymbol{r})]$，$\nabla\times[\boldsymbol{E}_0\sin(\boldsymbol{k}\cdot\boldsymbol{r})]$。

2.8　证明均匀介质内部的体极化电荷密度 ρ_P 总是等于体自由电荷密度 ρ_f 的 $-\left(1-\frac{\varepsilon_0}{\varepsilon}\right)$ 倍。

2.9　证明 (1) 当两种绝缘介质的分界面上不带面自由电荷时，电场线的曲折满足 $\frac{\tan\theta_2}{\tan\theta_1}=\frac{\varepsilon_2}{\varepsilon_1}$，其中 ε_1 和 ε_2 分别为两种介质的介电常数，θ_1 和 θ_2 分别为界面两侧电场线与法

线的夹角。(2) 当两种导电介质内有恒定电流时，分界面上电场线的曲折满足$\frac{\tan\theta_2}{\tan\theta_1}=\frac{\sigma_{2c}}{\sigma_{1c}}$，其中$\sigma_{1c}$和$\sigma_{2c}$分别为两种介质的电导率。

2.10 有一内外半径分别为r_1和r_2的空心介质球，介质的电容率为ε。使介质内均匀地带静止自由电荷ρ_f，求：

(1) 空间各点的电场分布；

(2) 极化体电荷和极化面电荷分布。

2.11 一个点电荷Q位于$(-a,0,0)$处，另一个点电荷Q位于$(a,0,0)$处。求：

(1) 这个电荷系统所带的总电量、相对于坐标原点的电偶极矩和电四极矩；

(2) 计算该系统在远区的电势（准确到四极项）。

2.12 半径为a的球体内带电荷密度$\rho_f=\rho_0\cos\theta$，ρ_0为常数。求此带电球在远区的电势（准确到四极项）。

2.13 点电荷Q位于坐标系的原点，两个Q与两个$-Q$的点电荷分别位于x轴和y轴上，到坐标原点的距离均为a，试计算此带电体在远区的电势（准确到四极项）。

2.14 一个点电荷Q与无穷大接地导体平面相距为d，如果把该点电荷移动到无穷远处，需要做多少功?

2.15 一个点电荷放在直角导体内部，如图2.25所示，求出所有镜像电荷的位置和大小以及电势的分布。

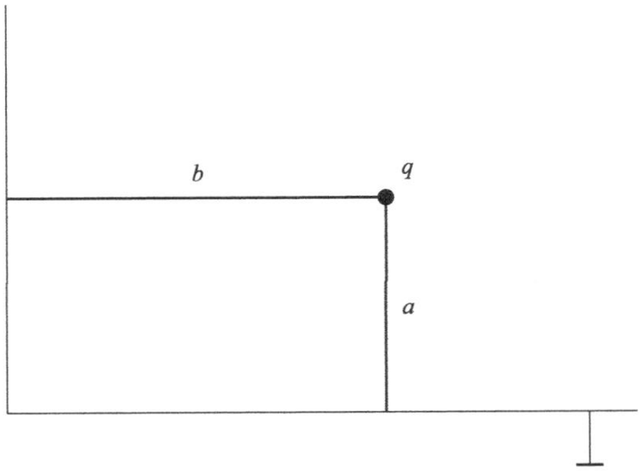

图2.25 习题2.15示意图

2.16 证明一个点电荷q和一个带有电荷Q的半径为R的导体球之间的静电作用力为$F=\frac{q}{4\pi\varepsilon_0}\left[\frac{Q+\frac{Rq}{D}}{D^2}-\frac{DRq}{(D^2-R^2)^2}\right]$，其中$D$是$q$到球心的距离$(D>R)$。

2.17：接地无限大导体平板上有一半径为a的半球形凸起，在点$(0,0,d)$处有一个点电荷q，如图2.26所示，求空间电势的分布。

2.18 两个点电荷Q和$-Q$位于一个半径为a的接地导体球的直径的延长线上，到球心距离分别为D和$-D$。

(1) 证明：镜像电荷构成一个位于球心、电偶极矩为$\frac{2a^3Q}{D^2}$的电偶极子；

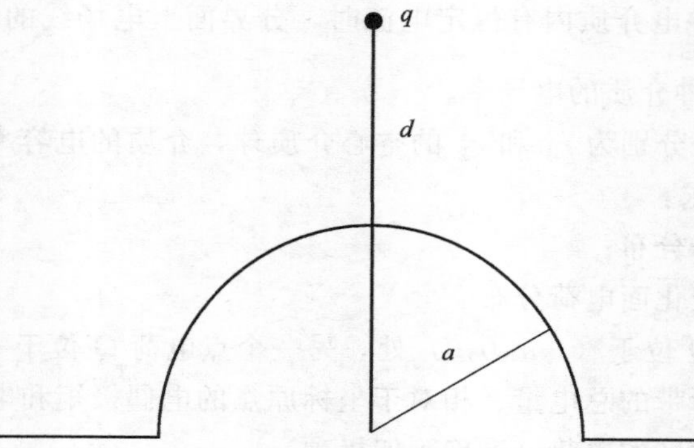

图 2.26　习题 2.17 示意图

(2) 令 Q 和 D 分别趋于无穷，同时保持$\frac{Q}{D^2}$不变，计算球外的电场。

2.19　有一个电偶极矩为 $\boldsymbol{p}$ 的电偶极子，与接地导体球的球心相距为 D，偶极矩的方向沿着半径的方向，如图 2.27 所示。求空间的电势分布。

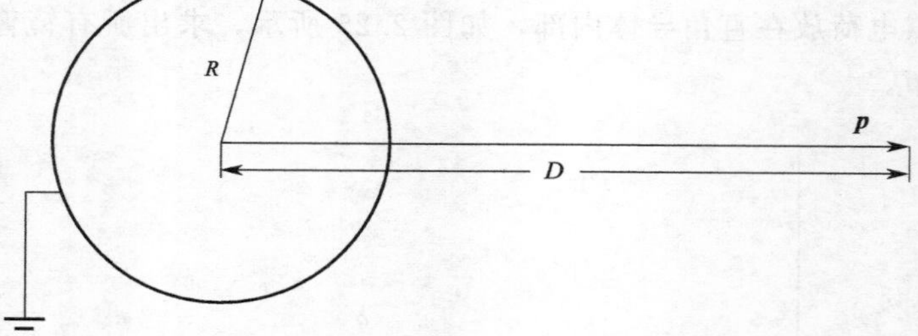

图 2.27　习题 2.19 示意图

2.20　接地的空心导体球的内、外半径分别为 R_1、R_2，在球内离球心为 a ($a<R_1$) 处置一个点电荷 Q。

(1) 用镜像法求电势。

(2) 导体上的感应电荷是多少？分布在内表面还是外表面？

2.21　在均匀介质球的中心置入一个电量为 Q_f 的点电荷，球的电容率为 ε，球外为真空，试用分离变数法求空间电势，并把结果与用高斯定理所得的结果进行比较。

2.22　在均匀介质球（电容率为 ε_1）的中心置一个自由电偶极子 $\boldsymbol{p}_f$，球外充满了另一种介质（电容率为 ε_2），求空间各点的电势和极化电荷分布。

2.23　空心导体球壳的内外半径为 R_1 和 R_2，球中心置一个偶极子 $\boldsymbol{p}$，球壳上带电荷 Q，求空间各点电势和电荷分布。

2.24　一半径为 R_0 的球面，在球坐标 $0<\theta<\frac{\pi}{2}$的半球面上电势为 φ_0，在$\frac{\pi}{2}<\theta<\pi$ 的半球面上电势为$-\varphi_0$，求空间各点的电势分布。

2.25　设有两个电偶极子，它们的偶极矩大小相等，并都指向 z 轴方向，其中一个位置在原点，另一个位置在：

(1) $\theta=\frac{\pi}{2}$，距原点为 R；

(2) $\theta=0$，距原点为 R。

求两种情况下的相互作用能和相互作用力。

2.26　有一个电偶极矩为 $\boldsymbol{p}$ 的偶极子，位于到无穷大导体平面距离为 d 处，求偶极子所受的力。

2.27　有一平板电容器，浸在不可压缩的液体中，并使平板竖直放置。液体的介电常数为 ε，密度为 τ，两极板间距离为 d，电势差为 V。求电容器内液体上升的高度。

2.28　一半径为 a 的导体球带电量为 Q，现将它平分为两个半球，求为使这两个半球分开所要施加的力。

第3章 静磁场

电荷宏观定向移动形成电流，随时间变化的电流称为时变电流或交流，不随时间变化的电流称为稳恒电流。稳恒电流激发的磁场称为稳恒磁场，亦称为静磁场，它不随时间发生变化，只是空间位置的函数。本章主要讨论静磁场的基本规律。

3.1 电流和磁场

3.1.1 电流

电荷的定向移动形成电流，为了描述电流的强弱，引入电流强度的概念，一般使用符号 I 表示。电流强度定义为单位时间内通过某一横截面的电荷量：

$$I=\lim_{\Delta t\to 0}\frac{\Delta q}{\Delta t}=\frac{\mathrm{d}q}{\mathrm{d}t} \tag{3.1}$$

电流为标量，习惯上规定电流的方向为正电荷移动的方向。电流的单位为安培（A），1 安培＝1 库仑/秒（1A＝1C/s）。

当电流在导体或者较大空间范围内移动时，不同空间位置上的电流强度的大小和方向都有可能不同，因此为了描述各点电流的强弱和方向，通常引入电流密度矢量来反映电流在空间的分布情况。电流密度是矢量，它的方向是该点正电荷定向移动的方向，它的数值等于垂直于电流方向上的单位面积的电流强度，使用符号 $\boldsymbol{J}$ 表示电流密度。对于流过某面积微元的电流，存在如下关系：

$$\mathrm{d}I=J\,\mathrm{d}S_{\perp}=J\,\mathrm{d}S\cos\theta=\boldsymbol{J}\cdot\boldsymbol{n}\,\mathrm{d}S=\boldsymbol{J}\cdot\mathrm{d}\boldsymbol{S} \tag{3.2}$$

式中，$\mathrm{d}S_{\perp}=\mathrm{d}S\cos\theta$ 是垂直于电流方向的面积元，$\boldsymbol{n}$ 是 $\mathrm{d}\boldsymbol{S}$ 法线方向上的单位矢量，θ 是 $\boldsymbol{n}$ 与 $\boldsymbol{J}$ 的夹角，如图 3.1 所示。因此通过任意截面 S 的电流强度为

$$I=\int_S \boldsymbol{J}\cdot\mathrm{d}\boldsymbol{S} \tag{3.3}$$

现在讨论电荷密度和电流密度之间的关系：如果在单位体积中有 N 个带电粒子，所有带电粒子具有相同的电荷量 q，以相同的漂移速度 $\boldsymbol{v}$ 穿过面积元 $\mathrm{d}\boldsymbol{S}$，在 $\mathrm{d}t$ 时间内穿过 $\mathrm{d}\boldsymbol{S}$ 的总电荷量为 $\mathrm{d}q=qN\boldsymbol{v}\mathrm{d}t\cdot\mathrm{d}\boldsymbol{S}$，则在单位时间内穿过 $\mathrm{d}\boldsymbol{S}$ 的电荷量为 $\mathrm{d}q=qN\boldsymbol{v}\cdot\mathrm{d}\boldsymbol{S}=\rho\boldsymbol{v}\cdot\mathrm{d}\boldsymbol{S}=\mathrm{d}I$，其中 $\rho=qN$ 为电荷密度，所以

$$\boldsymbol{J}=\rho\boldsymbol{v} \tag{3.4}$$

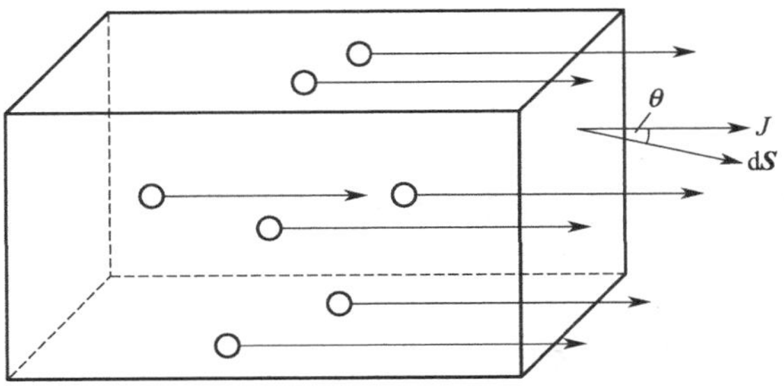

图 3.1 电流密度和电流强度关系图

如果有几种带电粒子，其电荷密度分别为 ρ_i，平均漂移速度分别为 $\boldsymbol{v}_i$，则

$$\boldsymbol{J}=\sum_i \rho_i \boldsymbol{v}_i \tag{3.5}$$

一般来讲，空间各点的 $\boldsymbol{J}$ 有不同的大小和方向且随时间发生变化，因此电流密度是空间和时间的函数，通常可以写成 $\boldsymbol{J}=\boldsymbol{J}(\boldsymbol{r},t)$；若与时间无关，可以写成 $\boldsymbol{J}=\boldsymbol{J}(\boldsymbol{r})$，则称为稳恒电流。电流密度构成矢量场，称为电流场。

3.1.2 电荷守恒定律

电荷守恒定律是电磁现象中的基本定律之一。实验表明：自然界中的电荷是守恒的，即它既不能被创造也不能被消灭；电荷只能从一个物体转移到另一个物体；在某一系统内发生各种变化时，系统的总电荷量保持不变。

考虑空间中一个确定的区域 V，其边界为闭合曲面 S。当物体运动时，可能有电荷进入或者流出区域 V 的边界 S，但由于电荷量是守恒的，故通过 S 面流出的总电流应等于 V 内的电荷在单位时间内的减少量，即

$$\oint_S \boldsymbol{J}\cdot \mathrm{d}\boldsymbol{S}=-\frac{\mathrm{d}q}{\mathrm{d}t}=-\frac{\mathrm{d}}{\mathrm{d}t}\int_V \rho \mathrm{d}V$$

一般情况下，电荷密度是空间和时间的函数，所以通常将上式写为偏导数的形式：

$$\oint_S \boldsymbol{J}\cdot \mathrm{d}\boldsymbol{S}=-\frac{\partial}{\partial t}\int_V \rho \mathrm{d}V \tag{3.6}$$

式(3.6) 即为电荷守恒定律的积分形式。

由高斯公式可得

$$\oint_S \boldsymbol{J}\cdot \mathrm{d}\boldsymbol{S}=\int_V \nabla\cdot \boldsymbol{J}\mathrm{d}V=-\frac{\partial}{\partial t}\int_V \rho \mathrm{d}V$$

由于 V 是任意的区域，上述积分式相等应是被积函数相等，因此有

$$\nabla\cdot \boldsymbol{J}+\frac{\partial \rho}{\partial t}=0 \tag{3.7}$$

式(3.7) 即为电荷守恒定律的微分形式，式(3.6) 和式(3.7) 分别被称为电流的连续性方程的积分形式和微分形式。式(3.7) 表明在一般情况下，电流是有源场，电流线是有头有尾的，凡是有电流线发出的地方，那里的正电荷必随时间减少，凡有电流线会聚的地方，那里的正电荷必然随时间增加。

在恒定电流的情况下，一切物理量不随时间发生变化，则此时有

$$\nabla \cdot \boldsymbol{J}=0 \tag{3.8}$$

或者

$$\oint_S \boldsymbol{J} \cdot \mathrm{d}\boldsymbol{S}=0 \tag{3.9}$$

式(3.8) 和式(3.9) 表明恒定电流是连续的，恒定电流场是无源场，电流线必然是闭合线。式(3.8) 和式(3.9) 通常被称为电流稳定性条件。

3.1.3 欧姆定律和焦耳定律的微分形式

导体中有大量的自由电荷，当存在电场时，这些自由电荷在电场的作用下移动形成电流。当导体中的电流为稳恒电流时，导体中的电荷分布不随时间发生变化，电场也不应随时间发生变化，因此导体中的电流密度与电场强度之间必存在某种联系。实验表明，对于线性各向同性的导体，电流密度和电场强度的关系可以写成

$$\boldsymbol{J}=\sigma_c \boldsymbol{E} \tag{3.10}$$

式中，σ_c 为导体的电导率，单位为西门子/米（S/m），由导电介质的特性决定。式(3.10) 称为欧姆定律的微分形式。在有外来电动力场的情况下，空间各点除了受到该稳恒电场的作用外，还受到非静电力的作用，此时欧姆定律的微分形式为

$$\boldsymbol{J}=\sigma_c(\boldsymbol{E}+\boldsymbol{K}) \tag{3.11}$$

式中，$\boldsymbol{K}$ 为非静电力场强。在一般情况下，可以认为 $\boldsymbol{K}$ 只在电源内部不为零，而在电源外部为零，即在电源内部电流是稳恒电场和外来场共同作用的结果，而在电源外部，电流完全是稳恒电场作用的结果。

在导体中，$\mathrm{d}t$ 时间内电场力对以速度 $\boldsymbol{v}$ 运动的电荷 $\rho\mathrm{d}V$ 所做的功为

$$\mathrm{d}W=\rho\mathrm{d}V\boldsymbol{E} \cdot \boldsymbol{v}\mathrm{d}t=\boldsymbol{E} \cdot \boldsymbol{J}\mathrm{d}V\mathrm{d}t$$

因此单位体积中消耗的电功率为

$$p=\boldsymbol{E} \cdot \boldsymbol{J} \tag{3.12}$$

此式称为焦耳定律的微分形式。将式(3.10) 代入式(3.12) 中可得

$$p=\sigma_c E^2 \tag{3.13}$$

电流在导体中流动会不断产生焦耳热，因此电能必然要减少。为了维持稳定电流，必须依靠电源提供能量，这些能量不断转化为焦耳热，最后消耗在电路的电阻上，变成热量耗散掉。

3.1.4 恒定电场

在稳恒电流情况下，导体内各点的电流密度不随时间变化，这要求电荷分布不随时间变化，因此此时电荷产生的电场必然不随时间变化，此时的电场称为稳恒电场。稳恒电场与静电场存在相似的性质，也为保守力场，它可以存在于导体内部和外部的空间区域。下面推导稳恒电场满足的场方程。

稳恒电场必然满足下述方程：

$$\nabla \cdot \boldsymbol{D}=\rho \tag{3.14}$$

$$\nabla \times \boldsymbol{E}=0 \tag{3.15}$$

$$\nabla \cdot \boldsymbol{J}=0 \tag{3.16}$$

$$\boldsymbol{J}=\sigma_c \boldsymbol{E} \tag{3.17}$$

对于式(3.14)，很容易证明在稳定后导体内部空间的电荷密度为零。因为

$$\nabla \cdot \boldsymbol{D}=\rho$$

$$\nabla \cdot \boldsymbol{E}=\frac{\rho}{\varepsilon}$$

式中，ε 为导电媒质的介电常数。所以有

$$\nabla \cdot \boldsymbol{J}=\sigma_c \nabla \cdot \boldsymbol{E}=-\frac{\partial \rho}{\partial t}=\frac{\sigma}{\varepsilon}\rho$$

所以可以解得

$$\rho=\rho_0 \mathrm{e}^{-\frac{\sigma_c}{\varepsilon}t} \tag{3.18}$$

式中，ρ_0 为 $t=0$ 时刻的电荷密度。一般对导体而言，$\frac{\varepsilon}{\sigma_c}$很小，可达到 10^{-19}S 的量级，所以经过很短暂的时间可使 $\rho=0$，因此对于导体而言电荷只能分布在导体表面和导电介质的分界面上。

在研究恒定电场时，同样可以引入势函数 φ，因为对于稳恒电场，电场仍为无旋场，所以 $\boldsymbol{E}=-\nabla\varphi$，很容易得到电源外势满足的方程为

$$\nabla^2\varphi=0 \tag{3.19}$$

即在电源之外的均匀导电媒质中，电势函数满足拉普拉斯方程，而在导电介质外部的绝缘介质中，稳恒电场的性质和静电场完全相同。

在通过两种导电媒质的边界时，媒质的不连续性导致恒定电场和稳恒电流发生变化，其变化规律可用稳恒电流条件和恒定电场的无旋性来导出，将式(3.9)和式(3.15)应用到两种导电媒质的边界上，如图3.2和图3.3所示。

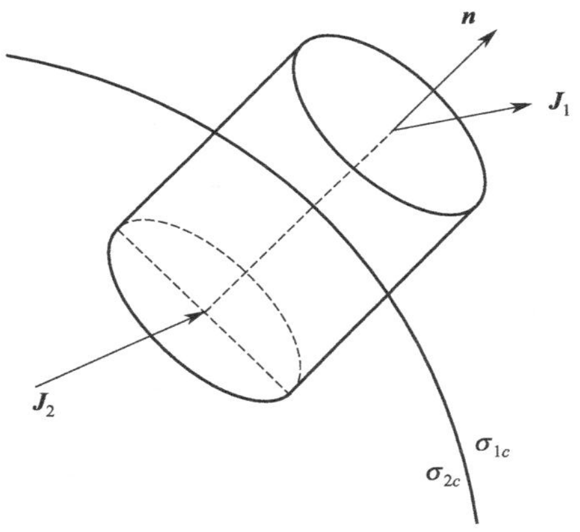

图3.2 两种导电介质界面扁平柱体图

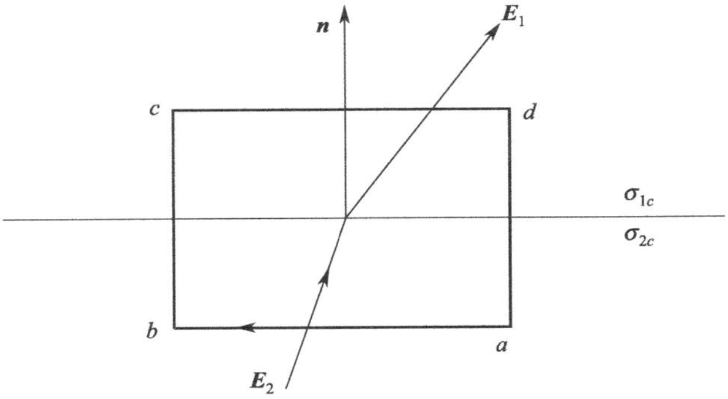

图3.3 电场积分绕行回路

可以容易地得到

$$J_{1n}=J_{2n} \tag{3.20}$$

$$E_{1t}=E_{2t} \tag{3.21}$$

写成矢量形式为

$$
\begin{aligned}
&\boldsymbol{n}\cdot(\boldsymbol{J}_2-\boldsymbol{J}_1)=0\\
&\boldsymbol{n}\times(\boldsymbol{E}_2-\boldsymbol{E}_1)=0
\end{aligned}
\tag{3.22}
$$

或者写成

$$
\begin{aligned}
&\boldsymbol{n}\cdot(\boldsymbol{J}_2-\boldsymbol{J}_1)=0\\
&\boldsymbol{n}\times\left(\frac{\boldsymbol{J}_2}{\sigma_{2c}}-\frac{\boldsymbol{J}_1}{\sigma_{1c}}\right)=0
\end{aligned}
\tag{3.23}
$$

式中，$\boldsymbol{n}$ 为由媒质 1 指向媒质 2 的法向单位矢量；σ_{1c} 和 σ_{2c} 为媒质 1 和媒质 2 的电导率。上式说明：在两种媒质的分界面上，电流密度的法向分量连续，电场的切向分量连续。电场强度的法向分量和电流的切向分量不连续。因此在界面上电流和电场不连续，电流线和电场线在界面处均发生偏折。

若 θ_1 和 θ_2 分别为界面两侧的电流线与法线方向的夹角则由式(3.20) 和式(3.21) 可得

$$
\frac{\tan\theta_1}{\tan\theta_2}=\frac{\sigma_{1c}}{\sigma_{2c}}
\tag{3.24}
$$

从式(3.24) 可以看出，当 $\sigma_{1c}\gg\sigma_{2c}$ 时，即媒质 1 为良导体，媒质 2 为不良导体情况下，若 $\theta_1\neq\frac{\pi}{2}$，则 $\theta_2\approx 0$。这说明：不良导体的电力线和电流线总是近似垂直于良导体的表面，因此可近似地把分界面看成等势面。

前面已经指出，在稳恒电场情况下，均匀导体内部不出现电荷的堆积，电荷只出现在导电媒质的分界面上，在分界面上的电荷面密度为

$$
\sigma_f=\boldsymbol{n}\cdot(\boldsymbol{D}_2-\boldsymbol{D}_1)=\boldsymbol{n}\cdot(\varepsilon_2\boldsymbol{E}_2-\varepsilon_1\boldsymbol{E}_1)=\left(\frac{\varepsilon_2}{\sigma_{2c}}-\frac{\varepsilon_1}{\sigma_{1c}}\right)\boldsymbol{n}\cdot\boldsymbol{J}
\tag{3.25}
$$

在两种介质分界面上电势的边界条件为

$$
\begin{cases}
\varphi_1=\varphi_2\\
\sigma_{1c}\dfrac{\partial\varphi_1}{\partial n}=\sigma_{2c}\dfrac{\partial\varphi_2}{\partial n}
\end{cases}
\tag{3.26}
$$

3.1.5 稳恒电场和静电场的比拟

把电源外导电媒质内的稳恒电场和不存在电荷分布区域的静电场加以比较，可以看到稳恒电流电场与静电场问题有许多相似之处，假设导体表面上的总电荷量为 q，导电媒质中两电极间的电流为 I，两电极间的电势差为 $\varphi_1-\varphi_2$。

下面以表格的形式将两种场进行比较（见表 3.1）。

表 3.1 静电场与稳恒电流电场比较

静电场($\rho=0$)	稳恒电流电场
$\nabla^2\varphi=0$	$\nabla^2\varphi=0$
$\boldsymbol{E}=-\nabla\varphi$	$\boldsymbol{E}=-\nabla\varphi$
$\nabla\cdot\boldsymbol{D}=0$	$\nabla\cdot\boldsymbol{J}=0$
$\boldsymbol{D}=\varepsilon\boldsymbol{E}$	$\boldsymbol{J}=\sigma_c\boldsymbol{E}$
$\varphi_1-\varphi_2=\int_1^2\boldsymbol{E}\cdot\mathrm{d}\boldsymbol{l}$	$\varphi_1-\varphi_2=\int_1^2\boldsymbol{E}\cdot\mathrm{d}\boldsymbol{l}$
$\oint\boldsymbol{D}\cdot\mathrm{d}\boldsymbol{S}=q$(导体表面上)	$\oint\boldsymbol{J}\cdot\mathrm{d}\boldsymbol{S}=I$(电极表面上)

续表

静电场($\rho=0$)	稳恒电流电场
$D_{1n}=D_{2n}$(介质界面上无电荷)	$J_{1n}=J_{2n}$
$\dfrac{D_{1t}}{\varepsilon_1}=\dfrac{D_{2t}}{\varepsilon_2}$	$\dfrac{J_{1t}}{\sigma_{1c}}=\dfrac{J_{2t}}{\sigma_{2c}}$
$\varphi_1=\varphi_2$ $\varepsilon_1\dfrac{\partial\varphi_1}{\partial n}=\varepsilon_2\dfrac{\partial\varphi_2}{\partial n}$(介质界面上无电荷)	$\varphi_1=\varphi_2$ $\varepsilon_1\dfrac{\partial\varphi_1}{\partial n}=\varepsilon_2\dfrac{\partial\varphi_2}{\partial n}$

从表 3.1 中两组方程和边界条件可以看出，导电媒质中的 $\boldsymbol{E}$、φ、$\boldsymbol{J}$、I、σ_c 分别与电介质中的 $\boldsymbol{E}$、φ、$\boldsymbol{D}$、q、ε 具有相同的地位，因而它们是对偶量，利用对偶关系可以从静电场的解得到稳恒电场的解，反之亦然。此种方法通常称为静电类比法，它是求解稳定电流场常用的方法，同时也是物理学中常用的研究方法之一。因此常在实验中用稳恒电流场来模拟静电场。解的代换关系为

$$\varepsilon\rightarrow\sigma_c,\ q\rightarrow I,\ \frac{q}{\varepsilon}\rightarrow\frac{I}{\sigma_c}$$

例题 3-1：计算如图 3.4 所示的深埋于地下且半径为 a 的导体球的接地电阻 R。已知土壤的电导率为 σ_c，导体球的电导率为 σ_{0c}，且 $\sigma_{0c}\gg\sigma_c$。

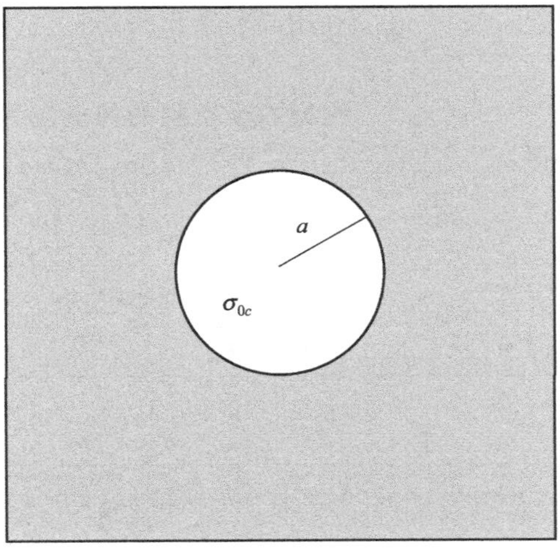

图 3.4　例题 3-1 示意图

解：用静电类比法进行求解，可以认为导体球处于介电常数为 ε 的无穷大介质中，此时导体球的电容为

$$C=4\pi\varepsilon a$$

在静电问题中有

$$C=\frac{q}{V}=\frac{\oint\boldsymbol{D}\cdot\mathrm{d}\boldsymbol{S}}{\int\boldsymbol{E}\cdot\mathrm{d}\boldsymbol{l}}=\varepsilon\frac{\oint\boldsymbol{E}\cdot\mathrm{d}\boldsymbol{S}}{\int\boldsymbol{E}\cdot\mathrm{d}\boldsymbol{l}}$$

在稳恒电流场的情况下，有

$$G=\frac{I}{V}=\frac{\oint\boldsymbol{J}\cdot\mathrm{d}\boldsymbol{S}}{\int\boldsymbol{E}\cdot\mathrm{d}\boldsymbol{l}}=\sigma_c\frac{\oint\boldsymbol{E}\cdot\mathrm{d}\boldsymbol{S}}{\int\boldsymbol{E}\cdot\mathrm{d}\boldsymbol{l}}$$

比较上述两式可得

$$\frac{C}{G}=\frac{\varepsilon}{\sigma_c}$$

所以

$$G=C\frac{\sigma_c}{\varepsilon}=4\pi a\sigma_c$$

接地电阻为

$$R=\frac{1}{G}=\frac{1}{4\pi\sigma_c a}$$

例题 3-2：解电流场问题的镜像法。在无限大空间中充满电导率为 σ_{1c} 和 σ_{2c} 的两种均匀介质，分界面为无穷大平面，在电导率为 σ_{1c} 的介质中有一点状电流源，电流强度为 I，如图 3.5 所示，求两介质中的电势分布。

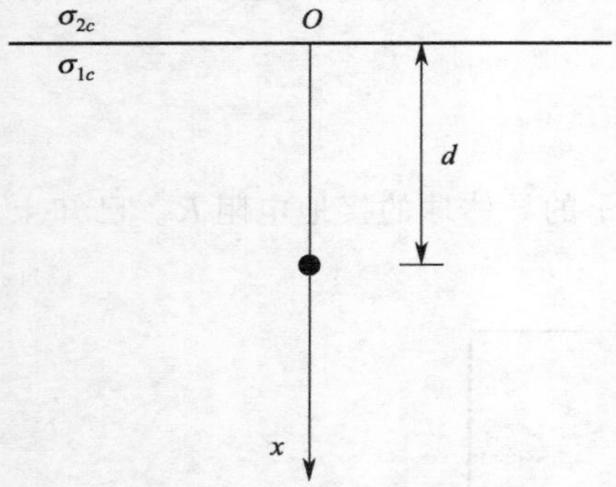

图 3.5　例题 3-2 示意图

解：类似的静电问题前面已经讨论过，它们的结果是

$$\varphi_1=\frac{1}{4\pi\varepsilon_1}\left(\frac{q}{\sqrt{(x-d)^2+y^2+z^2}}+\frac{\varepsilon_1-\varepsilon_2}{\varepsilon_1+\varepsilon_2}\frac{q}{\sqrt{(x+d)^2+y^2+z^2}}\right)$$

$$\varphi_2=\frac{1}{4\pi}\frac{2q}{\varepsilon_1+\varepsilon_2}\frac{1}{\sqrt{(x+d)^2+y^2+z^2}}$$

利用静电类比关系：

$$\varepsilon_1\to\sigma_{1c},\varepsilon_2\to\sigma_{2c},q\to I$$

则得右半空间的像电流为

$$I'=\frac{\sigma_{1c}-\sigma_{2c}}{\sigma_{1c}+\sigma_{2c}}I$$

左半空间的像电流为

$$I''=\frac{2\sigma_{2c}}{\sigma_{1c}+\sigma_{2c}}I$$

于是得电势分布为

$$\varphi_1=\frac{1}{4\pi\sigma_{1c}}\left(\frac{I}{\sqrt{(x-d)^2+y^2+z^2}}+\frac{\sigma_{1c}-\sigma_{2c}}{\sigma_{1c}+\sigma_{2c}}\frac{I}{\sqrt{(x+d)^2+y^2+z^2}}\right)$$

$$\varphi_2=\frac{1}{4\pi\sigma_{1c}}\frac{2I}{+\sigma_{2c}}\frac{1}{\sqrt{(x+d)^2+y^2+z^2}}$$

若左半空间为空气或者其他绝缘介质，则 $\sigma_{2c}\to 0$，$I'=I$，$I''=0$，所以

$$\varphi_1=\frac{1}{4\pi\sigma_{1c}}\left(\frac{I}{\sqrt{(x-d)^2+y^2+z^2}}+\frac{I}{\sqrt{(x+d)^2+y^2+z^2}}\right)$$

$$\varphi_2=\frac{1}{4\pi\sigma_{1c}}\frac{2I}{\sqrt{(x+d)^2+y^2+z^2}}$$

3.2 真空中的磁场

3.2.1 安培定律和毕奥-萨伐尔定律

安培定律只能说明载流回路间的作用力的大小和方向，但无法说明力的传递方式，引入

场的概念是解释力的传递方式最有效的办法，这种场称为磁场。电流可以激发磁场，另一个电流处于该磁场中，就受到该磁场对它的作用力。

实验指出，一个电流元 $I\mathrm{d}\boldsymbol{l}$ 在磁场中所受到的力可以表示为

$$\mathrm{d}\boldsymbol{F}=I\mathrm{d}\boldsymbol{l}\times\boldsymbol{B} \tag{3.27}$$

式中，矢量 $\boldsymbol{B}$ 为电流元所在处的磁感应强度。此式就称为安培定律。

恒定电流激发磁场的规律由毕奥-萨伐尔定律给出。实验指出，一个电流元 $I\mathrm{d}\boldsymbol{l}$ 在空间激发的磁场为

$$\mathrm{d}\boldsymbol{B}=\frac{\mu_0}{4\pi}\frac{I\mathrm{d}\boldsymbol{l}\times\boldsymbol{r}}{r^3} \tag{3.28}$$

如图 3.6 所示，此式称为毕奥-萨伐尔定律，式中，$\boldsymbol{r}$ 是电流元到场点的位置矢量。因此一个闭合回路产生的磁场为

$$\boldsymbol{B}=\oint\mathrm{d}\boldsymbol{B}=\oint\frac{\mu_0}{4\pi}\frac{I\mathrm{d}\boldsymbol{l}\times\boldsymbol{r}}{r^3} \tag{3.29}$$

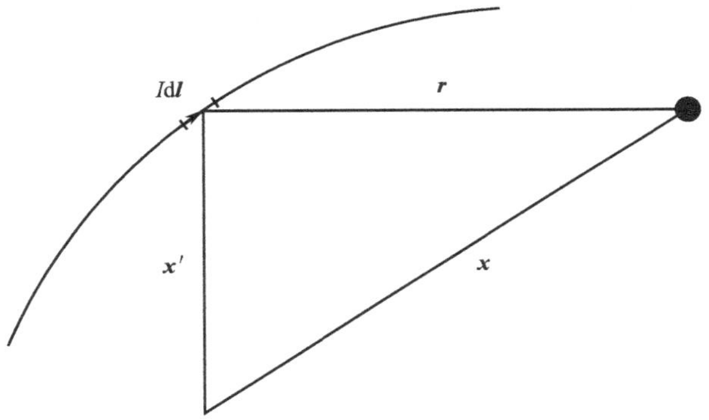

图 3.6 电流源位失示意图

因此电流元 1 对电流元 2 的作用力可以写为

$$\mathrm{d}\boldsymbol{F}_{12}=\frac{\mu_0}{4\pi}\frac{I_2\mathrm{d}\boldsymbol{l}_2\times(I_1\mathrm{d}\boldsymbol{l}_1\times\boldsymbol{r})}{r^3} \tag{3.30}$$

式中，$\boldsymbol{r}$ 为由电流元 1 指向电流元 2 的位置矢量，如图 3.7 所示。因此两个闭合回路之间的相互作用力为

$$\boldsymbol{F}_{12}=\oint_{l_2}I_2\mathrm{d}\boldsymbol{l}_2\times\oint_{l_1}\frac{\mu_0}{4\pi}\frac{I_1\mathrm{d}\boldsymbol{l}_1\times\boldsymbol{r}}{r^3} \tag{3.31}$$

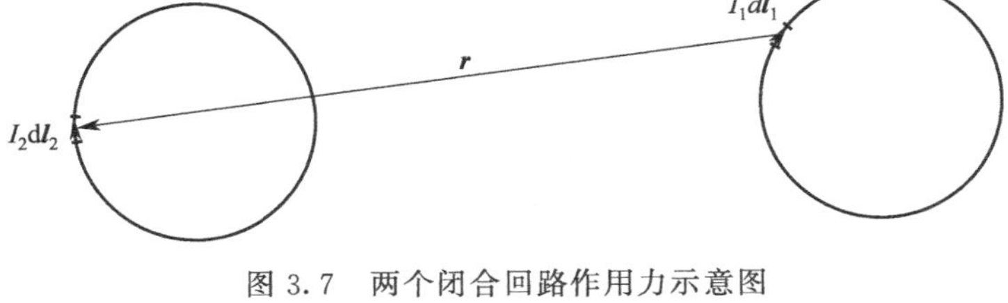

图 3.7 两个闭合回路作用力示意图

必须注意两个电流元之间的相互作用力不满足牛顿第三定律，而两个闭合回路之间的作用力满足牛顿第三定律。

若电流不能被看成线电流而是具有体分布的电流，则式(3.28)应该加以修改。稳恒的体分布电流总可以分解为很多无限细的电流管，可以看成线电流，设其电流大小为 I，截面积为 $\mathrm{d}S$，则 $I=J\mathrm{d}S$，$I\mathrm{d}l=J\mathrm{d}S\mathrm{d}l=J\mathrm{d}V$，其中 $\mathrm{d}V$ 是体积元。于是任一电流分布 $\boldsymbol{J}(\boldsymbol{x}')$ 在 $\boldsymbol{x}$ 处产生的场为

$$\boldsymbol{B}(\boldsymbol{x})=\frac{\mu_0}{4\pi}\int\frac{\boldsymbol{J}(\boldsymbol{x}')\times\boldsymbol{r}}{r^3}\mathrm{d}V' \tag{3.32}$$

体电流受力为

$$\boldsymbol{F}=\int\mathrm{d}\boldsymbol{F}=\int\boldsymbol{J}(\boldsymbol{x})\mathrm{d}V\times\boldsymbol{B}(\boldsymbol{x}) \tag{3.33}$$

从本质上讲，磁场对于电流的作用力就是磁场对运动电荷的作用力，因而可用描述运动电荷的参量 q 和运动速度 $\boldsymbol{v}$ 来描述安培力。若电流是由电量为 q 的同种粒子运动形成的，且所有带电粒子具有共同的定向漂移速度 $\boldsymbol{v}$，假设单位体积中的粒子数为 N，则电流密度为 $\boldsymbol{J}=Nq\boldsymbol{v}$，所以 $\mathrm{d}\boldsymbol{F}=Nq\boldsymbol{v}\mathrm{d}V\times\boldsymbol{B}$，此式可以看成是 $\mathrm{d}V$ 内所有运动带电粒子所受作用力的合力，每个运动带电粒子所受的力为

$$\boldsymbol{f}=\frac{\mathrm{d}\boldsymbol{F}}{\mathrm{d}V}=q\boldsymbol{v}\times\boldsymbol{B} \tag{3.34}$$

式(3.34)即为带电粒子在磁场中所受洛伦兹力公式。如果电量为 q 的运动电荷所在的空间除了有磁场外还有电场，则带电粒子所受的总力为

$$\boldsymbol{f}=q(\boldsymbol{E}+\boldsymbol{v}\times\boldsymbol{B}) \tag{3.35}$$

式(3.35)为带电粒子在电磁场中所受洛伦兹力公式。

3.2.2 真空中稳恒磁场方程

在普通物理中知道穿过任一闭合曲面的磁场的通量为零，即

$$\oint\boldsymbol{B}\cdot\mathrm{d}\boldsymbol{S}=0 \tag{3.36}$$

式(3.36)为磁场的高斯定理的积分形式，它表明静磁场的磁力线为闭合曲线。

在真空中稳恒磁场 $\boldsymbol{B}$ 沿任一闭合回路的环流等于 μ_0 乘以穿过此回路所围曲面的电流强度的代数和，数学表达式为

$$\oint\boldsymbol{B}\cdot\mathrm{d}\boldsymbol{l}=\mu_0 I=\mu_0\int\boldsymbol{J}\cdot\mathrm{d}\boldsymbol{S} \tag{3.37}$$

式(3.37)称为磁场的安培环路定理的积分形式。

现在推导它们的微分形式，由高斯公式可得

$$\oint\boldsymbol{B}\cdot\mathrm{d}\boldsymbol{S}=\int\nabla\cdot\boldsymbol{B}\mathrm{d}V=0$$

由于曲面是任意的，所以可得

$$\nabla\cdot\boldsymbol{B}=0 \tag{3.38}$$

式(3.38)即为高斯定理的微分形式。它表明静磁场是无源场，磁力线是一些闭合线。在直角坐标系下为

$$\frac{\partial B_x}{\partial x}+\frac{\partial B_y}{\partial y}+\frac{\partial B_z}{\partial z}=0$$

由斯托克斯公式和安培环路定理可以得到

$$\oint \boldsymbol{B} \cdot \mathrm{d}\boldsymbol{l} = \int (\nabla \times \boldsymbol{B}) \cdot \mathrm{d}\boldsymbol{S} = \mu_0 \int \boldsymbol{J} \cdot \mathrm{d}\boldsymbol{S}$$

由于曲面是任意的，所以

$$\nabla \times \boldsymbol{B} = \mu_0 \boldsymbol{J} \tag{3.39}$$

式(3.39) 即为安培环路定理的微分形式。它表明在稳恒磁场中任意一点处的磁感应强度的散度只与该点处的电流密度有关，而与其他各点处的电流分布无关。式(3.38) 和式(3.39) 表明静磁场是无源有旋场，与静电场有显著的不同。

现在根据毕奥-萨伐尔定律来证明磁场的散度和旋度公式，由于

$$\boldsymbol{B}(\boldsymbol{x}) = \frac{\mu_0}{4\pi}\int \frac{\boldsymbol{J}(\boldsymbol{x}') \times \boldsymbol{r}}{r^3}\mathrm{d}V' = -\frac{\mu_0}{4\pi}\int \boldsymbol{J}(\boldsymbol{x}') \times \nabla\frac{1}{r}\mathrm{d}V' = \frac{\mu_0}{4\pi}\int \nabla\frac{1}{r} \times \boldsymbol{J}(\boldsymbol{x}')\mathrm{d}V'$$

$$= \frac{\mu_0}{4\pi}\int \nabla \times \left[\frac{1}{r}\boldsymbol{J}(\boldsymbol{x}')\right]\mathrm{d}V' = \frac{\mu_0}{4\pi}\nabla \times \int \frac{\boldsymbol{J}(\boldsymbol{x}')}{r}\mathrm{d}V'$$

令

$$\boldsymbol{A}(\boldsymbol{x}) = \frac{\mu_0}{4\pi}\int \frac{\boldsymbol{J}(\boldsymbol{x}')}{r}\mathrm{d}V'$$

所以

$$\boldsymbol{B} = \nabla \times \boldsymbol{A}$$

两边取散度：

$$\nabla \cdot \boldsymbol{B} = \nabla \cdot (\nabla \times \boldsymbol{A})$$

由于任一矢量场的旋度是无散的，所以

$$\nabla \cdot \boldsymbol{B} = 0$$

现在计算磁场的旋度，由于

$$\nabla \times \boldsymbol{B} = \nabla \times (\nabla \times \boldsymbol{A}) = \nabla(\nabla \cdot \boldsymbol{A}) - \nabla^2 \boldsymbol{A} \tag{3.40}$$

先计算式(3.40) 中的第一项：

$$\nabla \cdot \boldsymbol{A} = \frac{\mu_0}{4\pi}\nabla \cdot \int \frac{\boldsymbol{J}(\boldsymbol{x}')}{r}\mathrm{d}V' = \frac{\mu_0}{4\pi}\int \boldsymbol{J}(\boldsymbol{x}') \cdot \nabla\frac{1}{r}\mathrm{d}V' = -\frac{\mu_0}{4\pi}\int \boldsymbol{J}(\boldsymbol{x}') \cdot \nabla'\frac{1}{r}\mathrm{d}V'$$

$$= -\frac{\mu_0}{4\pi}\int \left[\nabla' \cdot \frac{\boldsymbol{J}(\boldsymbol{x}')}{r} - \frac{1}{r}\nabla' \cdot \boldsymbol{J}(\boldsymbol{x}')\right]\mathrm{d}V' = -\frac{\mu_0}{4\pi}\int \nabla' \cdot \frac{\boldsymbol{J}(\boldsymbol{x}')}{r}\mathrm{d}V'$$

$$= -\frac{\mu_0}{4\pi}\int \nabla' \cdot \frac{\boldsymbol{J}(\boldsymbol{x}')}{r}\mathrm{d}V' = -\frac{\mu_0}{4\pi}\oint \frac{\boldsymbol{J}(\boldsymbol{x}')}{r} \cdot \mathrm{d}\boldsymbol{S}$$

由于积分区域 V'包括所有电流在内，没有电流通过该区域的界面 S，因此此面积分为零，所以

$$\nabla \cdot \boldsymbol{A} = 0$$

现在计算$\nabla^2 \boldsymbol{A}$：

$$\nabla^2 \boldsymbol{A} = -\frac{\mu_0}{4\pi}\int \boldsymbol{J}(\boldsymbol{x}')\nabla^2\frac{1}{r}\mathrm{d}V' = -\frac{\mu_0}{4\pi}\int \boldsymbol{J}(\boldsymbol{x}')[-4\pi\delta(\boldsymbol{x} - \boldsymbol{x}')]\mathrm{d}V'$$

$$= \mu_0 \int \boldsymbol{J}(\boldsymbol{x}')\delta(\boldsymbol{x} - \boldsymbol{x}')\mathrm{d}V' = \mu_0 \boldsymbol{J}(\boldsymbol{x})$$

所以

$$\nabla \times \boldsymbol{B}(\boldsymbol{x}) = \mu_0 \boldsymbol{J}(\boldsymbol{x})$$

实践证明，在一般变化磁场的情况下，磁场仍是无旋的，即$\nabla \cdot \boldsymbol{B} = 0$ 仍然成立，但是

$\nabla\times\boldsymbol{B}(\boldsymbol{x})=\mu_0\boldsymbol{J}(\boldsymbol{x})$不再成立，必须加以修改推广，这一问题留在第 4 章中进行讨论。

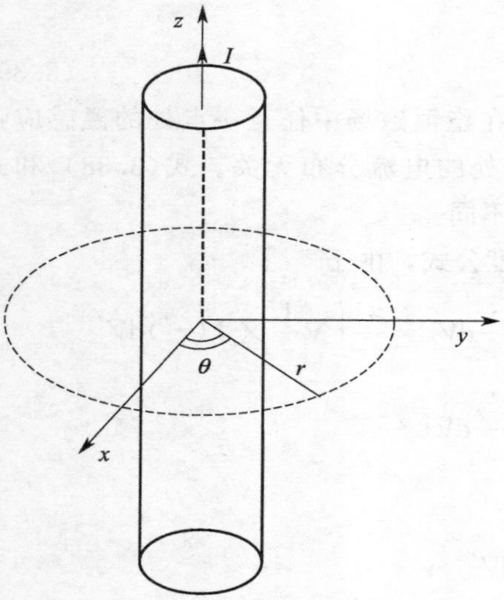

图 3.8 例题 3-3 示意图

例题 3-3：如图 3.8 所示，电流 I 均匀分布在半径为 a 的无穷长直导线内，求空间各点的磁场强度，并由此计算磁场的旋度。

解：在与导线垂直的平面内作一个半径为 r 的圆，圆心在导线的轴上。由对称性知道在圆周上各点的磁感应强度的大小相等，方向沿着这点的圆周的切线方向。由安培环路定理可知：

$$\oint\boldsymbol{B}\cdot\mathrm{d}\boldsymbol{l}=\begin{cases}\mu_0 I & r>a\\ \dfrac{\mu_0 I r^2}{a^2} & r<a\end{cases}\tag{3.41}$$

所以磁场的分布为

$$\boldsymbol{B}=\begin{cases}\dfrac{\mu_0 I}{2\pi r}\boldsymbol{e}_\theta & r>a\\ \dfrac{\mu_0 I r}{2\pi a^2}\boldsymbol{e}_\theta & r<a\end{cases}\tag{3.42}$$

由柱坐标系的公式计算磁感应强度的旋度，在 $r>a$ 时：

$$\nabla\times\boldsymbol{B}=-\frac{\partial B_\theta}{\partial z}\boldsymbol{e}_\rho+\frac{1}{r}\frac{\partial}{\partial r}(rB_\theta)\boldsymbol{e}_z=0$$

在 $r<a$ 时：

$$\nabla\times\boldsymbol{B}=-\frac{\partial B_\theta}{\partial z}\boldsymbol{e}_\rho+\frac{1}{r}\frac{\partial}{\partial r}(rB_\theta)\boldsymbol{e}_z=\frac{\mu_0 I}{\pi a^2}\boldsymbol{e}_z=\mu_0\boldsymbol{J}$$

3.3 磁介质中稳恒磁场方程

3.3.1 磁介质

上节讨论了真空中磁场的基本规律，本节将讨论在有磁介质的情况下，磁场满足的基本规律。在有磁介质的情况下，介质中的磁现象包含两个方面：一方面是磁场作用于介质，使介质内部分子电荷的运动具有某种有序性，或者说介质所处的状态发生了变化，称为磁化；另一方面，磁化了的介质也会产生磁场，此磁场叠加到原来的场上，使总磁场发生了改变。研究介质中的磁现象实际上就是讨论物质的磁化规律和磁化了的物质产生磁场的规律这两个方面的内容。

从微观上讲，介质分子或原子内的电子都在不停地绕原子核运动，此外电子还在作自旋运动。电子的这些运动都等效于一个小的环形电流，即分子电流，这种分子电流具有一定的磁矩，称为磁偶极子。在无外场时，由于分子的无规则热运动，分子磁矩的取向是杂乱无章的，因此在任一宏观小体积内不显示任何磁性，但是当有外场时，这些磁矩按一定的方向进行排列而显示宏观的磁性，此种现象就是介质的磁化。

3.3.2 磁化强度和磁化电流

在介质中每个分子电流所围的面积为 S，对应的电流为 I，则每个分子对应的分子磁矩为

$$m = ISn \tag{3.43}$$

式中，$\boldsymbol{n}$ 为分子所围面积的法向单位矢量。$\boldsymbol{m}$ 称为磁偶极子的磁偶极矩。通常用磁化强度 $\boldsymbol{M}$ 来描述介质的磁化状态，它定义为体积 ΔV 内的总磁矩与 ΔV 之比，即

$$\boldsymbol{M} = \frac{\sum_i \boldsymbol{m}_i}{\Delta V} \tag{3.44}$$

介质磁化以后在介质中或介质界面上就出现磁化电流分布，现在来求磁化电流密度 $\boldsymbol{J}_M$ 与磁化强度 $\boldsymbol{M}$ 之间的关系。如图 3.9 所示，在介质内部任取一个曲面 S，曲面的边界为 L，考虑通过 S 面的磁化电流。由于通过任一截面的电流为单位时间通过这一截面的电量，因此只有当分子与 S 面相割时，才有电荷通过 S 面，但与 S 面相割的分子又存在两种情况：一种情况是与边界线 L 不相交、穿进穿出 S 面各一次的分子，此种分子显然对磁化电流无贡献；另一种情况是被 S 面的边界 L 穿过的分子，它们的分子电流只通过一次 S 面，显然对磁化电流有贡献。综上所述，通过 S 面的总磁化电流 I_M 等于边界线所链环的总分子数乘以每个分子的电流，如图 3.10 所示。

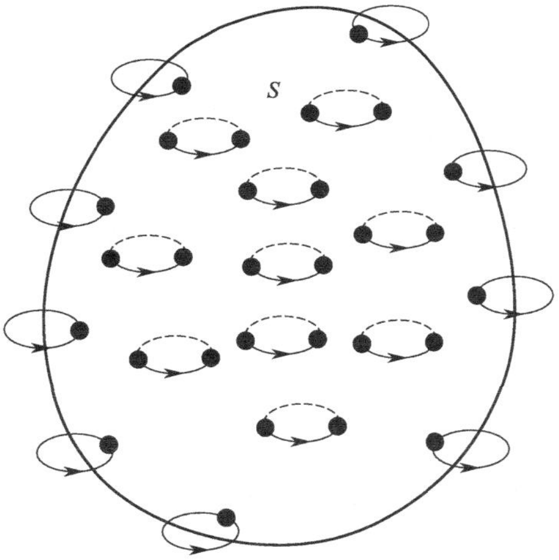

图 3.9 磁化电流密度与磁化强度之关系示意图

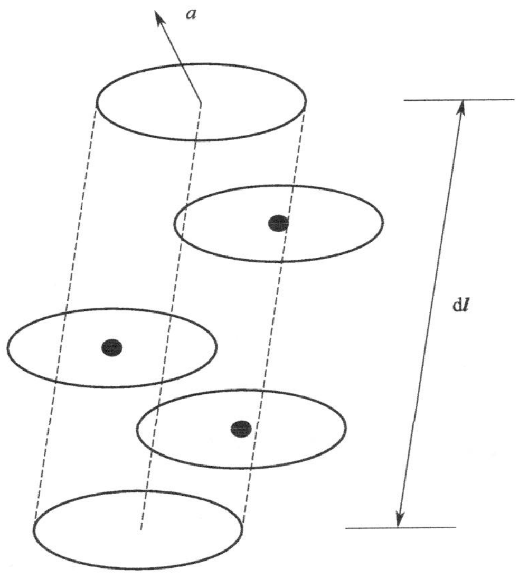

图 3.10 穿过 d$\boldsymbol{l}$ 的分子电流示意图

在边界 L 上任取一个线元 d$\boldsymbol{l}$，设分子电流圈的面积为 $\boldsymbol{a}$，若分子的中心都位于体积为 $\boldsymbol{a} \cdot \mathrm{d}\boldsymbol{l}$ 的斜柱体内，则该分子电流必然被 d$\boldsymbol{l}$ 穿过。因此若单位体积内有 N 个分子，则被边界线元 d$\boldsymbol{l}$ 环绕的分子的分子数为 $N\boldsymbol{a} \cdot \mathrm{d}\boldsymbol{l}$，穿过整个边界的分子数为

$$N\boldsymbol{a} \cdot \mathrm{d}\boldsymbol{l}$$

所以总磁化电流为

$$I_M = \oint iN\boldsymbol{a} \cdot \mathrm{d}\boldsymbol{l} = \oint N\boldsymbol{m} \cdot \mathrm{d}\boldsymbol{l} = \oint \boldsymbol{M} \cdot \mathrm{d}\boldsymbol{l} \tag{3.45}$$

积分沿着 L 的边界进行，将上式左边用磁化电流密度表示，右边由斯托克斯公式可得

$$I_M = \int \boldsymbol{J}_M \cdot \mathrm{d}\boldsymbol{S} = \oint \boldsymbol{M} \cdot \mathrm{d}\boldsymbol{l} = \int (\nabla \times \boldsymbol{M}) \cdot \mathrm{d}\boldsymbol{S}$$

由于 S 面的任意性，可得磁化电流密度为

$$\boldsymbol{J}_M=\nabla\times\boldsymbol{M} \tag{3.46}$$

式(3.45)和式(3.46)代表了磁化电流与磁化强度之间的关系。

3.3.3 磁介质中的场方程

从上面的讨论可以看出，磁化了的介质可以产生磁化电流，因此可以产生附加磁场，这样在空间中产生磁场的电流就有传导电流和磁化电流，所以在有介质存在时安培环路定理变为

$$\oint\boldsymbol{B}\cdot\mathrm{d}\boldsymbol{l}=\mu_0(I_f+I_M)$$

$$\oint\frac{B}{\mu_0}\cdot\mathrm{d}\boldsymbol{l}=I_f+I_M=\int\boldsymbol{J}\cdot\mathrm{d}\boldsymbol{S}+\oint\boldsymbol{M}\cdot\mathrm{d}\boldsymbol{l}$$

所以

$$\oint\frac{\boldsymbol{B}}{\mu_0}\cdot\mathrm{d}\boldsymbol{l}-\oint\boldsymbol{M}\cdot\mathrm{d}\boldsymbol{l}=\int\boldsymbol{J}\cdot\mathrm{d}\boldsymbol{S}$$

令

$$\boldsymbol{H}=\frac{\boldsymbol{B}}{\mu_0}-\boldsymbol{M} \tag{3.47}$$

可得

$$\oint\boldsymbol{H}\cdot\mathrm{d}\boldsymbol{l}=\int\boldsymbol{J}\cdot\mathrm{d}\boldsymbol{S}=I_f \tag{3.48}$$

式中，$\boldsymbol{H}$ 为磁场强度。式(3.47)称为有介质时的安培环路定理。式(3.48)称为有介质时安培环路定理的积分形式。由斯托克斯公式可将式(3.48)化为微分形式：

$$\nabla\times\boldsymbol{H}=\boldsymbol{J} \tag{3.49}$$

必须注意式(3.47)引入的磁场强度矢量没有直接的物理意义。它只是一个辅助物理量，引入以后磁化电流的作用就已经包含在 $\boldsymbol{H}$ 中了。为了解出磁场还必须给出磁场强度与磁感应强度之间的关系。

3.3.4 介质的物性方程

实验指出，对于各向同性的非铁磁物质，在常温下，当磁场强度不太强时，磁化强度 $\boldsymbol{M}$ 与磁场强度 $\boldsymbol{H}$ 之间具有简单的线性关系，即

$$\boldsymbol{M}=\chi_m\boldsymbol{H} \tag{3.50}$$

式中，χ_m 为介质的磁化率，当 $\chi_m>0$ 时称为顺磁质，$\chi_m<0$ 称为抗磁质。将式(3.50)代入式(3.47)中可得

$$\boldsymbol{H}=\frac{\boldsymbol{B}}{\mu_0}-\boldsymbol{M}=\frac{\boldsymbol{B}}{\mu_0}-\chi_m\boldsymbol{H}$$

所以

$$\boldsymbol{B}=(1+\chi_m)\mu_0\boldsymbol{H}=\mu_r\mu_0\boldsymbol{H}=\mu\boldsymbol{H} \tag{3.51}$$

式中，$\mu_r=1+\chi_m$，为介质的相对磁导率；$\mu=\mu_r\mu_0$，为介质的磁导率。在真空中：

$$\boldsymbol{M}=0,\quad \boldsymbol{B}=\mu_0\boldsymbol{H}$$

3.3.5 磁场的边值关系

和静电场一样，当有多种磁介质存在时，在各均匀分区的分界面上，稳恒磁场也会发生

跃变，因此在界面上稳恒磁场方程的微分形式不成立，在讨论界面问题时必须利用场方程的积分形式。

如图 3.11 所示，在介质 1 和介质 2 的分界面处作一个小的扁平柱形高斯面，将磁场高斯定理的积分形式应用到此闭合曲面，得

$$\oint \boldsymbol{B} \cdot \mathrm{d}\boldsymbol{S} = \boldsymbol{B}_1 \cdot \Delta \boldsymbol{S}_1 + \boldsymbol{B}_2 \cdot \Delta \boldsymbol{S}_2 = (\boldsymbol{B}_1 - \boldsymbol{B}_2) \cdot \boldsymbol{n} \Delta S = 0$$

式中，$\boldsymbol{n}$ 是由介质 1 指向介质 2 的法向单位矢量。所以

$$\boldsymbol{n} \cdot (\boldsymbol{B}_1 - \boldsymbol{B}_2) = 0$$

或者

$$B_{1n} = B_{2n} \tag{3.52}$$

式(3.52) 表明在介质的分界面上磁感应强度的法向分量是连续的。

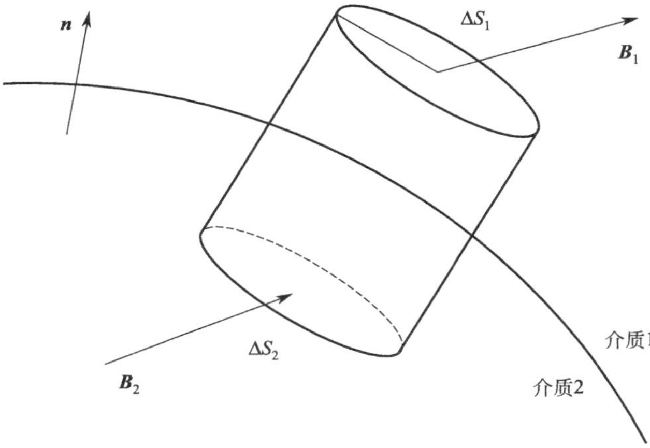

图 3.11 磁介质界面的扁平圆柱体示意图

和静电场一样，当在介质的界面上存在面电荷时，电位移的法向分量不连续，而当有面电流时，磁感应强度的切向分量不连续。

如图 3.12 所示，在界面两侧取一个狭长形矩形回路，回路的两个长边在介质 1 中，一个在介质 2 中。长边与面电流 $\boldsymbol{\alpha}_f$ 正交，则由安培环路定理的积分形式有

$$\oint \boldsymbol{H} \cdot \mathrm{d}\boldsymbol{l} = (H_{2t} - H_{1t}) \Delta l = \alpha_f \Delta l$$

所以

$$H_{2t} - H_{1t} = \alpha_f \tag{3.53}$$

上式可以等价地用矢量形式来表示：

$$\boldsymbol{n} \times (\boldsymbol{H}_2 - \boldsymbol{H}_1) = \boldsymbol{\alpha}_f \tag{3.54}$$

式(3.53) 和式(3.54) 表明：当界面上有面电流分布时，界面上的磁场强度的切向分量是不连续的而要发生突变；而当界面上无面电流时，界面上的磁场强度的切向分量是连续的。

例题 3-4：某半径为 R 的圆盘带有电荷 q，且为均匀带电，一转轴通过圆心并与圆盘垂直，圆盘绕此转轴以角速度 ω 转动。计算圆盘的磁矩及圆盘中心处的磁感应强度。

解：将均匀带电圆盘离散为带电圆环，考虑某一圆环，转动一周用时 $T = 2\pi/\omega$，能过的电荷量为

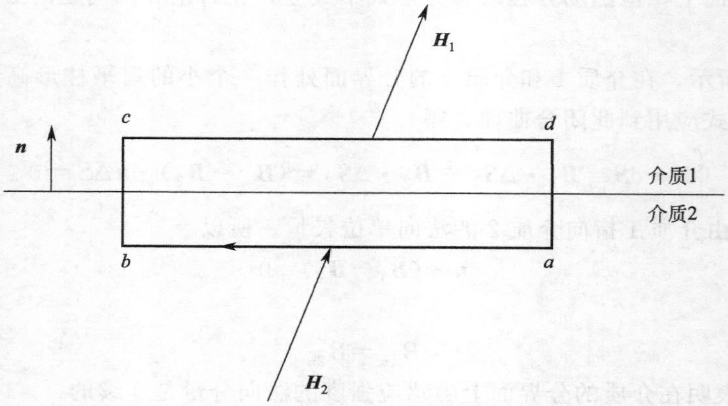

图 3.12 磁介质分界面上的闭合回路示意图

$$\mathrm{d}q=\frac{q}{\pi R^2}2\pi r\,\mathrm{d}r$$

得圆环中的环形电流为

$$\mathrm{d}I=\frac{\mathrm{d}q}{T}=\frac{q}{\pi R^2}\omega r\,\mathrm{d}r$$

环形电流的磁矩及在圆心处的磁场为

$$\mathrm{d}m=\mathrm{d}I\times\pi r^2=\frac{q\omega}{R^2}r^3\,\mathrm{d}r$$

$$\mathrm{d}B=\frac{\mu_0}{2r}\mathrm{d}I=\frac{\mu_0 q\omega}{2\pi R^2}\mathrm{d}r$$

则可以得到圆盘的磁矩及其在圆心处的磁感应强度的大小为

$$m=\int_0^R\frac{q\omega}{R^2}r^3\,\mathrm{d}r=\frac{1}{4}q\omega R^2$$

$$B=\int_0^R\frac{\mu_0 q\omega}{2\pi R^2}\mathrm{d}r=\frac{\mu_0 q\omega}{2\pi R}$$

方向均为角速度 ω 的方向。

3.4 矢势及其微分方程

3.4.1 静磁场的矢势及其微分方程

和静电场的标势一样，静磁场的矢势也是一个重要的概念。在静电场中，由于场的无旋性，所以引入了一个标势 φ，使 $\boldsymbol{E}=-\nabla\varphi$。但对于静磁场而言，由于场是有旋的，因此一般不能引入一个标量函数，即标势的概念。但是由于磁场的无源性，可以引入一个矢量函数，即引入矢势来描述静磁场。

由静磁场方程 $\nabla\cdot\boldsymbol{B}=0$，引入一个矢量函数 $\boldsymbol{A}(\boldsymbol{x})$，$\boldsymbol{B}(\boldsymbol{x})$ 可以表示为 $\boldsymbol{A}(\boldsymbol{x})$ 的旋度，即

$$\boldsymbol{B}=\nabla\times\boldsymbol{A}\qquad(3.55)$$

$\boldsymbol{A}(\boldsymbol{x})$ 就称为静磁场的矢势。由式(3.55) 定义的矢势 $\boldsymbol{A}(\boldsymbol{x})$ 并不是唯一的，即对于某一确定的磁场 $\boldsymbol{B}(\boldsymbol{x})$，矢势 $\boldsymbol{A}(\boldsymbol{x})$ 并不是唯一的。现在举一个简单的事例来说明这一问题。

设有沿 z 方向的均匀磁场 $\boldsymbol{B}(\boldsymbol{x})$，即

$$B_x = B_y = 0,\ B_z = B$$

由 $\boldsymbol{B}=\nabla\times\boldsymbol{A}$ 可得

$$\frac{\partial A_y}{\partial x}-\frac{\partial A_x}{\partial y}=B,\quad \frac{\partial A_z}{\partial y}-\frac{\partial A_y}{\partial z}=\frac{\partial A_x}{\partial y}-\frac{\partial A_y}{\partial x}=0$$

上述方程显然有解：

$$A_z = A_y = 0,\ A_x = -By,\ \text{即}\ \boldsymbol{A}_1 = -By\boldsymbol{e}_x$$

或者另一个解：

$$A_z = A_x = 0,\ A_y = Bx,\ \text{即}\ \boldsymbol{A}_2 = Bx\boldsymbol{e}_y$$

这说明不同的矢势 $\boldsymbol{A}_1$ 和 $\boldsymbol{A}_2$ 对应于同一个静磁场。

事实上，对于 $\boldsymbol{A}$ 和 $\boldsymbol{A}'$ 两种不同的矢势，若 $\boldsymbol{A}'=\boldsymbol{A}+\nabla\varphi$，$\varphi$ 为任意标量函数，则 $\boldsymbol{A}$ 和 $\boldsymbol{A}'$ 描述同一个静磁场。这是因为：

$$\nabla\times\boldsymbol{A}'=\nabla\times\boldsymbol{A}+\nabla\times(\nabla\varphi)=\nabla\times\boldsymbol{A}=\boldsymbol{B}$$

由于 φ 是任意连续可微的标量函数，所以可使无限多个 $\boldsymbol{A}'$ 都满足 $\nabla\times\boldsymbol{A}'=\boldsymbol{B}$，因此对于一个给定的磁场 $\boldsymbol{B}$，矢势可按下式进行变换：

$$\boldsymbol{A}\rightarrow\boldsymbol{A}'=\boldsymbol{A}+\nabla\varphi \tag{3.56}$$

此种变换叫做矢势的规范变换，选定一种 φ 就是一种规范。事实上，矢势的这种任意性，是由于 $\boldsymbol{B}=\nabla\times\boldsymbol{A}$ 只决定了矢势 $\boldsymbol{A}$ 的旋度，而要完全决定一个矢量场还必须给出它的散度。通常在静磁场问题中取矢势 $\boldsymbol{A}$ 的散度为零，即

$$\nabla\cdot\boldsymbol{A}=0 \tag{3.57}$$

按此条件选择的 $\boldsymbol{A}$ 称为库仑规范下的 $\boldsymbol{A}$，因此式(3.57) 称为库仑规范。

为了看出矢势 $\boldsymbol{A}$ 的物理意义，讨论矢势 $\boldsymbol{A}$ 和磁感应强度 $\boldsymbol{B}$ 的积分关系。在磁场空间中任取一个闭合曲线 L，S 是以 L 为边界的任意曲面，通过曲面 S 的磁通量为

$$\int\boldsymbol{B}\cdot\mathrm{d}\boldsymbol{S}=\int\nabla\times\boldsymbol{A}\cdot\mathrm{d}\boldsymbol{S}=\oint\boldsymbol{A}\cdot\mathrm{d}\boldsymbol{l} \tag{3.58}$$

式(3.58) 左边是一个以 L 为边界的任意曲面的磁通量，它和曲面的具体形状无关，而式(3.58) 的右边为矢势 $\boldsymbol{A}$ 沿闭合回路 L 的环流。它表明矢势 $\boldsymbol{A}$ 沿任意闭合回路的环流等于穿过以此闭合回路为边界的任意曲面的磁通量。因此只有矢势的环流才有物理意义，而曲线上每点的矢势 $\boldsymbol{A}$ 的值没有直接的物理意义。

3.4.2　矢势的微分方程

在均匀线性介质内满足

$$\boldsymbol{B}=\mu\boldsymbol{H}$$

将 $\boldsymbol{B}=\nabla\times\boldsymbol{A}$ 代入有介质时的安培环路定理公式：

$$\nabla\times\boldsymbol{H}=\boldsymbol{J}$$

可以容易得到

$$\nabla\times(\nabla\times\boldsymbol{A})=\mu\boldsymbol{J}$$

利用矢量展开公式可得

$$\nabla(\nabla\cdot\boldsymbol{A})-\nabla^2\boldsymbol{A}=\mu\boldsymbol{J}$$

在库仑规范下，将$\nabla\cdot\boldsymbol{A}=0$代入上式得到矢势$\boldsymbol{A}$满足的微分方程：

$$\nabla^2\boldsymbol{A}=-\mu\boldsymbol{J} \tag{3.59}$$

矢势$\boldsymbol{A}$的每一个直角坐标分量$A_i\ (i=1,2,3)$满足的泊松方程为

$$\nabla^2 A_i=-\mu J_i \qquad i=1,2,3 \tag{3.60}$$

所以矢势$\boldsymbol{A}$与电势φ满足同一形式的泊松方程，因此若电流分布在有限区域，并规定无限远处的矢势为零，则得矢势微分方程的一个特解为

$$\boldsymbol{A}(\boldsymbol{x})=\frac{\mu_0}{4\pi}\int\frac{\boldsymbol{J}(\boldsymbol{x}')}{\boldsymbol{r}}\mathrm{d}V' \tag{3.61}$$

式中，$\boldsymbol{r}$为源点到场点的位置矢量；$\boldsymbol{x}$为场点的位置矢量；$\boldsymbol{x}'$为源点的位置矢量；积分区域为电流所在的区域。$|\boldsymbol{r}|$即r满足：

$$r=\sqrt{(x-x')^2+(y-y')^2+(z-z')^2}=|\boldsymbol{x}-\boldsymbol{x}'|$$

对于线分布电流，设I为导线上的电流强度，作代换$\boldsymbol{J}\mathrm{d}V'\rightarrow I\mathrm{d}\boldsymbol{l}$，则得线分布的电流产生的矢势为

$$\boldsymbol{A}(\boldsymbol{x})=\frac{\mu_0}{4\pi}\int\frac{I\mathrm{d}\boldsymbol{l}}{r} \tag{3.62}$$

原则上讲，在全空间中都充满同一均匀介质和给定电流分布时，可以通过式(3.61)和式(3.62)计算磁场的矢势。但是对于有介质的分界面的不均匀空间，就必须像静电场那样求微分方程式(3.59)满足边界条件和边值问题的解。

3.4.3 矢势的边界条件

在两种介质的分界面上磁场的边值关系为

$$\begin{aligned}&\boldsymbol{n}\cdot(\boldsymbol{B}_2-\boldsymbol{B}_1)=0\\&\boldsymbol{n}\times(\boldsymbol{H}_2-\boldsymbol{H}_1)=\boldsymbol{\alpha}\end{aligned} \tag{3.63}$$

这一边值关系可根据$\boldsymbol{B}$与$\boldsymbol{H}$、$\boldsymbol{B}$与$\boldsymbol{A}$的关系化为矢势$\boldsymbol{A}$的边值关系，即

$$\boldsymbol{n}\cdot(\nabla\times\boldsymbol{A}_2-\nabla\times\boldsymbol{A}_1)=0 \tag{3.64}$$

$$\boldsymbol{n}\times\left(\frac{1}{\mu_2}\nabla\times\boldsymbol{A}_2-\frac{1}{\mu_1}\nabla\times\boldsymbol{A}_1\right)=\boldsymbol{\alpha} \tag{3.65}$$

式(3.64)可以用更简单的形式表示出来：在分界面两侧取一个狭长回路，如图3.13

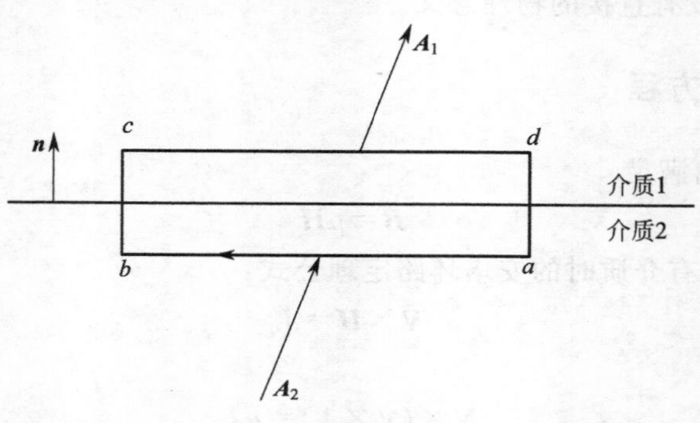

图3.13 矢势在介质表面绕行示意图

所示。

当回路短边趋于零时，有

$$\oint \boldsymbol{A} \cdot \mathrm{d}\boldsymbol{l} = (A_{2t} - A_{1t})\Delta l$$

又由于

$$\oint \boldsymbol{A} \cdot \mathrm{d}l = \int \boldsymbol{B} \cdot \mathrm{d}\boldsymbol{S} \to 0$$

因此

$$A_{1t} = A_{2t} \tag{3.66}$$

若取库仑规范，则 $\nabla \cdot \boldsymbol{A} = 0$，所以 $\oint \boldsymbol{A} \cdot \mathrm{d}\boldsymbol{S} = 0$，在界面两侧取一个扁平状曲面，如图 3.14 所示。

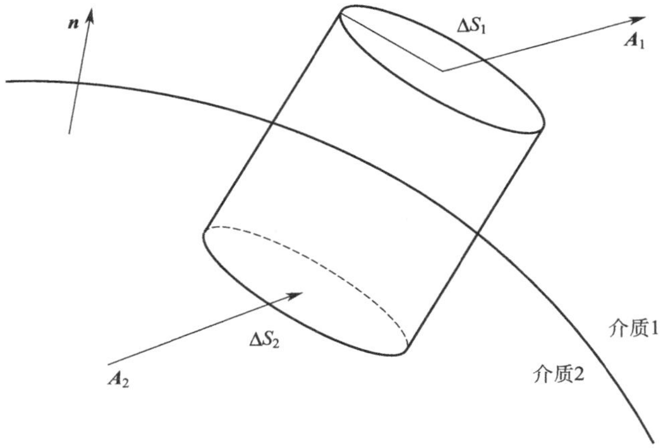

图 3.14　在磁介质界面的扁平柱体示意图

则有

$$\oint \boldsymbol{A} \cdot \mathrm{d}\boldsymbol{S} = (A_{1n} - A_{2n})\Delta S = 0$$

因此

$$A_{1n} = A_{2n} \tag{3.67}$$

综合式(3.66) 和式(3.67) 可得

$$\boldsymbol{A}_1 = \boldsymbol{A}_2 \tag{3.68}$$

即在两种介质的界面上，矢势 $\boldsymbol{A}$ 是连续的，边值关系式(3.64) 可以用式(3.68) 来代替。

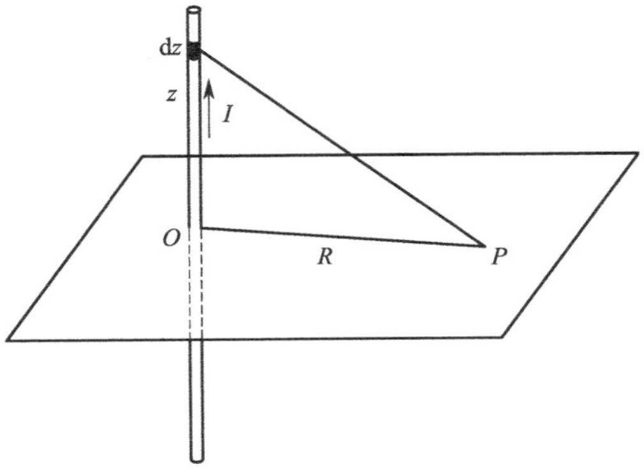

图 3.15　例题 3-5 示意图

例题 3-5：求无穷长载流直导线所产生磁场的矢势和磁感应强度。

解：如图 3.15 所示，设场点到导线的垂直距离为 R，导线载电流为 I，电流元 $I\mathrm{d}\boldsymbol{l}$ 到 P 点的距离为$\sqrt{R^2+r^2}$，由于电流元所产生的矢势都沿 z 轴的方向，所以总的矢势也沿着z 的方向。由式(3.62) 可得

$$A_z=\frac{\mu I}{4\pi}\int_{-\infty}^{+\infty}\frac{\mathrm{d}z}{\sqrt{R^2+r^2}}=\frac{\mu I}{4\pi}\ln(z+\sqrt{R^2+z^2})\Big|_{-\infty}^{+\infty}$$

显然积分结果为无穷大，无穷大的结果是由于电流分布不是在有限的区域内。计算 P 和 P_0 两点的矢势差可以消除无穷大。设 P_0 点与导线的垂直距离为 R_0，则 P 和 P_0 的矢势差为

$$\boldsymbol{A}(P)-\boldsymbol{A}(P_0)=\frac{\mu I}{4\pi}\lim_{M\to\infty}\ln\frac{z+\sqrt{z^2+R^2}}{z+\sqrt{z^2+R_0^2}}\Big|_{-M}^{M}\boldsymbol{e}_z$$

$$=\frac{\mu I}{4\pi}\lim_{M\to\infty}\ln\left(\frac{1+\sqrt{1+\dfrac{R^2}{M^2}}}{1+\sqrt{1+\dfrac{R_0^2}{M^2}}}\times\frac{-1+\sqrt{1+\dfrac{R_0{}^2}{M^2}}}{-1+\sqrt{1+\dfrac{R^2}{M^2}}}\right)\boldsymbol{e}_z \tag{3.69}$$

$$=-\left(\frac{\mu I}{2\pi}\ln\frac{R}{R_0}\right)\boldsymbol{e}_z$$

磁感应强度为矢势的旋度：

$$\boldsymbol{B}=\boldsymbol{\nabla}\times\boldsymbol{A}=-\boldsymbol{\nabla}\times\left(\frac{\mu I}{2\pi}\ln\frac{R}{R_0}\boldsymbol{e}_z\right)=\frac{\mu I}{2\pi R}\boldsymbol{e}_\theta$$

例题 3-6：电流为 I 的载流平面小圆线圈称为磁偶极子，求其在远处激发的矢势。

解：如图 3.16 所示，圆线圈的中心为坐标原点，取圆线圈平面为 xy 平面。小线圈的矢势为

$$\boldsymbol{A}=\frac{\mu_0 I}{4\pi}\oint\frac{\mathrm{d}\boldsymbol{l}}{R}$$

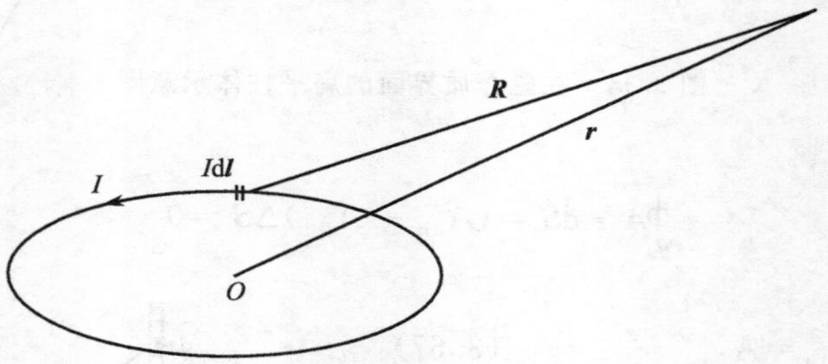

图 3.16 例题 3-6 示意图

利用线积分化为面积分的公式可得

$$\boldsymbol{A}=\frac{\mu_0 I}{4\pi}\oint\frac{\mathrm{d}\boldsymbol{l}}{R}=\frac{\mu_0 I}{4\pi}\int\mathrm{d}\boldsymbol{S}\times\boldsymbol{\nabla}\frac{1}{R}=\frac{\mu_0 I}{4\pi}\int\boldsymbol{n}\times\frac{\boldsymbol{R}}{R^3}\mathrm{d}S$$

式中，$\boldsymbol{n}$ 是小线圈的曲面法向单位矢量。考虑近似条件，在远处时可以认为小线圈上各点到场点的距离都为 r，即在远处近似有

$$\frac{\boldsymbol{R}}{R^3}=\frac{\boldsymbol{r}-\boldsymbol{r}'}{|\boldsymbol{r}-\boldsymbol{r}'|^3}\to\frac{\boldsymbol{r}}{r^3}$$

所以

$$\boldsymbol{A}=\frac{\mu_0 I}{4\pi}\boldsymbol{n}\times\frac{\boldsymbol{r}}{r^3}\int\mathrm{d}S=\frac{\mu_0}{4\pi}\frac{I\boldsymbol{S}\times\boldsymbol{r}}{r^3}=\frac{\mu_0}{4\pi}\frac{\boldsymbol{m}\times\boldsymbol{r}}{r^3}$$

这就是小线圈在远处的矢势公式，其中 $\boldsymbol{m}$ 是磁偶极子的磁偶极矩。显然 $\boldsymbol{A}$ 的方向沿球坐标系中 $\boldsymbol{e}_\phi$ 的方向。磁感应强度的大小为

$$\boldsymbol{B}=\nabla\times\boldsymbol{A}=\nabla\times\frac{\mu_0}{4\pi}\frac{\boldsymbol{m}\times\boldsymbol{r}}{r^3}=\frac{\mu_0}{4\pi}\left[\frac{3(\boldsymbol{m}\cdot\boldsymbol{r})\boldsymbol{r}}{r^5}-\frac{\boldsymbol{m}}{r^3}\right]$$

例题 3-7： 有一个半径为 a 的均匀带电导体球壳，其上带电荷量为 q，并绕自身某一个直径以恒定的角速度 ω 转动，求球内外的矢势及磁场。

解： 由于球内外均无传导电流，因此矢势满足的方程为

$$\nabla^2\boldsymbol{A}_1=0 \quad r<a$$

$$\nabla^2\boldsymbol{A}_2=0 \quad r>a$$

以球心为原点，旋转轴为极轴 z 建立如图 3.17 所示球坐标系。

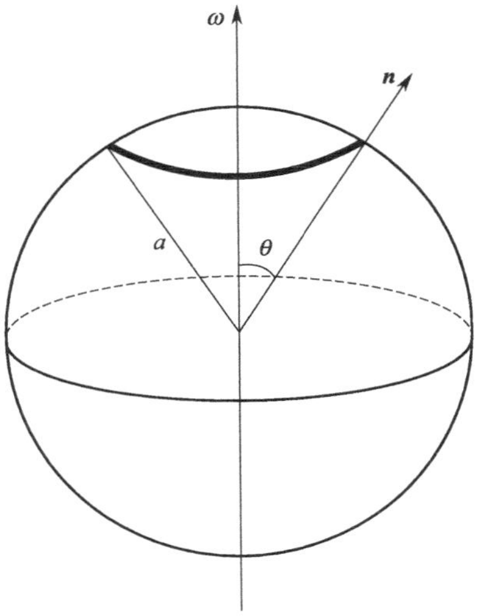

图 3.17 例题 3-7 示意图

显然球面上的电荷面密度为

$$\sigma_f=\frac{q}{4\pi a^2}$$

球面上的电流密度为

$$\boldsymbol{i}=\sigma_f\boldsymbol{v}=\frac{q\omega}{4\pi a}\sin\theta\boldsymbol{e}_\phi$$

由此可见，电流是沿着 ϕ 方向流动的，是旋转对称分布，所以矢势也只有 ϕ 分量，即

$$\boldsymbol{A}=A_\phi\boldsymbol{e}_\phi$$

并且矢势也与 ϕ 无关，所以矢势的微分方程简化为

$$(\nabla^2\boldsymbol{A})_\phi=\nabla^2A_\phi-\frac{A_\phi}{r^2\sin^2\theta}=0 \tag{3.70}$$

令

$$A_\phi=g(r)\sin\theta$$

代入式(3.70) 可得

$$r^2\frac{\mathrm{d}^2g}{\mathrm{d}r^2}+2r\frac{\mathrm{d}g}{\mathrm{d}r}-2g=0$$

此方程的解为

$$g(r)=Br+\frac{C}{r^2}$$

所以

$$A_1=\left(Br+\frac{C}{r^2}\right)\sin\theta \qquad r<a \tag{3.71}$$

$$A_2=\left(Dr+\frac{E}{r^2}\right)\sin\theta \qquad r>a \tag{3.72}$$

其中系数由下列边界条件来决定：

(a) 当 $r\to0$ 时，A_1 为有限。

(b) 当 $r\to\infty$ 时，$A_2\to0$。

(c) 当 $r=a$ 时，$A_1=A_2$，$\frac{\partial A_1}{\partial r}-\frac{\partial A_2}{\partial r}=\mu_0\frac{q\omega}{4\pi a}\sin\theta$。

由边界条件 (a) 和 (b) 可得

$$A_1=Br\sin\theta$$
$$A_2=\frac{E}{r^2}\sin\theta \tag{3.73}$$

由边界条件 (c) 可得

$$Ba=\frac{E}{a^2}$$

$$B\sin\theta+2\frac{E}{a^3}\sin\theta=\mu_0\frac{q\omega}{4\pi a}\sin\theta$$

求解可得

$$B=\frac{\mu_0 q\omega}{12\pi a},\ E=\frac{\mu_0 q\omega a^2}{12\pi}$$

所以

$$\boldsymbol{A}_1=\frac{\mu_0 q\omega}{12\pi a}r\sin\theta\boldsymbol{e}_\phi$$

$$\boldsymbol{A}_2=\frac{\mu_0 q\omega a^2}{12\pi}\frac{\sin\theta}{r^2}\boldsymbol{e}_\phi$$

利用球坐标系下的旋度公式可以得到

$$\boldsymbol{B}_1=\nabla\times\boldsymbol{A}_1=\frac{\mu_0 q}{6\pi a}\boldsymbol{\omega}$$

$$\boldsymbol{B}_2=\nabla\times\boldsymbol{A}_2=\frac{\mu_0}{4\pi}\left[\frac{qa^2(\boldsymbol{\omega}\cdot\boldsymbol{r})\boldsymbol{r}}{r^5}-\frac{qa^2\boldsymbol{\omega}}{3r^3}\right]$$

3.4.4 小区域电流分布在远区矢势的磁多极展开

当求小区域中的电荷分布在远区的电势时，可以将其展开为各级电多极子场的叠加。与电多极子相对应，可以引入磁多极子的概念，同样可以证明，分布在小区域中的电流在远处产生的矢势同样可以表示为各级磁多极矩势的叠加。给定电流分布在空间中激发的磁场的矢势为

$$\boldsymbol{A}(\boldsymbol{x})=\frac{\mu_0}{4\pi}\int\frac{\boldsymbol{J}(\boldsymbol{x}')}{r}\mathrm{d}V' \tag{3.74}$$

如果电流分布在小区域 V 内，而场点到这个小区域的距离又很远，则取电流分布区域内某点 O 为坐标原点，如图 3.18 所示。

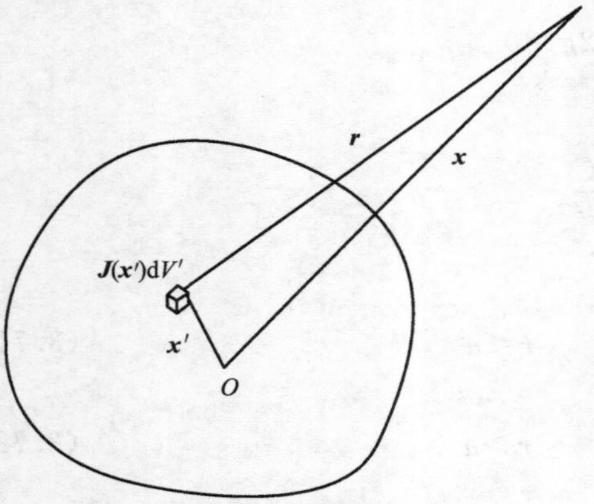

图 3.18 小区域电流分布示意图

可得

$$r=|\boldsymbol{x}-\boldsymbol{x}'|,\ |\boldsymbol{x}'|\ll|\boldsymbol{x}|=R$$

将式(3.74) 中的$\frac{1}{r}$在坐标原点处展开为

$$\frac{1}{r}=\frac{1}{R}-\boldsymbol{x}'\cdot\nabla\frac{1}{R}+\frac{1}{2!}\sum_{i,j}x_i'x_j'\frac{\partial^2}{\partial x_i\partial x_j}\frac{1}{R}+\cdots$$

将此式代入式(3.74) 中可得

$$\boldsymbol{A}(\boldsymbol{x})=\frac{\mu_0}{4\pi}\int\left[\frac{1}{R}-\boldsymbol{x}'\cdot\nabla\frac{1}{R}+\frac{1}{2!}\sum_{i,j}x_i'x_j'\frac{\partial^2}{\partial x_i\partial x_j}\frac{1}{R}+\cdots\right]\mathrm{d}V'$$
$$=\boldsymbol{A}^{(0)}(\boldsymbol{x})+\boldsymbol{A}^{(1)}(\boldsymbol{x})+\boldsymbol{A}^{(2)}(\boldsymbol{x})+\cdots$$

展开式中第一项为

$$\boldsymbol{A}^{(0)}(\boldsymbol{x})=\frac{\mu_0}{4\pi}\int\frac{\boldsymbol{J}(\boldsymbol{x}')}{R}\mathrm{d}V'=\frac{\mu_0}{4\pi R}\int\boldsymbol{J}(\boldsymbol{x}')\mathrm{d}V'$$

由于现在讨论的是稳恒电流，可以很容易地证明：

$$\int\boldsymbol{J}(\boldsymbol{x}')\mathrm{d}V'=0$$

显然有

$$\boldsymbol{A}^{(0)}(\boldsymbol{x})=0$$

这表明小区域内电流分布在远场矢势的多极展开式中与小区域电荷分布远场多极展开式中的电荷项对应的磁荷项为零，这与自然界中不存在自由磁荷有关。

现在对 $\int\boldsymbol{J}(\boldsymbol{x}')\mathrm{d}V'=0$ 进行证明：

设 $\boldsymbol{x}$ 为任一矢量，由于

$$\nabla\cdot(\boldsymbol{J}\boldsymbol{x})=(\nabla\cdot\boldsymbol{J})\boldsymbol{x}+(\boldsymbol{J}\cdot\nabla)\boldsymbol{x}=\boldsymbol{J}$$

所以

$$\int_V\nabla\cdot(\boldsymbol{J}\boldsymbol{x})\mathrm{d}V=\int\boldsymbol{J}\,\mathrm{d}V=\oint(\boldsymbol{J}\boldsymbol{x})\cdot\mathrm{d}\boldsymbol{S}=\oint J_n\boldsymbol{x}\,\mathrm{d}S$$

由于是稳恒电流，所以 J_n 在区域的边界上为零，因此

$$\oint J_n\boldsymbol{x}\,\mathrm{d}S=0$$

导致

$$\int\boldsymbol{J}(\boldsymbol{x})\mathrm{d}V'=0$$

展开式中第二项为

$$\boldsymbol{A}^{(1)}(\boldsymbol{x})=-\frac{\mu_0}{4\pi}\int\boldsymbol{J}(\boldsymbol{x}')\left(\boldsymbol{x}'\cdot\nabla\frac{1}{R}\right)\mathrm{d}V'$$

由于

$$[\boldsymbol{J}(\boldsymbol{x}')\boldsymbol{x}']\cdot\nabla\frac{1}{R}=-[\boldsymbol{J}(\boldsymbol{x}')\times\boldsymbol{x}']\times\nabla\frac{1}{R}+\boldsymbol{x}'\boldsymbol{J}(\boldsymbol{x}')\cdot\nabla\frac{1}{R}$$

$$[\boldsymbol{J}(\boldsymbol{x}')\boldsymbol{x}']\cdot\nabla\frac{1}{R}=-\frac{1}{2}[\boldsymbol{J}(\boldsymbol{x}')\times\boldsymbol{x}']\times\nabla\frac{1}{R}+\frac{1}{2}\left[\boldsymbol{J}(\boldsymbol{x}')\boldsymbol{x}'\cdot\nabla\frac{1}{R}+\boldsymbol{x}'\boldsymbol{J}(\boldsymbol{x}')\cdot\nabla\frac{1}{R}\right] \tag{3.75}$$

因为

$$\nabla'\cdot\left[\boldsymbol{J}(\boldsymbol{x}')\boldsymbol{x}'\boldsymbol{x}'\cdot\nabla\frac{1}{R}\right]=\boldsymbol{J}(\boldsymbol{x}')\boldsymbol{x}'\cdot\nabla\frac{1}{R}+\boldsymbol{x}'\boldsymbol{J}(\boldsymbol{x}')\cdot\nabla\frac{1}{R} \tag{3.76}$$

将式(3.76) 代入式(3.75) 中可得

$$[\boldsymbol{J}(\boldsymbol{x}')\boldsymbol{x}']\cdot\nabla\frac{1}{R}=-\frac{1}{2}[\boldsymbol{J}(\boldsymbol{x}')\times\boldsymbol{x}']\times\nabla\frac{1}{R}+\frac{1}{2}\nabla'\cdot\left[\boldsymbol{J}(\boldsymbol{x}')\boldsymbol{x}'\boldsymbol{x}'\cdot\nabla\frac{1}{R}\right] \tag{3.77}$$

将式(3.77)代入矢势展开式第二项可得到

$$\boldsymbol{A}^{(1)}=\frac{\mu_0}{4\pi}\int\frac{1}{2}[\boldsymbol{J}(\boldsymbol{x}')\times\boldsymbol{x}']\times\nabla\frac{1}{R}\mathrm{d}V'-\frac{\mu_0}{4\pi}\int\frac{1}{2}\nabla'\cdot\left[\boldsymbol{J}(\boldsymbol{x}')\boldsymbol{x}'\boldsymbol{x}'\cdot\nabla\frac{1}{R}\right]\mathrm{d}V'$$

利用高斯公式可将上式第二个积分化为区域 V 的边界 S 上的面积分。这一面积分显然为零，因为在 V 的边界面上电流为零。

所以

$$\boldsymbol{A}^{(1)}(\boldsymbol{x})=\frac{\mu_0}{4\pi}\int\frac{1}{2}[\boldsymbol{J}(\boldsymbol{x}')\times\boldsymbol{x}'\mathrm{d}V']\times\nabla\frac{1}{R}=\frac{\mu_0}{4\pi}\boldsymbol{m}\times\frac{\boldsymbol{R}}{R^3}$$

其中

$$\boldsymbol{m}=\frac{1}{2}\int\boldsymbol{x}'\times\boldsymbol{J}(\boldsymbol{x}')\mathrm{d}V'$$

是小区域电流的磁偶极矩。对于小电流线圈的情况，其磁矩为

$$\boldsymbol{m}=\frac{I}{2}\oint\boldsymbol{x}'\times\mathrm{d}\boldsymbol{l}' \tag{3.78}$$

若这个小线圈所围的面积元为 $\Delta\boldsymbol{S}$，则其磁矩为 $\boldsymbol{m}=I\Delta\boldsymbol{S}$。磁偶极矩产生的磁感应强度为

$$\boldsymbol{B}(\boldsymbol{x})=\nabla\times\boldsymbol{A}(\boldsymbol{x})=\frac{\mu_0}{4\pi}\left[\frac{3(\boldsymbol{m}\cdot\boldsymbol{R})\boldsymbol{R}}{R^5}-\frac{\boldsymbol{m}}{R^3}\right] \tag{3.79}$$

更高阶的磁多极矩实际中较少用到，就不再讨论了。

3.5 磁标势法

3.5.1 磁标势

对于静磁场，由于场是无源的，因此一般不能引入一个标量函数，而需要引入矢势来描述。矢势描述是一个普遍采用的方法，但是由于矢势是一个矢量，求解矢势的边值问题是很复杂的，因此可以考虑在某些条件下引入标势的可能性，以简化问题的求解。

已知磁场的安培环路定理：$\oint\boldsymbol{H}\cdot\mathrm{d}\boldsymbol{l}=I=\int\boldsymbol{J}\cdot\mathrm{d}\boldsymbol{S}$，其中面积 S 的边界为 L。从上式知道磁场强度的环流是否为零与所选取的积分回路 L 有关。如果积分回路 L 链环着电流，即有电流穿过 L 所围的曲面，则 $\oint\boldsymbol{H}\cdot\mathrm{d}\boldsymbol{l}\neq 0$，在这种情况下，$\boldsymbol{H}$ 为非保守力场，因此不能引入标势。但在许多实践问题中，不必求出整个空间的磁场，而只需要求出某个局部区域的磁场。在这局部区域内，如果所有积分回路 L 都不链环着电流，也就是没有电流穿过 L 所围的曲面 S。则有 $\oint\boldsymbol{H}\cdot\mathrm{d}\boldsymbol{l}=0$，因而可以在这个区域内引入标势的概念，此标势称为磁标势。

例如，对于图 3.19 所示的一个电流线圈，如果挖去线圈包围着的一个壳形区域 S，则

在剩下的空间 V 中任一闭合回路都不链环着电流，即没有电流穿过 L 所围的曲面 S。因此，在除去这个壳形区域之后，在空间中就可以引入磁标势来描述磁场。又例如，在实际工作中求电磁铁两极间的磁场时，在此区域内也可以引入磁标势。对于永久磁铁，它的磁场全部由分子电流激发，空间中无传导电流，因此永久磁铁的磁场在整个区域都可以用磁标势来描述。

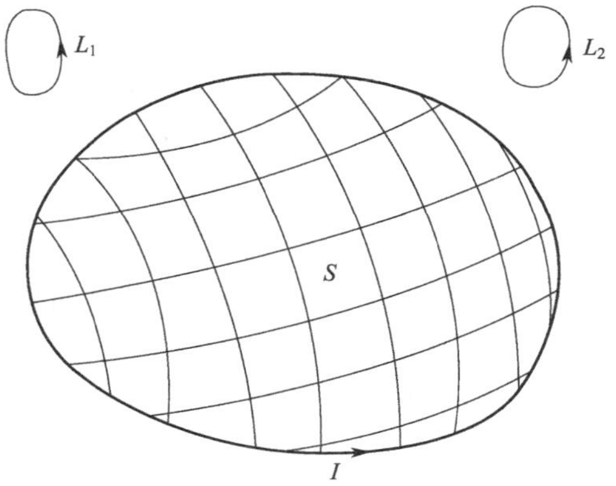

图 3.19　引入磁标势示意图

归纳起来，在某个区域内能够引入磁标势的条件是在该区域内的任何回路都不被电流所链环。也就是说，该区域是没有自由电流分布的单连通区域。必须注意，仅仅没有自由电流分布是不够的，在图 3.19 中的情形下，不仅要除去有电流分布的线圈，而且还要把线圈所围的一个壳层 S 一起除去才行。

3.5.2　磁标势的微分方程及边值关系

如果在考察的区域 V 内，传导电流分布 $\boldsymbol{J}(\boldsymbol{x}')=0$，则静磁场满足的基本方程可化为

$$\begin{aligned}\nabla\cdot\boldsymbol{B}&=0\\ \nabla\times\boldsymbol{H}&=\boldsymbol{0}\end{aligned}\tag{3.80}$$

介质的本构方程为

$$\boldsymbol{B}=\mu_0(\boldsymbol{H}+\boldsymbol{M})=f(\boldsymbol{H})\tag{3.81}$$

必须注意：在此处本构方程不写成 $\boldsymbol{B}=\mu\boldsymbol{H}$ 的线性形式，而是写成更一般的形式，这是由于磁标势方法主要是应用于求解磁铁中的磁场。对于铁磁物质线性磁化规律 $\boldsymbol{B}=\mu\boldsymbol{H}$ 不再成立，$\boldsymbol{B}$ 和 $\boldsymbol{H}$ 的函数关系不再是线性的、单值的，它依赖于具体的磁化过程。由式(3.81)可知

$$\nabla\cdot\boldsymbol{H}=-\nabla\cdot\boldsymbol{M}$$

此时静磁场的方程化为

$$\begin{cases}\nabla\times\boldsymbol{H}=\boldsymbol{0}\\ \nabla\cdot\boldsymbol{H}=-\dfrac{1}{\mu_0}(\mu_0\,\nabla\cdot\boldsymbol{M})\end{cases}\tag{3.82}$$

如果把分子电流看作由一对假想磁荷组成的磁偶极子，则物质磁化后就出现假想磁荷分布。它和电介质中$\nabla\cdot\boldsymbol{P}=-\rho_P$ 相对应。作为对比，设磁化介质中假想磁荷密度为 $\rho_m=-\mu_0\nabla\cdot\boldsymbol{M}$，进行这种转化以后式(3.82) 变为

$$\begin{cases}\nabla\times\boldsymbol{H}=0 & ①\\ \nabla\cdot\boldsymbol{H}=\dfrac{\rho_m}{\mu_0} & ②\end{cases}\tag{3.83}$$

由式(3.83) 的①式可以引入磁标势 φ_m，磁标势与磁场强度的关系为

$$\boldsymbol{H}=-\nabla\varphi_m\tag{3.84}$$

将式(3.84) 代入式(3.83) 中的②式得到磁介质内部磁标势所满足的微分方程：

$$\nabla^2 \varphi_m = -\frac{\rho_m}{\mu_0} \tag{3.85}$$

此方程为泊松方程，用磁标势法描述介质中磁场问题时，在形式上 $\boldsymbol{H}$ 与电场中的 $\boldsymbol{E}$ 相当。在均匀、线性、各向同性均匀磁化介质中：$\boldsymbol{M}=\chi_m \boldsymbol{H}$，$\rho_m=0$。此时泊松方程化为拉普拉斯方程：

$$\nabla^2 \varphi_m = 0 \tag{3.86}$$

在介质中的磁场问题现在就转化为在一定的边界条件下求泊松方程或者拉普拉斯方程的解。为此必须了解用磁标势描述的磁场的边值关系。磁标势在两介质表面上的边值关系可由磁场的边值关系导出。由于在介质界面上不存在自由面电流，则由

$$\boldsymbol{n} \times (\boldsymbol{H}_2 - \boldsymbol{H}_1) = \boldsymbol{0}$$

求得磁标势满足的边值关系为

$$\varphi_{m1} = \varphi_{m2} \tag{3.87}$$

把 $\boldsymbol{H}=-\nabla\varphi_m$ 代入 $\boldsymbol{n}\cdot(\boldsymbol{B}_2-\boldsymbol{B}_1)=0$ 可得

$$\boldsymbol{n} \cdot [\mu_0(\boldsymbol{H}_2+\boldsymbol{M}_2) - \mu_0(\boldsymbol{H}_1+\boldsymbol{M}_1)] = 0$$

$$\boldsymbol{n} \cdot (\boldsymbol{H}_2 - \boldsymbol{H}_1)\mu_0 = -\mu_0(\boldsymbol{M}_2 - \boldsymbol{M}_1)$$

代入标势和场的关系即得到边值关系为

$$\mu_0 \frac{\partial \varphi_{m2}}{\partial n} - \mu_0 \frac{\partial \varphi_{m1}}{\partial n} = -\sigma_m \tag{3.88}$$

其中

$$\sigma_m = -\mu_0 \boldsymbol{n} \cdot (\boldsymbol{M}_2 - \boldsymbol{M}_1) \tag{3.89}$$

若对于非铁磁的线性均匀磁化介质，则边值关系为

$$\mu_2 \frac{\partial \varphi_{m2}}{\partial n} = \mu_1 \frac{\partial \varphi_{m1}}{\partial n} \tag{3.90}$$

引入磁标势后，求解静磁场问题就和求解静电场问题相似了，为了方便比较，现在把磁标势公式和静电场公式进行对比，见表 3-2。

表 3-2　静电场和静磁场基本关系式比较

静电场	静磁场
$\nabla \times \boldsymbol{E} = 0$	$\nabla \times \boldsymbol{H} = 0$
$\nabla \cdot \boldsymbol{E} = \frac{1}{\varepsilon_0}(\rho_f + \rho_P)$	$\nabla \cdot \boldsymbol{H} = \frac{\rho_m}{\mu_0}$
$\rho_P = -\nabla \cdot \boldsymbol{P}$	$\rho_m = -\mu_0 \nabla \cdot \boldsymbol{M}$
$\boldsymbol{D} = \varepsilon_0 \boldsymbol{E} + \boldsymbol{P}$	$\boldsymbol{B} = \mu_0(\boldsymbol{H} + \boldsymbol{M})$
$\boldsymbol{E} = -\nabla\varphi$	$\boldsymbol{H} = -\nabla\varphi_m$
$\nabla^2 \varphi = -\frac{1}{\varepsilon_0}(\rho_f + \rho_p)$	$\nabla^2 \varphi_m = -\frac{\rho_m}{\mu_0}$
$\sigma_p = -\boldsymbol{n} \cdot (\boldsymbol{P}_2 - \boldsymbol{P}_1)$	$\sigma_m = -\mu_0 \boldsymbol{n} \cdot (\boldsymbol{M}_2 - \boldsymbol{M}_1)$
$\varphi_1 = \varphi_2$	$\varphi_{m1} = \varphi_{m2}$
$\varepsilon_1 \frac{\partial \varphi_1}{\partial n} = \varepsilon_2 \frac{\partial \varphi_2}{\partial n}$	$\mu_1 \frac{\partial \varphi_{m1}}{\partial n} = \mu_2 \frac{\partial \varphi_{m2}}{\partial n}$

从表 3-2 可以看出，静磁场和静电场是一一对应的，唯一一点不同之处在于静磁场无自由磁荷，所有磁荷都是束缚的。有了这些对比，就可以把静电问题求解方法应用到静磁场的结果中来。

例题 3-8：求如图 3.20 所示的磁化矢量为 $\boldsymbol{M}_0$ 的均匀磁化铁球产生的磁场。

解：铁球内外分为两均匀区域，由于均匀磁化，所以在铁球内外均没有磁荷存在，磁荷均分布在铁球的表面上。建立球坐标系，极轴沿极化强度方向，z 轴为极轴。设铁球内外的磁标势分别为 φ_{m1} 和 φ_{m2}，它们均满足拉普拉斯方程。则有

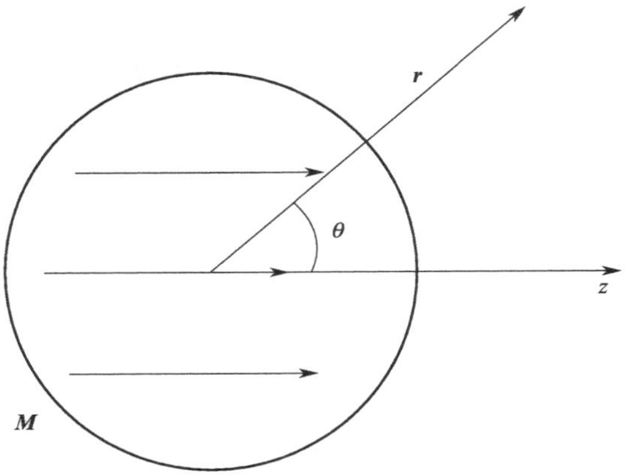

图 3.20　例题 3-8 示意图

$$\nabla^2 \varphi_{m1} = 0$$

$$\nabla^2 \varphi_{m2} = 0$$

边界条件为：

1：在 $r \to \infty$ 时，$\varphi_{m2} \to 0$。

2：在 $r \to 0$ 时，φ_{m1} 有限。

3：当 $r = R_0$ 时，$\varphi_{1m} = \varphi_{2m}$。

4：当 $r = R_0$ 时，$B_{1r} = B_{2r}$。

由边界条件 1 和 2 可得

$$\varphi_{m1} = \sum_n a_n r^n P_n(\cos\theta)$$

$$\varphi_{m2} = \sum_n \frac{b_n}{r^{n+1}} P_n(\cos\theta)$$

由 3 和 4 可得到

$$\sum_n a_n R_0^n P_n(\cos\theta) = \sum_n \frac{b_n}{R_0^{n+1}} P_n(\cos\theta) - \mu_0 \sum_n n a_n R^{n-1} P_n(\cos\theta) + \mu_0 M_0 \cos\theta$$

$$= \mu_0 \sum_n \frac{(n+1) b_n}{R_0^{n+2}} P_n(\cos\theta)$$

比较 P_n 的系数，得到

$$a_1 = \frac{1}{3} M_0$$

$$b_1 = \frac{1}{3} M_0 R_0^3$$

$$a_n = b_n = 0，\ n \neq 1$$

所以球内外的磁标势为

$$\varphi_{m1} = \frac{1}{3} M_0 r \cos\theta = \frac{1}{3} \boldsymbol{M}_0 \cdot \boldsymbol{r}$$

$$\varphi_{m2} = \frac{1}{3} M_0 R_0^3 \frac{\cos\theta}{r^2} = \frac{1}{3} R_0^3 \frac{\boldsymbol{M}_0 \cdot \boldsymbol{r}}{r^3}$$

由此可见，球内外磁场为

$$\boldsymbol{H}_1=-\nabla\varphi_{m1}=-\frac{1}{3}\boldsymbol{M}_0$$

$$\boldsymbol{H}_2=-\nabla\varphi_{m2}=\frac{R_0^3}{3}\left[\frac{3(\boldsymbol{M}_0\cdot\boldsymbol{r})\boldsymbol{r}}{r^5}-\frac{\boldsymbol{M}_0}{r^3}\right]$$

磁感应强度为

$$\boldsymbol{B}_1=\mu_0\boldsymbol{H}_1+\mu_0\boldsymbol{M}_0=\frac{2}{3}\mu_0\boldsymbol{M}_0$$

$$\boldsymbol{B}_2=\mu_0\boldsymbol{H}_2=\frac{\mu_0R_0^3}{3}\left[\frac{3(\boldsymbol{M}_0\cdot\boldsymbol{r})\boldsymbol{r}}{r^5}-\frac{\boldsymbol{M}_0}{r^3}\right]$$

若令

$$\boldsymbol{m}=\frac{4\pi}{3}R_0^3\boldsymbol{M}_0$$

则球外的磁场强度可以写为

$$\boldsymbol{B}_2=\frac{\mu_0}{4\pi}\left[\frac{3(\boldsymbol{m}\cdot\boldsymbol{r})\boldsymbol{r}}{r^5}-\frac{m}{r^3}\right]$$

由此可见球内的场为均匀场，球外的场相当于一个位于球心、磁矩为 $\boldsymbol{m}$ 的磁偶极子产生的场。

例题 3-9：用磁标势方法重解 3.4.3 节例题 3-7。

解：将球壳内外空间看成均匀分区 1 和 2，旋转轴为极轴，如图 3.17 所示。

球壳内外磁标势分别为 φ_{1m} 和 φ_{2m}，它们分别满足拉普拉斯方程：

$$\nabla^2\varphi_{m1}=0$$

$$\nabla^2\varphi_{m2}=0$$

边界条件为：

1：在 $r\to\infty$ 时，$\varphi_{m2}\to0$。

2：在 $r\to0$ 时，φ_{m1} 有限。

3：当 $r=a$ 时，$\left(\frac{1}{r}\frac{\partial\varphi_{m2}}{\partial\theta}-\frac{1}{r}\frac{\partial\varphi_{m1}}{\partial\theta}\right)\Big|_{r=a}=-\frac{q\omega}{4\pi a}\sin\theta$。

4：当 $r=R_0$ 时，$\left(\mu_0\frac{\partial\varphi_{m2}}{\partial r}-\mu_0\frac{\partial\varphi_{m1}}{\partial r}\right)\Big|_{r=a}=0$。

由边界条件 1 和 2 可以得到

$$\varphi_{m1}=\sum_n A_nr^nP_n(\cos\theta)$$

$$\varphi_{m2}=\sum_n\frac{B_n}{r^{n+1}}P_n(\cos\theta)$$

由边值关系 3 得到

$$-\frac{1}{a}\sum_n\frac{B_n}{a^{n+1}}P_n'(\cos\theta)\sin\theta+\frac{1}{a}\sum_n A_na^{n-1}P_n'(\cos\theta)\sin\theta=-\frac{q\omega}{4\pi a}\sin\theta$$

由 4 可得

$$\sum_n[-(n+1)]\frac{B_n}{a^{n+2}}P_n(\cos\theta)-\sum_n aA_na^{n-1}P_n(\cos\theta)=0$$

比较 P_n 和 P_n' 的系数得到

$$A_n=B_n=0,\ n\neq 1$$

当 $n=1$ 时，有

$$-\frac{B_1}{a^2}+A_1a=-\frac{q\omega}{4\pi}$$

$$-\frac{2B_1}{a^3}-A_1=0$$

解之得

$$A_1=-\frac{q\omega}{6\pi a}$$

$$B_1=\frac{q\omega a^2}{12\pi}$$

因此，球内外的磁标势的解为

$$\varphi_{m1}=-\frac{\boldsymbol{m}\cdot\boldsymbol{r}}{2\pi a^3}$$

$$\varphi_{m2}=\frac{\boldsymbol{m}\cdot\boldsymbol{r}}{4\pi r^3}$$

式中，$\boldsymbol{m}=\frac{qa^2}{3}\boldsymbol{\omega}$，为球面电荷分布的磁矩。球内外的磁场分布为

$$\boldsymbol{B}_1=-\mu_0\nabla\varphi_{m1}=\frac{\mu_0 q}{6\pi a}\boldsymbol{\omega}$$

$$\boldsymbol{B}_2=-\mu_0\nabla\varphi_{m2}=\frac{\mu_0}{4\pi}\left[\frac{3(\boldsymbol{m}\cdot\boldsymbol{r})\boldsymbol{r}}{r^5}-\frac{\boldsymbol{m}}{r^3}\right]$$

例题 3-10： 中子星是超新星爆发所产生的一种天体，它具有很强的磁场。假设中子星是由中子密集构成的球体，它的磁场来自中子的磁矩，且中子磁矩都沿同一方向排列。已知中子的半径为 $a=8\times10^{-16}\,\mathrm{m}$，中子磁矩的大小为 $\mu=9.65\times10^{-27}\,\mathrm{A\cdot m^2}$，试求中子星表面磁场最强处磁感应强度的值（$\pi$ 取 3.14）。

解： 中子的体积为

$$V=\frac{4}{3}\pi a^3=\frac{4}{3}\times3.14\times(8\times10^{-16})^3\approx2.14\times10^{-45}(\mathrm{m^3})$$

单位体积中的中子数，即中子数密度为

$$N=\frac{1}{V}\approx4.67\times10^{44}(\text{个}/\mathrm{m^3})$$

于是得到中子星的磁化强度大小为

$$M=N\mu\approx4.67\times10^{44}\times9.65\times10^{-27}\approx4.5\times10^{18}(\mathrm{A/m})$$

知道中子星的磁化强度后，就可以求出中子星所产生的磁场。同例题 3-7 比较，可知中子星在表面的磁场为

$$B_{\max}=\frac{2}{3}\mu_0M\approx\frac{2}{3}\times4\times3.14\times10^{-7}\times4.5\times10^{18}\approx3.77\times10^{12}(\mathrm{T})$$

3.6 稳恒磁场的能量和磁作用力

3.6.1 稳恒电流磁场的能量

由电磁学的知识知道，磁场的总能量为

$$W_m=\frac{1}{2}\int \boldsymbol{B}\cdot\boldsymbol{H}\mathrm{d}V \tag{3.91}$$

在静磁场中可以用磁场的矢势和电流密度表示磁场的能量。由于 $\boldsymbol{B}=\nabla\times\boldsymbol{A}$，有

$$\begin{aligned}W_m&=\frac{1}{2}\int(\nabla\times\boldsymbol{A})\cdot\boldsymbol{H}\mathrm{d}V=\frac{1}{2}\int\nabla\cdot(\boldsymbol{A}\times\boldsymbol{H})\mathrm{d}V+\frac{1}{2}\int\boldsymbol{A}\cdot(\nabla\times\boldsymbol{H})\mathrm{d}V\\&=\frac{1}{2}\oint(\boldsymbol{A}\times\boldsymbol{H})\cdot\mathrm{d}\boldsymbol{S}+\frac{1}{2}\int\boldsymbol{A}\cdot(\nabla\times\boldsymbol{H})\mathrm{d}V=\frac{1}{2}\oint(\boldsymbol{A}\times\boldsymbol{H})\cdot\mathrm{d}\boldsymbol{S}+\frac{1}{2}\int\boldsymbol{A}\cdot\boldsymbol{J}\mathrm{d}V\end{aligned}$$

当界面为无穷远时，上式右端第一个积分的值为零，所以上式变为

$$W_m=\frac{1}{2}\int\boldsymbol{A}\cdot\boldsymbol{J}\mathrm{d}V \tag{3.92}$$

式(3.92)是稳恒磁场总能量的另外一种表达式。式(3.92)表明计算总能量时只需考虑 $\boldsymbol{J}\neq 0$ 的区域，但是实际上能量存在于整个磁场空间中，不只是存在于电流分布的空间中，因此不能把$\frac{1}{2}\boldsymbol{A}\cdot\boldsymbol{J}$ 看成场能密度。

3.6.2 线电流系统的能量

设在 n 个线圈中第 i 个线圈的电流为 I_i，空间中电流的矢势分布为 $\boldsymbol{A}$，则系统的总能量为

$$W=\frac{1}{2}\sum_{i=1}^{n}I_i\oint\boldsymbol{A}\cdot\mathrm{d}\boldsymbol{l}_i=\frac{1}{2}\sum_{i=1}^{n}I_i\int(\nabla\times\boldsymbol{A})\cdot\mathrm{d}\boldsymbol{S}_i=\frac{1}{2}\sum_{i=1}^{n}I_i\int\boldsymbol{B}\cdot\mathrm{d}\boldsymbol{S}_i=\frac{1}{2}\sum_{i=1}^{n}I_i\phi_i \tag{3.93}$$

式中，ϕ_i 为穿过第 i 个载流线圈的磁通量。理论表明 ϕ_i 与各回路的电流呈线性关系，即

$$\phi_i=L_{i1}I_1+L_{i2}I_2+\cdots+L_{ii}I_i+\cdots+L_{in}I_n=\sum_{k=1}^{n}L_{ik}I_k \tag{3.94}$$

式中，L_{ii} 为第 i 个线圈的自感系数；L_{ik} 为第 i 个线圈和第 k 个线圈间的互感系数。可以证明 $L_{ik}=L_{ki}$。将式(3.94)代入式(3.93)得到线圈系统的总能量为

$$W=\frac{1}{2}\sum_{i=1}^{n}\sum_{k=1}^{n}L_{ik}I_iI_k \tag{3.95}$$

可以将式(3.95)写成

$$W=W_s+W_i \tag{3.96}$$

$$W_s=\frac{1}{2}\sum_{i=1}^{n}L_{ii}I_i^2 \tag{3.97}$$

$$W_i=\frac{1}{2}\sum_{i=1}^{n}\sum_{k\neq i}L_{ik}I_iI_k=\frac{1}{2}\sum_{i=1}^{n}I_i\phi_i' \tag{3.98}$$

式中，W_s 为各线圈的固有磁能，即自感磁能；W_i 为各线圈之间的相互作用能；ϕ_i' 为除自身以外的电流对第 i 个回路所产生的磁通量。

例如，两个电流回路的磁场的能量为

$$W=\frac{1}{2}L_{11}I^2+\frac{1}{2}I_1I_2L_{12}+\frac{1}{2}I_1I_2L_{21}+\frac{1}{2}L_{22}I_2^2$$

线圈的固有磁能为

$$W_s=\frac{1}{2}L_{11}I_1^2+\frac{1}{2}L_{22}I^2$$

相互作用能为

$$W_i=LI_1I_2$$

式中，L 为两个线圈的互感系数。

3.6.3　电流分布在外磁场中的能量

电流分布在外磁场中的能量可以看成是电流同产生外场的电流之间的相互作用能。设外磁场的矢势为 $\boldsymbol{A}_e$，它由电流密度为 $\boldsymbol{J}_e$ 的电流分布所产生；而电流分布 $\boldsymbol{J}$ 所激发的矢势为 $\boldsymbol{A}$。在此种情况下，空间中的总电流分布为 $\boldsymbol{J}+\boldsymbol{J}_e$，产生的总矢势为 $\boldsymbol{A}+\boldsymbol{A}_e$，空间中磁场的总能量为

$$W=\frac{1}{2}\int(\boldsymbol{A}+\boldsymbol{A}_e)\cdot(\boldsymbol{J}+\boldsymbol{J}_e)\mathrm{d}V$$

相互作用能应该是两个电流分布同时存在时的总能量减去两个电流单独存在时的能量：

$$\begin{aligned}W_i&=\frac{1}{2}\int(\boldsymbol{A}+\boldsymbol{A}_e)\cdot(\boldsymbol{J}+\boldsymbol{J}_e)\mathrm{d}V-\frac{1}{2}\int\boldsymbol{A}\cdot\boldsymbol{J}\,\mathrm{d}V-\frac{1}{2}\int\boldsymbol{A}_e\cdot\boldsymbol{J}_e\mathrm{d}V\\&=\frac{1}{2}\int(\boldsymbol{A}\cdot\boldsymbol{J}_e+\boldsymbol{A}_e\cdot\boldsymbol{J})\mathrm{d}V\end{aligned}\tag{3.99}$$

式中，$\boldsymbol{A}_e=\frac{\mu_0}{4\pi}\int\frac{\boldsymbol{J}_e(\boldsymbol{x}')}{r}\mathrm{d}V$，$\boldsymbol{A}=\frac{\mu_0}{4\pi}\int\frac{\boldsymbol{J}(\boldsymbol{x}')}{r}\mathrm{d}V$。

所以式(3.99) 可以化为

$$W_i=\int\boldsymbol{A}_e\cdot\boldsymbol{J}\,\mathrm{d}V\tag{3.100}$$

此式即为电流分布 $\boldsymbol{J}$ 在外磁场中的能量的表达式。

若电流分布为线圈回路，则

$$W_i=\oint\boldsymbol{A}_e\cdot I\,\mathrm{d}\boldsymbol{l}=I\oint\boldsymbol{A}_e\cdot\mathrm{d}\boldsymbol{l}=I\int(\nabla\times\boldsymbol{A}_e)\cdot\mathrm{d}\boldsymbol{S}=I\int\boldsymbol{B}_e\cdot\mathrm{d}\boldsymbol{S}=I\varphi_e\tag{3.101}$$

式中，φ_e 为外磁场通过线圈 L 所围面积的磁通量。

若电流分布在一个小区域内，在此区域内任选一个适当的点为坐标原点，把 $\boldsymbol{B}_e(\boldsymbol{x}')$ 在原点处展开：

$$\boldsymbol{B}_e(\boldsymbol{x}')=\boldsymbol{B}_e(0)+\boldsymbol{x}'\cdot\nabla\boldsymbol{B}_e(0)+\cdots\tag{3.102}$$

将式(3.102) 代入式(3.101) 中可得

$$W_i=\boldsymbol{B}_e(0)\cdot I\int\mathrm{d}\boldsymbol{S}+\cdots=\boldsymbol{m}\cdot\boldsymbol{B}_e(0)+\cdots\tag{3.103}$$

式中，$\boldsymbol{m}$ 为小线圈的磁偶极矩。从式(3.103) 可以看出，当载流线圈的磁矩与外磁场

同向时，相互作用能大于零；反向时，相互作用能小于零，这一点正好和电偶极矩在外场中的相互作用能的情况相反。这是由于电偶极矩内部的电场自正电荷指向负电荷，而磁矩内部的磁感应强度与外部的磁感应强度是连续的。当电偶极矩与外电场同向时，它内部的电场与外场反向；而当磁矩与外磁场同向时，它内部的场与外场同向。因此它们与外场的相互作用能相差一个负号。因此，可以得到磁矩在外磁场中所受的力为

$$\boldsymbol{F}=\nabla W_i=\nabla(\boldsymbol{m}\cdot\boldsymbol{B})=-\nabla(-\boldsymbol{m}\cdot\boldsymbol{B})=\boldsymbol{m}\times(\nabla\times\boldsymbol{B})+\boldsymbol{m}\cdot\nabla\boldsymbol{B}=\boldsymbol{m}\cdot\nabla\boldsymbol{B} \tag{3.104}$$

由此可以认为磁矩 $\boldsymbol{m}$ 在外磁场中具有势函数为

$$U=-\boldsymbol{m}\cdot\boldsymbol{B} \tag{3.105}$$

磁偶极子在外场中所受的力矩为

$$L_\theta=\frac{\partial W_i}{\partial\theta}=-mB\sin\theta \tag{3.106}$$

式中，θ 为 $\boldsymbol{m}$ 与 $\boldsymbol{B}$ 之间的夹角。可见力矩有减少 θ 的趋势，写成矢量形式为

$$\boldsymbol{L}=\boldsymbol{m}\times\boldsymbol{B} \tag{3.107}$$

3.6.4 磁场对电流的作用力

3.1 已经讨论了磁场对电流的作用力为安培力，可用安培力公式进行计算，但是在实际计算中这种方法不太方便。现在研究通过能量用虚位移方法计算磁场对电流的作用力。

设有 n 个载流线圈，第 k 个线圈的电流为 I_k，电阻为 R_k，外接电动势为 ε_k。假设描述线圈位形的广义坐标 q 在 $\mathrm{d}t$ 时间内的虚位移为 $\mathrm{d}q$，相应的广义力 F 所做的虚功为 $F\mathrm{d}q$。由于广义坐标变化，所以通过线圈的磁通量发生变化，必在线圈内产生感应电动势，为了维持线圈中的稳恒电流，外电源必须供给电流回路能量。在 $\mathrm{d}t$ 时间内，电源供给所有回路的能量为 $\sum\limits_k\varepsilon_k I_k\mathrm{d}t$，所有电路中的焦耳热损耗为 $\sum\limits_k I_k^2R_k\mathrm{d}t$。在系统中，由于线圈的位形发生变化，所以空间中磁场的能量也将发生变化。设线圈系统的总能量变化为 $\mathrm{d}W$。根据能量守恒定律，外电源供给的能量用于焦耳热损耗、电流线圈所受磁力做的机械功以及系统磁场能的增加三个部分，写成数学表达式为

$$\sum_k\varepsilon_k I_k\mathrm{d}t=\sum_k R_k I_k^2\mathrm{d}t+F\mathrm{d}q+\mathrm{d}W \tag{3.108}$$

当第 k 个回路的磁通量 ϕ_k 发生变化时，根据法拉第电磁感应定律有

$$\varepsilon_{\text{induced}}=-\frac{\mathrm{d}\phi_k}{\mathrm{d}t} \tag{3.109}$$

根据全电路欧姆定律可得

$$\varepsilon_k+\varepsilon_{\text{induced}}=I_kR_k$$

即

$$\varepsilon_k=I_kR_k+\frac{\mathrm{d}\phi_k}{\mathrm{d}t}$$

即

$$\varepsilon_k\mathrm{d}t=I_kR_k\mathrm{d}t+\mathrm{d}\phi_k \tag{3.110}$$

将式(3.110) 代入式(3.108) 可得到

$$\sum_k I_k\mathrm{d}\phi_k=F\mathrm{d}q+\mathrm{d}W \tag{3.111}$$

下面分两种情况进行讨论。

(1)保持各个线圈的电流不变

由式(3.93)可知

$$dW=\frac{1}{2}\sum_k I_i d\phi_k$$

所以

$$\sum_k I_k d\phi_k = 2dW$$

将此式代入式(3.111)可得

$$F dq = dW$$

由此得到

$$F=\left(\frac{dW}{dq}\right)_{I_i} \tag{3.112}$$

(2)保持穿过各个线圈回路的磁通量不变

由式(3.111)可得

$$F=-\left(\frac{dW}{dq}\right)_{\phi_k} \tag{3.113}$$

必须指出，上述虚位移法求电流所受的磁场作用力，只是假想某广义坐标发生了可能的变化，实际上各电流回路位形并未发生任何变化。对于一个确定的电流系统，利用式(3.112)和式(3.113)来计算磁场作用力应得到相同的结果。在实际的计算工作中，如果磁场的能量是由电流给出，使用式(3.112)计算作用力应比较简单，如果磁场的能量是由磁通量 ϕ_k 表达出来，则用式(3.113)计算是方便的。

例题 3-11：在一个长直导线附近有一个矩形线圈。线圈长边与直导线平行，相距为 d，如图 3.21 所示。若直导线上电流强度为 I_1，线圈中电流强度为 I_2，试求线圈受到的直导线的作用力。

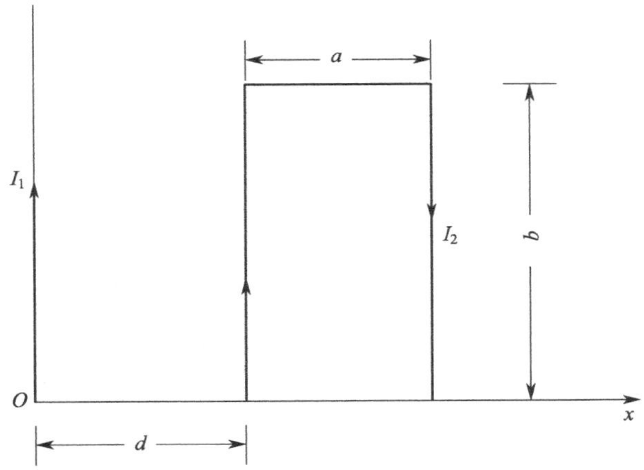

图 3.21 例题 3-11 示意图

解：载流线圈与载流直导线的磁场的总能量为

$$W=\frac{1}{2}L_{11}I^2+I_1I_2L_{21}+\frac{1}{2}L_{22}I_2^2=\frac{1}{2}L_{11}I^2+\frac{1}{2}L_{22}I_2^2+I_2\phi_2'$$

式中，ϕ_2' 为 I_1 产生的磁场穿过矩形线圈的磁通量。此磁通量为

$$\phi_2' = \int \boldsymbol{B} \cdot \mathrm{d}\boldsymbol{S} = \int_d^{d+a} \frac{\mu_0 I_1}{2\pi x} b\,\mathrm{d}x = \frac{\mu_0 I_1 b}{2\pi} \ln\left(\frac{d+a}{d}\right)$$

所以磁场的总能量为

$$W = \frac{1}{2} L_{11} I^2 + \frac{1}{2} L_{22} I_2^2 + I_2 \varphi_2' = \frac{1}{2} L_{11} I^2 + \frac{1}{2} L_{22} I_2^2 + \frac{\mu_0 I_1 I_2 b}{2\pi} \ln\left(\frac{d+a}{d}\right)$$

在电流不变的情况下，对应坐标的广义力即为线圈所受的力：

$$F_x = \left(\frac{\mathrm{d}W}{\mathrm{d}x}\right)_{I_2} = -\frac{\mu_0 I_1 I_2 ab}{2\pi d(d+a)}$$

相互作用力小于零说明线圈和直导线的作用力是吸引力，并使线圈向载流直导线靠近。

3.7 阿哈罗诺夫-玻姆效应

在经典电动力学中，描述场的真实的基本物理量是电场强度 $\boldsymbol{E}$ 和磁场强度 $\boldsymbol{B}$，比如洛伦兹力就由电场强度和磁场强度决定。标势 φ 和矢势 $\boldsymbol{A}$ 纯粹只是基于数学上讨论问题的方便而引入的两个辅助量。由于电场只决定了标势的梯度，磁场只决定了矢势的旋度，因此对于一定的电磁场可以有无穷多的标势和矢势，也就是说矢势和标势不是唯一确定的。所以在经典电动力学范畴内，标势和矢势不具有直接可观测的物理意义。但是在量子力学领域，物理性质不仅取决于磁场，同时还取决于矢势，也就是说矢势可以直接影响体系的量子行为，这说明矢势和标势具有可观测的物理效应，也就是说一个量子体系的物理效应不仅与电场强度和磁场强度有关，同时还与矢势和标势有关。为了验证这一思想，1956 年，阿哈罗诺夫（Aharonov）和玻姆（Bohm）提出了一个重要的试验方法，并于 1960 年利用电子干涉实验进行了验证。

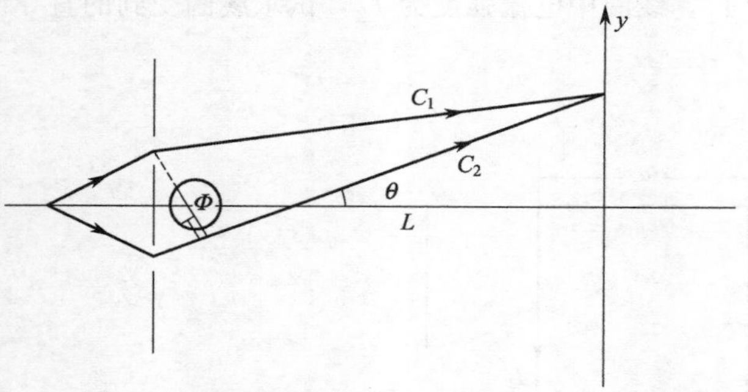

图 3.22 电子干涉示意图

实验装置如图 3.22 所示，即在双缝后放置一个垂直于入射面的可视作无穷长的密绕螺线管。实验方法是让一束相干的电子束通过杨氏双缝干涉实验仪后分为相干的两条电子束，然后将其通过一个聚焦透镜汇聚在衍射屏上形成干涉条纹。实验发现，螺线管通电前后干涉条纹发生移动，即通电使不同路径的电子束产生附加的相位差。分析可知，由于通电前后，电子束经过空间的磁感应强度 $\boldsymbol{B}$ 都等于零，因此条纹移动不是由磁场 $\boldsymbol{B}$ 引起，但是螺线管外区域，也就是电子束经过区域的矢势不为零。也就是说，在通电前，电子经过区域的矢势为零，通电后矢势不为零，这是因为

$$\int \boldsymbol{B} \cdot \mathrm{d}\boldsymbol{S} = \int \nabla \times \boldsymbol{A} \cdot \mathrm{d}\boldsymbol{S} = \oint \boldsymbol{A} \cdot \mathrm{d}\boldsymbol{l} = \phi \tag{3.114}$$

式中，ϕ 为穿过螺线管的总磁通量。所以矢势 $\boldsymbol{A}$ 可以与电子发生相互作用，它可以引起附加位相，说明矢势 $\boldsymbol{A}$ 具有可观测的物理效应。由于此种现象由阿哈罗诺夫和玻姆所发现，因此此种现象就称为 A-B 效应。

A-B 效应是量子效应。在量子力学中，电子的状态用波函数描述，略去归一化因子后，自由粒子平面波函数可表述为

$$\varphi(\boldsymbol{x})=\exp\left(i\frac{\boldsymbol{p}\cdot\boldsymbol{x}}{\hbar}\right) \tag{3.115}$$

设电子的动量为

$$p=mv=\hbar k$$

装置尺寸与电子路径如图 3.22 所示。设 d 为双缝的距离。当螺线管未通电，两条电子波束在距离屏幕中心为 y 处时，两电子波束的相位差可以写为

$$\Delta\varphi_0=\int_{C_2}\boldsymbol{k}\cdot\mathrm{d}\boldsymbol{l}-\int_{C_1}\boldsymbol{k}\cdot\mathrm{d}\boldsymbol{l}=\frac{1}{\hbar}\left[\int_{C_2}\boldsymbol{p}\cdot\mathrm{d}\boldsymbol{l}-\int_{C_1}\boldsymbol{p}\cdot\mathrm{d}\boldsymbol{l}\right]=\frac{1}{\hbar}p\Delta L=\frac{1}{\hbar}\frac{p\,\mathrm{d}y}{L} \tag{3.116}$$

当螺线管通电后，螺线管内有磁场，管外无磁场，但管外矢势不为零，因此此时电子的波函数应该用正则动量描述，正则动量为

$$\boldsymbol{P}=\boldsymbol{p}-e\boldsymbol{A}=m\boldsymbol{v}-e\boldsymbol{A} \tag{3.117}$$

这时电子的波函数可以写为

$$\varphi(\boldsymbol{x})=\exp\left(\mathrm{i}\frac{\boldsymbol{P}\cdot\boldsymbol{x}}{\hbar}\right)=\exp\left[\mathrm{i}\frac{(\boldsymbol{p}-e\boldsymbol{A})\cdot\boldsymbol{x}}{\hbar}\right] \tag{3.118}$$

此时两束电子波函数的相位差为

$$\Delta\varphi=\frac{1}{\hbar}\left[\int_{C_2}\boldsymbol{P}\cdot\mathrm{d}\boldsymbol{l}-\int_{C_1}\boldsymbol{P}\cdot\mathrm{d}\boldsymbol{l}\right]=\Delta\varphi_0+\frac{e}{\hbar}\left(\int_{C_2}\boldsymbol{A}\cdot\mathrm{d}\boldsymbol{l}-\int_{C_1}\boldsymbol{A}\cdot\mathrm{d}\boldsymbol{l}\right)=\Delta\varphi_0+\frac{e}{\hbar}\oint\boldsymbol{A}\cdot\mathrm{d}\boldsymbol{l}=\Delta\varphi_0+\frac{e}{\hbar}\phi \tag{3.119}$$

式中，ϕ 为通过闭合回路 C 的磁通量，也就是通过螺线管的磁通量。从式(3.119) 可以看到，通电导致了相位差的变化，这一变化正是矢势所引起的，也就是说矢势是一个可观测量，再一次说明了在量子领域物理效应只用磁场描述是不够的，还必须借助矢势来描述，即矢势是一个具有实际意义的物理量。但是由于规范变化引起矢势的多样性，所以用矢势描述显然又过于复杂，通过刚才的分析，能够描述物理效应的恰是矢势的线积分，它的值才决定位相改变。

习题

3.1　在有稳恒电流的导体中，导体内部电势是否为常数？导体内有无电荷分布？电荷分布在什么地方？

3.2　磁场不是势场，为什么还能引入磁标势？

3.3　在一块很大的电解槽中充满电导率为 σ_{2c} 的液体，其中存在均匀的电流 $\boldsymbol{J}_{f0}$。现在液体中置入一个电导率为 σ_{1c} 的小球，求稳恒时的电流分布和面电荷分布。

3.4　设有两平面围成的直角形无穷容器，其内充满电导率为 σ 的液体。取上述两平面为 xz 面和 yz 面，在 (x_0,y_0,z_0) 和 $(x_0,y_0,-z_0)$ 两点分别放置正负电极并通以电流 I，求导电液体中的电势分布。

3.5 已知一个电荷系统的偶极矩定义为 $\boldsymbol{p}(t)=\int_V \rho(\boldsymbol{x}',t)\boldsymbol{x}'\mathrm{d}V'$，利用电荷守恒定律 $\nabla\cdot\boldsymbol{J}+\frac{\partial\rho}{\partial t}=0$ 证明：$\boldsymbol{p}$ 的变化率为 $\frac{\partial\boldsymbol{p}}{\partial t}=\int_V \boldsymbol{J}(\boldsymbol{x}',t)\mathrm{d}V'$。

3.6 内外半径分别为 r_1 和 r_2 的无穷长中空导体圆柱，沿轴向存在恒定均匀的自由电流 $\boldsymbol{J}_f$，导体的磁导率为 μ，求磁感应强度和磁化电流的分布。

3.7 试证明两个闭合的恒定电流线圈之间的相互作用力大小相等，方向相反。

3.8 求内导体圆柱半径为 R_1，外导体内半径为 R_2 的同轴电缆单位长度上的绝缘电阻。(设两导线间介质的电导率为 σ_c，电缆线长度远大于截面半径)

3.9 设有稳恒均匀磁场 $\boldsymbol{B}=B_0\boldsymbol{e}_z$，给出描写这一磁场的两个不同的矢势，并证明二者之差为无旋场。

3.10 半径为 a 的无限长圆柱导体上有恒定电流 $\boldsymbol{J}$ 均匀分布于截面上，试通过矢势的微分方程求出圆柱内外的矢势分布。(设导体的磁导率为 μ_0，导体外的磁导率为 μ)

3.11 半径为 a 的均匀带电球所带的电量为 Q，球的质量也是均匀分布的，总质量为 M，以角速度 ω 绕其直径转动，求磁矩和机械动量矩之比。

3.12 有一个均匀带电的薄导体球壳，其半径为 a，总电荷为 Q，球绕直径以角速度 ω 转动，用磁标势法求解球内外的磁场。

3.13 将一个磁导率为 μ，半径为 R_0 的球体，放在均匀磁场 $\boldsymbol{H}_0$ 内，求磁感应强度分布和诱导磁矩 $\boldsymbol{m}$。

3.14 设理想铁磁体的磁化规律为 $\boldsymbol{B}=\mu\boldsymbol{H}+\mu_0\boldsymbol{M}_0$，$\boldsymbol{M}_0$ 是恒定的与 $\boldsymbol{H}$ 无关的量。今将一个理想铁磁体做成的均匀磁化球浸入磁导率为 μ' 的无限介质中，求磁感应强度和磁化电流分布。

3.15 两个相同的磁偶极子磁矩为 $\boldsymbol{m}$，互相反平行，距离为 r，试计算它们之间的相互作用力。

3.16 有一块磁矩为 $\boldsymbol{m}$ 的小永磁体，位于一块磁导率非常大的实物平面上方的真空中，到平面的距离为 a，如图 3.23 所示。求作用在小永磁体上的力 $\boldsymbol{F}$。

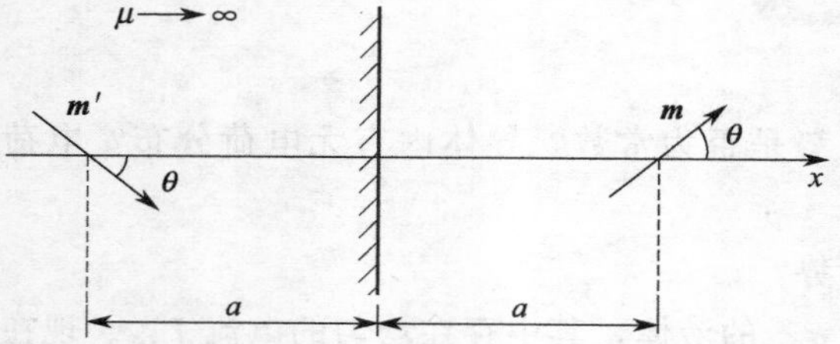

图 3.23 习题 3.16 示意图

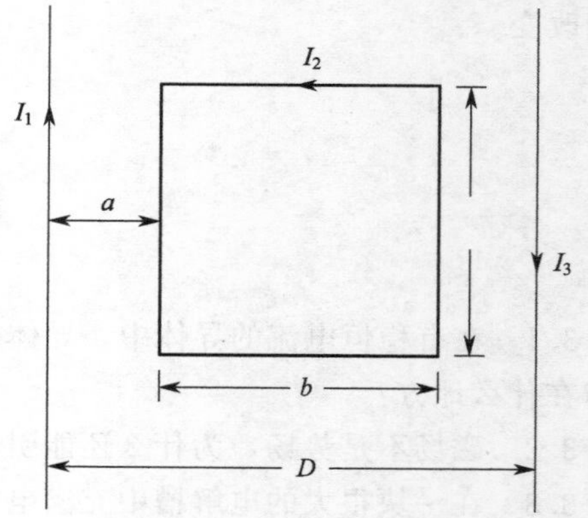

图 3.24 习题 3.17 示意图

3.17 两无限长直线电流所在平面内有一矩形线圈，电流分布与几何位形如图 3.24 所示，求线圈所受的磁场力。

第4章

电磁场的普遍规律

前面两章分别独立地讨论了静态电场和磁场的基本规律，建立了静电场和稳恒电流磁场的基本方程：

$$\begin{cases}\nabla\cdot\boldsymbol{D}=\rho\\ \nabla\times\boldsymbol{E}=\boldsymbol{0}\\ \boldsymbol{D}=\varepsilon\boldsymbol{E}\end{cases}$$

$$\begin{cases}\nabla\cdot\boldsymbol{B}=0\\ \nabla\times\boldsymbol{H}=\boldsymbol{J}\\ \boldsymbol{B}=\mu\boldsymbol{H}\end{cases}$$

从上述方程中可以看出，在静态情况下，电场和磁场是独立存在的，因而可以分开来研究，这正是前面两章的处理根据和方法。但是对于随时间变化的电荷和电流产生的变化电场和磁场，电场和磁场不再是独立存在的，而是相互激发，它们构成了一个统一体，即电磁场。

本章的主要工作是将稳定情况下的电场和磁场的基本规律加以推广，总结出普遍情况下的电磁现象的基本规律：麦克斯韦方程组和洛伦兹力公式，并在此基础上讨论电磁场的能量、动量和角动量。

4.1 法拉第电磁感应定律

4.1.1 法拉第电磁感应定律

自从1820年奥斯特发现电流的磁效应以后，人们就开始研究相反的问题，即磁场能否产生电流这一逆问题。法拉第经过10余年的潜心研究，于1831年解决了这一问题。他发现当穿过闭合线圈的磁通量发生变化时，不管这种变化是由什么原因引起的，都会在闭合线圈中出现电流。此种电流称为感应电流，对应的电动势为感应电动势。此种现象称为电磁感应现象。

法拉第首先经实验确定了感应电动势的大小与穿过闭合回路的磁通量的变化率成正比，后来楞次又由实验确定了感应电动势的方向，即感应电动势在导体回路中引起的感应电流的方向是使感应电流产生的磁场阻止回路中磁通量变化的方向。写成数学表达式为

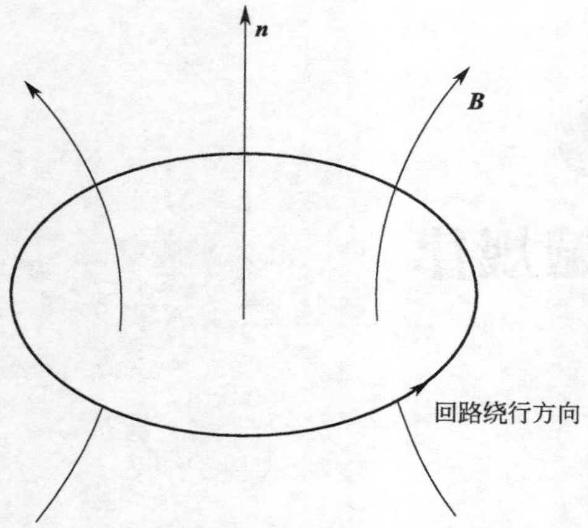

图 4.1　回路绕行与面法线之间的关系

$$\varepsilon_i = -\frac{\mathrm{d}\phi}{\mathrm{d}t} = -\frac{\mathrm{d}}{\mathrm{d}t}\int_s \boldsymbol{B}\cdot \mathrm{d}\boldsymbol{S} \tag{4.1}$$

式中，ε_i 为回路中的感应电动势；ϕ 为穿过回路的磁通量；式中的负号表示感应电动势的方向。

根据回路的绕行方向，按右手螺旋规则确定回路曲面 S 的正法向，如图 4.1 所示：当通过 S 的磁通量减少时，电动势的方向与回路的绕行方向一致；当通过 S 的磁通量增加时，电动势的方向与回路的绕行方向相反。

4.1.2　涡旋电场假设

从式(4.1) 可见，感应电动势的大小只与磁通量的变化率有关，而与引起磁通量变化的因素无关。一般来讲，引起通过回路的磁通量变化的情况有三种：第一种情况是磁场不随时间变化，但回路的整体或者局部在运动，这样产生的电动势称为动生电动势；第二种是回路不动，但磁场随时间变化，这样引起的电动势称为感生电动势；第三种是回路和磁场都随时间发生变化。由于导体回路上的电流是由电场力推动电荷作定向运动的结果，因此导体回路中存在感生电流就表明在空间中有电场存在。所以磁场的变化要在其周围空间激发电场，这种电场不同于静电场，它不是由电荷激发，而是由变化的磁场激发，这种电场称为感生电场。

感应电动势是电场强度沿闭合回路的线积分，因此式(4.1) 可以写为

$$\oint \boldsymbol{E}\cdot \mathrm{d}\boldsymbol{l} = -\frac{\mathrm{d}}{\mathrm{d}t}\int \boldsymbol{B}\cdot \mathrm{d}\boldsymbol{S} \tag{4.2}$$

若回路 L 是空间中的任意一条闭合回路，则式(4.2) 中对时间 t 的全微商可以写为偏微商，即

$$\oint \boldsymbol{E}\cdot \mathrm{d}\boldsymbol{l} = -\frac{\partial}{\partial t}\int \boldsymbol{B}\cdot \mathrm{d}\boldsymbol{S} \tag{4.3}$$

麦克斯韦把此式推广到场中，对任一闭合的曲线式(4.3) 都成立，为此提出了涡旋电场的概念，而电磁波的存在证明了这一推广的正确性。利用斯托克斯公式，式(4.3) 可以化为

$$\oint \boldsymbol{E}\cdot \mathrm{d}\boldsymbol{l} = \int (\nabla\times \boldsymbol{E})\cdot \mathrm{d}\boldsymbol{S} = -\frac{\partial}{\partial t}\int \boldsymbol{B}\cdot \mathrm{d}\boldsymbol{S}$$

由于闭合回路的任意性，要使上式成立，必须使被积函数相等，因此得到法拉第电磁感应定律的微分形式为

$$\nabla\times \boldsymbol{E} = -\frac{\partial \boldsymbol{B}}{\partial t} \tag{4.4}$$

由此可见，在不稳定的情况下，电场的旋度不为零。这说明感生电场是有旋场，即是涡旋场，它的电力线是闭合线。

当空间存在静止电荷产生的静电场和变化的磁场产生的涡旋场时，空间的总场应是二者的叠加，但是静电场满足$\nabla\times \boldsymbol{E}=0$，因此合场强满足式(4.4)。在普遍情况下，式(4.4) 中的场强应理解为空间中的总场强。

4.1.3　位移电流假设

麦克斯韦从法拉第电磁感应定律出发说明变化磁场能够产生涡旋电场。那么变化的电场能否激发磁场？在回答这一个问题之前，先来讨论非稳恒电流分布的特点。

在非稳恒电流的情况下，电荷守恒定律的微分形式即电流的连续性方程为

$$\nabla \cdot \boldsymbol{J} + \frac{\partial \rho}{\partial t} = 0 \tag{4.5}$$

在稳恒电流情况下：

$$\nabla \cdot \boldsymbol{J} = 0 \tag{4.6}$$

由稳恒情况下的安培环路定理：

$$\nabla \times \boldsymbol{H} = \boldsymbol{J}$$

两边取散度可得

$$\nabla \cdot (\nabla \times \boldsymbol{H}) = \nabla \cdot \boldsymbol{J} = 0 \tag{4.7}$$

可见在非稳恒情况下，式(4.5) 和式(4.7) 是矛盾的。为了解决在非稳恒情况下的这一矛盾，麦克斯韦于 1862 年提出了位移电流的概念，并且认为位移电流和传导电流一样可以同种规律激发磁场。为此在式(4.7) 的右边加上一项$\frac{\partial \rho}{\partial t}$，则式(4.7) 可以变为

$$\nabla \cdot (\nabla \times \boldsymbol{H}) = \nabla \cdot \boldsymbol{J} + \frac{\partial \rho}{\partial t} = 0$$

由于

$$\nabla \cdot \boldsymbol{D} = \rho$$

依然成立，则有

$$\nabla \cdot (\nabla \times \boldsymbol{H}) = \nabla \cdot \boldsymbol{J} + \frac{\partial}{\partial t}(\nabla \cdot \boldsymbol{D}) = \nabla \cdot \left(\boldsymbol{J} + \frac{\partial \boldsymbol{D}}{\partial t}\right)$$

所以可以得到

$$\nabla \times \boldsymbol{H} = \boldsymbol{J} + \frac{\partial \boldsymbol{D}}{\partial t} \tag{4.8}$$

式(4.8) 与$\nabla \times \boldsymbol{H} = \boldsymbol{J}$ 的不同之处在于引入了$\frac{\partial \boldsymbol{D}}{\partial t}$，它与电流密度具有相同的量纲，因此称为位移电流密度，用 $\boldsymbol{J}_d$ 表示：

$$\boldsymbol{J}_d = \frac{\partial \boldsymbol{D}}{\partial t} \tag{4.9}$$

所以通过任意截面的位移电流为

$$I_d = \int \frac{\partial \boldsymbol{D}}{\partial t} \cdot \mathrm{d}\boldsymbol{S} = \frac{\partial}{\partial t}\int \boldsymbol{D} \cdot \mathrm{d}\boldsymbol{S} = \frac{\partial \varphi_D}{\partial t} \tag{4.10}$$

由于 $\boldsymbol{D} = \varepsilon_0 \boldsymbol{E} + \boldsymbol{P}$ 在变化电磁场中依然成立，所以式(4.9) 可以写为

$$\boldsymbol{J}_d = \frac{\partial \boldsymbol{D}}{\partial t} = \varepsilon_0 \frac{\partial \boldsymbol{E}}{\partial t} + \frac{\partial \boldsymbol{P}}{\partial t} \tag{4.11}$$

这表明在一般介质中位移电流由两部分构成：一部分是由电场随时间的变化引起的，它不代表任何形式的电荷流动，只是在产生磁场方面与传导电流等价；另一部分是由极化强度随时间的变化引起的，称为极化电流。

因此修改后的安培环路定理的积分形式为

$$\oint \boldsymbol{H} \cdot \mathrm{d}\boldsymbol{l} = \oint (\boldsymbol{J} + \boldsymbol{J}_d) \cdot \mathrm{d}\boldsymbol{S} = I + I_d \tag{4.12}$$

它表明磁场强度沿任意闭合回路的环流等于穿过以该回路为边界的任意曲面的自由电流和位移电流之和。

式(4.8) 和式(4.1) 的重要意义在于变化的电场可以激发磁场，即在没有传导电流的空间中，磁场可以由变化的电场来产生。

4.2 麦克斯韦方程组

麦克斯韦方程组是描述宏观电磁现象基本规律的方程，它揭示了电场和磁场之间、电磁场与电荷和电流之间所遵循的普遍规律，是研究电磁运动的出发点。

4.2.1 麦克斯韦方程组

在 4.1 节中已经将电场和磁场的环路定理推广到不稳定的情形。由于变化磁场产生的涡旋电场的电力线是一些闭合线，它通过任意闭合曲面的通量应等于零，因此，电场的高斯定理的形式与静电场的高斯定理相同。同样的道理，磁场的高斯定理的形式也未发生改变，而与静磁场的高斯定理形式相同。因此可以得到普遍情况下的电磁场所满足的基本规律，即麦克斯韦方程组的积分形式：

$$\oint \boldsymbol{D} \cdot \mathrm{d}\boldsymbol{S} = \oint \rho \, \mathrm{d}V \tag{4.13}$$

$$\oint \boldsymbol{E} \cdot \mathrm{d}\boldsymbol{l} = -\oint \frac{\partial \boldsymbol{B}}{\partial t} \cdot \mathrm{d}\boldsymbol{S} \tag{4.14}$$

$$\oint \boldsymbol{B} \cdot \mathrm{d}\boldsymbol{S} = 0 \tag{4.15}$$

$$\oint \boldsymbol{H} \cdot \mathrm{d}\boldsymbol{l} = \oint \left(\boldsymbol{J} + \frac{\partial \boldsymbol{D}}{\partial t}\right) \cdot \mathrm{d}\boldsymbol{S} \tag{4.16}$$

而它的微分形式为

$$\nabla \cdot \boldsymbol{D} = \rho \tag{4.17}$$

$$\nabla \times \boldsymbol{E} = -\frac{\partial \boldsymbol{B}}{\partial t} \tag{4.18}$$

$$\nabla \times \boldsymbol{H} = \boldsymbol{J} + \frac{\partial \boldsymbol{D}}{\partial t} \tag{4.19}$$

$$\nabla \cdot \boldsymbol{B} = 0 \tag{4.20}$$

这组方程反映了一般情况下电荷和电流激发电磁场以及电磁场内部运动的规律。它最重要的特点是揭示了电磁场内部的作用和运动。不仅电荷和电流可以激发电磁场，而且变化的电场和磁场也可以相互激发。因此，只要某处发生电磁扰动，由于电磁场可以相互激发，则电磁场就可以脱离电荷和电流而在空间中向远处传播，因此麦克斯韦首先从理论上预言了电磁波的存在。这一著名的预见在 1887 年被德国物理学家赫兹用实验所验证，并导致意大利的马可尼和俄罗斯的波波夫在 1895 年和 1896 年成功进行了无线电报传送信息的实验，从而开创了人类应用无线电波的新纪元。

在实际工作中，当求解介质中场的分布时，除了麦克斯韦方程组之外还必须引入介质的电磁性质规律。在各向同性和电磁场不十分强的情况下有

$$\begin{cases}\boldsymbol{D}=\varepsilon\boldsymbol{E}\\ \boldsymbol{B}=\mu\boldsymbol{H}\\ \boldsymbol{J}=\sigma_c\boldsymbol{E}\end{cases} \tag{4.21}$$

如果是各向异性介质（比如许多晶体），在这些介质内某些方向容易极化，某些方向不容易极化，此时介电常数和磁导率用张量表示，极化和磁化规律由下式表示：

$$\begin{cases}D_1=\varepsilon_{11}E_1+\varepsilon_{12}E_2+\varepsilon_{13}E_3\\ D_2=\varepsilon_{21}E_1+\varepsilon_{22}E_2+\varepsilon_{213}E_3\\ D_3=\varepsilon_{31}E_1+\varepsilon_{32}E_2+\varepsilon_{33}E_3\end{cases} \tag{4.22}$$

$$\begin{cases}B_1=\mu_{11}H_1+\mu_{12}H_2+\mu_{13}H_3\\ B_2=\mu_{21}H_1+\mu_{22}H_2+\mu_{23}H_3\\ B_3=\mu_{31}H_1+\mu_{32}H_2+\mu_{33}H_3\end{cases} \tag{4.23}$$

当电场很强时，$\boldsymbol{D}$ 和 $\boldsymbol{E}$ 的关系就不再是线性关系了，$\boldsymbol{D}$ 将和 $\boldsymbol{E}$ 的二次方与三次方有关系。此时的介质为非线性介质，极化称为非线性极化。

4.2.2　洛伦兹力

一方面，电荷激发电磁场，麦克斯韦方程组反映了电荷激发场以及场的运动规律；另一方面，当空间中存在场时，场反过来对电荷体系也有作用力。以速度 $\boldsymbol{v}$ 运动的点电荷 q 在电磁场中受到的力为

$$\boldsymbol{f}=q(\boldsymbol{E}+\boldsymbol{v}\times\boldsymbol{B}) \tag{4.24}$$

此力称为带电粒子在电磁场中所受的洛伦兹力。

如果电荷是连续分布的，其电荷密度为 ρ，运动速度为 $\boldsymbol{v}$，则电荷系统所受的电磁场对它的作用力为

$$\boldsymbol{F}=\int(\rho\boldsymbol{E}+\boldsymbol{J}\times\boldsymbol{B})\mathrm{d}V$$

单位体积所受的力称为力密度，表达式为

$$\boldsymbol{f}=\rho\boldsymbol{E}+\boldsymbol{J}\times\boldsymbol{B} \tag{4.25}$$

近代物理实验证实了洛伦兹力公式对任意运动速度的带电粒子都是适用的。麦克斯韦方程组和洛伦兹力公式正确反映了电磁场的运动规律和场与带电物质的相互作用规律，构成了整个经典电磁场理论的基础。

4.2.3　电磁场的边界条件

麦克斯韦方程组可以应用于任何连续介质的内部，但是在实际问题中常常遇到两种介质的交界面，在界面上介质参量 ε，μ，σ_c 等发生突变，在这种界面上一般也会出现电荷和面电流分布，因而电磁场量在界面上也发生突变，所以在界面上麦克斯韦方程组的微分形式不成立，但是积分形式依然成立。因此在处理涉及界面的问题时，可以通过积分形式的场方程导出电磁场的边界条件，实际上边界条件就是麦克斯韦方程组在界面上的具体化。

对于 $\boldsymbol{D}$ 和 $\boldsymbol{B}$ 的法向分量的边界条件，由于在变化电磁场中 $\boldsymbol{D}$ 和 $\boldsymbol{B}$ 的高斯定理的形式与

静电场和稳恒磁场的形式相同，因此边界条件不发生变化，即

$$\begin{cases} D_{2n}-D_{1n}=\sigma_f \\ B_{2n}-B_{1n}=0 \end{cases} \tag{4.26}$$

写成矢量形式为

$$\begin{cases} \boldsymbol{n}\cdot(\boldsymbol{D}_2-\boldsymbol{D}_1)=\sigma_f \\ \boldsymbol{n}\cdot(\boldsymbol{B}_2-\boldsymbol{B}_1)=0 \end{cases} \tag{4.27}$$

其中上式各项物理意义同前。

对于 $\boldsymbol{E}$ 和 $\boldsymbol{H}$ 的切向分量边界条件，虽然在变化电磁场情况下，$\boldsymbol{E}$ 和 $\boldsymbol{H}$ 的旋度与稳态场的结果不同，但是可以用与求解静态场边界条件的相同方法得出在变化电磁场时边界条件也不变。即

$$\begin{cases} H_{2t}-H_{1t}=\alpha_f \\ E_{2t}-E_{1t}=0 \end{cases} \tag{4.28}$$

写成矢量形式为

$$\begin{cases} \boldsymbol{n}\times(\boldsymbol{H}_2-\boldsymbol{H}_1)=\boldsymbol{\alpha}_f \\ \boldsymbol{n}\times(\boldsymbol{E}_2-\boldsymbol{E}_1)=0 \end{cases} \tag{4.29}$$

式中各项的物理意义与稳态场时情况相同。

在介质界面上的极化强度、磁化强度和电流密度的边界条件可用同样的方法求得

$$\begin{cases} \boldsymbol{n}\cdot(\boldsymbol{P}_2-\boldsymbol{P}_1)=-\sigma_p \\ \boldsymbol{n}\times(\boldsymbol{M}_2-\boldsymbol{M}_1)=\boldsymbol{\alpha}_m \\ \boldsymbol{n}\cdot(\boldsymbol{J}_2-\boldsymbol{J}_1)=-\dfrac{\partial\sigma_c}{\partial t} \end{cases} \tag{4.30}$$

式中各项物理意义同前。

总结上面的讨论，可以得到在界面上的麦克斯韦方程组即界面边界条件为

$$\begin{cases} \boldsymbol{n}\times(\boldsymbol{E}_2-\boldsymbol{E}_1)=0 \\ \boldsymbol{n}\times(\boldsymbol{H}_2-\boldsymbol{H}_1)=\boldsymbol{\alpha}_f \\ \boldsymbol{n}\cdot(\boldsymbol{D}_2-\boldsymbol{D}_1)=\sigma_f \\ \boldsymbol{n}\cdot(\boldsymbol{B}_2-\boldsymbol{B}_1)=0 \end{cases} \tag{4.31}$$

4.3 电磁场的能量和能流

前面几节已经讨论了电磁运动的基本规律，现在从麦克斯韦方程组和洛伦兹力出发来讨论电磁场的物质性。由于能量的守恒和转化定律是自然界一切物质运动过程的普遍法则。作为物质的一种特殊形态，电磁场当然也应满足能量守恒。下面将通过电磁场和带电物质相互作用过程中，电磁场的能量和带电物体运动的机械能的相互转化来求出电磁场的能量和能流的表达式。

设有一个带电体，电荷密度为 ρ，处在空间 V 中，V 中分布有电磁场 $\boldsymbol{E}$ 和 $\boldsymbol{B}$。V 的边界为 Σ，电荷元 $\rho\mathrm{d}V$ 以速度 $\boldsymbol{v}$ 运动。在 $\mathrm{d}t$ 时间内，电磁场使电荷 $\rho\mathrm{d}V$ 移动了 $\boldsymbol{v}\mathrm{d}t$ 的距离，则场对电荷 $\rho\mathrm{d}V$ 所做的功为

$$\mathrm{d}\boldsymbol{F}\cdot\mathrm{d}\boldsymbol{l}=\rho\mathrm{d}V(\boldsymbol{E}+\boldsymbol{v}\times\boldsymbol{B})\cdot\boldsymbol{v}=\boldsymbol{J}\cdot\boldsymbol{E}\mathrm{d}V$$

式中，$\boldsymbol{J}=\rho\boldsymbol{v}$ 为带电体运动所形成的电流密度。所以在单位时间内，电磁场对整个带电体做的机械功为

$$P=\int_V \boldsymbol{J}\cdot\boldsymbol{E}\mathrm{d}V \tag{4.32}$$

为了解决机械功率与场能变化之间的关系，现在将电流密度用电磁场量表示出来。利用麦克斯韦方程：

$$\boldsymbol{J}=\nabla\times\boldsymbol{H}-\frac{\partial\boldsymbol{D}}{\partial t}$$

可得

$$\boldsymbol{J}\cdot\boldsymbol{E}=\boldsymbol{E}\cdot\left(\nabla\times\boldsymbol{H}-\frac{\partial\boldsymbol{D}}{\partial t}\right)=\boldsymbol{E}\cdot(\nabla\times\boldsymbol{H})-\boldsymbol{E}\cdot\frac{\partial\boldsymbol{D}}{\partial t} \tag{4.33}$$

由于

$$\nabla\times\boldsymbol{E}=-\frac{\partial\boldsymbol{B}}{\partial t}$$

$$\nabla\cdot(\boldsymbol{E}\times\boldsymbol{H})=\boldsymbol{H}\cdot\nabla\times\boldsymbol{E}-\boldsymbol{E}\cdot\nabla\times\boldsymbol{H}$$

可以得到

$$\boldsymbol{E}\cdot(\nabla\times\boldsymbol{H})=-\nabla\cdot(\boldsymbol{E}\times\boldsymbol{H})-\boldsymbol{H}\cdot\frac{\partial\boldsymbol{B}}{\partial t}$$

$$\boldsymbol{J}\cdot\boldsymbol{E}=-\boldsymbol{E}\cdot\frac{\partial\boldsymbol{D}}{\partial t}-\boldsymbol{H}\cdot\frac{\partial\boldsymbol{B}}{\partial t}-\nabla\cdot(\boldsymbol{E}\times\boldsymbol{H})=-\frac{1}{2}\frac{\partial}{\partial t}(\boldsymbol{E}\cdot\boldsymbol{D}+\boldsymbol{H}\cdot\boldsymbol{B})-\nabla\cdot(\boldsymbol{E}\times\boldsymbol{H})$$

将此表达式代入式(4.32) 有

$$\int_V \boldsymbol{J}\cdot\boldsymbol{E}\mathrm{d}V=-\int_V \nabla\cdot(\boldsymbol{E}\times\boldsymbol{H})\mathrm{d}V-\frac{\mathrm{d}}{\mathrm{d}t}\int_V\left(\frac{1}{2}\boldsymbol{B}\cdot\boldsymbol{H}+\boldsymbol{E}\cdot\boldsymbol{D}\right)\mathrm{d}V \tag{4.34}$$

利用高斯公式可将上式右边第一项化为面积分，并令

$$w=\frac{1}{2}(\boldsymbol{B}\cdot\boldsymbol{H}+\boldsymbol{D}\cdot\boldsymbol{E})$$

因此式(4.34) 可以化为

$$P=\int_V \boldsymbol{J}\cdot\boldsymbol{E}\mathrm{d}V=-\int_\Sigma(\boldsymbol{E}\times\boldsymbol{H})\cdot\mathrm{d}\boldsymbol{\Sigma}-\frac{\mathrm{d}}{\mathrm{d}t}\int_V w\mathrm{d}V \tag{4.35}$$

式中，Σ 为包围区域 V 的闭合曲面。

为了了解上式中各项的物理意义，现在把积分区域 V 扩大到无穷空间。对于分布在有限空间中的电荷和电流分布，在任何有限的时间内，在无穷远边界面上的电磁场量值必为零。因此在无穷远界面上式(4.35) 右边第一项的面积分结果为零。所以式(4.35) 可以化为

$$P=-\frac{\mathrm{d}}{\mathrm{d}t}\int_V w\mathrm{d}V \tag{4.36}$$

式(4.36) 左边是电磁场对带电体所做的机械功，此时整个区域中只有运动的带电体和电磁场，假定无介质的损耗。由能量守恒定律可知：式(4.36) 右边应代表全空间电磁场能量的减少率。因此可以认为电磁场具有能量，且能量密度表示为

$$w=\frac{1}{2}(\boldsymbol{D}\cdot\boldsymbol{E}+\boldsymbol{B}\cdot\boldsymbol{H}) \tag{4.37}$$

在线性介质中，电磁场的能量密度的表达式可以化为

$$w=\frac{1}{2}\varepsilon E^2+\frac{1}{2}\mu H^2$$

在考察局部有限区域时，式(4.35)中的第一项就不为零了。式(4.35)的左边代表电磁场对区域V内的带电体在单位时间内所做的机械功；右边第二项代表相应体积内电磁场能量在单位时间内的减少；由于在问题中未涉及其他形式的能量，根据能量守恒定律，右边第一项也应该具有能量的意义，它只能表示单位时间内通过V的表面Σ流入体积V的电磁能量。所以令

$$\boldsymbol{S}=\boldsymbol{E}\times\boldsymbol{H} \tag{4.38}$$

$\boldsymbol{S}$就代表单位时间内流过垂直于Σ的单位面积上的能量，称为电磁能流密度矢量，也叫做坡印亭矢量，它的方向由电场和磁场强度的矢量积决定。因此式(4.35)称为电磁能量守恒定律的数学表达式。它表明从任一曲面Σ流进区域V内的电磁能量一部分用于对带电体做功，另一部分用于V内电磁场能量的增加。

由高斯公式可以得到和式(4.35)相对应的微分形式为

$$-\boldsymbol{J}\cdot\boldsymbol{E}=\nabla\cdot\boldsymbol{S}+\frac{\partial w}{\partial t} \tag{4.39}$$

坡印亭矢量在电磁理论中具有重要意义，它给出了电磁场中能量的流动情况，清楚地表明不管是稳恒场还是变化场，电磁能量都是在电磁场中传输的。

例题 4-1：如图4.2所示，同轴传输线内导线半径为a，外导线半径为b，两导线间为均匀绝缘介质。导线载有电流I，两导线间的电压为U。求：

(1) 忽略导线的电阻，计算介质中的能流和传输功率。

(2) 计及内导线的有限电导率，计算通过内导线表面进入导线内的能流，并说明其和导线的损耗功率有何关系。

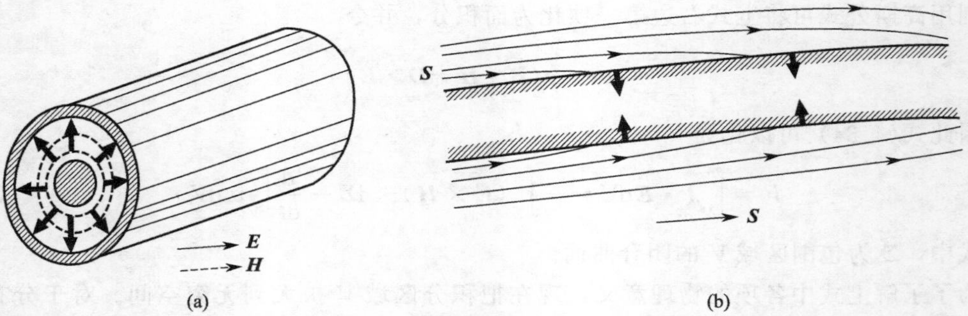

图4.2 例题4-1场及能流分布示意图

解：(1) 建立柱坐标系，z轴为圆柱中心轴，且沿电流方向为正方向。由安培环路定理可以容易知道在两导线间的磁场强度为

$$\boldsymbol{H}=\frac{I}{2\pi r}\boldsymbol{e}_\theta$$

假设内导体表面上带有电荷，电荷线密度为τ，由高斯定理可以知道，在两导线间的电场分布为

$$\boldsymbol{E}=\frac{\tau}{2\pi\varepsilon r}\boldsymbol{e}_r$$

两导线间的电压为 U：

$$U=\int_a^b \boldsymbol{E}\cdot \mathrm{d}\boldsymbol{r}=\frac{\tau}{2\pi\varepsilon}\ln\frac{b}{a}$$

所以

$$\tau=\frac{2\pi\varepsilon U}{\ln\dfrac{b}{a}}$$

两导线之间的能流密度为

$$\boldsymbol{S}=\boldsymbol{E}\times\boldsymbol{H}=\frac{I\tau}{4\pi^2\varepsilon r^2}\boldsymbol{e}_z=\frac{UI}{2\pi\ln\dfrac{b}{a}}\frac{1}{r^2}\boldsymbol{e}_z$$

可以看出在此种情况下能流沿着 z 轴方向。两导线间的传输功率为

$$P=\int_a^b S\times 2\pi r\,\mathrm{d}r=\int_a^b \frac{UI}{\ln\dfrac{b}{a}}\frac{1}{r}\mathrm{d}r=UI$$

通常 UI 就是在电路问题中的传输功率表达式。通过计算可以看出这一功率是在场中传输的。

(2) 设内导线的电导率为 σ，由欧姆定律可得在导线内部表面处的电场强度为

$$\boldsymbol{E}=\frac{\boldsymbol{J}}{\sigma_c}=\frac{I}{\pi a^2\sigma_c}\boldsymbol{e}_z$$

因为在内导体表面两侧的电场切向分量连续，因此在内导体表面处介质中电场还应有切向分量，所以在介质中电场强度为

$$\boldsymbol{E}=\frac{\varepsilon U}{a\ln\dfrac{b}{a}}\boldsymbol{e}_r+\frac{I}{\pi a^2\sigma_c}\boldsymbol{e}_z$$

内导体表面处的能流密度为

$$\boldsymbol{S}=\boldsymbol{E}\times\boldsymbol{H}=-\frac{I^2}{2\pi^2a^3\sigma_c}\boldsymbol{e}_r+\frac{I\tau}{4\pi^2\varepsilon r^2}\boldsymbol{e}_z$$

上式清楚地表明，一部分能流沿着 z 轴方向，一部分能流流向导体内部。流向导体内部的能量变为焦耳热损耗掉。

单位时间内流进长度为 L 的一段导线的能量为

$$-S_r\times 2\pi aL=\frac{I^2}{2\pi^2a^3\sigma_c}\times 2\pi aL=I^2\frac{L}{\pi a^2\sigma_c}=I^2R$$

式中，R 为这一段导线的电阻。I^2R 正是这一段导线的焦耳热损耗，再次说明这一能量是在场中传播的。

在稳恒电流或者低频交流电的情况下电磁能量也是在场中传递的，那么为什么还需要导线呢？这是由于导线的主要作用是引导电磁场的能量向着预定的方向传输。电磁场和导线内的电荷相互作用使得导线周围产生很强的电磁场，这些电磁场将能量传送到负载上去。对于高频电磁场，不需要导线的引导也可以将能量传输到预定的方向上，这是大家早就清楚的事实。

4.4 电磁场的动量和动量守恒定律

第 3 章中通过电磁场对带电体所做的功，得到了电磁场的能量和能流密度的表达式，现在采用和第 3 章相同的方法来讨论电磁场的动量问题。即通过电磁场和带电体的相互作用，使带电体的机械动量增加，由动量守恒证明电磁场具有动量，并求出电磁场动量的表达式。

设有一个带电体，电荷密度为 ρ，电流密度为 $\boldsymbol{J}$，在电磁场中，洛伦兹力的力密度为

$$\boldsymbol{f}=\rho\boldsymbol{E}+\boldsymbol{J}\times\boldsymbol{B} \tag{4.40}$$

由真空中麦克斯韦方程组有

$$\rho=\varepsilon_0\nabla\cdot\boldsymbol{E}\text{ 和 }\boldsymbol{J}=\frac{1}{\mu_0}\nabla\times\boldsymbol{B}-\varepsilon_0\frac{\partial\boldsymbol{E}}{\partial t}$$

将以上两式代入式(4.40) 有

$$\boldsymbol{f}=\varepsilon_0(\nabla\cdot\boldsymbol{E})\boldsymbol{E}+\frac{1}{\mu_0}(\nabla\times\boldsymbol{B})\times\boldsymbol{B}-\varepsilon_0\frac{\partial\boldsymbol{E}}{\partial t}\times\boldsymbol{B} \tag{4.41}$$

同时利用：

$$\nabla\cdot\boldsymbol{B}=0\text{ 和 }\nabla\times\boldsymbol{E}=-\frac{\partial\boldsymbol{B}}{\partial t}$$

可将式(4.41) 化为

$$\boldsymbol{f}=\left[\varepsilon_0(\nabla\cdot\boldsymbol{E})\boldsymbol{E}+\varepsilon_0(\nabla\times\boldsymbol{E})\times\boldsymbol{E}+\frac{1}{\mu_0}(\nabla\cdot\boldsymbol{B})\boldsymbol{B}+\frac{1}{\mu_0}(\nabla\times\boldsymbol{B})\times\boldsymbol{B}\right]-\varepsilon_0\frac{\partial}{\partial t}(\boldsymbol{E}\times\boldsymbol{B})$$

利用恒等式：

$$\nabla\cdot(\boldsymbol{EE})=(\nabla\cdot\boldsymbol{E})\boldsymbol{E}+(\boldsymbol{E}\cdot\nabla)\boldsymbol{E}\text{ 和 }\boldsymbol{E}\times(\nabla\times\boldsymbol{E})=\frac{1}{2}\nabla E^2-(\boldsymbol{E}\cdot\nabla)\boldsymbol{E}$$

$$\nabla\cdot(\boldsymbol{BB})=(\nabla\cdot\boldsymbol{B})\boldsymbol{B}+(\boldsymbol{B}\cdot\nabla)\boldsymbol{B}\text{ 和 }\boldsymbol{B}\times(\nabla\times\boldsymbol{B})=\frac{1}{2}\nabla B^2-(\boldsymbol{B}\cdot\nabla)\boldsymbol{B}$$

$$\nabla E^2=\nabla\cdot(E^2\overleftrightarrow{I})\text{ 和 }\nabla B^2=\nabla\cdot(B^2\overleftrightarrow{I})$$

所以式(4.41) 变为

$$\begin{aligned}\boldsymbol{f}&=-\nabla\cdot\left[-\left(\varepsilon_0\boldsymbol{EE}+\frac{1}{\mu_0}\boldsymbol{BB}\right)\right]-\frac{1}{2}\left(\varepsilon_0E^2+\frac{1}{\mu_0}B^2\right)\overleftrightarrow{I}-\varepsilon_0\frac{\partial}{\partial t}(\boldsymbol{E}\times\boldsymbol{B})\\&=-\nabla\cdot\overleftrightarrow{T}-\frac{\partial}{\partial t}(\boldsymbol{D}\times\boldsymbol{B})\end{aligned} \tag{4.42}$$

其中：

$$\overleftrightarrow{T}=-\left(\varepsilon_0\boldsymbol{EE}+\frac{1}{\mu_0}\boldsymbol{BB}\right)+\frac{1}{2}\left(\varepsilon_0E^2+\frac{1}{\mu_0}B^2\right)\overleftrightarrow{I} \tag{4.43}$$

在电荷系统受力后，它的机械动量发生变化。由动量定理，电磁场的动量也应发生相应的变化。

带电体的机械动量变化率为

$$\frac{\mathrm{d}\boldsymbol{P}}{\mathrm{d}t}=\int_V\boldsymbol{f}\mathrm{d}V=\int_V(\rho\boldsymbol{E}+\boldsymbol{J}\times\boldsymbol{B})\mathrm{d}V=-\int\nabla\cdot\overleftrightarrow{T}\mathrm{d}V-\frac{\mathrm{d}}{\mathrm{d}t}\int\boldsymbol{D}\times\boldsymbol{B}\mathrm{d}V=-\oint\overleftrightarrow{T}\cdot\mathrm{d}\boldsymbol{\Sigma}-\frac{\mathrm{d}}{\mathrm{d}t}\int\boldsymbol{D}\times\boldsymbol{B}\mathrm{d}V \tag{4.44}$$

为了了解式(4.44) 各项的物理意义，将积分区间取为无穷空间，式(4.44) 第一项为

零，则上述表达式化为

$$\frac{\mathrm{d}\boldsymbol{P}}{\mathrm{d}t}=\int\boldsymbol{f}\,\mathrm{d}V=-\frac{\mathrm{d}}{\mathrm{d}t}\int\boldsymbol{D}\times\boldsymbol{B}\,\mathrm{d}V \tag{4.45}$$

式中，$\frac{\mathrm{d}\boldsymbol{P}}{\mathrm{d}t}$为电荷系统动量的增加率。根据动量守恒定律，对场和带电体组成的系统而言，总动量应守恒，所以式(4.45) 右边一定是电磁场动量的减少率，因此 $\boldsymbol{G}=\int\boldsymbol{D}\times\boldsymbol{B}\,\mathrm{d}V$ 是电磁场的总动量，电磁场动量密度为 $\boldsymbol{g}=\boldsymbol{D}\times\boldsymbol{B}$。

在真空中电磁动量密度为

$$\boldsymbol{g}=\frac{\boldsymbol{S}}{c^2} \tag{4.46}$$

式(4.46) 称为电磁场动量守恒定律的积分表达形式，相应的微分表达形式为

$$\boldsymbol{f}=-\nabla\cdot\overleftrightarrow{\boldsymbol{T}}-\frac{\partial\boldsymbol{g}}{\partial t} \tag{4.47}$$

现在来看式(4.44) 右边第一项的物理意义，当积分在有限区域时，式(4.44) 可化为

$$\frac{\mathrm{d}}{\mathrm{d}t}(\boldsymbol{P}+\boldsymbol{G})=-\oint\overleftrightarrow{\boldsymbol{T}}\cdot\mathrm{d}\boldsymbol{\Sigma} \tag{4.48}$$

式中，$\boldsymbol{\Sigma}$ 为区域 V 的边界，并取外法线方向为正。式(4.48) 的左边代表区域 V 内电磁场和带电体的总动量的变化率。显然，根据动量守恒定律，式(4.48) 可解释为单位时间通过区域 V 的边界面 $\boldsymbol{\Sigma}$ 流入的电磁场动量。因此 $\overleftrightarrow{\boldsymbol{T}}$ 就是电磁场动量流密度，称为电磁场的动量流密度张量。

式(4.48) 可以改写为

$$\frac{\mathrm{d}}{\mathrm{d}t}\int\boldsymbol{D}\times\boldsymbol{B}\,\mathrm{d}V=-\int\boldsymbol{f}\,\mathrm{d}V-\oint\overleftrightarrow{\boldsymbol{T}}\cdot\mathrm{d}\boldsymbol{\Sigma} \tag{4.49}$$

式(4.49) 左边为电磁场动量的增加率，根据动量定理它就是 V 中电磁场受到的作用力；由于 $\int\boldsymbol{f}\,\mathrm{d}V$ 为电磁场对带电体的作用力，所以根据牛顿第三定律，右边第一项为带电体对电磁场的作用力；因此右边第二项的积分值必为力，这一项是张量在 V 的边界面 $\boldsymbol{\Sigma}$ 上的积分负值，应理解为区域 V 外的电磁场通过边界面对区域 V 内的电磁场的作用力，所以 $\overleftrightarrow{\boldsymbol{T}}$ 可以解释为电磁场的张力张量。

因此单位曲面所受的区域外的场对区域内的场的作用力为

$$\mathrm{d}\boldsymbol{f}=-\boldsymbol{n}\cdot\overleftrightarrow{\boldsymbol{T}} \tag{4.50}$$

式中，$\boldsymbol{n}$ 为区域 V 的外法向单位矢量。

例题 4-2：如图 4.3 所示，平板电容器的一部分空间充满介电常数为 ε 的介质，求界面上单位面积的介质板上受到的静电作用力。

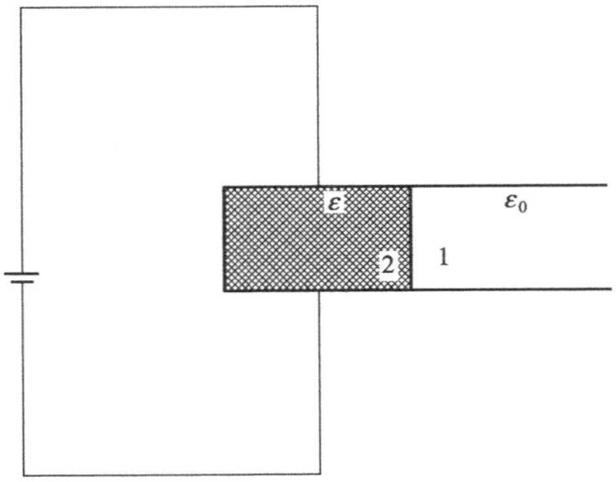

图 4.3　例题 4-2 示意图

解：设真空为区域 1，介质为区域 2，在界面上两区域的电场相等且与界面的法向垂直。显然区域 1 内电场对界面的作用力为

$$\mathrm{d}\boldsymbol{f}_1=\mathrm{d}\boldsymbol{\Sigma}_1\cdot\left(\varepsilon_0\boldsymbol{EE}-\frac{1}{2}\varepsilon_0E^2\overleftrightarrow{\boldsymbol{I}}\right)=-\frac{1}{2}\varepsilon_0E^2\mathrm{d}\boldsymbol{\Sigma}_1$$

区域 2 的电场对界面的作用力为

$$\mathrm{d}\boldsymbol{f}_2=\mathrm{d}\boldsymbol{\Sigma}_2\cdot\left(\varepsilon\boldsymbol{EE}-\frac{1}{2}\varepsilon E^2\overleftrightarrow{\boldsymbol{I}}\right)=-\frac{1}{2}\varepsilon E^2\mathrm{d}\boldsymbol{\Sigma}_2=\frac{1}{2}\varepsilon E^2\mathrm{d}\boldsymbol{\Sigma}_1$$

所以介质界面上受力为

$$\mathrm{d}\boldsymbol{f}=\mathrm{d}\boldsymbol{f}_1+\mathrm{d}\boldsymbol{f}_2=\frac{1}{2}(\varepsilon-\varepsilon_0)E^2\mathrm{d}\boldsymbol{\Sigma}_1$$

单位面积上受力为

$$\boldsymbol{f}=\frac{1}{2}(\varepsilon-\varepsilon_0)E^2\boldsymbol{n}$$

力的方向与 $\boldsymbol{n}$ 相同，即由介质指向真空。

4.5 电磁场的角动量和角动量守恒定律

从 4.4 节可知电磁场具有能量、动量。能量密度为

$$w=\frac{1}{2}\varepsilon E^2+\frac{1}{2}\mu H^2$$

动量密度为

$$\boldsymbol{g}=\boldsymbol{D}\times\boldsymbol{B}$$

根据力矩的定义可知，电磁场对带电体作用力的力矩为

$$\boldsymbol{M}=\boldsymbol{r}\times\boldsymbol{F}=\boldsymbol{r}\times\int_V\boldsymbol{f}\,\mathrm{d}V=\boldsymbol{r}\times\int_V\left(-\nabla\cdot\overleftrightarrow{\boldsymbol{T}}-\frac{\partial\boldsymbol{g}}{\partial t}\right)\mathrm{d}V \tag{4.51}$$

带电体的机械角动量的变化率为

$$\frac{\mathrm{d}\boldsymbol{L}}{\mathrm{d}t}=\boldsymbol{M}=-\int_V\boldsymbol{r}\times(\nabla\cdot\overleftrightarrow{\boldsymbol{T}})\mathrm{d}V-\frac{\mathrm{d}}{\mathrm{d}t}\int_V(\boldsymbol{r}\times\boldsymbol{g})\mathrm{d}V \tag{4.52}$$

由于 $(\overleftrightarrow{\boldsymbol{T}}\cdot\nabla)\ \boldsymbol{r}=0$，因此可以得到下式成立：

$$\boldsymbol{r}\times(\nabla\cdot\overleftrightarrow{\boldsymbol{T}})=-\nabla\cdot(\overleftrightarrow{\boldsymbol{T}}\times\boldsymbol{r})$$

显然式(4.52) 可以化为

$$\frac{\mathrm{d}\boldsymbol{L}}{\mathrm{d}t}=-\frac{\mathrm{d}}{\mathrm{d}t}\int_V(\boldsymbol{r}\times\boldsymbol{g})\mathrm{d}V+\int_V\nabla\cdot(\overleftrightarrow{\boldsymbol{T}}\times\boldsymbol{r})\mathrm{d}V=-\frac{\mathrm{d}}{\mathrm{d}t}\int_V(\boldsymbol{r}\times\boldsymbol{g})\mathrm{d}V+\oint\mathrm{d}\boldsymbol{\Sigma}\cdot(\overleftrightarrow{\boldsymbol{T}}\times\boldsymbol{r}) \tag{4.53}$$

显然式(4.53) 右边第一项中积分应为角动量，定义为电磁场的角动量：

$$\boldsymbol{L}_{em}=\int_V(\boldsymbol{r}\times\boldsymbol{g})\mathrm{d}V \tag{4.54}$$

因此电磁场的角动量密度为

$$\boldsymbol{l}_{em}=\boldsymbol{r}\times\boldsymbol{g} \tag{4.55}$$

式(4.53) 右边第二项定义为角动量流

$$\boldsymbol{\Gamma}=\oint\mathrm{d}\boldsymbol{\Sigma}\cdot(\overleftrightarrow{\boldsymbol{T}}\times\boldsymbol{r}) \tag{4.56}$$

所以电磁场的角动量守恒定律可以写为

$$\boldsymbol{\Gamma}=\frac{\mathrm{d}}{\mathrm{d}t}(\boldsymbol{L}+\boldsymbol{L}_{em}) \tag{4.57}$$

式(4.57) 表明带电体的机械角动量与 $\boldsymbol{\Sigma}$ 内的电磁场角动量的时间变化率等于从表面进入的角动量流，此即为电磁场角动量守恒定律。必须注意只要 $\boldsymbol{D}\times\boldsymbol{B}$ 不为零，即使是静场也具有动量和角动量。

习题

4.1　试写出麦克斯韦方程组的积分形式和微分形式。在这一方程组的建立过程中有哪些重要假设？在介质的分界面上的麦克斯韦方程组如何？

4.2　试证明通过任意闭合曲面的自由电流和位移电流的总量为零。

4.3　已知交变电磁场 $\boldsymbol{E}=E_0\cos(kz-\omega t)\boldsymbol{e}_x$，$\boldsymbol{B}=B_0\cos(kz-\omega t)\boldsymbol{e}_y$，式中波矢的模 k 和角频率 ω 为常量，试从麦克斯韦方程组出发求出电场和磁场振幅之间的关系。

4.4　设有一个随时间变化的电场 $\boldsymbol{E}=\boldsymbol{E}_0\cos\omega t$，试求：

(1) 该电场在电导率为 σ_c 和介电常数为 ε 的导电介质中引起的传导电流和位移电流的振幅之比。

(2) 讨论在什么情况下传导电流起主要作用，什么情况下位移电流起主导作用。

4.5　内外半径分别为 a 和 b 的无限长圆柱形电容器，单位长度的电量为 λ_f，板间填充电导率为 σ_c 的非磁性物质。

(1) 证明在介质中任意一点传导电流与位移电流严格抵消，因此内部无磁场。

(2) 求出 λ_f 随时间的衰减规律。

(3) 求与轴相距为 r 的地方的能量的耗散功率密度。

(4) 求出长度为 L 的一段介质总的能量耗散功率，并证明它等于这段的静电能的减少率。

4.6　设半径为 a 的圆形平板电容器，极板间距为 d，并填充电导率为 σ 的均匀导电介质，两极板间外加直流电压，忽略边缘效应。

(1) 计算两极板间的电场、磁场、能流密度和动量流密度矢量。

(2) 求此电容器内存储的能量。

(3) 验证其中消耗的功率正好是由电容器外侧进入的功率。

4.7　知两块面积为 $\boldsymbol{A}$，相距为 d（$d\ll\sqrt{A}$）的平行板电容器，极板分别带电荷 $+q$、$-q$，板间为真空。求：

(1) 两板内的电磁场张力张量。

(2) 利用此张量求作用于一平板上的力。

第5章

电磁波的传播和辐射

通过第4章的讨论知道，迅变的电场和磁场可以脱离电荷和电流而存在，其相互激发，形成在空间中传播的电磁波。电磁波在广播、通信、电视和雷达等各方面存在广泛的应用，因此电磁场和电磁波已经发展成为一门独立的学科，而在本章中只讨论电磁波传播和辐射的最基本规律。本章将从麦克斯韦方程组和边界条件出发讨论电磁波在有界空间和无界空间中的传播以及在介质界面上的反射和折射规律，最后讨论电磁波的辐射行为。

5.1 电磁波在绝缘媒质中的传播

5.1.1 电磁场的波动方程

电磁场在空间中的行为满足麦克斯韦方程组：

$$\begin{cases}\nabla\times\boldsymbol{E}=-\dfrac{\partial\boldsymbol{B}}{\partial t}\\\nabla\times\boldsymbol{H}=\dfrac{\partial\boldsymbol{D}}{\partial t}+\boldsymbol{J}\\\nabla\cdot\boldsymbol{D}=\rho\\\nabla\cdot\boldsymbol{B}=0\end{cases}\tag{5.1}$$

在传播问题中，讨论的是场源激发出来的电磁波的传输行为，因而在考虑自由空间中电磁波的运动形式时可以不考虑激发的场源，即 $\rho=0$，$\boldsymbol{J}=0$，因此麦克斯韦方程组可简化为

$$\begin{cases}\nabla\times\boldsymbol{E}=-\dfrac{\partial\boldsymbol{B}}{\partial t}\\\nabla\times\boldsymbol{H}=\dfrac{\partial\boldsymbol{D}}{\partial t}\\\nabla\cdot\boldsymbol{D}=0\\\nabla\cdot\boldsymbol{B}=0\end{cases}\tag{5.2}$$

假如电磁波在真空中传输，媒质本构关系可写成

$$\boldsymbol{D}=\varepsilon_0\boldsymbol{E},\ \boldsymbol{B}=\mu_0\boldsymbol{H}\tag{5.3}$$

将式(5.1)中的第一式取旋度，并将第二式代入，并考虑式(5.3)，可得到

$$\nabla\times(\nabla\times\boldsymbol{E})=\nabla(\nabla\cdot\boldsymbol{E})-\nabla^2\boldsymbol{E}=-\nabla^2\boldsymbol{E}=-\frac{\partial}{\partial t}(\nabla\times\boldsymbol{B})=-\varepsilon_0\mu_0\frac{\partial^2\boldsymbol{B}}{\partial t^2}$$

所以电场满足的方程为

$$\nabla^2\boldsymbol{E}-\varepsilon_0\mu_0\frac{\partial^2\boldsymbol{E}}{\partial t^2}=0 \tag{5.4}$$

同理可得磁场满足的方程为

$$\nabla^2\boldsymbol{B}-\varepsilon_0\mu_0\frac{\partial^2\boldsymbol{B}}{\partial t^2}=0 \tag{5.5}$$

令

$$c=\frac{1}{\sqrt{\varepsilon_0\mu_0}}$$

则式(5.4) 和式(5.5) 可以化为

$$\nabla^2\boldsymbol{E}-\frac{1}{c^2}\frac{\partial^2\boldsymbol{E}}{\partial t^2}=0 \tag{5.6}$$

$$\nabla^2\boldsymbol{B}-\frac{1}{c^2}\frac{\partial^2\boldsymbol{B}}{\partial t^2}=0 \tag{5.7}$$

式(5.6) 和式(5.7) 即为典型的波动方程，它的解包括各种可能形式的电磁波。c 是电磁波的传播速度，其大小为光速，说明一切电磁波在真空中均以光速传播。

至于电磁波，其在介质中传播时，应和真空中有所不同，这是由于介质的介电函数和磁导率都和电磁波的频率有关，在线性响应近似的情况下，对于给定频率的电磁波，介质的电磁本构关系可以写为

$$\begin{cases}\boldsymbol{D}(\omega)=\varepsilon(\omega)\boldsymbol{E}(\omega)\\ \boldsymbol{B}(\omega)=\mu(\omega)\boldsymbol{H}(\omega)\end{cases} \tag{5.8}$$

式(5.8) 宏观地描述了介质的色散特性，而对于非正弦变化的电磁场，下列两式将不再成立：

$$\boldsymbol{D}(t)=\varepsilon\boldsymbol{D}(t)$$

$$\boldsymbol{B}(t)=\mu\boldsymbol{H}(t)$$

因此在介质内不能直接导出式(5.6) 和式(5.7) 形式的波动方程。下一节将推导出在介质中传播的时谐电磁波传输所满足的方程。

5.1.2　单色电磁波

如果场源以一定的频率随时间作正弦或者余弦变化，则激发的电磁场也以相同的频率变化，比如无线电广播、通信的载波、激光器输出的激光束等都做正弦或者余弦变化，则称它们为单色电磁波。因此，单色平面波是一类以单一频率振荡的电磁波。在实际的工作中，如果电磁波不是单色电磁波，则可以利用傅里叶分析的方法把电磁场分解成不同频率单色波的叠加。由此可见，单色电磁波的传播规律是任意电磁波传播规律的基础。

设电磁场量以一定的角频率 ω 随时间做余弦变化，可以将电磁场量随时间的变化用复数形式表示为

$$
\begin{cases}
\boldsymbol{E}(\boldsymbol{x},t)=\boldsymbol{E}(\boldsymbol{x})\mathrm{e}^{-\mathrm{i}\omega t} \\
\boldsymbol{B}(\boldsymbol{x},t)=\boldsymbol{B}(\boldsymbol{x})\mathrm{e}^{-\mathrm{i}\omega t} \\
\boldsymbol{D}(\boldsymbol{x},t)=\boldsymbol{D}(\boldsymbol{x})\mathrm{e}^{-\mathrm{i}\omega t} \\
\boldsymbol{H}(\boldsymbol{x},t)=\boldsymbol{H}(\boldsymbol{x})\mathrm{e}^{-\mathrm{i}\omega t} \\
\boldsymbol{J}(\boldsymbol{x},t)=\boldsymbol{J}(\boldsymbol{x})\mathrm{e}^{-\mathrm{i}\omega t} \\
\rho(\boldsymbol{x},t)=\rho(\boldsymbol{x})\mathrm{e}^{-\mathrm{i}\omega t}
\end{cases}
\tag{5.9}
$$

考虑在一定频率下有

$$
\begin{cases}
\boldsymbol{D}(\omega)=\varepsilon(\omega)\boldsymbol{E}(\omega) \\
\boldsymbol{B}(\omega)=\mu(\omega)\boldsymbol{H}(\omega)
\end{cases}
\tag{5.10}
$$

将式(5.9) 和式(5.10) 代入麦克斯韦方程组即式(5.2) 中，可以得到时谐电磁波满足的麦克斯韦方程组：

$$
\begin{cases}
\nabla\times\boldsymbol{E}=\mathrm{i}\omega\mu\boldsymbol{H} \\
\nabla\times\boldsymbol{H}=-\mathrm{i}\omega\varepsilon\boldsymbol{E} \\
\nabla\cdot\boldsymbol{E}=0 \\
\nabla\cdot\boldsymbol{H}=0
\end{cases}
\tag{5.11}
$$

式(5.11) 在 $\omega=0$ 时变为稳恒场；在 $\omega\neq0$ 时，单色电磁波的麦克斯韦方程组不是独立的。显然由式(5.11) 中的第一式取散度可得到式(5.11) 的第三式；由第二式取散度可得第四式，所以麦克斯韦方程组即式(5.11) 中只有第一和第二两式是独立的，第三和第四两式可由第一和第二两式推导出来。

将式(5.11) 中第一式两边取旋度，并将第二式代入可以得到

$$
\nabla\times(\nabla\times\boldsymbol{E})=\nabla(\nabla\cdot\boldsymbol{E})-\nabla^2\boldsymbol{E}=-\nabla^2\boldsymbol{E}=\mathrm{i}\omega\mu\ \nabla\times\boldsymbol{H}=\omega^2\mu\varepsilon\boldsymbol{E}
\tag{5.12}
$$

式(5.12) 是在$\nabla\cdot\boldsymbol{E}=0$ 的情况下得出的，所以在介质中单色电磁波的麦克斯韦组可化为

$$
\nabla^2\boldsymbol{E}+k^2\boldsymbol{E}=\boldsymbol{0}
\tag{5.13}
$$

$$
\nabla\cdot\boldsymbol{E}=0
\tag{5.14}
$$

其中：

$$
k^2=\omega^2\mu\varepsilon
$$

式中，k 则称为电磁波的波数，是空间中沿波传播方向的单位长度上完整波的数目，所以 k 也表示为

$$
k=\frac{2\pi}{\lambda}
$$

式中，λ 为电磁波的波长，必须注意式(5.13) 只有在加上条件$\nabla\cdot\boldsymbol{E}=0$ 时才相当于式(5.12)。形如式(5.13) 的方程称为亥姆霍兹方程，它的解在加上条件$\nabla\cdot\boldsymbol{E}=0$ 时才是真正的电磁波解。实际上，$\nabla\cdot\boldsymbol{E}=0$ 决定了电磁波的横波性，因此$\nabla\cdot\boldsymbol{E}=0$ 称为横波条件。求出 $\boldsymbol{E}$ 后，磁场 $\boldsymbol{H}$ 可由麦克斯韦方程组即式(5.2) 中第一式求出：

$$
\boldsymbol{B}=-\frac{\mathrm{i}}{\omega}\nabla\times\boldsymbol{E}=-\frac{\mathrm{i}}{k}\sqrt{\mu\varepsilon}\,\nabla\times\boldsymbol{E}
\tag{5.15}
$$

若 $\boldsymbol{E}(\boldsymbol{x})=E_x\boldsymbol{e}_x+E_y\boldsymbol{e}_y+E_z\boldsymbol{e}_z$，则磁场的各个分量可由下式简单地求出：

$$\boldsymbol{B}(\boldsymbol{x})=B_x\boldsymbol{e}_x+B_y\boldsymbol{e}_y+B_z\boldsymbol{e}_z=-\frac{\mathrm{i}}{\omega}\begin{vmatrix}\boldsymbol{e}_x & \boldsymbol{e}_y & \boldsymbol{e}_z\\ \frac{\partial}{\partial x} & \frac{\partial}{\partial y} & \frac{\partial}{\partial z}\\ E_x & E_y & E_z\end{vmatrix} \tag{5.16}$$

式(5.13)、式(5.14)和式(5.15)的一切可能解都是空间中一种可能存在的电磁波，每一种可能存在的形式都称为一种电磁波模式。用完全类似的方法可以得到磁场满足的亥姆霍兹方程：

$$\nabla^2\boldsymbol{B}+k^2\boldsymbol{B}=0 \tag{5.17}$$

$$\nabla\cdot\boldsymbol{B}=0 \tag{5.18}$$

$$\boldsymbol{E}=\frac{\mathrm{i}}{\mu\varepsilon\omega}\nabla\times\boldsymbol{B}=\frac{\mathrm{i}}{k\sqrt{\mu\varepsilon}}\nabla\times\boldsymbol{B} \tag{5.19}$$

5.1.3 平面电磁波

在均匀、线性、各向同性介质中的电磁波由下列方程决定：

$$\nabla^2\boldsymbol{E}+k^2\boldsymbol{E}=0$$

$$\nabla\cdot\boldsymbol{E}=0$$

$$\boldsymbol{B}=-\frac{\mathrm{i}}{\omega}\nabla\times\boldsymbol{E}=-\frac{\mathrm{i}}{k}\sqrt{\mu\varepsilon}\,\nabla\times\boldsymbol{E}$$

式中，k，μ，ε 均为实数。按照激发和传播条件的不同，电磁场方程的解可以有各种不同的形式，比如：球面波解、平面波解和激光器发出的高斯光束解等。现在只讨论平面波解，在离发射天线很远处的某一小区域的电磁波可以近似地看成平面波。

平面波的特点是波前或者同相位面为一平面。假设电磁波沿着 x 轴方向传播，其波阵面与 x 轴垂直，在与 x 轴垂直的平面上场强具有相同的值。也就是说电场和磁场仅与 x、t 有关，而与 y、z 无关。在此种情况下亥姆霍兹方程化为

$$\frac{\mathrm{d}^2\boldsymbol{E}(x)}{\mathrm{d}x^2}+k^2\boldsymbol{E}(x)=0 \tag{5.20}$$

其一个解为

$$\boldsymbol{E}(x)=\boldsymbol{E}_0\mathrm{e}^{\mathrm{i}kx}$$

考虑时间因子以后，可以将沿 $\boldsymbol{x}$ 轴方向传播的一个平面波解为

$$\boldsymbol{E}(x,t)=\boldsymbol{E}_0\mathrm{e}^{\mathrm{i}(kx-\omega t)} \tag{5.21}$$

要使此解为真正的电磁波解必须使 $\nabla\cdot\boldsymbol{E}=0$，由于

$$\nabla\cdot\boldsymbol{E}=\nabla\cdot[\boldsymbol{E}_0\mathrm{e}^{\mathrm{i}(kx-\omega t)}]=\nabla\mathrm{e}^{\mathrm{i}(kx-\omega t)}\cdot\boldsymbol{E}_0+\nabla\cdot\boldsymbol{E}_0\mathrm{e}^{\mathrm{i}(kx-\omega t)}=\mathrm{i}k\boldsymbol{e}_x\cdot\boldsymbol{E}=0$$

$$\boldsymbol{e}_x\cdot\boldsymbol{E}=0$$

因此可知

$$\boldsymbol{e}_x\perp\boldsymbol{E}，即\ E_x=0$$

说明电场的振动方向与传播方向相互垂直。因此只要 $E_x=0$，即为一个可能存在的模式，说明电场是一种横波。实际的电场强度应取式(5.21)的实部，即取

$$\boldsymbol{E}(x,t)=\boldsymbol{E}_0\cos(kx-\omega t) \tag{5.22}$$

式中，$\boldsymbol{E}_0$ 为电场的振幅；$kx-\omega t$ 为相位因子。现在讨论相位因子的意义：在 $t=0$ 时

刻，相位因子为 kx，在 $x=0$ 处的相位为零，即 $x=0$ 处为波峰；在另一时刻 t，相位因子为 $kx-\omega t$，波峰平面在 $kx-\omega t=0$ 处，即 $x=\frac{\omega}{k}t$。所以式(5.22) 确实是一列沿 x 方向传播的平面波，其相速度为

$$v=\frac{\mathrm{d}x}{\mathrm{d}t}=\frac{\omega}{k}=\frac{1}{\sqrt{\mu\varepsilon}} \tag{5.23}$$

在真空中的传播速度为

$$v=\frac{1}{\sqrt{\mu_0\varepsilon_0}}=c$$

在介质中传播速度为

$$v=\frac{1}{\sqrt{\mu\varepsilon}}=\frac{c}{\sqrt{\varepsilon_r\mu_r}}$$

式中，μ_r、ε_r 分别代表介质的相对介电常数和相对磁导率，在一般情况下，在光频段对介质而言 $\mu_r=1$，所以

$$v=\frac{c}{\sqrt{\varepsilon_r}}=\frac{c}{n}$$

式中，n 为介质的折射率。由于 μ_r、ε_r 都与频率有关，因此在介质中不同频率有不同的传播速度，此种现象称为介质的色散。前面讨论了沿 x 轴传播的平面电磁波这一特殊情况。在一般情况下，电磁波的传播方向不一定沿着某一坐标轴的方向，而是沿着任意方向，此时平面波的表达形式为

$$\boldsymbol{E}(\boldsymbol{x},t)=\boldsymbol{E}_0\mathrm{e}^{\mathrm{i}(\boldsymbol{k}\cdot\boldsymbol{x}-\omega t)} \tag{5.24}$$

式中，$\boldsymbol{x}$ 为空间中任意位矢；$\boldsymbol{k}$ 为电磁波传播方向上的矢量，称为波矢。$\boldsymbol{k}$ 的大小为 $k=\omega\sqrt{\mu\varepsilon}$，可将波矢写为

$$\boldsymbol{k}=\omega\sqrt{\mu\varepsilon}\,\boldsymbol{k}_0=\frac{2\pi}{\lambda}\boldsymbol{k}_0 \tag{5.25}$$

式中，λ 为电磁波的波长；$\boldsymbol{k}_0$ 为电磁波传播方向上的单位矢量（如图 5.1 所示）。

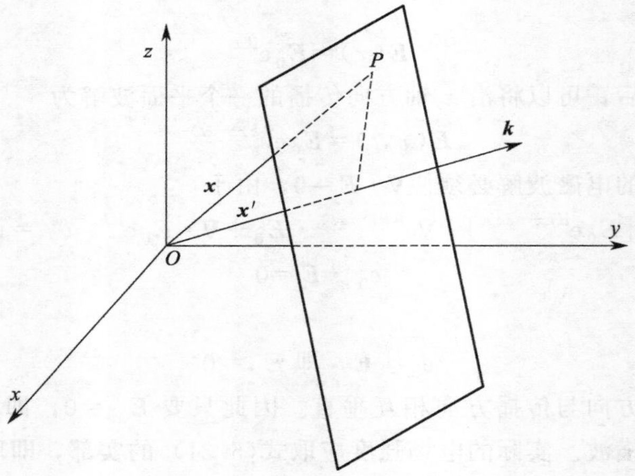

图 5.1　电磁波传播方向示意图

由$\nabla \cdot \boldsymbol{E}=0$ 和$\nabla \cdot \boldsymbol{B}=0$ 可得

$$\nabla \cdot \boldsymbol{E}=\nabla \cdot [\boldsymbol{E}_0 \mathrm{e}^{\mathrm{i}(\boldsymbol{k} \cdot \boldsymbol{x}-\omega t)}]=\nabla \mathrm{e}^{\mathrm{i}(\boldsymbol{k} \cdot \boldsymbol{x}-\omega t)} \cdot \boldsymbol{E}_0+\nabla \cdot \boldsymbol{E}_0 \mathrm{e}^{\mathrm{i}(\boldsymbol{k} \cdot \boldsymbol{x}-\omega t)}=\mathrm{i}\boldsymbol{k} \cdot \boldsymbol{E}=0$$

$$\nabla \cdot \boldsymbol{B}=\nabla \cdot [\boldsymbol{B}_0 \mathrm{e}^{\mathrm{i}(\boldsymbol{k} \cdot \boldsymbol{x}-\omega t)}]=\nabla \mathrm{e}^{\mathrm{i}(\boldsymbol{k} \cdot \boldsymbol{x}-\omega t)} \cdot \boldsymbol{B}_0+\nabla \cdot \boldsymbol{B}_0 \mathrm{e}^{\mathrm{i}(\boldsymbol{k} \cdot \boldsymbol{x}-\omega t)}=\mathrm{i}\boldsymbol{k} \cdot \boldsymbol{B}=0$$

可以得到

$$\boldsymbol{k} \cdot \boldsymbol{E}=0$$

$$\boldsymbol{k} \cdot \boldsymbol{B}=0$$

从以上两式可知对任意方向传播的电磁波，场量与传播方向垂直，说明平面电磁波是横波。已知平面电磁波的电场，可由麦克斯韦方程组即式(5.11) 的第一式求出平面电磁波的磁场为

$$\boldsymbol{B}=-\frac{\mathrm{i}}{\omega}\nabla \times \boldsymbol{E}=-\frac{\mathrm{i}}{\omega}\mathrm{i}\boldsymbol{k} \times \boldsymbol{E}=\sqrt{\mu\varepsilon}\,\frac{\boldsymbol{k}}{k} \times \boldsymbol{E}=\frac{1}{v}\boldsymbol{k}_0 \times \boldsymbol{E} \tag{5.26}$$

此式表明 $\boldsymbol{E}$、$\boldsymbol{B}$、$\boldsymbol{k}$ 三者相互垂直，且组成右手螺旋系 $\boldsymbol{E}\times\boldsymbol{B}$ 的方向正好为 $\boldsymbol{k}$ 的方向。由于 μ、ε 均为实数，所以 $\boldsymbol{E}$、$\boldsymbol{B}$ 相位相同，且振幅之比为

$$\left|\frac{\boldsymbol{E}}{\boldsymbol{B}}\right|=\frac{1}{\sqrt{\mu\varepsilon}}=v$$

综上所述，平面电磁波具有以下特点。

① 电磁波为横波，$\boldsymbol{E}$、$\boldsymbol{B}$ 和 $\boldsymbol{k}$ 三者之间相互正交并形成右手螺旋系；

② $\boldsymbol{E}$ 和 $\boldsymbol{B}$ 同相，其振幅之比为电磁波的传播速度；

③ 在空间中电磁波以速度 $\boldsymbol{v}$ 无衰减地传播。

平面电磁波的传播方向和空间中各点的电场及磁场的瞬时值如图 5.2 所示。

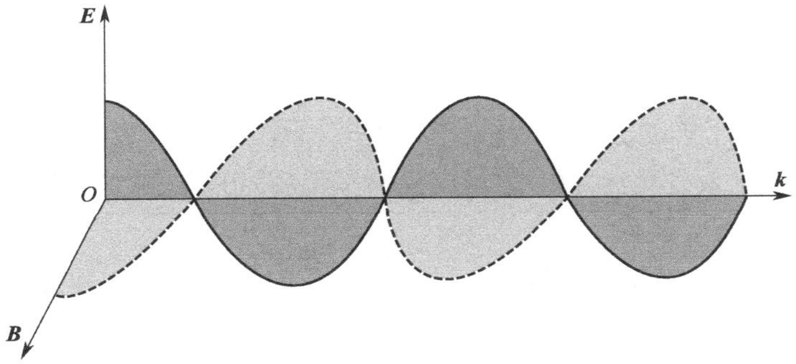

图 5.2　电磁波传播方向与电场、磁场关系图

5.1.4　电磁波的能量和能流

在均匀介质中，电磁场的场能密度为

$$w=\frac{1}{2}(\boldsymbol{D} \cdot \boldsymbol{E}+\boldsymbol{B} \cdot \boldsymbol{H})=\frac{1}{2}(\varepsilon E^2+\mu H^2)$$

对于平面电磁波，将

$$\sqrt{\varepsilon}E=\sqrt{\mu}H$$

代入上式可得

$$w=\varepsilon E^2=\mu H^2 \tag{5.27}$$

此式表明对于平面电磁波，它的电场能量和磁场能量相等。

平面电磁波的能流密度 $\boldsymbol{S}$ 为

$$\boldsymbol{S}=\boldsymbol{E}\times\boldsymbol{H}=\sqrt{\frac{\varepsilon}{\mu}}\boldsymbol{E}\times(\boldsymbol{k}_0\times\boldsymbol{E})=\sqrt{\frac{\varepsilon}{\mu}}[(\boldsymbol{E}\cdot\boldsymbol{E})\boldsymbol{k}_0-(\boldsymbol{k}_0\cdot\boldsymbol{E})\boldsymbol{E}]=\sqrt{\frac{\varepsilon}{\mu}}E^2\boldsymbol{k}_0=vw\boldsymbol{k}_0 \tag{5.28}$$

从式(5.27)与式(5.28)可以看出能量密度和能流密度都是场强的二次式。因此在电磁场量的复数表示式中，代表真正物理意义的应是它们的实部。所以电磁场的能量和能流密度可分别表示为

$$\begin{cases} w=\varepsilon E_0^2\cos^2(\boldsymbol{k}\cdot\boldsymbol{x}-\omega t) \\ \boldsymbol{S}=v\varepsilon E_0^2\boldsymbol{k}_0\cos^2(\boldsymbol{k}\cdot\boldsymbol{x}-\omega t) \end{cases} \tag{5.29}$$

它们都随时间变化，对它们的测量结果通常是它们的时间平均值。

$$\bar{w}=\frac{\omega}{2\pi}\int_0^{2\pi}\varepsilon E^2\cos^2(\boldsymbol{k}\cdot\boldsymbol{x}-\omega t)\mathrm{d}t=\frac{1}{2}\varepsilon E_0^2$$

$$\bar{\boldsymbol{S}}=\frac{\omega}{2\pi}\int_0^{2\pi}v\varepsilon E^2\cos^2(\boldsymbol{k}\cdot\boldsymbol{x}-\omega t)\mathrm{d}t\boldsymbol{k}_0=\sqrt{\frac{\varepsilon}{\mu}}E_0^2\boldsymbol{k}_0$$

在一般情况下计算上述平均值较为复杂，但是由于电磁场量是复数量，因此现在给出对于一般复型量二次式求平均值的公式，以简化以后的计算。

设有复数量 $f(t)$、$g(t)$，它们之间有相位差，$f(t)$ 和 $g(t)$ 表示如下：

$$f(t)=f_0\mathrm{e}^{-\mathrm{i}\omega t},\ g(t)=g_0\mathrm{e}^{-\mathrm{i}\omega t+\mathrm{i}\phi}$$

二次式 $f(t)\ g(t)$ 在一个周期内的平均值是

$$\begin{aligned}\overline{f(t)g(t)}&=\frac{1}{T}\int_0^T f_0g_0\cos\omega t\cos(\omega t-\phi)\mathrm{d}t\\&=\frac{1}{2}f_0g_0\cos\phi=\frac{1}{2}\mathrm{Re}(f^*g)\end{aligned} \tag{5.30}$$

式中，“*”表示取复共轭，Re 表示取实部。式(5.30)就表示计算一般复型量二次式的一般公式。

显然利用式(5.30)，可以方便地求出平面电磁波的能量密度 $\bar{w}$ 和能流密度的时间平均值 $\bar{\boldsymbol{S}}$：

$$\begin{cases} \bar{w}=\frac{1}{2}\varepsilon\mathrm{Re}(\boldsymbol{E}^*\cdot\boldsymbol{E})=\frac{1}{2}\varepsilon E_0^2 \\ \bar{\boldsymbol{S}}=\frac{1}{2}\mathrm{Re}(\boldsymbol{E}^*\times\boldsymbol{H})=\frac{1}{2}\sqrt{\frac{\varepsilon}{\mu}}E_0^2\boldsymbol{k}_0 \end{cases} \tag{5.31}$$

例题 5-1：已知在无界绝缘介质中传播的均匀平面波的频率为 $f=10^8\,\mathrm{Hz}$，电场强度复矢量为 $\boldsymbol{E}=4\mathrm{e}^{ikz}\boldsymbol{e}_x+3\mathrm{e}^{ikz-\frac{\pi}{3}}\boldsymbol{e}_y$，介质的介电常数为 $\varepsilon_r=9$，$\mu_r=1$。求：

(1) 均匀平面波的相速度 v、波长 λ、波矢的大小；

(2) 电场强度和磁场强度的瞬时值的表达式；

(3) 与电磁波传播方向垂直的单位面积上通过的平均功率。

解：(1) 相速度、波长和波矢的大小分别为

$$v=\frac{c}{\sqrt{\mu_r\varepsilon_r}}=\frac{1}{3}c=10^8\,\mathrm{m/s}$$

$$\lambda=\frac{v_p}{f}=1\text{m}$$

$$k=\omega\sqrt{\varepsilon\mu}=\frac{\omega}{v_p}=2\pi\text{rad/m}$$

（2）由麦克斯韦方程组可以得到磁场为

$$\boldsymbol{H}=\frac{\text{i}}{\omega\mu}\nabla\times\boldsymbol{E}=\sqrt{\frac{\varepsilon}{\mu}}(4\text{e}^{\text{i}kz}\boldsymbol{e}_y-3\text{e}^{\text{i}kz-\pi/3}\boldsymbol{e}_x)$$

电场强度和磁场强度的瞬时值的表达式为

$$\boldsymbol{E}(t)=4\cos(2\pi z-2\pi\times10^8t)\boldsymbol{e}_x+3\cos\left(2\pi z-2\pi\times10^8t-\frac{\pi}{3}\right)\boldsymbol{e}_y$$

$$\boldsymbol{H}(t)=-\frac{3}{40\pi}\cos\left(2\pi z-2\pi\times10^8t-\frac{\pi}{3}\right)\boldsymbol{e}_x+\frac{1}{10\pi}\cos(2\pi z-2\pi\times10^8t)\boldsymbol{e}_y$$

（3）坡印亭矢量的平均值为

$$\overline{\boldsymbol{S}}=\frac{1}{2}\text{Re}(\boldsymbol{E}^*\times\boldsymbol{H})=\frac{5}{16\pi}\boldsymbol{e}_z$$

显然与电磁波传播方向垂直的单位面积上通过的平均功率的数值为

$$p=\frac{5}{16\pi}$$

例题 5-2：假设真空中一平面波的磁场强度矢量为

$$\boldsymbol{H}=10^{-6}\left(\frac{3}{2}\boldsymbol{e}_x+\boldsymbol{e}_y+\boldsymbol{e}_z\right)\cos\left[\pi\left(-x+y+\frac{1}{2}z\right)-\omega t\right]$$

求：波的传播方向；波长和频率；电场强度矢量；能流密度的平均值。

解：由磁场强度矢量的表达式可得

$$\boldsymbol{k}\cdot\boldsymbol{x}=k_xx+k_yy+k_zz=-\pi x+\pi y+\frac{1}{2}\pi z\text{，所以 }k=\frac{3}{2}\pi$$

所以得到

$$\boldsymbol{k}=\pi\left(-\boldsymbol{e}_x+\boldsymbol{e}_y+\frac{1}{2}\boldsymbol{e}_z\right)=k\boldsymbol{k}_0$$

波的传播方向上的单位矢量为

$$\boldsymbol{k}_0=\frac{\boldsymbol{k}}{k}=\frac{2}{3}\left(-\boldsymbol{e}_x+\boldsymbol{e}_y+\frac{1}{2}\boldsymbol{e}_z\right)$$

电磁波的波长和频率为

$$\lambda=\frac{2\pi}{k}=\frac{4}{3}\text{m，}f=\frac{c}{\lambda}=2.25\times10^8\text{Hz}$$

电场强度矢量为

$$\begin{aligned}\boldsymbol{E}&=-\sqrt{\frac{\mu}{\varepsilon}}\boldsymbol{k}\times\boldsymbol{H}\\&=-120\pi\times\frac{2}{3}\left(-\boldsymbol{e}_x+\boldsymbol{e}_y+\frac{1}{2}\boldsymbol{e}_z\right)\times10^{-6}\left(\frac{3}{2}\boldsymbol{e}_x+\boldsymbol{e}_y+\boldsymbol{e}_z\right)\cos\left[\pi\left(-x+y+\frac{1}{2}z\right)-\omega t\right]\\&=4\pi\times10^5\left(-\boldsymbol{e}_x-\frac{7}{2}\boldsymbol{e}_y+5\boldsymbol{e}_z\right)\times\cos\left[-0.45\times10^9t+\pi\left(-x+y+\frac{1}{2}z\right)\right]\end{aligned}$$

能流密度的时间平均值为

$$\overline{\boldsymbol{S}}=\frac{1}{2}\mathrm{Re}(\boldsymbol{E}^*\times\boldsymbol{H})=\frac{1}{2}\sqrt{\frac{\varepsilon}{\mu}}E_0^2\boldsymbol{k}_0=8\times10^{-10}\left(\frac{-2\boldsymbol{e}_x+2\boldsymbol{e}_y+2\boldsymbol{e}_z}{3}\right)$$

5.2 电磁波在介质界面上的反射和折射

当电磁波在传播过程中遇到两种介质的交界面时就会发生反射和折射现象，电磁场在界面的反射和折射现象是由电磁场的边值关系来制约的。因此，本节将从电磁场的边值关系出发，来讨论电磁场在介质界面上的反射和折射的基本规律。将包括以下两个方面的内容：①入射角、反射角和折射角之间的关系；②入射波、反射波和折射波的振幅和位相之间的关系。

设有两种各向同性均匀介质充满整个空间，其分界面为 $z=0$ 平面（如图 5.3 所示），两种介质的介电常数和磁导率分别为 ε_1、μ_1 和 ε_2、μ_2。一单色平面电磁波由介质 1 向介质 2 传播，当电磁波入射到界面上时，一部分被界面反射成为反射波，另一部分透入界面成为折射波，反射波和折射波仍为单色波。在一般的情况下，在介质 1 中的总场为入射波和反射波的叠加，介质 2 中的总场为透射波。

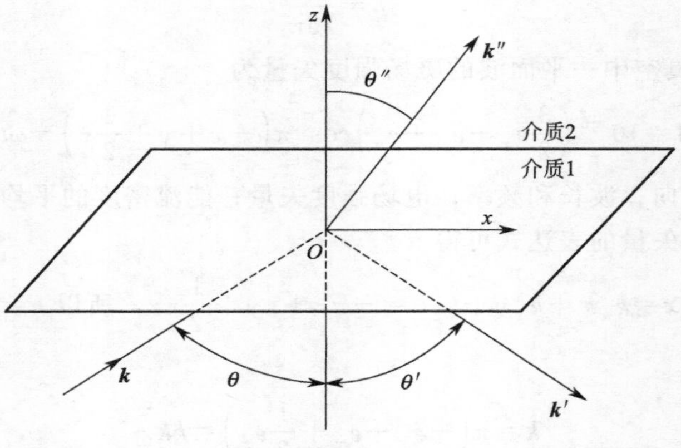

图 5.3 两种介质界面上入射、反射和折射波示意图

在绝缘介质的界面上无传导电流和自由电荷时，单色电磁波的边值关系为

$$\begin{cases}\boldsymbol{n}\times(\boldsymbol{E}_2-\boldsymbol{E}_1)=0\\ \boldsymbol{n}\times(\boldsymbol{H}_2-\boldsymbol{H}_1)=0\end{cases}\tag{5.32}$$

式中，$\boldsymbol{n}$ 为界面法向的单位矢量；$\boldsymbol{E}_1$、$\boldsymbol{H}_1$ 为介质 1 中的总场；$\boldsymbol{E}_2$、$\boldsymbol{H}_2$ 为介质 2 中的总场。设入射波、反射波和折射波的波矢分别为 $\boldsymbol{k}$、$\boldsymbol{k}'$、$\boldsymbol{k}''$，入射波、反射波和折射波的电场强度分别为 $\boldsymbol{E}$、$\boldsymbol{E}'$、$\boldsymbol{E}''$，则电场强度的表达式为

$$\begin{cases}\boldsymbol{E}=\boldsymbol{E}_0\mathrm{e}^{\mathrm{i}(\boldsymbol{k}\cdot\boldsymbol{x}-\omega t)}\\ \boldsymbol{E}'=\boldsymbol{E}_0'\mathrm{e}^{\mathrm{i}(\boldsymbol{k}'\cdot\boldsymbol{x}-\omega' t)}\\ \boldsymbol{E}''=\boldsymbol{E}''_0\mathrm{e}^{\mathrm{i}(\boldsymbol{k}''\cdot\boldsymbol{x}-\omega'' t)}\end{cases}\tag{5.33}$$

入射波、反射波和折射波的磁场强度分别为 $\boldsymbol{H}$、$\boldsymbol{H}'$、$\boldsymbol{H}''$，则磁场的表达式为

$$\begin{cases} \boldsymbol{H}=\dfrac{1}{\omega\mu_1}\boldsymbol{k}\times\boldsymbol{E} \\ \boldsymbol{H}'=\dfrac{1}{\omega'\mu_1}\boldsymbol{k}'\times\boldsymbol{E}' \\ \boldsymbol{H}''=\dfrac{1}{\omega''\mu_2}\boldsymbol{k}''\times\boldsymbol{E}'' \end{cases} \tag{5.34}$$

式中，$k=\dfrac{\omega}{v_1}$；$k'=\dfrac{\omega'}{v_1}$；$k''=\dfrac{\omega''}{v_1}$。所以可得在界面上有

$$\boldsymbol{n}\times(\boldsymbol{E}+\boldsymbol{E}')=\boldsymbol{n}\times\boldsymbol{E}''$$

将电磁波的表达式代入有

$$\boldsymbol{n}\times(\boldsymbol{E}_0 e^{i(\boldsymbol{k}\cdot\boldsymbol{x}-\omega t)}+\boldsymbol{E}'_0 e^{i(\boldsymbol{k}'\cdot\boldsymbol{x}-\omega' t)})=\boldsymbol{n}\times\boldsymbol{E}_0 e^{i(\boldsymbol{k}''\cdot\boldsymbol{x}-\omega'' t)} \tag{5.35}$$

式(5.35) 应对 $z=0$ 的整个分界面成立，即对 $z=0$，x、y 取任意值时式(5.35) 应相等，所以

$$\boldsymbol{k}\cdot\boldsymbol{x}-\omega t=\boldsymbol{k}'\cdot\boldsymbol{x}-\omega t=\boldsymbol{k}''\cdot\boldsymbol{x}-\omega t$$

由于 x、y、t 均是独立的变量，因此有

$$\begin{cases} \omega=\omega'=\omega'' \\ k_x=k'_x=k''_x \\ k_y=k'_y=k''_y \end{cases} \tag{5.36}$$

5.2.1　反射和折射的基本规律

由式(5.36) 可知，入射波、反射波和折射波的频率相等。显然有

$$\begin{cases} k=k'=\dfrac{\omega}{v_1} \\ k''=k\dfrac{v_1}{v_2}=\dfrac{\omega}{v_2} \end{cases} \tag{5.37}$$

如果取入射波在 xz 平面内，显然 $k_y=k'_y=k''_y=0$。所以反射和折射波矢都在 xz 平面内，因此入射波、反射波和折射波均在同一个平面内。以 θ、θ'、θ''分别代表入射角、反射角和折射角，则有

$$k_x=k\sin\theta,\ k'_x=k'\sin\theta',\ k''_x=k''\sin\theta''$$

考虑到式(5.37) 可以得到

$$\begin{cases} \dfrac{\sin\theta}{\sin\theta''}=\dfrac{v_1}{v_2}=\sqrt{\dfrac{\mu_2\varepsilon_2}{\mu_1\varepsilon_1}}=n_{21} \\ \theta=\theta' \end{cases} \tag{5.38}$$

式中，n_{21} 为介质 2 相对于介质 1 的相对折射率。对于非铁磁物质有 $\mu_1\approx\mu_2\approx\mu_0$，所以

$$n_{21}=\sqrt{\frac{\varepsilon_2}{\varepsilon_1}}=\sqrt{\frac{\varepsilon_{2r}}{\varepsilon_{r1}}}=\frac{n_2}{n_1}。$$

式(5.38) 被称为电磁波的反射和折射定律，与光学中的反射和折射定律一致，这正是大家所期待的结论。

5.2.2 电磁波在界面上的振幅关系——菲涅耳公式

菲涅耳（Fresnel）公式表达了反射波和折射波与入射波的振幅之间的关系，现在利用边值关系式(5.32）求出这些振幅之间的关系。由于对于一个波矢有两个独立的偏振模式，因此取入射波、反射波和折射波电场 $\boldsymbol{E}$ 的两个独立的偏振分量分别为垂直于入射面和平行于入射面，对于任意偏振的电场，其均可分解为这两个独立的偏振分量。这两种偏振方向的电磁场量与波的传播方向之间的关系如图 5.4 和图 5.5 所示。

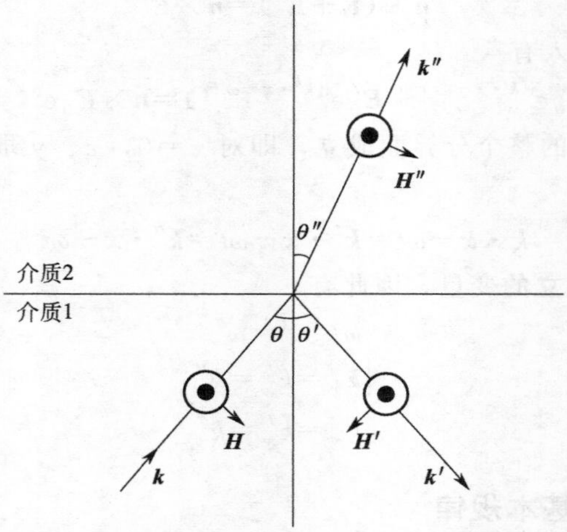

图 5.4　电场垂直于入射面时场量示意图

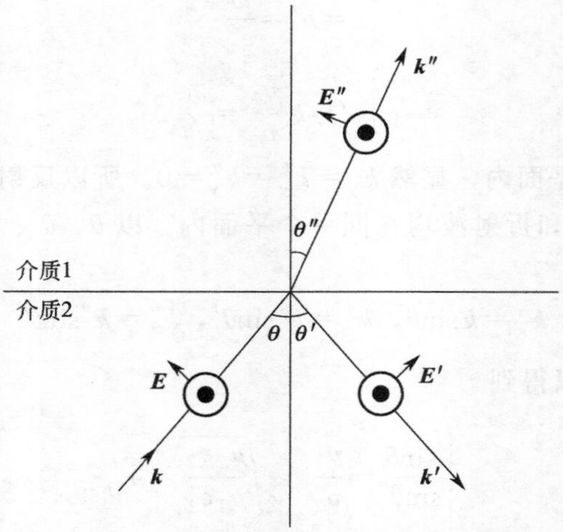

图 5.5　电场在入射面内时场量示意图

(1) 电场 $E_\perp$ 入射面的情况

假设电场沿 y 方向偏振，由边界条件式(5.32）可得

$$\begin{cases}E+E'=E''\\H\cos\theta-H'\cos\theta'=H''\cos\theta''\end{cases}\tag{5.39}$$

注意式(5.39）中：

$$\theta=\theta',H=\sqrt{\frac{\varepsilon}{\mu}}E$$

在光频段，对于一般非铁磁介质有 $\mu\approx\mu_0$。因此式(5.39) 中第二式可以化为

$$\sqrt{\varepsilon_1}(E-E')\cos\theta=\sqrt{\varepsilon_2}\cos\theta'' \tag{5.40}$$

由式(5.39) 的第一式和式(5.40)，并考虑到折射定律：

$$\sqrt{\varepsilon_1}\sin\theta=\sqrt{\varepsilon_2}\sin\theta''$$

可以很容易地得到

$$\begin{cases} r_s=\dfrac{E'}{E}=\dfrac{\sqrt{\varepsilon_1}\cos\theta-\sqrt{\varepsilon_2}\cos\theta''}{\sqrt{\varepsilon_1}\cos\theta+\sqrt{\varepsilon_2}\cos\theta''}=-\dfrac{\sin(\theta-\theta'')}{\sin(\theta+\theta'')} \\ t_s=\dfrac{E''}{E}=\dfrac{2\sqrt{\varepsilon_1}\cos\theta}{\sqrt{\varepsilon_1}\cos\theta+\sqrt{\varepsilon_2}\cos\theta''}=\dfrac{2\cos\theta\sin\theta''}{\sin(\theta+\theta'')} \end{cases} \tag{5.41}$$

式中，r_s、t_s 分别表示电场垂直于入射面的偏振态的振幅反射系数和透射系数。

对于垂直入射的简单情况，振幅反射系数和透射系数分别为

$$\begin{cases} r_s=\dfrac{n_1-n_2}{n_1+n_2} \\ t_s=\dfrac{2n_1}{n_1+n_2} \end{cases} \tag{5.42}$$

(2) $\boldsymbol{E}_{\parallel}$ 入射面的情况

设磁场沿着 y 方向偏振，则边界条件式(5.32) 可以化为

$$\begin{cases} H+H'=H'' \\ E\cos\theta-E'\cos\theta'=E''\cos\theta'' \end{cases} \tag{5.43}$$

注意到

$$H=\sqrt{\frac{\varepsilon}{\mu}}E$$

对于一般非铁磁介质有 $\mu\approx\mu_0$。因此式(5.43) 中第一式可以化为

$$\sqrt{\varepsilon_1}(E+E')=\sqrt{\varepsilon_2}E'' \tag{5.44}$$

将式(5.43) 中第二式和式(5.44) 联立求解可得

$$\begin{cases} r_p=\dfrac{E'}{E}=\dfrac{-\sqrt{\varepsilon_2}\cos\theta+\sqrt{\varepsilon_1}\cos\theta''}{\sqrt{\varepsilon_2}\cos\theta+\sqrt{\varepsilon_1}\cos\theta''}=\dfrac{\tan(\theta-\theta'')}{\tan(\theta+\theta'')} \\ t_p=\dfrac{E''}{E}=\dfrac{2\sqrt{\varepsilon_1}\cos\theta}{\sqrt{\varepsilon_2}\cos\theta+\sqrt{\varepsilon_1}\cos\theta''}=\dfrac{2\cos\theta\sin\theta''}{\sin(\theta+\theta'')\cos(\theta-\theta'')} \end{cases} \tag{5.45}$$

式中，r_p、t_p 分别表示电场平行于入射面的偏振态的振幅反射系数和透射系数。

对于垂直入射的简单情况，振幅反射系数和透射系数分别为

$$\begin{cases} r_s=\dfrac{n_1-n_2}{n_1+n_2} \\ t_s=\dfrac{2n_1}{n_1+n_2} \end{cases} \tag{5.46}$$

式(5.41) 和式(5.45) 称为菲涅耳公式。它表示反射波、折射波和入射波的场强之间的关系。从这些公式可以看出垂直于入射面和平行于入射面的波的反射和折射的行为不同。菲涅耳公式是物理学中的重要公式，由菲涅耳公式可以讨论光在两种不同介质界面上反射和折射时的一系列特殊性质，如：偏振、能流、相位变化、全反射等。

(3) 布儒斯特定律

在 $\theta+\theta''=\frac{\pi}{2}$ 的特殊情形下，由式(5.45) 可知 $r_p=0$，也就是说 $E'_p=0$，即在入射面内偏振的电磁波无反射分量，在此种情况下，反射电磁波和折射电磁波的传播方向相互垂直，此即为光学中的布儒斯特定律。此时的入射角为

$$\tan i_B=\frac{\sin\theta''}{\sin\theta_B}=\frac{n_2}{n_1} \tag{5.47}$$

式中，i_B 即为布儒斯特角。如果入射光为自然光，则在上述角度入射时，得到的反射光为完全偏振光，且电场矢量只在垂直于入射面的方向上振动。

(4) 半波损失

当光由光疏介质入射到光密介质时，$\theta>\theta''$，则由式(5.41) 可以看到对于垂直于入射面的光振动，入射光的电矢量和反射光的电矢量的振幅相差一个负号，表明二者之间有相位差 π，此种现象称为反射过程中的半波损失。对于在入射面内的光振动，只有当入射角大于布儒斯特角时，反射光的电矢量才和入射光的电矢量反号。即在大入射角的情形下，当光从光疏向光密介质入射时，反射光中的电矢量才改变 π 的相位，即存在半波损失。

(5) 反射系数和透射系数

通常定义反射系数为反射电磁波的平均能流的法向分量与入射电磁波的平均能流的法向分量的比值。

对于电场 $\boldsymbol{E}_\perp$ 入射面的情形，反射系数为

$$R_\perp=\frac{|\boldsymbol{S}_r\cdot\boldsymbol{n}|}{|\boldsymbol{S}_i\cdot\boldsymbol{n}|}$$

式中，$\boldsymbol{n}$ 为界面的法向单位矢量。由于

$$\boldsymbol{S}_r=\frac{1}{2}\mathrm{Re}(\boldsymbol{E}'^*\times\boldsymbol{H}')=\frac{1}{2}\sqrt{\frac{\varepsilon}{\mu}}E'^2\boldsymbol{k}_{0r}$$

$$\boldsymbol{S}_i=\frac{1}{2}\mathrm{Re}(\boldsymbol{E}^*\times\boldsymbol{H})=\frac{1}{2}\sqrt{\frac{\varepsilon}{\mu}}E^2\boldsymbol{k}_{0i}$$

所以可以得到反射系数为

$$R_\perp=\left(\frac{E'}{E}\right)^2=\frac{\sin^2(\theta-\theta'')}{\sin^2(\theta+\theta'')} \tag{5.48}$$

透射系数定义为透射波平均能流密度在界面的法向分量与入射波的平均能流密度在界面的法向分量之比。

对于电场 $\boldsymbol{E}_\perp$ 入射面的情形，其值为

$$T_\perp=\frac{|\boldsymbol{S}_t\cdot\boldsymbol{n}|}{|\boldsymbol{S}_i\cdot\boldsymbol{n}|}$$

而

$$\boldsymbol{S}_t=\frac{1}{2}\mathrm{Re}(\boldsymbol{E}''^*\times\boldsymbol{H}'')=\frac{1}{2}\sqrt{\frac{\varepsilon}{\mu}}E''^2\boldsymbol{k}_{0t}$$

所以

$$T_\perp=\frac{\sqrt{\varepsilon_2}\cos\theta''}{\sqrt{\varepsilon_1}\cos\theta}\left(\frac{E''}{E}\right)^2=\frac{n_2\cos\theta''}{n_1\cos\theta}\left(\frac{E''}{E}\right)^2=\frac{\sin2\theta\sin2\theta''}{\sin^2(\theta+\theta'')} \tag{5.49}$$

显然

$$R_\perp+T_\perp=1$$

说明满足能量守恒定律。

对于入射电磁波在入射面内的情形，同理可以求得如下结论：

$$\begin{aligned}R_\parallel&=\frac{\tan^2(\theta-\theta'')}{\tan^2(\theta+\theta'')}\\T_\parallel&=\frac{\sin2\theta\sin2\theta''}{\sin^2(\theta+\theta'')\cos^2(\theta-\theta'')}\end{aligned} \tag{5.50}$$

同理也有

$$R_\parallel+T_\parallel=1$$

（6）全反射

由折射定律

$$\frac{\sin\theta}{\sin\theta''}=\sqrt{\frac{\varepsilon_2}{\varepsilon_1}}=n_{21}$$

可知，当电磁波由介电常数较大的介质入射到介电常数较小的介质时，折射角将大于入射角。当

$$\sin\theta=n_{21}=\sqrt{\frac{\varepsilon_2}{\varepsilon_1}}$$

时折射光线将沿着界面掠过，折射角为 90°。此时的入射角 θ 称为临界角 θ_C。临界角 θ_C 可以表示为

$$\theta_C=\arcsin n_{21}=\arcsin\sqrt{\frac{\varepsilon_2}{\varepsilon_1}} \tag{5.51}$$

当入射角在增大时，使入射角大于临界角。此时有 $\sin\theta>n_{21}$，这时无法定义实数的折射角，折射角应为复数，说明折射光线不存在，光被全部反射到第一种介质中，此种现象称为全反射现象。

假设在 $\sin\theta>n_{21}$ 的情形下，两介质中的场在形式上仍由式(5.33)表示，在界面上边值关系仍成立，则有

$$k''_x=k_x=k\sin\theta$$

$$k''=\frac{v_1}{v_2}k=n_{21}k$$

由于 $\sin\theta>n_{21}$，所以 $k''_x>k''$。假设入射面仍为 xz 平面，则有

$$\begin{cases} k''_y=0 \\ k''_z=\sqrt{k''^2-k''^2_x}=\mathrm{i}k\sqrt{\sin^2\theta-n_{21}^2}=\mathrm{i}\tau \end{cases} \tag{5.52}$$

式中，$\tau=k\sqrt{\sin^2\theta-n_{21}^2}$。 (5.53)

因此折射波电场为

$$\boldsymbol{E}''=\boldsymbol{E}''_0\mathrm{e}^{-\tau z}\mathrm{e}^{\mathrm{i}(k''_x x-\omega t)} \tag{5.54}$$

此式仍然是亥姆霍兹方程的解。它代表介质 2 中传播的一种可能的波模，这是一种沿 x 轴传播的电磁波，其振幅沿 z 轴方向衰减。波在 x 轴方向的传播速度，即相速度为

$$v=\frac{\omega}{k''_x}=\frac{\omega}{k\sin\theta}=\frac{\omega n_{21}}{k''\sin\theta}<\frac{\omega}{k''} \tag{5.55}$$

可以看出当发生全反射时第二种介质中的相速度比未发生全反射时要小一些，所以这种波通常称为慢波。在

$$z=d=\frac{1}{\tau}$$

时，电场的振幅已经下降到 $z=0$ 处的$\frac{1}{e}$，则

$$d=\frac{1}{k\sqrt{\sin^2\theta-n_{21}^2}}=\frac{\lambda_1}{2\pi\sqrt{\sin^2\theta-n_{21}^2}} \tag{5.56}$$

式中，d 为在全反射时电磁波的穿透深度。它随 λ_1 和 θ 而变化且与波长同数量级，表明介质 2 中电磁波只能存在于一个与波长同数量级的薄层内。

折射波的磁场强度由式(5.26) 可得

$$\boldsymbol{H}''=\sqrt{\frac{\varepsilon_2}{\mu_2}}\frac{\boldsymbol{k}''}{k''}\times\boldsymbol{E}'' \tag{5.57}$$

对于入射波垂直于入射面的偏振，可取

$$\boldsymbol{E}''=E''_y\boldsymbol{e}_y$$

则磁场可以写为

$$\boldsymbol{H}''=-\mathrm{i}\sqrt{\frac{\varepsilon_2}{\mu_2}}\frac{\sqrt{\sin^2\theta-n_{21}^2}}{n_{21}}E''_y\boldsymbol{e}_x+\sqrt{\frac{\varepsilon_2}{\mu_2}}\frac{\sin\theta}{n_{21}}E''_y\boldsymbol{e}_z \tag{5.58}$$

式(5.58) 说明磁场的 x 分量与电场有 90°的相位差，磁场的 z 分量与电场是同相的。

折射波的平均能流密度为

$$\boldsymbol{S}=\frac{1}{2}\mathrm{Re}(\boldsymbol{E}^*\times\boldsymbol{H})=\frac{1}{2}\sqrt{\frac{\varepsilon_2}{\mu_2}}\frac{\sin\theta}{n_{21}}|E''_0|^2\mathrm{e}^{-2\tau z}\boldsymbol{e}_x \tag{5.59}$$

因此折射波的平均能流密度只有 x 分量，沿 z 轴方向的平均能流密度为零，说明能量最终不能进入介质 2 中传播。

对于振幅反射系数，以电场垂直于入射面为例。由式(5.41) 有

$$r_s=\frac{E'}{E}=\frac{\sqrt{\varepsilon_1}\cos\theta-\sqrt{\varepsilon_2}\cos\theta''}{\sqrt{\varepsilon_1}\cos\theta+\sqrt{\varepsilon_2}\cos\theta''}$$

由于

$$\cos\theta''=\frac{k''_z}{k''}=\frac{\mathrm{i}k\sqrt{\sin^2\theta-n_{21}^2}}{kn_{21}}=\frac{\mathrm{i}}{n_{21}}\sqrt{\sin^2\theta-n_{21}^2} \tag{5.60}$$

将此式代入振幅反射系数的表达式中可以得到

$$\begin{cases} r_s=\dfrac{E'}{E}=\dfrac{\cos\theta-\mathrm{i}\sqrt{\sin^2\theta-n_{21}^2}}{\cos\theta+\mathrm{i}\sqrt{\sin^2\theta-n_{21}^2}}=\mathrm{e}^{\mathrm{i}\vartheta} \\ \tan\theta=\dfrac{2\cos\theta\sqrt{\sin^2\theta-\mathrm{n}_{21}^2}}{\cos^2\theta-\sin^2\theta+\mathrm{n}_{21}^2} \end{cases} \tag{5.61}$$

式(5.61) 表明反射波与入射波的振幅相等，但是有相位差 ϑ，能量反射系数为 1，即入射波能量被全部反射，这正是全反射的必然要求。

对于电场振动在入射面的情况可以做类似讨论，但结果不同。

在全反射现象中，由于反射波与入射波存在常数的相位差，所以反射波的能流和入射波的能流的瞬时值并不相等，在一个周期内的部分时间里，仍有电磁能量进入第二种介质中暂时存储起来，在另一部分时间内再释放出来，但进入第二种介质的能量平均值为零。

5.3　电磁波在导电介质中的传播

在 5.1 节和 5.2 节中讨论了非导电媒质中的传播问题，其特点是非导电媒质中无能量损耗，电磁波可以无衰减地在介质中传播。但是在导电介质中有自由电子，电磁波在导电介质中传播时，自由电子在电磁波的电场作用下形成传导电流，而传导电流产生的焦耳热将使电磁波的能量逐渐损耗。因此在导电介质中传播的电磁波是一种衰减波。

5.3.1　导电介质中的电磁基本方程

在静电平衡的情形下，导体内部无自由电荷存在，电荷只能分布在导体的表面上。但在变化的电磁场的情形下，导体内仍然不存在自由电荷。可具体说明如下：假设由于某种原因在导体内有密度为 ρ_f 的自由电荷分布，这一分布的电荷将在导体内激发电场 $\boldsymbol{E}$，由欧姆定律和电荷守恒定律，即

$$\boldsymbol{J}=\sigma_c\boldsymbol{E}$$

$$\nabla\cdot\boldsymbol{J}=-\frac{\partial\rho}{\partial t}$$

有

$$\sigma_c\nabla\cdot\boldsymbol{E}=\nabla\cdot\boldsymbol{J}=-\frac{\partial\rho}{\partial t}$$

利用

$$\boldsymbol{D}=\varepsilon\boldsymbol{E}\text{ 和 }\nabla\cdot\boldsymbol{D}=\rho$$

可以很容易地得到

$$\frac{\partial\rho}{\partial t}=-\frac{\sigma_c}{\varepsilon}\rho \tag{5.62}$$

式(5.62) 即为导电介质中自由电荷分布所满足的微分方程。其解为

$$\rho(t)=\rho_0 e^{-\frac{\sigma_c}{\varepsilon}t} \tag{5.63}$$

式中，ρ_0 为 $t=0$ 时导体内的自由电荷密度。式(5.63) 表明电荷随时间的变化将按指数形式衰减。衰减时间常数为

$$\tau=\frac{\varepsilon}{\sigma_c}$$

假如在 $t=0$ 时 $\rho_0=0$，则 $\rho(t)=0$；即使在 $t=0$ 时 $\rho_0\neq 0$，若电磁波的频率满足

$$\omega\ll\tau^{-1}=\frac{\sigma_c}{\varepsilon}$$

即

$$\frac{\sigma_c}{\omega\varepsilon}\gg 1 \tag{5.64}$$

时可以认为 $\rho(t)=0$。事实上对于一般金属而言，$\frac{\sigma_c}{\varepsilon}$ 可达 $10^{18}\sim10^{19}\ \mathrm{s}^{-1}$，因此对于频率小于 10^{17} Hz（相当于紫外光波段）的电磁波，都可以认为导体内的自由电荷密度为零，电荷只能分布在导体的表面上。式(5.64) 有时被称为良导体条件，在良导体情形下，导电介质中的传导电流远大于位移电流。

由于导电介质中 $\rho(t)=0$，但是 $\boldsymbol{J}=\sigma_c\boldsymbol{E}$，所以对于一定频率的电磁波，麦克斯韦方程组可以化为

$$\begin{cases}\nabla\times\boldsymbol{E}=\mathrm{i}\omega\mu\boldsymbol{H}\\ \nabla\times\boldsymbol{H}=-\mathrm{i}\omega\varepsilon\boldsymbol{E}+\sigma_c\boldsymbol{E}\\ \nabla\cdot\boldsymbol{E}=0\\ \nabla\cdot\boldsymbol{H}=0\end{cases} \tag{5.65}$$

对比一定频率的电磁波在绝缘介质中的麦克斯韦方程组，可以看出二者的唯一不同之处在于式(5.65) 中第二式多了一项 $\sigma_c\boldsymbol{E}$。为了和介质中的麦克斯韦方程组进行对比，我们将式(5.65) 中第二式化为

$$\nabla\times\boldsymbol{H}=-\mathrm{i}\omega\varepsilon\boldsymbol{E}+\sigma_c\boldsymbol{E}=-\mathrm{i}\omega\varepsilon'\boldsymbol{E} \tag{5.66}$$

其中：

$$\varepsilon'=\varepsilon+\mathrm{i}\frac{\sigma_c}{\varepsilon}$$

因此导电介质中的麦克斯韦方程组可以化为

$$\begin{cases}\nabla\times\boldsymbol{E}=\mathrm{i}\omega\mu\boldsymbol{H}\\ \nabla\times\boldsymbol{H}=-\mathrm{i}\omega\varepsilon'\boldsymbol{E}\\ \nabla\cdot\boldsymbol{E}=0\\ \nabla\cdot\boldsymbol{H}=0\end{cases} \tag{5.67}$$

它与绝缘介质中的方程在形式上完全相同。所以对于导电介质，只需将绝缘介质中的解含有 ε 的地方全部换为 ε'，即可得到导电介质中的电磁波解。在导电介质中电场满足的方程为

$$\begin{cases}\nabla^2\boldsymbol{E}+k^2\boldsymbol{E}=0\\ \nabla\cdot\boldsymbol{E}=0\\ \boldsymbol{B}=-\frac{\mathrm{i}}{\omega}\nabla\times\boldsymbol{E}=-\frac{\mathrm{i}}{k}\sqrt{\mu\varepsilon}\,\nabla\times\boldsymbol{E}\end{cases} \tag{5.68}$$

其中：

$$k^2=\omega^2\mu\varepsilon'$$

现在说明复介电常数的物理意义，在式(5.65) 中第二个方程式右边两项分别代表位移电流和传导电流。但是传导电流与电场同相，而位移电流与电场有 90°的相差，传导电流耗散功率为

$$\frac{1}{2}\mathrm{Re}(\boldsymbol{J}^* \cdot \boldsymbol{E})=\frac{1}{2}\sigma_c E^2$$

位移电流的耗散功率为零。在复介电常数中实部 ε 代表位移电流的贡献，它不引起功率耗散，而虚部代表传导电流的贡献，它将引起功率的耗散。式(5.68) 形式上的平面波解为

$$\boldsymbol{E}=\boldsymbol{E}_0 \mathrm{e}^{\mathrm{i}(\boldsymbol{k}\cdot\boldsymbol{x}-\omega t)} \tag{5.69}$$

式中，$\boldsymbol{k}$ 为复矢量，即

$$\boldsymbol{k}=\boldsymbol{\beta}+\mathrm{i}\boldsymbol{\alpha}=k_x\boldsymbol{e}_x+k_y\boldsymbol{e}_y+k_z\boldsymbol{e}_z$$

其中：

$$k_x=\beta_x+\mathrm{i}\alpha_x, k_y=\beta_y+\mathrm{i}\alpha_y, k_z=\beta_z+\mathrm{i}\alpha_z$$

于是导电介质中的电磁波可以写为

$$\boldsymbol{E}=\boldsymbol{E}_0 \mathrm{e}^{-\alpha\cdot x}\mathrm{e}^{\mathrm{i}(\boldsymbol{\beta}\cdot\boldsymbol{x}-\omega t)} \tag{5.70}$$

由此可以看出导体中电磁波是沿 $\boldsymbol{\beta}$ 方向传播的，等相面与 $\boldsymbol{\beta}$ 垂直，相速度为

$$v_p=\frac{\omega}{|\boldsymbol{\beta}|}$$

平面波的振幅为 $\boldsymbol{E}_0\mathrm{e}^{-\boldsymbol{\alpha}\cdot\boldsymbol{x}}$，表示平面波的振幅沿着 $\boldsymbol{\alpha}$ 方向衰减，衰减因子为 $\mathrm{e}^{-\boldsymbol{\alpha}\cdot\boldsymbol{x}}$。$\boldsymbol{\alpha}$ 的大小为衰减常数，它描述波沿衰减方向单位长度上的衰减量。

在一般情况下，$\boldsymbol{\alpha}$ 和 $\boldsymbol{\beta}$ 的方向并不一致，但矢量 $\boldsymbol{\alpha}$ 和 $\boldsymbol{\beta}$ 应满足一定的关系。

由于

$$k^2=\omega^2\mu\varepsilon'=(\boldsymbol{\beta}+\mathrm{i}\boldsymbol{\alpha})^2$$

所以

$$\beta^2-\alpha^2+2\mathrm{i}\boldsymbol{\alpha}\cdot\boldsymbol{\beta}=\omega^2\mu\varepsilon+\mathrm{i}\omega\mu\sigma_c$$

比较实部和虚部可得

$$\begin{aligned}\beta^2-\alpha^2&=\omega^2\mu\varepsilon\\ \boldsymbol{\alpha}\cdot\boldsymbol{\beta}&=\frac{1}{2}\omega\mu\sigma_c\end{aligned} \tag{5.71}$$

由于 $\boldsymbol{\alpha}$ 和 $\boldsymbol{\beta}$ 共有 6 个分量，所以这六个分量必须全部求出，才能完全了解电磁波在导电介质中的传播特性。

假设在一般情况下导体中的电磁波都来自导体外的空间，以 $\boldsymbol{k}^{(0)}$ 表示导体外的空间波矢，$\boldsymbol{k}$ 为导体内的波矢，入射面仍为 xz 平面，如图 5.3 所示。在界面上与在介质中的情形相似，边值关系依然成立，所以有

$$\begin{cases}k_x=k_x^{(0)}=\beta_x+\mathrm{i}\alpha_x\\ k_y=k_y^{(0)}\end{cases} \tag{5.72}$$

由于 $k_x^{(0)}$ 为实数，所以 $\alpha_x=0$，$\beta_y=\alpha_y=0$，这表明 $\boldsymbol{\alpha}$ 只有 z 分量，即 $\boldsymbol{\alpha}$ 与导体表面垂直，波沿垂直于界面的方向衰减。此时式(5.71) 可以化为

$$\begin{cases}\beta_x^2+\beta_z^2-\alpha_z^2=\omega^2\mu\varepsilon\\ 2\alpha_z\beta_z=\omega\mu\sigma_c\end{cases} \tag{5.73}$$

解此方程可以得出

$$\begin{cases}\beta_z^2=\dfrac{1}{2}(\omega^2\mu\varepsilon-\beta_x^2)+\dfrac{1}{2}[(\omega^2\mu\varepsilon-\beta_x^2)^2+(\omega\mu\sigma_c)^2]^{\frac{1}{2}}\\ \alpha_z^2=-\dfrac{1}{2}(\omega^2\mu\varepsilon-\beta_x^2)+\dfrac{1}{2}[(\omega^2\mu\varepsilon-\beta_x^2)^2+(\omega\mu\sigma_c)^2]^{\frac{1}{2}}\end{cases} \tag{5.74}$$

假如电磁波是垂直入射到界面上，则有 $\beta_x=0$，式(5.74) 可以化为简单的形式：

$$\begin{cases}\beta_z=\beta=\omega\sqrt{\mu\varepsilon}\left[\dfrac{1}{2}\left(\sqrt{1+\left(\dfrac{\sigma_c}{\omega\varepsilon}\right)^2}+1\right)\right]^{\frac{1}{2}}\\ \alpha_z=\alpha=\omega\sqrt{\mu\varepsilon}\left[\dfrac{1}{2}\left(\sqrt{1+\left(\dfrac{\sigma_c}{\omega\varepsilon}\right)^2}-1\right)\right]^{\frac{1}{2}}\end{cases} \tag{5.75}$$

所以在垂直入射时，导体内电磁波为

$$\boldsymbol{E}=\boldsymbol{E}_0\mathrm{e}^{-\alpha z}\mathrm{e}^{\mathrm{i}(\beta z-\omega t)}$$

$$\boldsymbol{H}=-\frac{\mathrm{i}}{\omega\mu}\nabla\times\boldsymbol{E}=-\frac{\mathrm{i}}{\omega\mu}(\mathrm{i}\boldsymbol{k}\times\boldsymbol{E})=\frac{1}{\omega\mu}(\beta+\mathrm{i}\alpha)\boldsymbol{n}\times\boldsymbol{E}=\frac{1}{\omega\mu}\sqrt{\beta^2+\alpha^2}\,\mathrm{e}^{\mathrm{i}\phi}\boldsymbol{n}\times\boldsymbol{E}$$

$$\tan\phi=\frac{\alpha}{\beta} \tag{5.76}$$

式中，$\boldsymbol{n}$ 为指向导体内部的法向分量单位矢量；ϕ 为导体中电场与磁场的相位差。在良导体的情况下，即满足$\dfrac{\sigma_c}{\omega\varepsilon}\gg1$ 时，上述公式可以进行简化。由式(5.75) 可以很容易地得到

$$\alpha=\beta=\sqrt{\frac{\omega\mu\sigma_c}{2}} \tag{5.77}$$

定义穿透深度 d 为振幅降为导体表面处的$\dfrac{1}{\mathrm{e}}$时电磁波在导体中沿 z 轴方向传播的距离，其大小为

$$d=\sqrt{\frac{2}{\omega\mu\sigma_c}} \tag{5.78}$$

可见穿透深度与电磁波的频率和金属的电导率的平方根成反比。对于金属铜而言，电导率为 $5.8\times10^7\mathrm{S}\cdot\mathrm{m}^{-1}$，当频率为 50Hz 时，其穿透深度为 $d=0.945\mathrm{cm}$，当频率增大到 10^8Hz 时，穿透深度为 7×10^{-4}cm。由此可见频率越大，穿透深度越小。对于高频电磁波而言，它只能集中于导体表面上很小的薄层内，此种现象称为趋肤效应。

在导电介质中，电磁波仍为横波，且电场、磁场和传播方向组成右手螺旋关系。但对良导体而言，导电介质中磁场强度式(5.76) 可以表示为

$$\boldsymbol{H}=\sqrt{\frac{\sigma_c}{2\omega\mu}}(1+\mathrm{i})\boldsymbol{n}\times\boldsymbol{E}=\sqrt{\frac{\sigma_c}{\omega\mu}}\,\mathrm{e}^{\mathrm{i}\frac{\pi}{4}}\boldsymbol{n}\times\boldsymbol{E} \tag{5.79}$$

可见磁场强度的相位比电场强度的相位落后$\dfrac{\pi}{4}$。而且在导体中：

$$\sqrt{\frac{\mu}{\varepsilon}}\left|\frac{\boldsymbol{H}}{\boldsymbol{E}}\right|=\sqrt{\frac{\sigma_c}{\omega\varepsilon}}\gg1 \tag{5.80}$$

而在介质中有$\sqrt{\mu}H=\sqrt{\varepsilon}E$。所以在良导体中磁场远比电场重要，此时电磁场中磁场分量是主要的，电场分量是次要的，这与绝缘介质中的情形正好相反。

在导电介质中传播的电磁波的等相位面方程为$\beta z-\omega t=$常数，所以电磁波的相速度为

$$v=\frac{1}{\sqrt{\mu\varepsilon}}\left[\frac{1}{2}\left(1+\frac{{\sigma_c}^2}{\omega^2\varepsilon^2}\right)+1\right]^{\frac{1}{2}} \tag{5.81}$$

在良导体情形下电磁波的相速度为

$$v=\frac{\omega}{\beta}=\sqrt{\frac{2\omega}{\mu\sigma_c}} \tag{5.82}$$

一方面，从式(5.82)可以看出在良导体中电磁波的相速度比在介质中的传播速度小得多，二者之比为

$$\frac{\sqrt{\frac{2\omega}{\mu\sigma_c}}}{\sqrt{\frac{1}{\mu\varepsilon}}}=\sqrt{\frac{2\omega\varepsilon}{\sigma_c}}\ll 1 \tag{5.83}$$

比如在金属铜中，当电磁波的频率为 1MHz 时，其相速为$4.1\times10^2\mathrm{m\cdot s^{-1}}$。而在真空中电磁波的传播速度为$3\times10^8\mathrm{m\cdot s^{-1}}$。

另一方面，从式(5.82)中还可以看出，不同频率的电磁波的相速度也不同，此种现象称为介质的色散。

在处理电磁波在导电介质中的传播问题时，必须注意式(5.64)中良导体的条件与频率和电导率有关。对于同一种导电介质，相对于电磁波而言是否是良导体依赖于电磁波的频率：通常取$\frac{\sigma_c}{\omega\varepsilon}>100$时为良导体；当$\frac{\sigma_c}{\omega\varepsilon}<0.01$时，就是绝缘介质；其他情形就为导电介质。从物理本质上看，在变化电磁场中的导体内有位移电流和传导电流，当位移电流可忽略不计时就是良导体，当传导电流可忽略不计时就是绝缘介质，当传导电流和位移电流可以相比拟时就是导电介质，例如：对于海水，$\varepsilon_r=80$，$\mu_r=1$，$\sigma_c=3\mathrm{S\cdot m^{-1}}$，当$\omega=10^4\mathrm{rad/s}$时，$\frac{\sigma_c}{\omega\varepsilon}=4.5\times10^5$，海水就表现为良导体；当$\omega=10^{13}\mathrm{rad/s}$时，$\frac{\sigma_c}{\omega\varepsilon}=3\times10^{-4}$，此时海水就表现为绝缘介质。

5.3.2　电磁波在导体表面上的反射和折射

与电磁波在绝缘介质界面的情形相似，应用边值关系可以讨论电磁波在导体表面上的反射和折射问题。在任意入射角的情况下，计算比较复杂。为此只讨论垂直入射的情形。假设$z=0$是导体与介质的分界面，电场沿y方向振动，如图 5-4 所示。在界面上由电磁场的边值关系可得

$$\begin{cases}E+E'=E''\\H-H'=H''\end{cases} \tag{5.84}$$

式中，E、E'、E''分别代表入射、反射和折射的电场强度。在良导体的情形下有

$$H=\sqrt{\frac{\varepsilon_0}{\mu_0}}E,H'=\sqrt{\frac{\varepsilon_0}{\mu_0}}E',H''=\sqrt{\frac{\sigma_c}{2\omega\mu_0}}(1+\mathrm{i})E''$$

所以有

$$E-E'=\sqrt{\frac{\sigma_c}{2\omega\varepsilon_0}}(1+\mathrm{i})E'' \tag{5.85}$$

由式(5.84) 的第一式和式(5.85) 可解出：

$$\frac{E'}{E}=-\frac{1+\mathrm{i}-\sqrt{\dfrac{2\omega\varepsilon_0}{\sigma_c}}}{1+\mathrm{i}+\sqrt{\dfrac{2\omega\varepsilon_0}{\sigma_c}}} \tag{5.86}$$

能量反射系数为

$$R=\left|\frac{E'}{E}\right|^2=\frac{\left(1-\sqrt{\dfrac{2\omega\varepsilon_0}{\sigma_c}}\right)^2+1}{\left(1+\sqrt{\dfrac{2\omega\varepsilon_0}{\sigma_c}}\right)^2+1}\approx 1-2\sqrt{\frac{2\omega\varepsilon_0}{\sigma_c}} \tag{5.87}$$

对于理想导体，$\sigma_c\to\infty$，则能量反射系数比值为 1；对于一般的良导体，比值接近于 1。由此可见电磁波在良导体表面的反射系数非常接近于全反射，金属对电磁波而言都是“不透明”的。

例题 5-3：干燥土壤的 $\varepsilon_r=4$，$\mu_r=1$，$\sigma_c=10^{-3}\,\mathrm{S\cdot m^{-1}}$，今有 $\omega=2\pi\times10^7\,\mathrm{rad\cdot s^{-1}}$ 的均匀平面波在其中传播，求传播速度、波长及穿透深度。

解：由于

$$\frac{\sigma_c}{\omega\varepsilon}=\frac{10^{-3}}{4\times8.85\times10^{-12}\times6.28\times10^7}=0.45$$

此时土壤可看成导电介质，因此

$$\beta=\omega\sqrt{\mu\varepsilon}\left[\frac{1}{2}\left(\sqrt{1+\left(\frac{\sigma_c}{\omega\varepsilon}\right)^2}+1\right)\right]^{\frac{1}{2}}=0.43(\mathrm{rad\cdot m^{-1}})$$

$$\alpha=\omega\sqrt{\mu\varepsilon}\left[\frac{1}{2}\left(\sqrt{1+\left(\frac{\sigma_c}{\omega\varepsilon}\right)^2}-1\right)\right]^{\frac{1}{2}}=8.85\times10^{-2}(\mathrm{m^{-1}})$$

所以相速度、波长和穿透深度分别为

$$v=\frac{\omega}{\beta}=\frac{6.28\times10^7}{0.43}=1.46\times10^8(\mathrm{m\cdot s^{-1}})$$

$$\lambda=\frac{2\pi}{\beta}=\frac{6.28}{0.43}=14.6(\mathrm{m})$$

$$\tau=\frac{1}{\alpha}=\frac{1}{8.85\times10^{-2}}=11.3(\mathrm{m})$$

例题 5-4：证明在良导体内，非垂直入射情形下有

$$\alpha_z\approx\beta_z\approx\sqrt{\frac{\omega\mu\sigma_c}{2}},\beta_x\ll\beta_z$$

解：设 $\boldsymbol{k}^{(0)}$ 表示导体外空间波矢，入射面仍为 xz 平面，如图 5.3 所示。此时边值关系即式(5.72) 依然成立，所以有

$$\alpha_x=0,\ \beta_y=\alpha_y=0,\ \beta_x=k_x^0$$

由于

$$\beta^2-\alpha^2+2\mathrm{i}\boldsymbol{\alpha}\cdot\boldsymbol{\beta}=\omega^2\mu\varepsilon+\mathrm{i}\omega\mu\sigma_c$$

成立，对于良导体此式的虚部远大于实部，所以有

$$\beta^2-\alpha^2+2\mathrm{i}\boldsymbol{\alpha}\cdot\boldsymbol{\beta}=\mathrm{i}\omega\mu\sigma_c$$

因此

$$\beta^2-\alpha^2\approx0$$

$$\boldsymbol{\alpha}\cdot\boldsymbol{\beta}=\alpha_z\beta_z=\frac{1}{2}\omega\mu\sigma_c=\frac{1}{2}\omega^2\mu_0\varepsilon_0\frac{\sigma_c}{\omega\varepsilon_0}\gg\frac{1}{2}k^{(0)2}=\frac{1}{2}(k_x^{(0)2}+k_z^{(0)2})=\frac{1}{2}(\beta_x^2+k_z^{(0)2})$$

所以

$$\alpha_z\beta_z\gg\beta_x^2$$

因此求解时可以略去 β_x^2，求解上述方程可得

$$\alpha\approx\beta\approx\sqrt{\frac{\omega\mu\sigma_c}{2}},\beta_x\ll\beta_z$$

因此在任意入射角的情形下，$\boldsymbol{\alpha}$ 垂直于导体的表面，$\boldsymbol{\beta}$ 近似垂直于导体表面。

例题 5-5：频率为 ω，振幅为 E_0 的平面电磁波垂直入射到电导率为 σ_c 的金属表面。求：(1) 透入电磁波的能流密度；(2) 证明透入金属内部的电磁场能量全部转化为焦耳热。

解：(1) 取 z 轴垂直于导体表面，导体表面为 xy 平面，如图 5.6 所示。当电磁波沿 z 轴正向垂直入射到导体表面时，透射波传播方向和衰减方向都沿着 z 轴。透射波电场为

$$\boldsymbol{E}=\boldsymbol{E}_0\mathrm{e}^{-\alpha z}\mathrm{e}^{\mathrm{i}(\beta z-\omega t)}$$

透射波磁场为

$$\boldsymbol{H}=\sqrt{\frac{\sigma_c}{\omega\mu}}\mathrm{e}^{\mathrm{i}\frac{\pi}{4}}\boldsymbol{e}_z\times\boldsymbol{E}$$

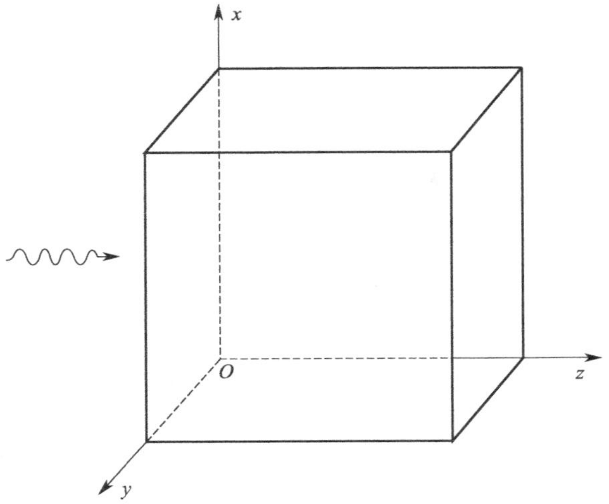

图 5.6　例题 5-5 示意图

由导体表面进入导体内的平均能流密度为

$$\overline{S}=\frac{1}{2}\mathrm{Re}(\boldsymbol{E}^*\times\boldsymbol{H})\big|_{z=0}=\frac{\sqrt{2}}{4}\sqrt{\frac{\sigma_c}{\omega\mu}}E_0^2\boldsymbol{e}_z$$

它的大小即为单位时间内由导体表面单位面积进入导体的电磁波的能量。

(2) 导体内部焦耳热损耗的平均功率密度为

$$\overline{P}=\frac{1}{2}\mathrm{Re}(\boldsymbol{J}^*\cdot\boldsymbol{E})=\frac{1}{2}\sigma_c E_0^2\mathrm{e}^{-2\alpha z}$$

所以单位面积的导体柱内焦耳热损耗的总功率为

$$\overline{P}_{总}=\int_0^\infty\overline{P}\mathrm{d}z=\frac{1}{2}\sigma_c E_0^2\int_0^\infty\mathrm{e}^{-2\alpha z}\mathrm{d}z=\frac{\sqrt{2}}{4}\sqrt{\frac{\sigma_c}{\omega\mu}}E_0^2$$

此值与单位面积透入的电磁场能量相等。

例题 5-6：一均匀平面波由空气入射到理想导体表面（$z=0$ 平面）上，已知入射波电场矢量为

$$\boldsymbol{E}(x,z)=5(\boldsymbol{e}_x+\sqrt{3}\boldsymbol{e}_z)\mathrm{e}^{\mathrm{i}(6\sqrt{3}x-6z)}$$

求：

(1) 入射波的波矢、角频率 ω 和电场振幅值 E_0；

(2) 入射波的磁场矢量；

(3) 入射角 θ；

(4) 反射波电场和磁场；

(5) 合成波的电场和磁场矢量。

解：(1) 和电磁波传播形式对比可知

$$\boldsymbol{k}\cdot\boldsymbol{x}=6\sqrt{3}x-6z$$

所以波矢量为

$$\boldsymbol{k}=6\sqrt{3}\boldsymbol{e}_x-6\boldsymbol{e}_z$$

波矢大小为

$$k=\sqrt{k_x^2+k_z^2}=12\mathrm{m}^{-1}$$

入射波传播方向的单位矢量（如图 5.7 所示）为

$$\boldsymbol{k}_0=\frac{\boldsymbol{k}}{k}=\frac{\sqrt{3}}{2}\boldsymbol{e}_x-\frac{1}{2}\boldsymbol{e}_z$$

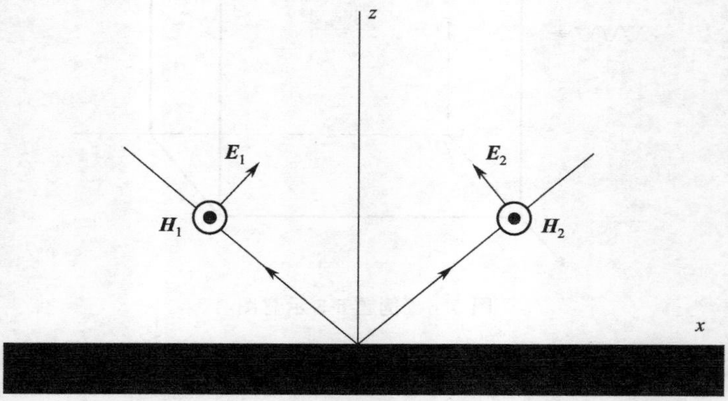

图 5.7 例题 5-6 示意图

电磁波的角频率为

$$\omega=ck=3\times10^8\times12=3.6\times10^9\,\mathrm{rad\cdot s^{-1}}$$

入射波的振幅为

$$E=\sqrt{5^2+(5\sqrt{3})^2}=10\mathrm{V\cdot m^{-1}}$$

（2）入射波的磁场矢量为

$$\boldsymbol{H}=\sqrt{\frac{\varepsilon_0}{\mu_0}}\boldsymbol{k}_0\times\boldsymbol{E}=10\sqrt{\frac{\varepsilon_0}{\mu_0}}\mathrm{e}^{\mathrm{i}(6\sqrt{3}x-6z)}\boldsymbol{e}_y\,\mathrm{A\cdot m^{-1}}$$

（3）由于界面为 $z=0$ 平面，界面的法向单位矢量为 $\boldsymbol{n}=\boldsymbol{e}_z$，由波矢传播方向的单位矢量知道入射面必在 xz 平面内，因为

$$\boldsymbol{k}_0=\frac{\boldsymbol{k}}{k}=\frac{\sqrt{3}}{2}\boldsymbol{e}_x-\frac{1}{2}\boldsymbol{e}_z$$

得到入射角应满足

$$\boldsymbol{n}\cdot\boldsymbol{k}_0=\cos(\pi-\theta)=-\frac{1}{2}$$

所以入射角为$\frac{\pi}{3}$。

（4）反射波的波矢传播方向的单位矢量为

$$\boldsymbol{k}_{0r}=\frac{\sqrt{3}}{2}\boldsymbol{e}_x+\frac{1}{2}\boldsymbol{e}_z$$

因此反射波电场和磁场为

$$\boldsymbol{E}_r=5(\boldsymbol{e}_x+\sqrt{3}\boldsymbol{e}_z)\mathrm{e}^{\mathrm{i}(6\sqrt{3}x-6z)}$$

$$\boldsymbol{H}_r=\sqrt{\frac{\varepsilon_0}{\mu_0}}\boldsymbol{k}_{0r}\times\boldsymbol{E}_r=10\sqrt{\frac{\varepsilon_0}{\mu_0}}\mathrm{e}^{\mathrm{i}(6\sqrt{3}x+6z)}\boldsymbol{e}_y\,\mathrm{A\cdot m^{-1}}$$

（5）由入射波和反射波电场的叠加可得空气中的总电场：

$$\begin{aligned}\boldsymbol{E}&=5(\boldsymbol{e}_x+\sqrt{3}\boldsymbol{e}_z)\mathrm{e}^{\mathrm{i}(6\sqrt{3}x-6z)}+5(\boldsymbol{e}_x+\sqrt{3}\boldsymbol{e}_z)\mathrm{e}^{\mathrm{i}(6\sqrt{3}x-6z)}\\&=10(-\mathrm{i}\sin6z\boldsymbol{e}_x+\sqrt{3}\cos6z\boldsymbol{e}_z)\mathrm{e}^{\mathrm{i}6\sqrt{3}x}\end{aligned}$$

空气中总磁场为

$$\boldsymbol{H}=\frac{1}{6\pi}(\cos6z)\mathrm{e}^{16\sqrt{3}x}\boldsymbol{e}_y$$

5.4　电磁波在波导管中的传播

前面讨论的问题都是电磁波在均匀无界空间中的传播以及它们在介质分界面上的反射和折射。在无界空间中电磁波最基本的存在形式为平面电磁波，此时电场和磁场都和传播方向垂直，即电场和磁场都做横向振荡，此种类型的电磁波称为横电磁波（可写为 TEM 波）。当电磁波遇到良导体的表面时，电磁波只能透入靠近表面的薄层内。对于理想导体而言，穿透深度为零，金属表面将作为镜面，电磁波被全部反射回来，而不进入导体。假如把理想导体做成筒状结构，就可以限制波向四周传播，从而就可以使电磁波按一定的方向前进。这种传播电磁波的筒状导体管就称为波导，即波导就是一根中空的金属管。根据导体管截面形状

的不同，可以分为矩形波导和圆形波导等。在微波范围内，常用波导来传输电磁能量。

5.4.1 矩形波导管中的电磁波

建立如图 5.8 所示的坐标系，已知波导宽为 L_1，高度为 L_2。假设电磁波沿 z 轴方向传播，显然在波导管中的电磁波满足亥姆霍兹方程：

$$\begin{cases}\nabla^2 \boldsymbol{E}+k^2\boldsymbol{E}=0\\ k^2=\omega^2\mu\varepsilon\end{cases} \tag{5.88}$$

和

$$\nabla\cdot\boldsymbol{E}=0$$

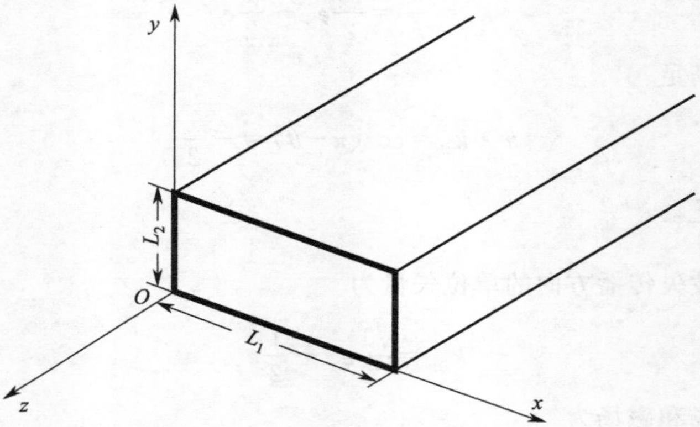

图 5.8　矩形波导示意图

同时对理想导体而言，波导腔内电磁场在波导内壁上还必须满足边界条件：

$$\begin{cases}\boldsymbol{n}\times\boldsymbol{E}=\boldsymbol{0}\\ \boldsymbol{n}\times\boldsymbol{H}=\boldsymbol{\alpha}\\ \boldsymbol{n}\cdot\boldsymbol{D}=\sigma\\ \boldsymbol{n}\cdot\boldsymbol{B}=0\end{cases} \tag{5.89}$$

事实上，式(5.89) 中的四个方程不是独立的，可由式(5.89) 中的前两个方程导出后两个方程。式(5.89) 中，$\boldsymbol{\alpha}$ 是导体表面上的面电流密度，它是未知的，因此可以使用的边界条件只有 $\boldsymbol{n}\times\boldsymbol{E}=\boldsymbol{0}$。所以这种在有界空间中传播的电磁波受边界条件的约束，它的解将不同于无界空间中的电磁波解。

在直角坐标系下，一定频率的电场和磁场的任一直角分量都应满足亥姆霍兹方程。以 u 来代表电场和磁场的任一直角分量，则

$$\nabla^2 u+k^2 u=0 \tag{5.90}$$

由于电磁波沿 z 轴方向传播，则必有传播因子 $e^{i(k_z z-\omega t)}$，所以任一直角分量可以写为

$$u(x,y,z)=u(x,y)e^{ik_z z} \tag{5.91}$$

将式(5.91) 代入式(5.90) 有

$$\left(\frac{\partial^2}{\partial x^2}+\frac{\partial^2}{\partial y^2}\right)u(x,y)+(k^2-k_z^2)u(x,y)=0 \tag{5.92}$$

用分离变量法求解这个方程：令

$$u(x,y)=X(x)Y(y) \tag{5.93}$$

将式(5.93) 代入式(5.92) 并分离变量有

$$\begin{cases}\dfrac{d^2X}{dx^2}+k_x^2X=0\\ \dfrac{d^2Y}{dy^2}+k_y^2Y=0\\ k^2=k_x^2+k_y^2+k_z^2\end{cases} \tag{5.94}$$

上述常微分方程的解为

$$\begin{cases}X(x)=C_1\cos k_x x+D_1\sin k_x x\\ Y(y)=C_2\cos k_y y+D_2\sin k_y y\end{cases} \tag{5.95}$$

因此电场和磁场，即 $\boldsymbol{E}$、$\boldsymbol{H}$ 的任一直角分量的通解为

$$u(x,y,z)=(C_1\cos k_x x+D_1\sin k_x x)(C_2\cos k_y y+D_2\sin k_y y)e^{ik_z z} \tag{5.96}$$

式中，C_1、C_2、D_1、D_2 都是任意常数，由边界条件决定。矩形波导管的边界条件为

$$\begin{cases}x=0\text{ 时},E_y=E_z=0\text{ 和}\dfrac{\partial E_x}{\partial x}=0\\ y=0\text{ 时},E_x=E_z=0\text{ 和}\dfrac{\partial E_y}{\partial x}=0\end{cases} \tag{5.97}$$

和

$$\begin{cases}x=L_1\text{ 时},E_y=E_z=0\text{ 和}\dfrac{\partial E_x}{\partial x}=0\\ y=L_2\text{ 时},E_x=E_z=0\text{ 和}\dfrac{\partial E_y}{\partial x}=0\end{cases} \tag{5.98}$$

对 $E_x(x,y,z)$而言，由边界条件式(5.97) 和式(5.98) 可得

$$D_1=0,C_2=0,k_x=\frac{m\pi}{L_1}\quad m=0,1,2,\cdots$$

因此

$$E_x(x,y,z)=A_1\cos k_x x\sin k_y y e^{ik_z z}$$

同理对 $E_y(x,y,z)$和 $E_z(x,y,z)$由边界条件式(5.97) 和式(5.98) 可得

$$E_y(x,y,z)=A_2\sin k_x x\cos k_y y e^{ik_z z}$$

$$E_z(x,y,z)=A_3\sin k_x x\sin k_y y e^{ik_z z}$$

其中：

$$k_y=\frac{n\pi}{L_2}$$

所以电场的三个直角分量为

$$\begin{cases}E_x(x,y,z)=A_1\cos k_x x\sin k_y y e^{ik_z z}\\ E_y(x,y,z)=A_2\sin k_x x\cos k_y y e^{ik_z z}\\ E_z(x,y,z)=A_3\sin k_x x\sin k_y y e^{ik_z z}\end{cases} \tag{5.99}$$

其中：

$$k^2=k_x^2+k_y^2+k_z^2, k_x=\frac{m\pi}{L_1}, k_y=\frac{n\pi}{L_2} \quad m,n=0,1,2,\cdots \tag{5.100}$$

式中，m 和 n 分别代表矩形的长边和短边所对应的半波的数目。必须注意：电磁波的解即式(5.99) 在波导中还必须满足$\nabla \cdot \boldsymbol{E}=0$。所以由

$$\nabla \cdot \boldsymbol{E}=\frac{\partial E_x}{\partial x}+\frac{\partial E_y}{\partial y}+\frac{\partial E_z}{\partial z}=0$$

得到

$$k_x A_1+k_y A_2-\mathrm{i}k_z A_3=0 \tag{5.101}$$

因此式(5.99) 又可以化为

$$\begin{cases} E_x(x,y,z)=A_1\cos k_x x\sin k_y y\mathrm{e}^{\mathrm{i}k_z z} \\ E_y(x,y,z)=A_2\sin k_x x\cos k_y y\mathrm{e}^{\mathrm{i}k_z z} \\ E_z(x,y,z)=\dfrac{k_x A_1+k_y A_2}{\mathrm{i}k_z}\sin k_x x\sin k_y y\mathrm{e}^{\mathrm{i}k_z z} \end{cases} \tag{5.102}$$

解出 $\boldsymbol{E}(x,y,z)=E_x\boldsymbol{e}_x+E_y\boldsymbol{e}_y+E_z\boldsymbol{e}_z$ 后由麦克斯韦方程组即式(5.11) 第一式可以得到磁场为

$$\boldsymbol{H}=-\frac{\mathrm{i}}{\omega\mu}\nabla\times\boldsymbol{E}=-\frac{\mathrm{i}}{\omega\mu}\begin{vmatrix} \boldsymbol{e}_x & \boldsymbol{e}_y & \boldsymbol{e}_z \\ \dfrac{\partial}{\partial x} & \dfrac{\partial}{\partial y} & \dfrac{\partial}{\partial z} \\ E_x & E_y & E_z \end{vmatrix} \tag{5.103}$$

从波导内的电磁场解即式(5.102) 可以看出，除了两个任意的常数 A_1、A_2外，解具有完全确定的形式。对于一组（m，n），可以有两种独立存在的波模，如果选取一种波模具有 $E_z=0$，则由式(5.103) 可知 $H_z\neq0$，此时的电场为横波，磁场不可能为横波，此种波称为横电波，简称为 TE 波；如果选取一种波模使 $H_z=0$，则此时 E_z 必不为零，这时磁场为横波，电场不可能为横波，这种波称为横磁波，简称 TM 波。因此在波导内传输的电磁波电场和磁场不可能同时为横波，在横电波（TE 波）和横磁波（TM 波）中又可以根据（m，n）的不同写为 TE_{mn} 和 TM_{mn} 波。在波导管中传播的电磁波可以是 TE 波也可以是 TM 波，一般情况下应是这两种波的叠加。必须注意，对于 TE 波而言，m 和 n 不可能同时为零，否则就无电磁波了；对于 TM 波，m 和 n 都不能为零，若有一个为零，则有 $E_z=0$，就变成 TE 波，而不是 TM 波了。因此 TE 波最低阶模为 TE_{10} 或者 TE_{01}；而对于 TM 波，最低的阶模为 TM_{11}。

5.4.2 矩形波导内电磁波的截止频率

由式(5.94) 第三式可知

$$k_z^2=k^2-k_x^2-k_y^2 \tag{5.104}$$

式中，k 为波导介质中的波数，$k^2=\omega^2\mu\varepsilon$，由激发频率决定；$k_x$、$k_y$ 由波导的几何尺寸和波的模式来决定。在给定尺寸的波导中并不是任意频率的电磁波都可以传播。当 $k^2<k_x^2+k_y^2$ 时，k_z 变为虚数，传播因子 $\mathrm{e}^{\mathrm{i}k_z z}$ 将变为衰减因子，此时电磁波就不是沿 z 轴方向传播的波了，而是变成了沿 z 轴方向衰减的波，不能在 z 轴方向传播。只有当 $k_z>0$ 时才

有沿 z 轴方向传播的波。因此在波导尺寸给定的情况下，波导内的电磁波能否传播完全取决于激发频率和模式。能够在波导中传播的某一波型（m，n）电磁波的最低频率，称为该波的截止频率，用 $\omega_{c,mn}$ 表示。由于

$$k^2=\omega^2\mu\varepsilon=k_x^2+k_y^2 \tag{5.105}$$

所以

$$\omega_{c,mn}=\frac{\pi}{\sqrt{\varepsilon\mu}}\sqrt{\frac{m^2}{L_1^2}+\frac{n^2}{L_2^2}} \tag{5.106}$$

截止波长为

$$\lambda_{c,mn}=\frac{2}{\sqrt{\frac{m^2}{L_1^2}+\frac{n^2}{L_2^2}}} \tag{5.107}$$

只有当 $\omega>\omega_{c,mn}$ 时，才能在波导中传播相应的 TE_{mn} 模式的电磁波。若 $L_1>L_2$，则在波导中可能传播的电磁波的最低频率为

$$\omega_{c,mn}=\frac{\pi}{\sqrt{\varepsilon\mu}}\frac{1}{L_1} \tag{5.108}$$

最大传输波长为

$$\lambda_{c,mm}=2L_1 \tag{5.109}$$

通常称在波导中传输的 TE_{10} 波为基模。因此在波导管中能够传输的电磁波的最大波长为 $2L_1$，它完全由波导的几何尺寸来决定。由于波导不能做得过大，所以用波导来传输波长过长的无线电波是不现实的，通常只用波导来传输厘米波段的电磁波。波导中传输的电磁波常用于传输信号的载波，在实际的应用中一般都使用单一波型的 TE_{10} 作载波，其他波型应保证不能在波导光中传播。对于一定尺寸的波导来讲，可通过适当选取波的工作频率，来实现只有一种波型 TE_{10} 的传播；采用单模传输的另外一个优点是，在同一截止频率下，传输 TE_{10} 波所用波导尺寸最小，同时与 L_2 的大小无关，因此在制作波导时可以尽量减小 L_2，以减少波导的重量和成本。

由于在有界空间波导中传输的电磁波与无界空间的不同，因此它们的相速度也应不同。在波导中传输的电磁波的相速度为

$$v=\frac{\omega}{k_{z,mn}}=\frac{1}{\sqrt{\varepsilon\mu}}\frac{\omega}{\sqrt{\omega^2-\omega_{c,mn}^2}} \tag{5.110}$$

可见波导中电磁波的相速度一般大于无界空间中传输电磁波的相速度，它与波导尺寸、波型和传播频率有关。当传播频率恰好等于截止频率时，相速度变为无穷大。

对于 TM 波来讲，在 $m=1$，$n=1$ 时出现最低截止频率，即对 TM 波来讲，TM_{11} 为基模，其截止频率为

$$\omega_{c,mn}=\frac{\pi}{\sqrt{\varepsilon\mu}}\sqrt{\frac{1}{L_1^2}+\frac{1}{L_2^2}}$$

相应的截止波长为

$$\lambda_{c,mn}=\frac{2}{\sqrt{\frac{1}{L_1^2}+\frac{1}{L_2^2}}}$$

显然 TM_{11} 波的截止频率比 TE_{10} 波的截止频率大。

5.4.3 波导中 TE_{10} 的场分布特点及表面电流

对于 TE_{10} 波，$m=1$，$n=0$，因此 $k_x=L_1$，$k_y=0$。令 $A_2=\dfrac{i\omega\mu L_1}{\pi}H_0$，则由式(5.102) 和式(5.103) 可知波导中的电磁场分布为

$$\begin{cases} E_x=0 \\ E_y=\dfrac{i\omega\mu L_1}{\pi}H_0\sin\dfrac{\pi}{L_1}x\,e^{ik_z z} \\ E_z=0 \end{cases} \tag{5.111}$$

和

$$\begin{cases} H_x=-\dfrac{iL_1k_z}{\pi}H_0\sin\dfrac{\pi}{L_1}x\,e^{ik_z z} \\ H_y=0 \\ H_z=H_0\cos\dfrac{\pi}{L_2}x\,e^{ik_z z} \end{cases} \tag{5.112}$$

式(5.111) 和式(5.112) 中只有一个待定常数 H_0，它是 TE_{10} 波 H_z 的振幅，其值由激发功率决定。

由波导内 TE_{10} 波的场分布，可以求出波导内壁的电流分布。在波导内壁上有 $\boldsymbol{\alpha}=\boldsymbol{n}\times\boldsymbol{H}$，其中 $\boldsymbol{n}$ 为波导内壁的法线方向的单位矢量。在 $x=0$ 处，L_1 平面上的表面电流为

$$\begin{cases} \boldsymbol{\alpha}\big|_{x=0}=\boldsymbol{e}_x\times(H_x\boldsymbol{e}_x+H_z\boldsymbol{e}_z)=-H_0e^{ik_z z}\boldsymbol{e}_y \\ \boldsymbol{\alpha}\big|_{x=L_1}=-\boldsymbol{e}_x\times(H_x\boldsymbol{e}_x+H_z\boldsymbol{e}_z)=-H_0e^{ik_z z}\boldsymbol{e}_y \end{cases} \tag{5.113}$$

即在 $x=0$ 处，$\boldsymbol{L}_1$ 平面上的表面电流是沿着 y 轴方向流动的，如图 5.9 所示。

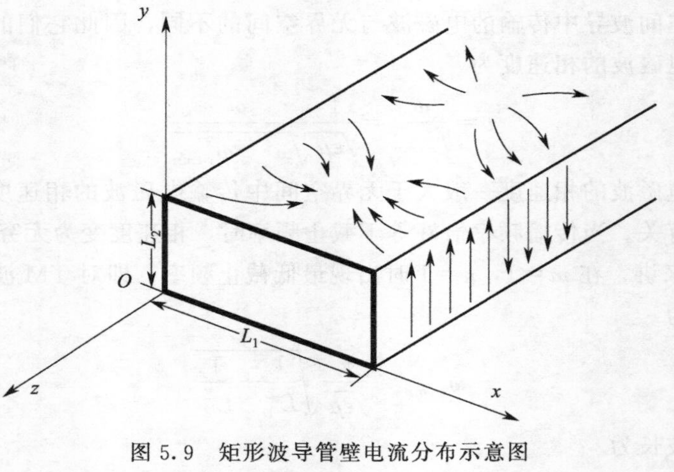

图 5.9 矩形波导管壁电流分布示意图

在 $y=0$ 的平面上的表面电流为

$$\boldsymbol{\alpha}\big|_{y=0}=\boldsymbol{e}_y\times(H_x\boldsymbol{e}_x+H_z\boldsymbol{e}_z)$$

$$=H_z\boldsymbol{e}_x-H_x\boldsymbol{e}_z$$

$$=\left(H_0\cos\frac{\pi}{L_1}x\boldsymbol{e}_x+\frac{\mathrm{i}k_zL_1}{\pi}H_0\sin\frac{\pi}{L_1}x\boldsymbol{e}_z\right)e^{\mathrm{i}k_zz} \tag{5.114}$$

在 $y=L_1$ 的平面上的表面电流为

$$\boldsymbol{\alpha}\big|_{y=L_1}=-\boldsymbol{e}_y\times(H_x\boldsymbol{e}_x+H_z\boldsymbol{e}_z)$$

$$=-H_z\boldsymbol{e}_x+H_x\boldsymbol{e}_z$$

$$=(-H_0\cos\frac{\pi}{L_2}x\boldsymbol{e}_x-\frac{\mathrm{i}k_zL_2}{\pi}H_0\sin\frac{\pi}{L_2}x\boldsymbol{e}_z)\mathrm{e}^{\mathrm{i}k_zz} \tag{5.115}$$

其电流分布如图 5.9 所示。从图 5.9 可以看出，在 TE_{10} 波的情况下，在波导窄边上无纵向电流，电流只沿 y 轴的方向。因此在波导的窄边上的沿 z 轴方向的裂缝都会对 TE_{10} 波的传播产生较大的扰动，并导致由裂缝向外辐射电磁波，但是沿 y 轴方向的裂缝不会对电磁波的传播产生影响。由式(5.115) 知道，在波导宽边中线上沿 x 轴方向的电流等于零，因此，在波导宽边中线上的沿 z 轴方向上的裂缝不会影响 TE_{10} 波的传播，这种现象在探测波导内物理量方面具有重要的意义。

5.4.4 TE_{10} 波的传输功率和能量

在波导中 TE_{10} 波的平均能流密度为

$$\overline{\boldsymbol{S}}=\frac{1}{2}\mathrm{Re}(\boldsymbol{E}^*\times\boldsymbol{H})=\frac{1}{2}\left(\frac{H_0L_1}{\pi}\right)^2\omega\mu k_z\sin^2\frac{\pi}{L_1}x\boldsymbol{e}_z \tag{5.116}$$

此式表明在波导内能量是沿着波导轴线传播出去。因此电磁波的传输功率为

$$\overline{P}=\int_0^{L_2}\int_0^{L_1}\overline{S}\mathrm{d}x\mathrm{d}y=\frac{L_2{}^3L_1\omega\mu k_zH_0^2}{4\pi^2} \tag{5.117}$$

同计算传输功率一样，可以求出波导管中单位长度上的电场能量的平均值和磁场能量的平均值分别为

$$w_e=\frac{1}{2}\iiint_V\frac{1}{2}\mathrm{Re}(\varepsilon\boldsymbol{E}^*\cdot\boldsymbol{E})\mathrm{d}V=\frac{\varepsilon}{4}\int_0^{L_2}\int_0^{L_1}\int_0^1E_y^*E_y\mathrm{d}x\mathrm{d}y\mathrm{d}z=\frac{\omega^2\mu\varepsilon L_2{}^3L_1}{8\pi^2}H_0^2 \tag{5.118}$$

$$w_m=\frac{1}{2}\iiint_V\frac{1}{2}\mathrm{Re}(\mu\boldsymbol{H}^*\cdot\boldsymbol{H})\mathrm{d}V$$

$$=\frac{\mu}{4}\int_0^{L_2}\int_0^{L_1}\int_0^1(H_xH_x^*+H_zH_z^*)\mathrm{d}x\mathrm{d}y\mathrm{d}z$$

$$=\frac{\mu L_2{}^3L_1H_0^2}{8\pi^2}(k_{z,10}^2+\frac{\pi^2}{L_1^2})=\frac{\omega^2\mu\varepsilon L_2{}^3L_1}{8\pi^2}H_0^2 \tag{5.119}$$

所以在波导中，电场和磁场能量的时间平均值相等。

例题 5-7：如图 5.10 所示，一对无限大的平行理想导体板，相距为 d，电磁场沿平行于板面的 z 轴方向传播，求在板间可能传播的 TEM、TE 波。

解：先不考虑时间因子，设电场为

$$\boldsymbol{E}(x,y,z)=\boldsymbol{E}(x,y)\mathrm{e}^{\mathrm{i}k_zz} \tag{5.120}$$

对于 TEM 波而言，沿 z 轴方向传播的在 y 轴方向振动的电场为

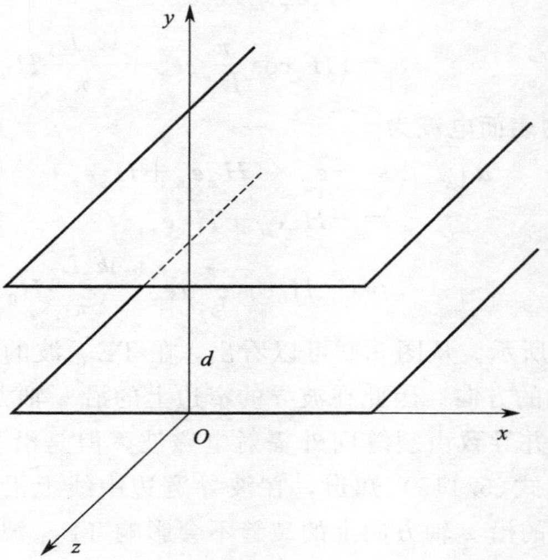

图 5.10 例题 5-7 示意图

$$\boldsymbol{E}(x,y)=E_0\boldsymbol{e}_y \tag{5.121}$$

则磁场强度为

$$\boldsymbol{H}=-\frac{\mathrm{i}}{\omega\mu}\nabla\times\boldsymbol{E}=-\frac{k_z}{\omega\mu}E_0\boldsymbol{e}_x \tag{5.122}$$

式(5.121) 和式(5.122) 就是 TEM 波的电磁场，此截止频率为零，即任意波长的 TEM 模式电磁波都可以在其中传播。

对于 TE 波，这种波的任一直角分量必满足式(5.92)。由于本题中平板在 x 轴方向是无限的，因此电磁波的振幅应与 x 无关，所以式(5.92) 可以化为

$$\frac{\partial^2 u(y)}{\partial y^2}+(k^2-k_z^2)u(y)=0 \tag{5.123}$$

对于 TE 波，$H_z(y)\neq 0$。式(5.123) 的解为

$$u(y)=A\cos k_y y+D\sin k_y y$$

对于 E_x 而言，边界条件为

$$E_x\big|_{y=0,d}=0 \tag{5.124}$$

由上述边界条件可得电场解为

$$\begin{cases}E_x=A\sin\dfrac{m\pi}{d} & (m=1,2,\cdots)\\ E_y=E_z=0\end{cases} \tag{5.125}$$

取 $A=\dfrac{-\mathrm{i}\omega\mu d H_0}{m\pi}$，则由式(5.103)可得磁场为

$$\begin{cases}H_x=0\\ H_y=\dfrac{-\mathrm{i}k_z dA}{m\pi}\sin\dfrac{m\pi}{d}y\\ H_z=A\cos\dfrac{m\pi}{b}y\end{cases} \tag{5.126}$$

5.5　谐振腔

在低频无线电技术中，产生电磁振荡要使用 LC 回路。在 LC 振荡回路中，集中分布于电容内部的电场和电感内部的磁场交替激发，形成频率为 $f=\frac{1}{2\pi\sqrt{LC}}$ 的电磁振荡。如果要提高振荡频率，必须减少电感 L 或者电容 C。但是当频率升高到一定限度后，具有很小的电容元件 C 和电感元件 L 将不再使电场和磁场集中于它们内部。此时其将向外辐射电磁能量，随着振荡频率的增大，电磁辐射能量也增大；另一方面，由于趋肤效应，频率增高时，焦耳热损耗也增大。此外，L、C 元件的尺寸在减少时，在加工工艺上也出现困难。所以在高频阶段，LC 振荡回路不能有效地产生电磁振荡。鉴于以上各种原因，在无线电技术中在微波段常用谐振腔来产生电磁振荡；在光频段，常采用由反射镜组成的光学谐振腔来产生激光振荡。所谓谐振腔就是一个完全用金属面封闭的金属腔，它可以避免电磁能量向外辐射。谐振腔按其几何形状可以分为矩形腔、圆柱形腔和同轴圆柱形腔等。为简单起见，只讨论矩形腔。主要内容涉及谐振腔内的电磁振荡模式、谐振波长和谐振腔的品质因数等。

5.5.1　谐振腔内电磁振荡模式

如图 5.11 所示，取谐振腔的内表面分别为：$x=0$，a；$y=0$，b；$z=0$，d。

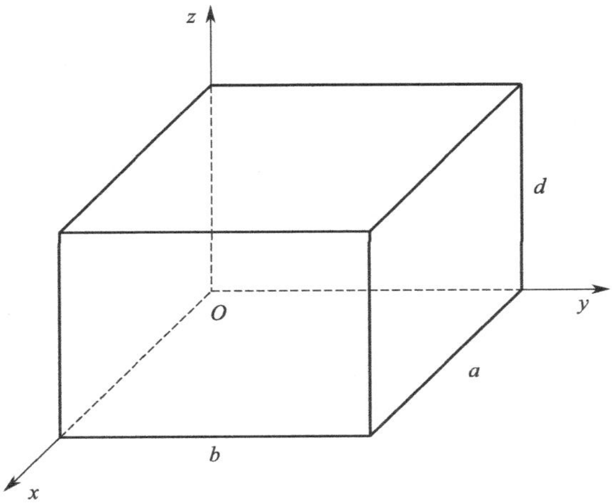

图 5.11　矩形谐振腔示意图

腔内电磁场 $\boldsymbol{E}$ 和 $\boldsymbol{H}$ 的任一直角分量都必须满足亥姆霍兹方程。取 $u(x,y,z)$ 为 $\boldsymbol{E}$ 和 $\boldsymbol{H}$ 的任一直角分量，所以有

$$\begin{cases}\nabla^2 u+k^2 u=0\\ k^2=\omega^2\mu\varepsilon\end{cases}\tag{5.127}$$

此方程的解应满足腔壁面上的边界条件和空间中 $\nabla\cdot\boldsymbol{E}=0$ 或者 $\nabla\cdot\boldsymbol{H}=0$。用分离变量法求解亥姆霍兹方程，其解为

$$u(x,y)=X(x)Y(y)Z(z)\tag{5.128}$$

将式(5.128) 代入式(5.127)，分离变量有如下方程：

$$\begin{cases}\dfrac{\mathrm{d}^2 X}{\mathrm{d}x^2}+k_x^2 X=0\\ \dfrac{\mathrm{d}^2 Y}{\mathrm{d}y^2}+k_y^2 Y=0\\ \dfrac{\mathrm{d}^2 Z}{\mathrm{d}z^2}+k_z^2 Z=0\\ k^2=k_x^2+k_y^2+k_z^2=\omega^2\mu\varepsilon\end{cases} \tag{5.129}$$

式(5.129) 的形式解为驻波解：

$$u(x,y,z)=(C_1\cos k_x x+D_1\sin k_x x)(C_2\cos k_y y+D_2\sin k_y y)(C_3\cos k_z z+D_3\sin k_z z) \tag{5.130}$$

式中，C_1，C_2，C_3，D_1，D_2，D_3 都是任意常数，由边界条件决定。比如，对于 E_x 分量，有

$$x=0,\frac{\partial E_x}{\partial x}=0,y=0,z=0 \text{ 时 } E_x=0$$

所以式(5.130) 中的 $C_2=C_3=D_1=0$，则电场的 x 分量为

$$E_x(x,y,z)=A_1\cos k_x x\sin k_y y\sin k_z z \tag{5.131}$$

同理：

$$E_y(x,y,z)=A_2\sin k_x x\cos k_y y\sin k_z z$$

$$E_z(x,y,z)=A_3\sin k_x x\sin k_y y\cos k_z z$$

因此在谐振腔中的电场解为

$$\begin{cases}E_x(x,y,z)=A_1\cos k_x x\sin k_y y\sin k_z z\\ E_y(x,y,z)=A_2\sin k_x x\cos k_y y\sin k_z z\\ E_z(x,y,z)=A_3\sin k_x x\sin k_y y\cos k_z z\end{cases} \tag{5.132}$$

再考虑 $x=a$，$y=b$，$z=d$ 上的边界条件：

$$\begin{cases}\dfrac{\partial E_x}{\partial x}\Big|_{x=a}=0\\ \dfrac{\partial E_y}{\partial y}\Big|_{y=b}=0\\ \dfrac{\partial E_z}{\partial z}\Big|_{z=d}=0\end{cases} \tag{5.133}$$

可得

$$\begin{cases}k_x=\dfrac{m\pi}{a}\\ k_y=\dfrac{n\pi}{b} \qquad (m,n,p=0,1,2,\cdots)\\ k_z=\dfrac{p\pi}{d}\end{cases} \tag{5.134}$$

式(5.132) 还必须满足$\nabla\cdot\boldsymbol{E}=0$，由此可得

$$k_xA_1+k_yA_2+k_zA_3=0 \tag{5.135}$$

因此 A_1、A_2、A_3 中只有两个是独立的。求出电场后，其磁场为

$$\boldsymbol{H}=-\frac{\mathrm{i}}{\omega\mu}\nabla\times\boldsymbol{E}=-\frac{\mathrm{i}}{\omega\mu}\begin{vmatrix}\boldsymbol{e}_x & \boldsymbol{e}_y & \boldsymbol{e}_z\\ \frac{\partial}{\partial x} & \frac{\partial}{\partial y} & \frac{\partial}{\partial z}\\ E_x & E_y & E_z\end{vmatrix} \tag{5.136}$$

当满足式(5.134)、式(5.135) 时，式(5.132) 代表腔内的一种振荡模式，称为腔内电磁场的一种本征振荡，对于每一组（m，n，p）有两个独立的偏振。与矩形波导相对应，谐振腔内存在 TE 型振荡模和 TM 型振荡模，并以 TE_{mnp} 和 TM_{mnp} 表示。

在谐振腔中，由于边界条件的限制，腔内本征模式的频率只能取一系列特定的不连续的值。由式(5.129) 和式(5.134) 可知，本征振荡频率为

$$\omega_{mnp}=\frac{\pi}{\sqrt{\varepsilon\mu}}\sqrt{\frac{m^2}{a^2}+\frac{n^2}{b^2}+\frac{p^2}{d^2}} \tag{5.137}$$

谐振波长为

$$\lambda_{mnp}=\frac{2}{\sqrt{\left(\frac{m}{a}\right)^2+\left(\frac{n}{b}\right)^2+\left(\frac{p}{d}\right)^2}} \tag{5.138}$$

由式(5.135) 可知，m、n、p 中不可能有两个同时为零，否则场强 $\boldsymbol{E}=\boldsymbol{0}$。若谐振腔的尺寸 $a>b>d$，则最低的谐振频率和谐振波长为

$$\omega_{110}=\frac{\pi}{\sqrt{\varepsilon\mu}}\sqrt{\frac{1}{a^2}+\frac{1}{b^2}} \tag{5.139}$$

$$\lambda_{110}=\frac{2}{\sqrt{\left(\frac{1}{a}\right)^2+\left(\frac{1}{b}\right)^2}} \tag{5.140}$$

可见谐振波长与谐振腔的限度为同一数量级。在微波技术中通常用谐振腔的低阶模来产生特定频率的电磁振荡。由于谐振腔的损耗以及需要维持一定的输出功率，因此外界必须提供能量以维护腔内的电磁振荡。一般是用腔内的电子束与电磁场相互作用从而把直流电源能量转化为腔内的高频电磁能量。现在就来讨论谐振腔内的电磁损耗。

5.5.2 谐振腔的品质因数

谐振腔的品质因数是描述谐振腔能量损耗程度及频率选择性优劣的物理量。将它定义为谐振腔中储存电磁能量的时间平均值与一个周期内电磁能量的损耗之比的 2π 倍。写成数学表达式为

$$Q=2\pi\frac{\overline{W}}{W_r} \tag{5.141}$$

在无线电技术中，品质因数是谐振腔的一个重要参量。W_r 主要包括腔壁导体有限的电导率引起的焦耳热损耗以及腔体内的介质损耗。只讨论腔体为真空的情况，此时焦耳损耗是主要的。

现在讨论电磁能量损耗的计算方法。实际的谐振腔的内壁都不是理想导体，电磁波要透

入导体内厚度为穿透深度 d 的薄层内。一般都先按理想导体的条件求出在一定模式下，管壁上的面电流分布，然后认为这些是电流分布在厚度为 d 的导体薄层内。在导体的单位面积上，薄层厚度为 d 的电阻为

$$R_s=\frac{1}{\sigma_c d}=\sqrt{\frac{\omega\mu}{2\sigma_c}} \tag{5.142}$$

单位面积上的能量损耗为

$$P_s=\frac{R_s}{2}\mathrm{Re}(\boldsymbol{\alpha}^*\cdot\boldsymbol{\alpha}) \tag{5.143}$$

所以整个腔体损耗能量为

$$P_r=\frac{R_s}{2}\iint_S|\boldsymbol{\alpha}|^2\mathrm{d}S=\frac{R_s}{2}\iint_S(\boldsymbol{H}^*\cdot\boldsymbol{H})\mathrm{d}S \tag{5.144}$$

式中，S 代表整个内壁的表面积。现在以 TE_{110} 模为例来计算谐振腔的品质因数。对于 TE_{110} 模，电磁场分量分别为

$$\begin{cases}E_z=E_0\sin\dfrac{\pi x}{a}\sin\dfrac{\pi y}{b}\\ E_x=E_y=0\\ H_x=-\dfrac{\mathrm{i}\omega\varepsilon E_0}{\left(\dfrac{\pi}{a}\right)^2+\left(\dfrac{\pi}{b}\right)^2}\dfrac{\pi}{b}\sin\dfrac{\pi x}{a}\cos\dfrac{\pi y}{b}\\ H_y=\dfrac{\mathrm{i}\omega\varepsilon E_0}{\left(\dfrac{\pi}{a}\right)^2+\left(\dfrac{\pi}{b}\right)^2}\dfrac{\pi}{a}\cos\dfrac{\pi x}{a}\sin\dfrac{\pi y}{b}\\ H_z=0\end{cases} \tag{5.145}$$

腔内存储的总电磁能量为

$$\begin{aligned}w&=\frac{1}{2}\iiint_V\frac{1}{2}\mathrm{Re}(\varepsilon\boldsymbol{E}^*\cdot\boldsymbol{E}+\mu\boldsymbol{H}^*\cdot\boldsymbol{H})\mathrm{d}V\\&=\frac{1}{4}\int_0^a\int_0^b\int_0^c(\varepsilon E_y^*E_y+\mu H_y^*H_y+\mu H_xH_x^*)\mathrm{d}x\mathrm{d}y\mathrm{d}z\\&=\frac{\varepsilon abd}{8}E_0^2\end{aligned}$$

在腔壁上的功率损耗为

$$\begin{aligned}w_r&=\frac{1}{2}\sqrt{\frac{\omega\mu}{2\sigma_c}}\left[2\int_0^d\mathrm{d}z\int_0^a|H_x|_{y=0}^2\mathrm{d}x+2\int_0^d\mathrm{d}z\int_0^b|H_y|_{x=0}^2\mathrm{d}y+2\int_0^a\mathrm{d}x\int_0^d(|H_x|^2+|H_y|^2)_{z=0}\mathrm{d}y\right]\\&=\frac{1}{2}\sqrt{\frac{\omega\mu}{2\sigma_c}}\left[\frac{ad}{b^2}+\frac{bd}{a^2}+\frac{1}{2}\left(\frac{b}{a}+\frac{a}{b}\right)\times\frac{\pi^2\omega^2\varepsilon^2E_{110}^2}{\left(\dfrac{\pi}{a}\right)^2+\left(\dfrac{\pi}{b}\right)^2}\right]\end{aligned}$$

所以谐振腔的品质因数为

$$Q=\sqrt{\frac{2\sigma_c}{\omega\varepsilon}}\frac{\pi d(a^2+b^2)^{\frac{3}{2}}}{2[ab(a^2+b^2)+2d(a^3+b^3)]} \tag{5.146}$$

从式(5.139) 可以看出在谐振腔的尺寸和材料决定的情况下，谐振腔的 Q 值取决于振

荡频率。

例题 5-8：边长为 a、d 的长方形谐振腔。腔壁是利用理想导体制成的，腔内激发的是频率为 ω 的 TE_{101} 波，其电场振幅的最大值为 E_0，TE_{101} 波 $k_x=\dfrac{\pi}{a}$，$k_y=0$，$k_z=\dfrac{\pi}{d}$。试求出腔内电场的总能量和磁场的总能量的时间平均值。

解：矩形谐振腔内电场的形式解为

$$E_x(x,y,z)=A_1\cos k_x x\sin k_y y\sin k_z z\mathrm{e}^{-\mathrm{i}\omega t}$$

$$E_y(x,y,z)=A_2\sin k_x x\cos k_y y\sin k_z z\mathrm{e}^{-\mathrm{i}\omega t}$$

$$E_z(x,y,z)=A_3\sin k_x x\sin k_y y\cos k_z z\mathrm{e}^{-\mathrm{i}\omega t}$$

因为

$$k_x=\frac{\pi}{a},k_y=0,k_z=\frac{\pi}{d}$$

所以

$$E_y=E_0\sin\frac{\pi x}{a}\sin\left(\frac{\pi z}{d}\right)\mathrm{e}^{-\mathrm{i}\omega t}$$

$$E_x=E_z=0$$

由

$$\boldsymbol{H}=-\frac{\mathrm{i}}{\omega\mu}\nabla\times\boldsymbol{E}$$

得磁场强度为

$$H_x=\frac{\mathrm{i}\pi}{\omega\mu d}E_0\sin\frac{\pi}{a}x\cos\frac{\pi}{d}z\mathrm{e}^{-\mathrm{i}\omega t}$$

$$H_y=0$$

$$H_z=-\frac{\mathrm{i}\pi}{\omega\mu a}E_0\cos\frac{\pi}{a}x\sin\frac{\pi}{d}z\mathrm{e}^{-\mathrm{i}\omega t}$$

电场能量密度对时间的平均值为

$$w_e=\frac{1}{2}\mathrm{Re}(\frac{1}{2}\varepsilon\boldsymbol{E}^*\cdot\boldsymbol{E})=\frac{1}{4}\varepsilon E_0^2\sin^2\frac{\pi}{a}x\sin^2\frac{\pi}{d}z$$

谐振腔中电场的总能量的时间平均值为

$$W_e=\int_V w_e\mathrm{d}V=\frac{1}{4}\varepsilon E_0^2\int_0^a\int_0^b\int_0^d\sin^2\frac{\pi}{a}x\sin^2\frac{\pi}{d}z\,\mathrm{d}x\mathrm{d}y\mathrm{d}z$$

$$=\frac{1}{16}\varepsilon E_0^2 abd$$

磁场能量密度对时间的平均值为

$$w_e=\frac{1}{2}\mathrm{Re}\left(\frac{1}{2}\mu H^*\cdot H\right)=\frac{\pi^2E_0^2}{4\omega^2\mu}\left[\frac{1}{d^2}\sin^2\frac{\pi}{a}x\cos^2\frac{\pi}{d}z+\frac{1}{a^2}\cos^2\frac{\pi}{a}x\sin^2\frac{\pi}{d}z\right]$$

磁场的总能量对时间的平均值为

$$W_m=\frac{\pi^2E_0^2}{4\omega^2\mu}\int_0^a\int_0^b\int_0^d\left[\frac{1}{d^2}\sin^2\frac{\pi}{a}x\cos^2\frac{\pi}{d}z+\frac{1}{a^2}\cos^2\frac{\pi}{a}x\sin^2\frac{\pi}{d}z\right]\mathrm{d}x\mathrm{d}y\mathrm{d}z$$

$$=\frac{\pi^2E_0^2b(a^2+d^2)}{16\omega^2\mu}ad=\frac{1}{16}\varepsilon E_0^2abd$$

说明谐振腔中电场能量和磁场能量的平均值相等。

5.6 光子晶体

光子晶体（Photonic crystals）是一类介电常数（或张量）周期分布的非均匀人工电磁介质，于 1987 年由 Eli Yablonovitch 和 Sajeev John 分别独立提出。与处在晶体周期势场中的电子类似，光子晶体对波长与介质分布周期同量级的电磁波会产生强烈的散射，这使得光子晶体对该波长范围的电磁波呈现类似于半导体电子能带的光子能带结构。从分布的维度来看，光子晶体可分为一维、二维、三维光子晶体，如图 5.12 所示。而早期对光子晶体的研究主要围绕宽禁带光子晶体的设计、光子晶体禁带及缺陷结构的基本性质、数值研究方法和实验制备而展开，其中完全禁带的三维光子晶体结构、二维光子晶体微腔和波导结构都是研究的热点。

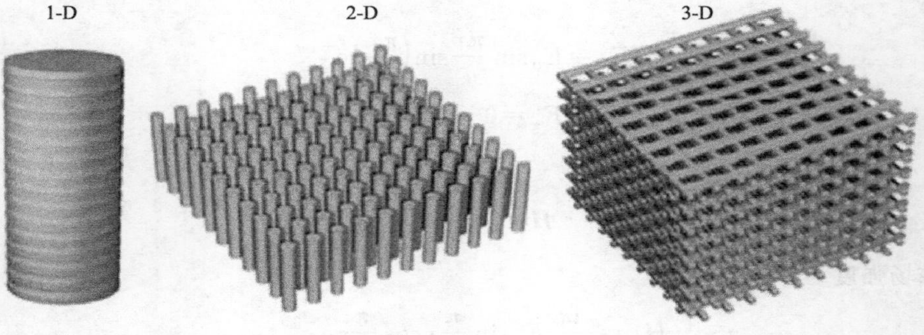

图 5.12　光子晶体结构示意图

作为人工电磁材料及器件工作的频率范围是光子晶体设计的主要依据。具体到几何参数，光子晶体介电常数分布的周期，通常与工作频段中心的真空波长同一量级，而周期排列单元则是几何尺度小于该中心真空波长的亚波长结构；至于物理参数，在保证介质对工作频段光的吸收相对较小和设计结构可制备的基础上，应尽可能选择介电常数差异较大的不同介质构成光子晶体。当介质介电常数相差较大时，单个周期单元内非均匀介质对电磁波的散射可与布拉格散射（Bragg Scattering）相互耦合，使得光子晶体出现类似于半导体禁带的光子带隙（bandgap）。禁带以外的频率范围则称为光子晶体的通带。由于频率处于禁带的电磁波不能在光子晶体中传播，而频率处于通带的电磁波在光子晶体中的传播会受到非周期介质布拉格散射的控制，因此通过选择亚波长周期结构的几何和物理参数，设计完全禁带或某一模式的禁带，光子晶体能够简单而有效地控制介质的宏观电磁特性，包括选择其中电磁波传播的频带、模式和传播路径。

为了得到光子晶体能带和带隙直观的物理图像，本节将从最简单的一维光子晶体出发进行讨论。

一维光子晶体也被称为介质多层结构，如图 5.13 所示，假设每一介质层沿垂直于 x 轴的方向排布，当仅考虑电磁场沿 x 轴方向传播且极化沿 y 轴方向时，则电场在 yz 轴面内均匀分布。电场是 x 的函数，可写为 $E(x,t)$，而此时的波动方程如下：

$$\frac{c^2}{\varepsilon(x)}\frac{\partial^2 E(x,t)}{\partial x^2}=\frac{\partial^2 E(x,t)}{\partial t^2} \tag{5.147}$$

这里的介电函数 $\varepsilon(x)$ 依赖于介质层沿 x 轴的位置，而磁导率则默认为真空中的磁导率 μ_0。由于介质沿 x 轴方向周期分布，因而当周期为 a 时，有

$$\varepsilon(x+a)=\varepsilon(x) \tag{5.148}$$

同理，$\varepsilon^{-1}(x)$ 也是周期函数而且可以展开为傅里叶级数：

$$\varepsilon^{-1}(x)=\sum_{m=-\infty}^{\infty}\kappa_m \exp\left(\mathrm{i}\,\frac{2\pi m}{a}x\right) \tag{5.149}$$

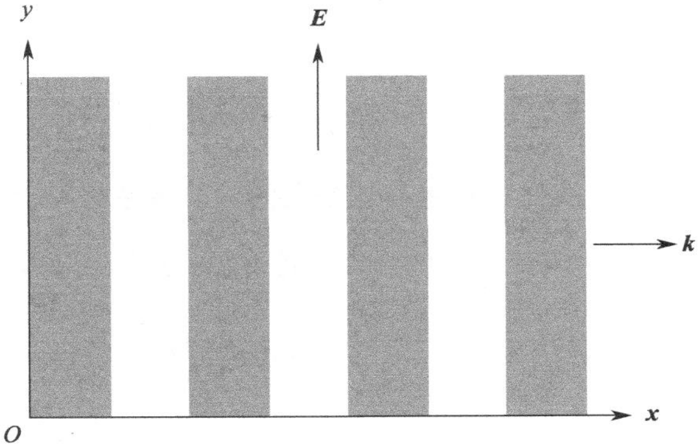

图 5.13　一维光子晶体结构示意图

这里 m 是整数，κ_m 是傅里叶展开系数，假设介质无损耗，即介电常数为实数，那么上式两边取共轭，可以得到 $\kappa_{-m}=\kappa_m^*$。由布洛赫定理（Bloch’ s theorem）可知，一维光子晶体的任意本征模式都可以用一个波矢量的模 k 表征，即

$$E(x,t)\equiv E_k(x,t)=u_k(x)\exp(\mathrm{i}kx-\mathrm{i}\omega_k t) \tag{5.150}$$

这里 ω_k 是相应的本征角频率，且 $u_k(x)$ 也是周期函数：

$$u_k(x+a)=u_k(x) \tag{5.151}$$

结合以上各式，$E_k(x,t)$ 也可做类似的傅里叶展开，即

$$E_k(x,t)=\sum_{m=-\infty}^{\infty}E_m \exp\left(\mathrm{i}kx+\frac{2\pi m}{a}x-\mathrm{i}\omega_k t\right) \tag{5.152}$$

对于介电函数 $\varepsilon^{-1}(x)$ 的傅里叶展开式，仅取低阶的几个模式，如 $m=0$ 和 $m=\pm1$，则

$$\varepsilon^{-1}(x)=\kappa_0+\kappa_1\exp\left(\mathrm{i}\,\frac{2\pi}{a}x\right)+\kappa_{-1}\exp\left(-\mathrm{i}\,\frac{2\pi}{a}x\right) \tag{5.153}$$

将此式代入波动方程，可得

$$\kappa_0\left(k+\frac{2m\pi}{a}\right)^2E_m+\kappa_1\left(k+\frac{2(m-1)\pi}{a}\right)^2E_{m-1}+\kappa_{-1}\left(k+\frac{2(m+1)\pi}{a}\right)^2E_{m+1}=\frac{\omega_k^2}{c^2}E_m$$

对 $m=0$ 而言，有

$$E_0\approx\frac{c^2}{\omega_k^2-\kappa_0c^2k^2}\left[\kappa_1\left(k-\frac{2\pi}{a}\right)^2E_{-1}+\kappa_{-1}\left(k+\frac{2\pi}{a}\right)^2E_1\right] \tag{5.154}$$

对 $m=-1$ 而言，有

$$E_{-1}\approx\frac{c^2}{\omega_k^2-\kappa_0c^2\left(k-2\,\frac{\pi}{a}\right)^2}\left[\kappa_1\left(k-\frac{4\pi}{a}\right)^2E_{-2}+\kappa_{-1}k^2E_0\right] \tag{5.155}$$

因此，如果 $k\approx\left|k-2\,\frac{\pi}{a}\right|$ （如 $k\approx\frac{\pi}{a}$），且 $\omega_k^2\approx\kappa_0c^2k^2$，$E_0$ 和 E_{-1} 将会发散，因而在 $E_k(x,\ t)$ 的傅里叶展开式中占据主导地位，其他项（即 m 不等于 0 和 -1）的贡献很小，可以忽略，此时可以得到如下耦合方程：

$$\begin{cases}(\omega_k^2-\kappa_0 c^2 k^2)E_0-\kappa_1 c^2\left(k-\dfrac{2\pi}{a}\right)^2 E_{-1}=0\\[2ex] -\kappa_{-1}c^2k^2E_0+\left[\omega_k^2-\kappa_0 c^2\left(k-\dfrac{2\pi}{a}\right)^2\right]E_{-1}=0\end{cases} \tag{5.156}$$

这个线性方程组有非平凡解，则要求系数行列式为零，即

$$\begin{vmatrix}\omega_k^2-\kappa_0 c^2 k^2 & -\kappa_1 c^2\left(k-\dfrac{2\pi}{a}\right)^2\\[2ex] -\kappa_{-1}c^2k^2 & \omega_k^2-\kappa_0 c^2\left(k-\dfrac{2\pi}{a}\right)^2\end{vmatrix}=0 \tag{5.157}$$

如果 $\left|k-\dfrac{\pi}{a}\right|\ll\dfrac{\pi}{a}$，则上述矩阵方程的解（$\omega_k$ 的取值）为

$$\omega_{\pm}\approx\frac{\pi c}{a}\sqrt{\kappa_0\pm|\kappa_1|}\pm\frac{ac}{\pi|\kappa_1|\sqrt{\kappa_0}}\left(\kappa_0^2-\frac{|\kappa_1|^2}{4}\right)\left(k-\frac{\pi}{a}\right)^2 \tag{5.158}$$

当波矢的模 k 变化时，解的最后一项也会随之发生变化，但是很容易发现在区间：

$$\frac{\pi c}{a}\sqrt{\kappa_0-|\kappa_1|}<\omega<\frac{\pi c}{a}\sqrt{\kappa_0+|\kappa_1|} \tag{5.159}$$

上述行列式无解，那么所对应的频率区间就是此一维光子晶体的带隙，且当 $\kappa_1=0$ 时此带隙消失。这个结果可以这样理解：$k\approx\dfrac{\pi}{a}$ 的模式和 $k\approx\dfrac{-\pi}{a}$ 的模式在周期的调制下会发生相互作用，并导致了能级的劈裂，如图 5.14 所示。

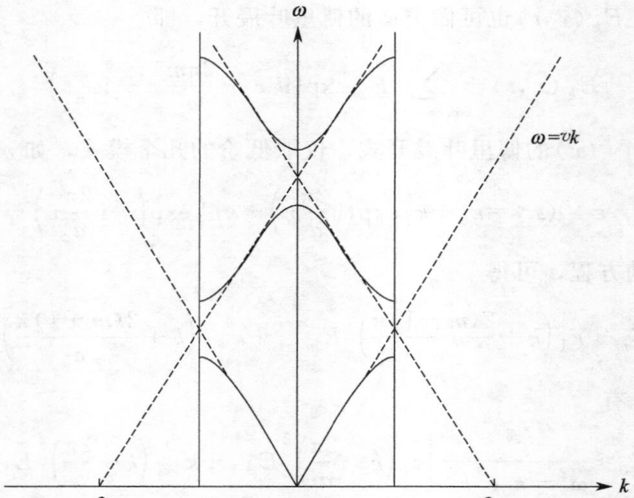

图 5.14 一维光子晶体能级劈裂示意图

在通带频率范围内，无限周期结构光子晶体的宏观电磁特性主要通过频域态密度分布、波矢空间等频线或面的结构、群速度和群速度色散等来描述；有限周期结构光子晶体的宏观电磁特性与均匀介质板类似，对限制在结构周期方向传播的电磁波，则表现为介质板结构的电磁散射特性，但由宏观电磁特性反演得到的光子晶体群速度折射率或等效介电张量，在真空波长与介质分布周期同量级的波段，可以达到现有均匀介质无法达到的数值和随频率或方

向的变化率。因而，工作在通带的光子晶体为介质波导、光纤等光学器件的研究和发展开辟了一条有效途径。而在完全禁带或模式禁带频率范围内，破坏介质分布周期性的缺陷结构是光子晶体研究和应用的一个核心内容。如果参照半导体缺陷结构和电子缺陷能级的概念，定义光子晶体的缺陷模式和缺陷带，那么频率处于缺陷带的电磁波能够被长时间地局限在光子晶体的缺陷中。因而，光子晶体的点缺陷（孤立、不连通的缺陷结构）能够构建固有频率位于点缺陷本振频率的高品质因子谐振腔，被称为光子晶体谐振腔；另一方面，光子晶体的线缺陷（一维连通的缺陷结构）在缺陷带能够实现低损波导的功能，被称为光子晶体波导。将光子晶体缺陷结构和介质的物理性质相结合，如使用增益介质或非线性效应介质，可制作很多尺度小、功能强、损耗低的光子晶体器件，如全关开关、光调制器、波长转换器等，为大规模集成光路的研发提供了一个可能的技术平台，也为诸多学科的应用与研究开辟了新的领域，提供了新的发展方向和机遇，具有重大的理论和应用价值。

5.7　表面等离极化激元

表面等离极化激元（surface plasmon polaritons）是由电磁场与导体内电子集体振荡的耦合作用所致，是一种沿着介质和导体表面方向传播的电磁波，如图 5.15 所示，而在沿垂直于界面方向上呈现约束并指数衰减。表面等离极化激元能够突破衍射极限，实现纳米尺度光场的高度局域与极大增强，在生物探测、传感、成像等领域已有广泛的应用。本节将从波动方程出发，讨论在单一平面界面中表面等离极化激元的基本原理，包括表面激发的色散关系、空间分布特性、能量约束、有效模式长度、外界激发方式等。

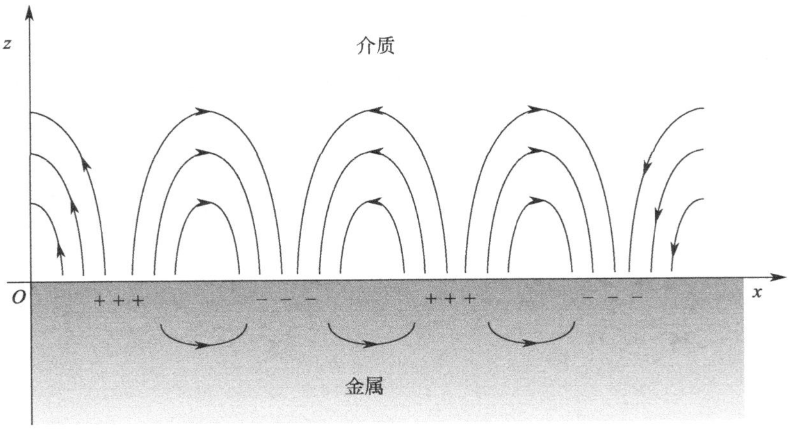

图 5.15　半无限大界面上的表面等离子体示意图

5.7.1　波动方程及色散关系

为了探索表面等离极化激元的物理属性，本节将从麦克斯韦方程组中的两个旋度方程出发。为简单起见，只讨论一维问题，例如 ε 只在一个方向上变化，即 $\varepsilon=\varepsilon(z)$。对于电磁场表面问题，假定 $z=0$ 为介质的分界面，电磁波沿 x 轴方向传播，则电场分布可以定义为

$$\boldsymbol{E}(x,y,z)=\boldsymbol{E}(z)\mathrm{e}^{\mathrm{i}\beta x}$$

沿 y 轴方向电场均匀分布，即 $\partial/\partial y=0$。考虑到时域变量（$\partial/\partial t=-\mathrm{i}\omega$），耦合波方程

可以写成如下形式：

$$\begin{cases}\dfrac{\partial E_y}{\partial z}=-\mathrm{i}\omega\mu_0 H_x\\ \dfrac{\partial E_x}{\partial z}-\mathrm{i}\beta E_z=\mathrm{i}\omega\mu_0 H_y\\ \mathrm{i}\beta E_y=\mathrm{i}\omega\mu_0 H_z\\ \dfrac{\partial H_y}{\partial z}=\mathrm{i}\omega\varepsilon_0\varepsilon E_x\\ \dfrac{\partial H_x}{\partial z}-\mathrm{i}\beta H_z=-\mathrm{i}\omega\varepsilon_0\varepsilon E_y\\ \mathrm{i}\beta H_y=-\mathrm{i}\omega\varepsilon_0\varepsilon E_z\end{cases}\tag{5.160}$$

实际上，该方程组应在不同的介电常数 ε 定义的区域内分别求解，并且所求得的解必须满足特定的边界条件。此外，上述方程组还清楚地表明，它包括两种不同极化模式传输波的独立解：其一为横向磁场模式（Transverse Magnetic，简称 TM），场量 E_x、E_z、H_y 非零；其二为横向电场模式（Transverse Electric，简称 TE），场量 H_x、H_z、E_y 非零。对于 TM 模式的波动方程，可整理为

$$\frac{\partial^2 H_y}{\partial z^2}+(\varepsilon k^{(0)2}-\beta^2)H_y=0\tag{5.161}$$

式中，$k^{(0)}$ 为真空中波矢的模。得到 H_y 的解之后，E_x 和 E_z 可通过上述旋度公式求得。同理，TE 模式的波动方程可写成

$$\frac{\partial^2 E_y}{\partial z^2}+(\varepsilon k^{(0)2}-\beta^2)E_y=0\tag{5.162}$$

最简单的能够支持表面等离极化激元模式的结构是无吸收电介质半空间（$z>0$）与相邻的导电金属半空间（$z<0$）之间的二维交界面，其中电介质的介电常数为正实数 ε_2，金属的介电常数为 $\varepsilon_1(\omega)$。要理解可约束于界面附近的传播波模式，即在垂直于 z 轴方向上迅速衰减的模式，首先来看 TM 模式的求解情况。在上述的两种材料属性空间中，波动方程要分区域处理，在 $z>0$ 区域：

$$\begin{cases}H_y(z)=A_2 e^{\mathrm{i}\beta x}e^{-k_2 z}\\ E_x(z)=\mathrm{i}A_2\dfrac{1}{\omega\varepsilon_0\varepsilon_2}k_2 e^{\mathrm{i}\beta x}e^{-k_2 z}\\ E_z(z)=-A_2\dfrac{\beta}{\omega\varepsilon_0\varepsilon_2}e^{\mathrm{i}\beta x}e^{-k_2 z}\end{cases}\tag{5.163}$$

在 $z<0$ 区域：

$$\begin{cases}H_y(z)=A_1 e^{\mathrm{i}\beta x}e^{k_1 z}\\ E_x(z)=-\mathrm{i}A_1\dfrac{1}{\omega\varepsilon_0\varepsilon_1}k_1 e^{\mathrm{i}\beta x}e^{k_1 z}\\ E_z(z)=-A_1\dfrac{\beta}{\omega\varepsilon_0\varepsilon_1}e^{\mathrm{i}\beta x}e^{k_1 z}\end{cases}\tag{5.164}$$

其中垂直于界面方向上的波矢分量 k_1 和 k_2，它们的倒数值定义了垂直于界面方向上场

的衰减长度 d，用来量化表面波模式的约束本领，而它们和 x 轴方向传播常数 β 的关系则可表示为

$$\begin{cases} k_1^2=\beta^2-\varepsilon_1 k^{(0)2} \\ k_2^2=\beta^2-\varepsilon_2 k^{(0)2} \end{cases} \tag{5.165}$$

考虑边界条件，及 H_y 和 E_x 在界面（$z=0$）上的连续性，可得到

$$A_1=A_2$$

$$\frac{k_1}{\varepsilon_1}+\frac{k_2}{\varepsilon_2}=0$$

因为 $\varepsilon_2>0$，传播波在界面表面的约束条件是 $\mathrm{Re}[\varepsilon_1]<0$，意味着表面波只存在于介电常数的实部符号相反的两种材料界面上，如导体与绝缘体的界面。从上式亦可以得到传播常数所满足的关系，即模式的色散关系

$$\beta=k^{(0)}\sqrt{\frac{\varepsilon_1\varepsilon_2}{\varepsilon_1+\varepsilon_2}} \tag{5.166}$$

该表达式对于 ε_1 无论是实数还是复数都是适用的，例如导体有无损耗。对于 TE 模式，也可做相似的处理，在 $z>0$ 区域：

$$\begin{cases} E_y(z)=A_2 e^{i\beta x} e^{-k_2 z} \\ H_x(z)=-iA_2 \dfrac{1}{\omega\mu_0} k_2 e^{i\beta x} e^{-k_2 z} \\ H_z(z)=A_2 \dfrac{\beta}{\omega\mu_0} e^{i\beta x} e^{-k_2 z} \end{cases} \tag{5.167}$$

在 $z<0$ 区域：

$$\begin{cases} E_y(z)=A_1 e^{i\beta x} e^{k_1 z} \\ E_x(z)=iA_1 \dfrac{1}{\omega\mu_0} k_1 e^{i\beta x} e^{k_1 z} \\ E_z(z)=A_1 \dfrac{\beta}{\omega\mu_0} e^{i\beta x} e^{k_1 z} \end{cases} \tag{5.168}$$

考虑到 E_y 和 H_x 在界面（$z=0$）上的连续性，可得到

$$A_1=A_2$$

$$A_1(k_1+k_2)=0$$

由于表面约束条件的要求即 $\mathrm{Re}[k_1]>0$ 和 $\mathrm{Re}[k_2]>0$，则只有在 $A_1=0$ 时满足条件，同样得出 $A_2=A_1=0$。因此很容易看出，没有 TE 偏振模式的表面波存在，只存在 TM 模式的表面等离极化激元模式。

可以通过观察色散曲线来研究表面等离极化激元的性质，如图 5.16 所示。当色散表达式中的分母项 $\varepsilon_1+\varepsilon_2\to 0$ 时，波矢 β 趋于无穷大，群速度 $v_g\to 0$，如果此时金属的光学性质用自由电子气的德鲁德模型来描述：

$$\varepsilon_1(\omega)=1-\frac{\omega_p^2}{\omega(\omega+i\tau^{-1})} \tag{5.169}$$

在损耗可忽略的情况下（$\tau^{-1}\to 0$），$\varepsilon_1(\omega)+\varepsilon_2\to 0$ 正好对应于频率接近

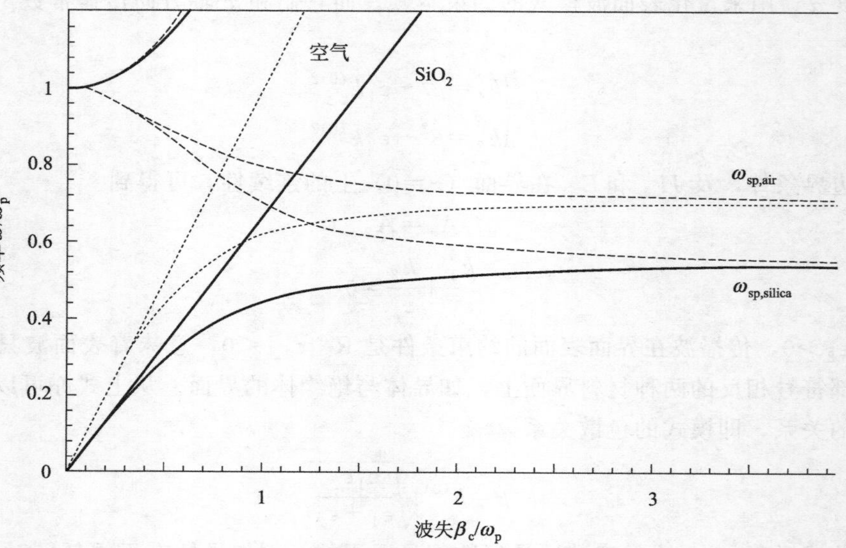

图 5.16 表面等离激元色散关系图

$$\omega_{sp}=\frac{\omega_p^2}{\sqrt{1+\varepsilon_2}} \tag{5.170}$$

该模式具有静电场特性，也就是所谓的表面等离激元，其静电势 φ 的分布可通过求解拉普拉斯方程（Laplace equation）$\nabla^2\varphi=0$ 得到。对于沿 x 轴方向传输的、在 z 轴方向上指数衰减的行波，当 $z>0$ 时：

$$\varphi(z)=A_2\mathrm{e}^{\mathrm{i}\beta x}\mathrm{e}^{-k_2 z}$$

当 $z<0$ 时：

$$\varphi(z)=A_1\mathrm{e}^{\mathrm{i}\beta x}\mathrm{e}^{k_1 z}$$

由$\nabla^2\varphi=0$ 可得 $k_1=k_2=\beta$，即在介质和金属中的衰减长度同为 $1/\beta$。根据边界条件 φ 和 $\varepsilon\partial\varphi/\partial z$ 在 $z=0$ 处连续，可得到

$$\begin{cases}A_1=A_2\\ \varepsilon_1(\omega)+\varepsilon_2=0\end{cases} \tag{5.171}$$

对于给定的金属，上述条件只有在频率为 ω_{sp} 时才得以满足。因而很容易看出，表面等离激元确实是表面等离极化激元在 $\beta\to\infty$时的极限形式。

上述讨论针对的是 $\mathrm{Im}[\varepsilon_1(\omega)]=0$ 的理想导体，然而实际上，金属中自由电子受到杂质散射、带间跃迁的影响，$\varepsilon_1(\omega)$将会是复数，因此表面等离极化激元的传播常数 β 也是复数。表面等离极化激元行波能量衰减长度（也称传播长度）$L=(2\mathrm{Im}[\beta])^{-1}$。色散关系曲线可以很清楚地表明其依赖于频率变化，如图 5.17 所示，当表面等离极化激元频率接近于 ω_{sp} 时，场会被约束在界面附近，随着衰减增加，传播距离减小。以银和空气组成的界面为例，当波长为 450nm 时，传播距离 $L\approx16\mu m$，衰减长度 $d\approx180nm$，而在波长为 $1.5\mu m$ 时，$L\approx1080\mu m$，$d\approx2.6\mu m$。对于器件应用而言，约束程度和传播长度需要兼顾，虽然希望约束强且传播长，但约束程度越强，传播长度越小。

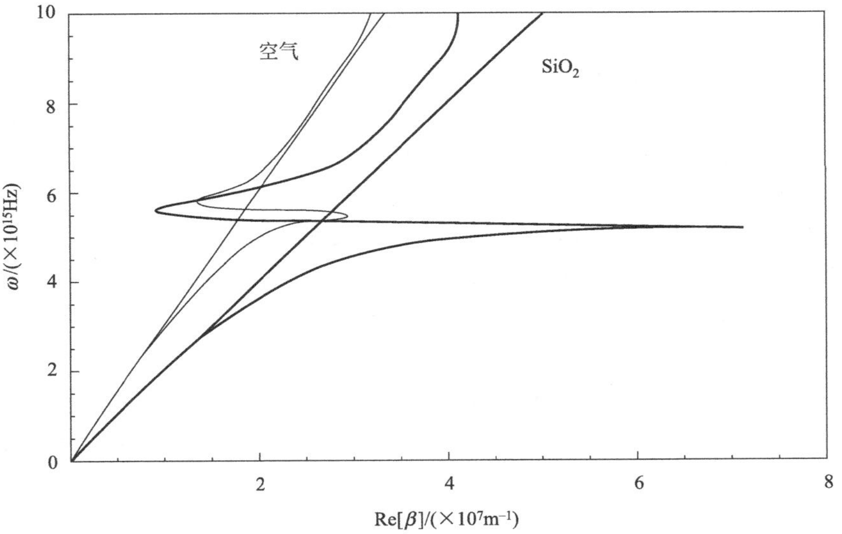

图 5.17　非理想导体的色散关系图

5.7.2　表面等离极化激元的激发方式

由于表面等离极化激元的传播常数 β 大于光在介质中的波矢的模，所以其被束缚在界面附近，而且在传播时会在界面两侧发生衰减。表面等离极化激元色散关系位于介质中光散射曲线的右侧（$\omega=ck^{(0)}$），除非采用特殊的相位匹配技术，否则无法激发表面等离极化激元。本节简单讨论常见的几种表面等离极化激元的激发方式，包括带电粒子激发、棱镜耦合、光栅耦合。

表面等离激元是非传播的、准静态的表面电磁模式，特征频率为 ω_{sp}，Ritchie 在金属薄膜上用低能电子束衍射衰减能谱方法对其进行了研究分析，除了固有能量为 ω_{sp} 的体等离激元激发之外，还观测到另外一个能量为 $\omega_{sp}/\sqrt{2}$ 的模式。金属薄膜上电子衍射的损失谱通常用来激发纵向体等离激元，Powell 和 Swan 在 Mg 和 Al 的电子能量损失谱中观察到额外的谱峰，在金属薄膜氧化的过程中，衰减谱峰发生红移，表明其与表面等离极化激元的激发位置有关，实验过程中激发位置由金属/空气界面转向金属/氧化物界面。

在能量为 $\omega_{sp}/\sqrt{2}$ 处的衰减峰证实了先前 Ritchie 预测的其是由金属/空气界面存在表面激发引起的，这与前面描述的表面等离极化激元对应。由于低能电子衍射实验，只能探测能量在 ω_{sp} 附近的表面等离激元激发，针对快速透过金属薄膜的电子，只要入射电子束的发散角度足够小，通过分析其电子能量和动量的改变，就能全面研究表面等离极化激元的色散关系。

棱镜耦合的方式则利用了全反射的机理，当入射光以角度 θ 入射到介质和金属的界面，其波矢量在平行界面上的投影分量 $k_x=k\sin\theta$ 总小于表面等离极化激元的传播常数 β，这一现象甚至可以推广到掠入射的光束无法实现相位匹配，即表面等离极化激元色散曲线位于介质中光锥的外侧，而入射光沿界面的波矢量总处于光锥内侧。然而，在一个由两层不同介电常数的介质层夹着一层金属膜的三层结构中，可以实现表面等离极化激元的波矢匹配。为简单起见，把其中一个绝缘层设为空气，光束在高介电常数的绝缘体（通常为棱镜）与金属的界面发生反射时，足以激发位于金属与低介电常数界面的表面等离极化激元，即金属与空间界面上的表面等离极化激元，其中金属的面内动量为 $k_x = k\sin\theta$。满足上述条件的话，在空气和高介电常数介质界面区域，入射光可以激发传播常数为 β 的表面等离极化激元。然而，棱镜与金属界面上的表面等离极化激元的相位匹配不能满足，此处的表面等离极化激元的色散曲线位于棱镜的光锥外侧。

上述的耦合机制也被称为衰减全反射，涉及在发生表面等离极化激元激发的金属/空气界面处电场的隧道效应。棱镜耦合的结构包括两种，最普遍的一种结构是克雷奇曼(Kretschmann）方式，如图 5.18 所示，即在棱镜顶部蒸镀一层金属膜，在这种结构中，光束以大于全反射临界角的方向从棱镜一侧入射，光子隧穿金属薄膜，在金属/空气界面上激发表面等离极化激元；另一种类似的结构是奥托（Otto）方式，如图 5.19 所示，棱镜与金属薄膜之间存在窄的空气缝隙，在空气与棱镜的界面发生全内反射，部分光子隧穿到空气与金属的界面激发表面等离极化激元。

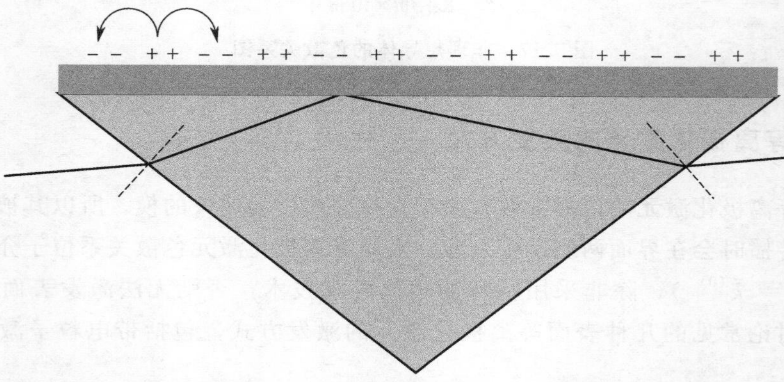

图 5.18 Kretschmann 方式耦合结构图

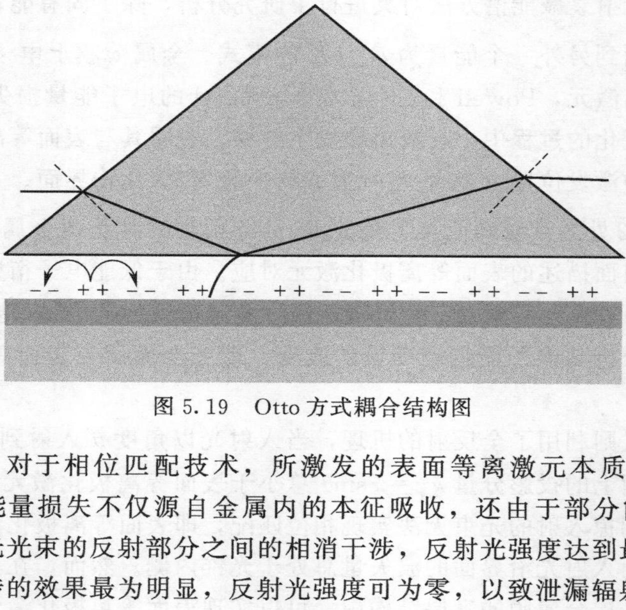

图 5.19 Otto 方式耦合结构图

需要强调的是，对于相位匹配技术，所激发的表面等离激元本质上是泄漏模（leaky waves)，换言之，能量损失不仅源自金属内的本征吸收，还由于部分能量泄漏到棱镜中。由于泄漏辐射与激光光束的反射部分之间的相消干涉，反射光强度达到最小。对于优化厚度的金属膜，相消干涉的效果最为明显，反射光强度可为零，以致泄漏辐射不能被探测到。此外，棱镜耦合机制也适合多层体系中的耦合表面等离极化激元的激发。

最后，来讨论光栅耦合方式，如图 5.20 所示。表面等离极化激元的传播常数 β 与介质中的光的平面波矢分量 $k_x=k\sin\theta$ 之间的不匹配，同样可以通过在金属表面制作光栅常数为 a 的凹槽或孔洞浅栅来解决。对于最简单的一维凹槽光栅，只要满足：

$$\beta=k\sin\theta\pm vg \tag{5.172}$$

就可实现波矢匹配。式中，$g=2\pi/a$，表示周期为 a 的光栅的倒格子矢量大小；$v=1, 2, 3\cdots$。和棱镜耦合一样，当检测到反射光中出现最小值时说明激发产生了表面等离极化激元。相反过程也可能发生：受光栅调制的沿表面传播的表面等离极化激元能够与光耦合并产生辐射。光栅不需要在金属表面直接刻蚀，也可以包含介质材料。作为一个通过光栅来激发和解耦表面等离极化激元的例子，图 5.21 展示了金属薄膜平面上的两个亚波长孔洞阵列的扫描电子显微镜（SEM）图像。如图 5.21（a）所示，图中右边的小阵列通过垂直入射光束激发表面等离极化激元，而左边的大阵列用来将表面等离极化激元传输解耦为连续的光辐射。相位匹配时的波长可以由垂直入射的透射光谱得到。

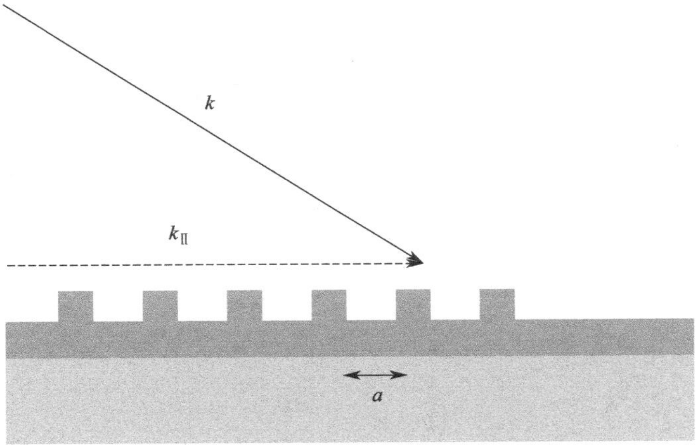

图 5.20　光栅耦合方式结构图

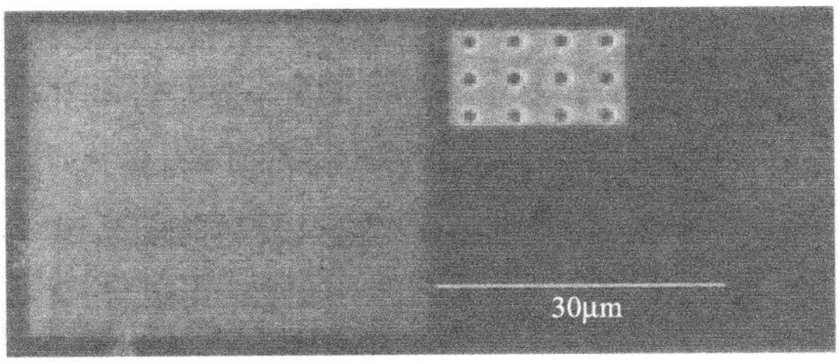

(a)

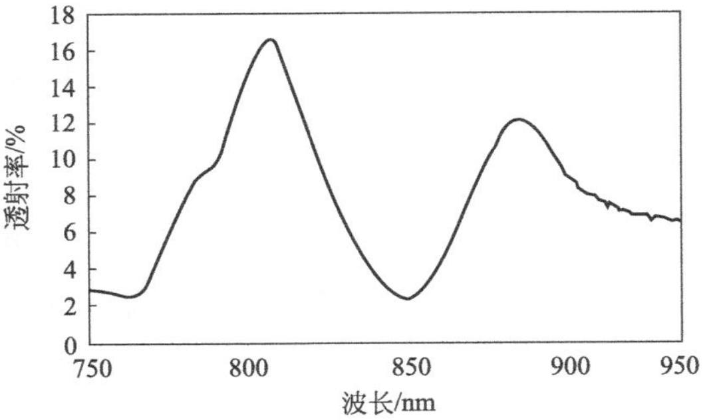

(b)

图 5.21　金属薄膜平面上的两个亚波长孔洞阵列的扫描电子显微镜图

本例中，由于表面等离极化激元模式是在金属/空间界面激发的，所以在波长为 815nm 处产生一个峰值。对于一维光栅，当光栅足够深以至于调制度不能再被看作二维界面上的微扰时，表面等离极化激元的色散关系将有显著改变。当金属光栅的凹槽深度近似为 20nm

时，就会出现一定的带隙。对于更大的光栅凹槽深度，在凹槽内的局域模式导致布里渊区边界的第一高阶能带的折叠，这使得在垂直入射条件下，由于修正的表面等离极化激元色散曲线的频率下降，对于光栅常数 $a<\lambda/2$ 的情况，耦合效应依然存在。更加普遍的情况是，表面等离极化激元也可以在存在随机粗糙或人工局域光散射结构的薄膜表面激发。表面光散射的角动量分量 Δk_x 满足相位匹配条件：

$$\beta=k\sin\theta\pm\Delta k_x \tag{5.173}$$

耦合效率可以通过测量位于金属膜下进入玻璃棱镜的泄漏辐射来估计，为此，Ditlbacher 和同事验证了利用垂直入射光照射表面有一些凸起的平坦薄膜来实现表面等离极化激元的传输。由于与光辐射发生耦合，式（5.173）表示随机的表面粗糙度也构成了表面等离极化激元传输过程中的一个额外衰减渠道。除以上讨论的激发方式外，表面等离极化激元还可以通过其他方式激发，比如强聚焦光束、局部近场光学探针、波导或光纤的端面等。

5.8 电磁波的辐射

在前几节中讨论了电磁波的传播问题。从本节开始将讨论电磁波是如何产生的，也就是研究电磁波是如何由随时间变化的电荷和电流分布来激发的。为了研究随时间变化的电荷和电流分布所激发的电磁场，要求求解普遍情况下的麦克斯韦方程组。在具体处理问题时，可与稳态情形类似，引入电磁场的矢势和标势。所以本节首先把稳态场势的概念推广到一般变化电磁场的情况，然后通过势来求解电磁场的辐射问题。

5.8.1 矢势和标势的引入

在真空中麦克斯韦方程组为

$$\begin{cases}\nabla\times\boldsymbol{E}=-\dfrac{\partial\boldsymbol{B}}{\partial t}\\ \nabla\times\boldsymbol{H}=\dfrac{\partial\boldsymbol{D}}{\partial t}+\boldsymbol{J}\\ \nabla\cdot\boldsymbol{D}=\rho\\ \nabla\cdot\boldsymbol{B}=0\end{cases} \tag{5.174}$$

介质本构方程为

$$\begin{cases}\boldsymbol{D}=\varepsilon_0\boldsymbol{E}\\ \boldsymbol{B}=\mu_0\boldsymbol{H}\end{cases} \tag{5.175}$$

在变化电荷和电流分布给定的情况下，求解空间中的辐射场就归结为求上述方程组的解。式(5.174)是一组联立的偏微分方程，直接求解相当困难。为了讨论问题的方便，在处理辐射问题时一般可以引入电磁场的矢势 $\boldsymbol{A}$ 和标势 φ。下面就从麦克斯韦方程组出发，研究引入电磁场矢势和标势的可行性。

在稳恒磁场情况下，由于

$$\nabla\cdot\boldsymbol{B}=0$$

因此静磁场可以用矢势 $\boldsymbol{A}$ 来描述，而矢势与磁场的关系为

$$\boldsymbol{B}=\nabla\times\boldsymbol{A} \tag{5.176}$$

在变化电磁场情况下，由式(5.174) 的第四式可知磁场 $\boldsymbol{B}$ 仍为无散的，所以用矢势 $\boldsymbol{A}$ 来描述磁场仍然是可行的，其与静场不同之处在于此时 $\boldsymbol{A}$ 应是时间的函数。矢势 $\boldsymbol{A}$ 的物理意义为在任一时刻，$\boldsymbol{A}$ 沿任一闭合回路的线积分等于该时刻通过该闭合回路的磁通量；变化的电场与静电场有所不同，因为变化的电场可由变化的磁场来激发，它是有旋的，它不可能引入和静电场形式一样的势“φ”。但是把式(5.176) 代入式(5.174) 中的第一式有

$$\nabla\times\boldsymbol{E}=-\frac{\partial}{\partial t}(\nabla\times\boldsymbol{A})$$

此式可以化为

$$\nabla\times\left(\boldsymbol{E}+\frac{\partial\boldsymbol{A}}{\partial t}\right)=\boldsymbol{0}$$

这表明在变化电场的情况下，虽然 $\boldsymbol{E}$ 不是无旋场，但是 $\boldsymbol{E}+\frac{\partial\boldsymbol{A}}{\partial t}$ 是无旋的，因此把它作为一个整体，可以引入一个新的标量函数 φ，使

$$\boldsymbol{E}+\frac{\partial\boldsymbol{A}}{\partial t}=-\nabla\varphi \tag{5.177}$$

$$\boldsymbol{E}=-\nabla\varphi-\frac{\partial\boldsymbol{A}}{\partial t} \tag{5.178}$$

此时引入的 φ 称为电磁场的标势。从式(5.176) 和式(5.178) 可知，要想求出电场和磁场，只要求出 $\boldsymbol{A}$、φ 就可以了，$\boldsymbol{A}$、φ 称为电磁场的矢势和标势。因此 $\boldsymbol{E}$、$\boldsymbol{B}$ 和 $\boldsymbol{A}$、φ 是描述电磁场的两种等价方式。但是必须注意，上文在引入矢势和标势时，并未直接定义 $\boldsymbol{A}$ 和 φ 的本身，而只是定义了矢势 $\boldsymbol{A}$ 的旋度和标势 φ 的梯度，所以导致 $\boldsymbol{A}$ 和 φ 具有一定的任意性，也就是说对同一对 $\boldsymbol{E}$、$\boldsymbol{B}$ 可以与许多对 $\boldsymbol{A}$、φ 相对应。

5.8.2　规范变换和规范不变性

从上面的讨论可以看出，在经典电磁场中有直接物理意义的是场矢量 $\boldsymbol{E}$、$\boldsymbol{B}$，$\boldsymbol{A}$、φ 只不过是为了求解方便而引入的辅助量而已，给出 $\boldsymbol{E}$、$\boldsymbol{B}$ 以后并不对应着唯一的一组 $\boldsymbol{A}$、φ。例如，若 φ 为任一时空函数，令

$$\begin{aligned}\boldsymbol{A}'&=\boldsymbol{A}+\nabla\phi\\ \varphi'&=\varphi-\frac{\partial\phi}{\partial t}\end{aligned} \tag{5.179}$$

则由矢势 $\boldsymbol{A}'$和标势 φ'描述的电磁场为

$$\boldsymbol{B}'=\nabla\times\boldsymbol{A}'=\nabla\times(\boldsymbol{A}+\nabla\phi)=\nabla\times\boldsymbol{A}=\boldsymbol{B}$$

$$\boldsymbol{E}'=-\nabla\varphi'-\frac{\partial\boldsymbol{A}'}{\partial t}=-\nabla\left(\varphi-\frac{\partial\phi}{\partial t}\right)-\frac{\partial}{\partial t}(\boldsymbol{A}+\nabla\varphi)=-\nabla\varphi-\frac{\partial\boldsymbol{A}}{\partial t}=\boldsymbol{E}$$

说明新的标势和矢势 $\boldsymbol{A}'$、φ'和 $\boldsymbol{A}$、φ 描述同一个电磁场。由于 ϕ 是任意的，因此对应于同一组 $\boldsymbol{E}$、$\boldsymbol{B}$，$\boldsymbol{A}$、φ 的选择有许多种。变换式(5.179) 称为规范变换，每一组 $\boldsymbol{A}$、φ 称为一种规范。电磁场在做规范变换时，场量保持不变，这种不变性称为规范不变性。用 $\boldsymbol{A}$、φ 描述电磁场的规范不变性的存在，说明存在规范变换自由度。这是由于在式(5.176) 中只定义了 $\boldsymbol{A}$ 的旋度为磁场 $\boldsymbol{B}$，而未给出 $\boldsymbol{A}$ 的散度，因此来决定矢量场 $\boldsymbol{A}$ 是不充分的。但是这种 $\boldsymbol{A}$ 的不确定性实际上在处理电磁场的势方程时常带来许多方便之处。因为对 $\boldsymbol{A}$、φ 加以限

制，可以使$\boldsymbol{A}$、φ的方程得到简化。

5.8.3 洛伦兹规范和达朗贝尔方程

现在从麦克斯韦方程组和$\boldsymbol{A}$、φ与$\boldsymbol{E}$、$\boldsymbol{B}$之间的关系出发来推导$\boldsymbol{A}$、φ所满足的方程。将式(5.179)代入麦克斯韦方程组的第二和第三式，有

$$\begin{cases}\nabla\times(\nabla\times\boldsymbol{A})=\mu_0\boldsymbol{J}-\varepsilon_0\mu_0\dfrac{\partial}{\partial t}\nabla\varphi-\varepsilon_0\mu_0\dfrac{\partial^2\boldsymbol{A}}{\partial t^2}\\[2mm]\nabla^2\varphi+\dfrac{\partial}{\partial t}\nabla\cdot\boldsymbol{A}=-\dfrac{\rho}{\varepsilon_0}\end{cases}$$

利用

$$c^2=\frac{1}{\varepsilon_0\mu_0}\text{和}\nabla\times(\nabla\times\boldsymbol{A})=\nabla^2\boldsymbol{A}-\nabla(\nabla\cdot\boldsymbol{A})$$

可将上式化为

$$\begin{cases}\nabla^2\boldsymbol{A}-\dfrac{1}{c^2}\dfrac{\partial^2\boldsymbol{A}}{\partial t^2}-\nabla\left(\nabla\cdot\boldsymbol{A}+\dfrac{1}{c^2}\dfrac{\partial\varphi}{\partial t}\right)=-\mu_0\boldsymbol{J}\\[2mm]\nabla^2\varphi+\dfrac{\partial}{\partial t}\nabla\cdot\boldsymbol{A}=-\dfrac{\rho}{\varepsilon_0}\end{cases}\tag{5.180}$$

为了简化式(5.180)，利用$\boldsymbol{A}$、φ存在规范变化自由度的情形，可以对$\boldsymbol{A}$、φ加上附加的辅助条件限制使式(5.180)更加简化。现在利用物理学上常用的两种规范对上述方程进行简化。

(1) 库仑规范

库仑规范的辅助条件为

$$\nabla\cdot\boldsymbol{A}=0\tag{5.181}$$

在库仑规范条件即式(5.181)的情况下，式(5.180)可以化为

$$\begin{cases}\nabla^2\boldsymbol{A}-\dfrac{1}{c^2}\dfrac{\partial^2\boldsymbol{A}}{\partial t^2}-\dfrac{1}{c^2}\dfrac{\partial}{\partial t}\nabla\varphi=-\mu_0\boldsymbol{J}\\[2mm]\nabla^2\varphi=-\dfrac{\rho}{\varepsilon_0}\end{cases}\tag{5.182}$$

从式(5.182)中可以看出，若采用库仑规范，电磁场的标势φ所满足的方程与静电势相同，其解显然是库仑势：

$$\varphi(\boldsymbol{x},t)=\frac{1}{4\pi\varepsilon_0}\int_{V'}\frac{\rho(\boldsymbol{x}',t)}{|\boldsymbol{x}-\boldsymbol{x}'|}\mathrm{d}V'\tag{5.183}$$

将φ代入式(5.182)中的第一式可以解出$\boldsymbol{A}$，因此可以确定辐射电磁场。

(2) 洛伦兹规范

如果选取$\boldsymbol{A}$、φ满足如下辅助条件：

$$\nabla\cdot\boldsymbol{A}+\frac{1}{c^2}\frac{\partial\varphi}{\partial t}=0\tag{5.184}$$

则称满足此式的规范为洛伦兹规范。

在洛伦兹规范下，式(5.180)化为

$$\begin{cases}\nabla^2 \boldsymbol{A}-\dfrac{1}{c^2}\dfrac{\partial^2 \boldsymbol{A}}{\partial t^2}-=-\mu_0 \boldsymbol{J} \\ \nabla^2 \varphi-\dfrac{1}{c^2}\dfrac{\partial^2 \varphi}{\partial t^2}=-\dfrac{\rho}{\varepsilon_0}\end{cases} \tag{5.185}$$

从式(5.185)中可以看出，在采用洛伦兹规范时，电磁场的矢势和标势满足相同形式的方程，其物理意义也非常明显。式(5.185)称为达朗贝尔方程，它是非齐次波动方程。在此方程中 $\boldsymbol{A}$ 和 φ 相互分开，$\boldsymbol{A}$ 只依赖于电流，φ 只依赖于电荷，即电荷产生标势波动，电流产生矢势波动。在离开电荷和电流区域之后，矢势和标势都以波动的形式在空间中传播，由此决定的 $\boldsymbol{E}$、$\boldsymbol{B}$ 也在空间中以波动的形式传播。

5.8.4　达朗贝尔方程的特解——推迟势

现在求达朗贝尔方程的解，标势 φ 满足的方程为

$$\nabla^2 \varphi-\frac{1}{c^2}\frac{\partial^2 \varphi}{\partial t^2}=-\frac{\rho}{\varepsilon_0} \tag{5.186}$$

此方程反映了电荷分布与它激发的电磁场标量势之间的关系。由于场的可叠加性，可以先考虑某一体元内变化电荷所激发的势，然后对电荷分布的区域积分，即可得总的标势。

设想坐标原点处有一假想随时间变化的点电荷 $Q(t)$，其电荷密度为

$$\rho(\boldsymbol{x},t)=Q(t)\delta(\boldsymbol{x})$$

此点电荷辐射电磁场的标势 φ 满足的达朗贝尔方程为

$$\nabla^2 \varphi-\frac{1}{c^2}\frac{\partial^2 \varphi}{\partial t^2}=-\frac{Q(t)}{\varepsilon_0}\delta(\boldsymbol{x}) \tag{5.187}$$

由于 φ 只与 r、t 有关，因此在球坐标系下，式(5.187)可以化为

$$\frac{1}{r^2}\frac{\partial}{\partial r}\left(r^2\frac{\partial \varphi}{\partial r}\right)-\frac{1}{c^2}\frac{\partial^2 \varphi}{\partial t^2}=-\frac{1}{\varepsilon_0}Q(t)\delta(\boldsymbol{x}) \tag{5.188}$$

除原点之外，φ 满足的波动方程为

$$\frac{1}{r^2}\frac{\partial}{\partial r}\left(r^2\frac{\partial \varphi}{\partial r}\right)-\frac{1}{c^2}\frac{\partial^2 \varphi}{\partial t^2}=0 \qquad (r\neq 0) \tag{5.189}$$

从数理方程知道，上面方程的解为球面波，可作如下代换：

$$\varphi(r,t)=\frac{u(r,t)}{r} \tag{5.190}$$

将式(5.190)代入式(5.189)可得

$$\frac{\partial^2 u}{\partial r^2}-\frac{1}{c^2}\frac{\partial^2 u}{\partial t^2}=0 \tag{5.191}$$

此式为一维波动方程，其通解为

$$u(r,t)=f\left(t-\frac{r}{c}\right)+g\left(t+\frac{r}{c}\right) \tag{5.192}$$

式中，f，g 为两个任意函数。因此除原点之外，式(5.188)的解为

$$\varphi(r,t)=\frac{f\left(t-\dfrac{r}{c}\right)}{r}+\frac{g\left(t+\dfrac{r}{c}\right)}{r} \tag{5.193}$$

式(5.193) 右端第一项代表向外辐射出去的波动，第二项代表向内会聚的波动。在研究电磁波辐射的问题时，应取 $g=0$，但是 f 的形式应由具体的物理问题来决定。在静电的情形下，原点处点电荷激发的电势为

$$\varphi=\frac{Q}{4\pi\varepsilon_0 r}$$

它满足泊松方程：

$$\nabla^2\varphi=-\frac{Q}{\varepsilon_0}\delta(\boldsymbol{x})$$

推广到迅变场的情形，即

$$\varphi(r,t)=\frac{Q\left(t-\frac{r}{c}\right)}{4\pi\varepsilon_0 r} \tag{5.194}$$

可以证明式(5.194) 确实是式(5.188) 的解，将 $Q\left(t-\frac{r}{c}\right)$在 $r=0$ 附近展开有

$$\varphi(r,t)=\frac{1}{4\pi\varepsilon_0 r}\left[Q(t)+\sum_{n=1}^{\infty}\left(-\frac{1}{c}\right)^n\frac{Q^{(n)}(t)}{n!}r^n\right]$$

所以

$$\begin{aligned}\nabla^2\varphi(r,t)&=\nabla^2\left(\frac{1}{4\pi\varepsilon_0 r}\right)Q(t)+\frac{1}{4\pi\varepsilon_0 r}\sum_{n=2}^{\infty}\left(-\frac{1}{c}\right)^n\frac{Q^{(n)}(t)}{(n-2)!}r^{n-2}\\&=\frac{Q(t)}{4\pi\varepsilon_0}\nabla^2\left(\frac{1}{r}\right)+\frac{1}{4\pi\varepsilon_0 r}\sum_{n=0}^{\infty}\left(-\frac{1}{c}\right)^{n+2}\frac{Q^{(n+2)}(t)}{n!}r^n\end{aligned}$$

另一方面，因为

$$\begin{aligned}\frac{1}{c^2}\frac{\partial^2\varphi}{\partial t^2}&=\frac{1}{4\pi\varepsilon_0 r}\left[\frac{Q''(t)}{c^2}+\sum_{n=1}^{\infty}\left(-\frac{1}{c}\right)^{n+2}\frac{Q^{(n+2)}(t)}{n!}r^n\right]\\&=\frac{1}{4\pi\varepsilon_0 r}\sum_{n=0}^{\infty}\left(-\frac{1}{c}\right)^{n+2}\frac{Q^{(n+2)}(t)}{n!}r^n]\end{aligned}$$

所以

$$\nabla^2\varphi-\frac{1}{c^2}\frac{\partial^2\varphi}{\partial t^2}=\frac{Q(t)}{4\pi\varepsilon_0}\nabla^2\left(\frac{1}{r}\right)=-4\pi\delta(\boldsymbol{x})\times\frac{Q(t)}{4\pi\varepsilon_0}=-\frac{Q(t)}{\varepsilon_0}\delta(\boldsymbol{x})$$

因此就证明了式(5.194) 确实是式(5.188) 的解。

如果电荷不在坐标原点上，而是在 $\boldsymbol{x}'$上，以 $\boldsymbol{r}$ 为源点 $\boldsymbol{x}$ 到场点 $\boldsymbol{x}'$的距离，则有

$$\varphi(\boldsymbol{x},t)=\frac{Q\left(\boldsymbol{x}',t-\frac{r}{c}\right)}{4\pi\varepsilon_0 r} \tag{5.195}$$

若电荷分布为 $\rho(\boldsymbol{x}',t)$，则在 $\boldsymbol{x}'$处 $\mathrm{d}V'$内的电荷 $\mathrm{d}q=\rho(\boldsymbol{x}',t)\mathrm{d}V'$激发的势为

$$\mathrm{d}\varphi(\boldsymbol{x},t)=\frac{\rho\left(\boldsymbol{x}',t-\frac{r}{c}\right)}{4\pi\varepsilon_0 r}\mathrm{d}V'$$

则由场的叠加性，电荷分布为 $\rho(\boldsymbol{x}',t)$激发的总标势为

$$\varphi(\boldsymbol{x},t)=\int_{V'}\frac{\rho\left(\boldsymbol{x}',t-\frac{r}{c}\right)}{4\pi\varepsilon_0 r}\mathrm{d}V' \tag{5.196}$$

由于矢势 $\boldsymbol{A}$ 所满足的方程在形式上与标势 φ 所满足的方程相同，所以一般随时间变化的电流 $\boldsymbol{J}(\boldsymbol{x}',t)$所激发的矢势为

$$\boldsymbol{A}(\boldsymbol{x},t)=\frac{\mu_0}{4\pi}\int_{V'}\frac{\boldsymbol{J}\left(\boldsymbol{x}',t-\frac{r}{c}\right)}{r}\mathrm{d}V' \tag{5.197}$$

由式(5.196) 和式(5.197) 可以看出，在时刻 t，场点 $\boldsymbol{x}$ 处的势不是由同一时刻的电荷和电流分布所决定，而是由较早时刻 $t'=t-\frac{r}{c}$ 的电荷和电流分布所决定。或者讲，在时刻 t，位于 $\boldsymbol{x}'$的电荷和电流产生的电磁作用不能立即传播至场点，而必须经过 $\Delta t=\frac{r}{c}$时间的推迟才传播至场点。所推迟的时间 $\Delta t=\frac{r}{c}$ 正好是电磁波从 $\boldsymbol{x}'$传播至 $\boldsymbol{x}$ 点所需的时间。如图 5.22 所示，设 M_1 到场点距离为 r_1，则在 M_1 点上的电荷，在$\left(t-\frac{r_1}{c}\right)$时刻的值才对 $\varphi(\boldsymbol{x},t)$有贡献；而在 M_2 点上的电荷，在$\left(t-\frac{r_2}{c}\right)$时刻的值才对 $\varphi(\boldsymbol{x},t)$有贡献。因此，在 $\boldsymbol{x}$ 点 t 时刻测量的电磁场是由场源不同时刻的电流和电荷分布所激发的。由于电磁场决定于较观测时刻 t 早$\frac{r}{c}$时间的源，所以场状态相对于源状态来说是推迟了，这种现象称为推迟现象，式(5.169) 和式(5.170) 代表的势称为推迟势，推迟时间为$\frac{r}{c}$。

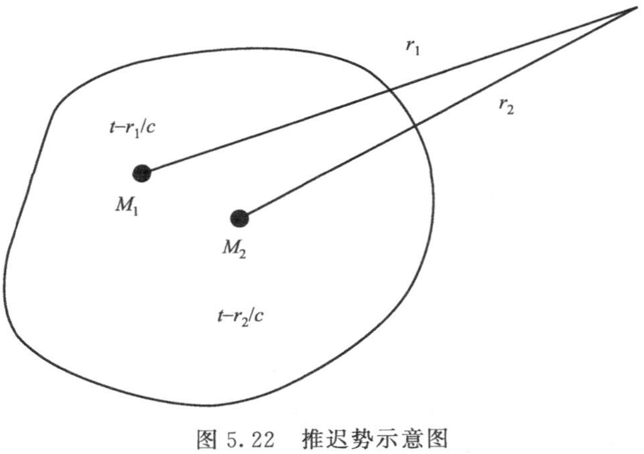

图 5.22　推迟势示意图

现在验证推迟势式(5.196) 和式(5.197) 所满足的洛伦兹条件，先计算矢势的散度：

$$\nabla\cdot\boldsymbol{A}=\frac{\mu_0}{4\pi}\int\nabla\cdot\left[\frac{\boldsymbol{J}(\boldsymbol{x}',t-\frac{r}{c})}{r}\right]\mathrm{d}V'=\frac{\mu_0}{4\pi}\int\left[\left(\nabla\frac{1}{r}\right)\cdot\boldsymbol{J}\left(\boldsymbol{x}'\cdot t-\frac{r}{c}\right)+\frac{1}{r}\nabla\cdot\boldsymbol{J}\left(\boldsymbol{x}'\cdot t-\frac{r}{c}\right)\right]\mathrm{d}V'$$

因为

$$\nabla\cdot\boldsymbol{J}(\boldsymbol{x}',t-\frac{r}{c})=\nabla\cdot\boldsymbol{J}(\boldsymbol{x}',t')=\frac{\partial\boldsymbol{J}}{\partial t'}\cdot\nabla t'=-\frac{1}{c}\frac{\partial\boldsymbol{J}}{\partial t'}\cdot\nabla r$$

$$\nabla'\cdot\boldsymbol{J}\left(\boldsymbol{x}',t-\frac{r}{c}\right)=\nabla'\cdot\boldsymbol{J}(\boldsymbol{x}',t')\big|_{t'}-\frac{1}{c}\frac{\partial\boldsymbol{J}}{\partial t'}\cdot\nabla' r=\nabla'\cdot\boldsymbol{J}(\boldsymbol{x}',t')\big|_{t'}+\frac{1}{c}\frac{\partial\boldsymbol{J}}{\partial t'}\cdot\nabla r$$

所以

$$\nabla\cdot\boldsymbol{J}\left(\boldsymbol{x}',t-\frac{r}{c}\right)=\nabla'\cdot\boldsymbol{J}(\boldsymbol{x}',t')|_{t'}-\nabla'\cdot\boldsymbol{J}(\boldsymbol{x}',t')$$

将上式代入矢势的散度中有

$$\begin{aligned}\nabla\cdot\boldsymbol{A}&=\frac{\mu_0}{4\pi}\int\left[\left(\nabla\frac{1}{r}\right)\cdot\boldsymbol{J}+\frac{1}{r}(\nabla'\cdot\boldsymbol{J})_{t'}-\frac{1}{r}\nabla'\cdot\boldsymbol{J}\right]\mathrm{d}V'\\&=\frac{\mu_0}{4\pi}\int\left[\left(\nabla\frac{1}{r}\right)\cdot\boldsymbol{J}-\frac{1}{r}\nabla'\cdot\boldsymbol{J}\right]\mathrm{d}V'+\frac{\mu_0}{4\pi}\int\frac{1}{r}(\nabla'\cdot\boldsymbol{J})_{t'}\mathrm{d}V'\\&=-\frac{\mu_0}{4\pi}\int\nabla'\cdot\frac{\boldsymbol{J}}{r}\mathrm{d}V'+\frac{\mu_0}{4\pi}\int\frac{1}{r}(\nabla'\cdot\boldsymbol{J})_{t}{}'\mathrm{d}V'\\&=-\oint\mathrm{d}\boldsymbol{S}'\cdot\frac{\boldsymbol{J}}{r}+\frac{\mu_0}{4\pi}\int\frac{1}{r}(\nabla'\cdot\boldsymbol{J})_{t'}\mathrm{d}V'=\frac{\mu_0}{4\pi}\int\frac{1}{r}(\nabla'\cdot\boldsymbol{J})_{t'}\mathrm{d}V'\end{aligned}$$

$$\nabla\cdot\boldsymbol{A}+\frac{1}{c^2}\frac{\partial\varphi}{\partial t}=\nabla\cdot\boldsymbol{A}+\mu_0\varepsilon_0\frac{\partial\varphi}{\partial t}=\frac{\mu_0}{4\pi}\int\left[\frac{1}{r}(\nabla'\cdot\boldsymbol{J})_{t'}+\frac{1}{r}\frac{\partial\rho}{\partial t}\right]\mathrm{d}V'$$

由电荷守恒定律

$$\nabla'\cdot\boldsymbol{J}(\boldsymbol{x}',t')_{t}+\frac{\partial\rho}{\partial t'}=\nabla'\cdot\boldsymbol{J}_{t'}+\frac{\partial\rho}{\partial t}=0$$

所以

$$\nabla\cdot\boldsymbol{A}+\frac{1}{c^2}\frac{\partial\varphi}{\partial t}=\nabla\cdot\boldsymbol{A}+\mu_0\varepsilon_0\frac{\partial\varphi}{\partial t}=\frac{\mu_0}{4\pi}\int\left[\frac{1}{r}(\nabla'\cdot\boldsymbol{J})_{t'}+\frac{1}{r}\frac{\partial\rho}{\partial t}\right]\mathrm{d}V'=0$$

这就证明了洛伦兹条件。

当电荷和电流 ρ、$\boldsymbol{J}$ 的分布给定以后，由式(5.196) 和式(5.197) 可求出矢势和标势，再由

$$\boldsymbol{B}=\nabla\times\boldsymbol{A}$$

$$\boldsymbol{E}=-\nabla\varphi-\frac{\partial\boldsymbol{A}}{\partial t}$$

就可以求出空间任意点的电磁场量及能量传播情况。

5.9 电偶极辐射

从 5.8 节的结论可知计算电荷和电流系统的辐射场归结为计算推迟势 $\boldsymbol{A}$ 和 φ。在实际工作中，电磁波都是从交变的电荷系统辐射出来，而振荡的电偶极子是辐射电磁波的最简单的系统，因此研究它的辐射具有重要的意义。本节主要利用推迟势来讨论电偶极辐射的基本规律。

5.9.1 计算辐射场的一般公式

在实际问题中，电荷和电流一般都随时间做周期性的变化，电荷和电流分布可以写为

$$\begin{aligned}\boldsymbol{J}(\boldsymbol{x}',t)&=\boldsymbol{J}(\boldsymbol{x}')\mathrm{e}^{-\mathrm{i}\omega t}\\\rho(\boldsymbol{x}',t)&=\rho(\boldsymbol{x}')\mathrm{e}^{-\mathrm{i}\omega t}\end{aligned}\tag{5.198}$$

电流密度 $\boldsymbol{J}$ 和电荷密度 ρ 满足电荷守恒定律：

$$\nabla\cdot\boldsymbol{J}+\frac{\partial\rho}{\partial t}=0$$

所以对交变电荷和电流分布有

$$\nabla \cdot \boldsymbol{J} = \mathrm{i}\omega\rho \tag{5.199}$$

此式表明对谐变电流和电荷系统，电荷和电流分布不是独立的，给出了电流密度也就给出了电荷密度。谐变电荷和电流系统的辐射场也是时间的谐变函数，因此由式（5.197）求出了矢势分布后，可以由洛伦兹条件求出标势分布：

$$\varphi = \frac{c^2}{\mathrm{i}\omega}\nabla \cdot \boldsymbol{A} \tag{5.200}$$

式（5.200）表明只要给出了矢势 $\boldsymbol{A}$，标势自然可以求出。事实上并不需要求出 φ，因为由式（5.197）求出 $\boldsymbol{A}$ 后，磁场可以由下式给出：

$$\boldsymbol{B} = \nabla \times \boldsymbol{A} \tag{5.201}$$

在电荷和电流分布的区域之外，电荷和电流分布为零。由麦克斯韦方程组可以求出电场强度为

$$\boldsymbol{E} = \frac{\mathrm{i}}{\omega\mu\varepsilon}\nabla \times \boldsymbol{B} = \frac{\mathrm{i}c}{k}\nabla \times \boldsymbol{B} \tag{5.202}$$

下面求交变电流分布的矢势 $\boldsymbol{A}(\boldsymbol{x}, t)$，已知推迟势公式：

$$\boldsymbol{A}(\boldsymbol{x},t) = \frac{\mu_0}{4\pi}\int_{V'} \frac{\boldsymbol{J}\left(\boldsymbol{x}',t - \frac{r}{c}\right)}{r}\mathrm{d}V'$$

将电流分布 $\boldsymbol{J}(\boldsymbol{x}',t) = \boldsymbol{J}(\boldsymbol{x}')\mathrm{e}^{-\mathrm{i}\omega t}$ 代入上述表达式中有

$$\begin{aligned}\boldsymbol{A}(\boldsymbol{x},t) &= \frac{\mu_0}{4\pi}\int \frac{\boldsymbol{J}(\boldsymbol{x}')\mathrm{e}^{-\mathrm{i}\omega\left(t-\frac{r}{c}\right)}}{r}\mathrm{d}V' = \frac{\mu_0}{4\pi}\int \frac{\boldsymbol{J}(\boldsymbol{x}')\mathrm{e}^{\mathrm{i}(kr-\omega t)}}{r}\mathrm{d}V' \\ &= \frac{\mu_0}{4\pi}\int \frac{\boldsymbol{J}(\boldsymbol{x}')\mathrm{e}^{\mathrm{i}kr}}{r}\mathrm{d}V'\mathrm{e}^{-\mathrm{i}\omega t}\end{aligned}$$

式中，$k = \omega/c$，为辐射电磁波的波数。由于辐射场也是谐变的，所以 $\boldsymbol{A}(\boldsymbol{x}, t)$ 可以写为

$$\boldsymbol{A}(\boldsymbol{x},t) = \boldsymbol{A}(\boldsymbol{x})\mathrm{e}^{-\mathrm{i}\omega t}$$

所以有矢势的空间变化表达式为

$$\boldsymbol{A}(\boldsymbol{x}) = \frac{\mu_0}{4\pi}\int \frac{\boldsymbol{J}(\boldsymbol{x}')\mathrm{e}^{\mathrm{i}kr}}{r}\mathrm{d}V' \tag{5.203}$$

式中，$\mathrm{e}^{\mathrm{i}kr}$ 为相位推迟因子，表明电磁波传至场点时有相位滞后 kr。

5.9.2　计算远区场矢势的展开式

如果电荷和电流分布在小区域内，且所研究的场区域内各点到辐射源的距离 $r = |\boldsymbol{x} - \boldsymbol{x}'|$ 远小于辐射波长，即在这一区域内 $kr \approx 0$，则这一区域称为近场区，在此区域内推迟作用可以忽略不计，此时电场和磁场都具有稳恒场的性质。以后不讨论此区域内的场，而只讨论小区域内电荷分布在远区的辐射场。所谓远区场是指 $r \gg \lambda$，而小区域是指电荷分布的线度 $l \ll \lambda$，$l \ll r$。

选取坐标原点在电荷分布的区域内，远区场点到区域内源点 $\boldsymbol{x}'$ 的距离为 $r = |\boldsymbol{x} - \boldsymbol{x}'|$，$\boldsymbol{x}'$ 的线度为 l，$|\boldsymbol{x}| = R$ 为坐标原点到场点的距离，如图 5.23 所示。

因为

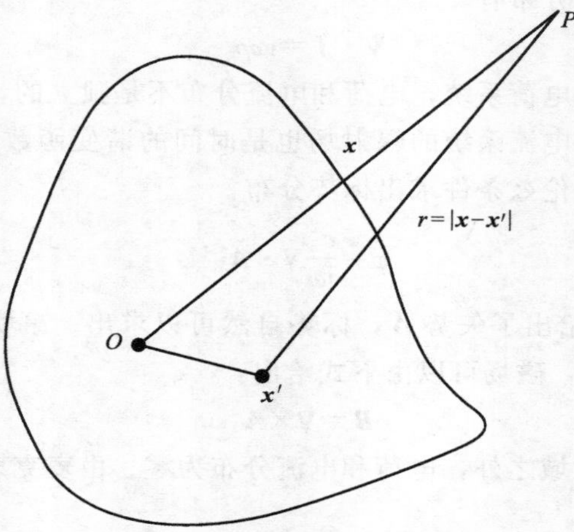

图 5.23 小区域电荷分布辐射示意图

$$r=|\boldsymbol{x}-\boldsymbol{x}'|\approx R-\boldsymbol{e}_r\cdot\boldsymbol{x}' \tag{5.204}$$

式中，$\boldsymbol{e}_r$ 为沿 $\boldsymbol{x}$ 方向的单位矢量。

将式（5.176）代入式（5.203）有

$$\boldsymbol{A}(\boldsymbol{x})=\frac{\mu_0}{4\pi}\int\frac{\boldsymbol{J}(\boldsymbol{x}')\mathrm{e}^{\mathrm{i}k(R-\boldsymbol{e}_r\cdot\boldsymbol{x}')}}{R-\boldsymbol{e}_r\cdot\boldsymbol{x}'}\mathrm{d}V' \tag{5.205}$$

在辐射场中，只保留 $1/R$ 的最低次幂项，因此分母中略去 $-\boldsymbol{e}_r\cdot\boldsymbol{x}'$，而分子中的 $\mathrm{e}^{-\mathrm{i}k\boldsymbol{e}_r\cdot\boldsymbol{x}'}$ 项可以展开为

$$\mathrm{e}^{-\mathrm{i}k\boldsymbol{e}_r\cdot\boldsymbol{x}'}=1-\mathrm{i}k\boldsymbol{e}_r\cdot\boldsymbol{x}'+\cdots \tag{5.206}$$

将式（5.206）代入式（5.203）有

$$\begin{aligned}\boldsymbol{A}(\boldsymbol{x})&=\frac{\mu_0\mathrm{e}^{\mathrm{i}kR}}{4\pi R}\int\boldsymbol{J}(\boldsymbol{x}')(1-\mathrm{i}k\boldsymbol{e}_r\cdot\boldsymbol{x}'+\cdots)\mathrm{d}V'\\&=\boldsymbol{A}^{(0)}(\boldsymbol{x})+\boldsymbol{A}^{(1)}(\boldsymbol{x})+\boldsymbol{A}^{(2)}(\boldsymbol{x})\cdots\end{aligned} \tag{5.207}$$

下面讨论展开式中各项对应的电磁多极矩辐射。

5.9.3 偶极辐射场

矢势展开式中第一项

$$\boldsymbol{A}(\boldsymbol{x})=\frac{\mu_0\mathrm{e}^{\mathrm{i}kR}}{4\pi R}\int\boldsymbol{J}(\boldsymbol{x}')\mathrm{d}V' \tag{5.208}$$

由于

$$\boldsymbol{p}=\int\rho(\boldsymbol{x}',t)\boldsymbol{x}'\mathrm{d}V'$$

可以证明

$$\frac{\mathrm{d}\boldsymbol{p}}{\mathrm{d}t}=\int\boldsymbol{J}(\boldsymbol{x}',t)\mathrm{d}V'$$

所以式（5.181）可以化为

$$\boldsymbol{A}(\boldsymbol{x})=\frac{\mu_0\mathrm{e}^{\mathrm{i}kR}}{4\pi R}\dot{\boldsymbol{p}} \tag{5.209}$$

由于在计算辐射场时要求对 $\boldsymbol{A}(\boldsymbol{x})$ 取旋度，而在辐射场中只保留磁场的 $\frac{1}{R}$ 项，因此算符 ∇ 不要求作用到分母的 R 上，而仅需要作用在相因子 $\mathrm{e}^{\mathrm{i}kR}$ 上，作用结果相当于作代换

$$\begin{cases}\nabla \to \mathrm{i}k\boldsymbol{e}_r \\ \dfrac{\partial}{\partial t} \to -\mathrm{i}\omega\end{cases} \tag{5.210}$$

式中，$\boldsymbol{e}_r$ 为 $\boldsymbol{x}$ 方向上的单位矢量。所以

$$\boldsymbol{A}(\boldsymbol{x})=\nabla\times\boldsymbol{A}=\frac{\mu_0 i\,\mathrm{e}^{\mathrm{i}kR}}{4\pi R}\boldsymbol{e}_r\times\dot{\boldsymbol{p}}=\frac{1}{4\pi\varepsilon_0 c^3 R}\mathrm{e}^{\mathrm{i}kR}\ddot{\boldsymbol{p}}\times\boldsymbol{e}_r \tag{5.211}$$

由麦克斯韦方程组可知

$$\boldsymbol{E}=\frac{\mathrm{i}c}{k}\nabla\times\boldsymbol{B}=c\boldsymbol{B}\times\boldsymbol{e}_r=\frac{\mathrm{e}^{\mathrm{i}kR}}{4\pi\varepsilon_0 c^2 R}(\ddot{\boldsymbol{p}}\times\boldsymbol{e}_r)\times\boldsymbol{e}_r \tag{5.212}$$

由式（5.211）和式（5.212）可知在远区的辐射场具有以下特征：电场和磁场的变化全部有滞后因子 $\mathrm{e}^{\mathrm{i}kR}$，反映了电磁作用以有限的速度在空间中传播；在远区，电场和磁场相互垂直且都垂直于传播方向，三者构成右手螺旋系；电场和磁场的振幅都随 R 增大而减少；电场和磁场都包含传播因子 $\mathrm{e}^{\mathrm{i}(kR-\omega t)}$，说明辐射场是以球面波的形式向外传播的波动。若取球坐标系原点在电荷分布的区域内，且以偶极矩 $\boldsymbol{p}$ 方向为极轴，则此时空间一点的辐射场为

$$\begin{cases}\boldsymbol{B}=\dfrac{1}{4\pi\varepsilon_0 c^3 R}|\ddot{\boldsymbol{p}}|\mathrm{e}^{\mathrm{i}kR}\sin\theta\boldsymbol{e}_\phi \\ \boldsymbol{E}=\dfrac{1}{4\pi\varepsilon_0 c^2 R}|\ddot{\boldsymbol{p}}|\mathrm{e}^{\mathrm{i}kR}\sin\theta\boldsymbol{e}_\theta\end{cases} \tag{5.213}$$

由式（5.213）可知，$\boldsymbol{B}$ 沿纬线上振荡，$\boldsymbol{E}$ 沿经线上振荡。图 5.24 所示为 z 方向电偶极子辐射图。

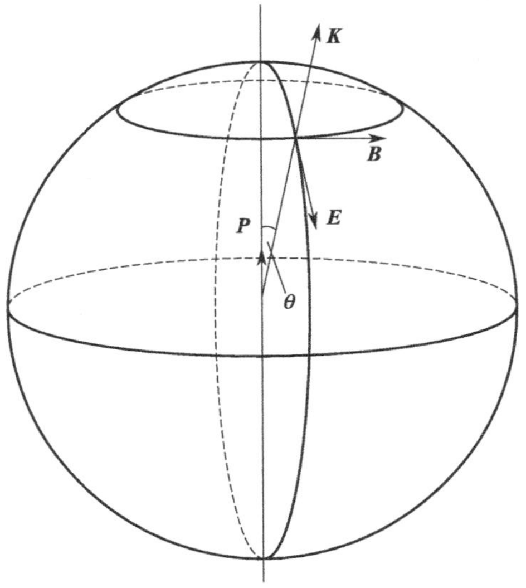

图 5.24　z 方向电偶极子辐射示意图

由电偶极辐射在空间的电场和磁场，可以很容易地求出空间中电偶极辐射的平均能流密度

$$\overline{S}=\frac{1}{2}\mathrm{Re}[\boldsymbol{E}^*\times\boldsymbol{H}]=\frac{c}{2\mu_0}\mathrm{Re}[(\boldsymbol{B}^*\times\boldsymbol{e}_r)\times\boldsymbol{B}]=\frac{c}{2\mu_0}|\boldsymbol{B}|^2\boldsymbol{e}_r=\frac{|\ddot{\boldsymbol{p}}|^2}{32\pi^2\varepsilon_0c^3R^2}\sin^2\theta\boldsymbol{e}_r \tag{5.214}$$

式中，θ 为 $\boldsymbol{e}_r$ 与电偶极矩 $\boldsymbol{p}$ 之间的夹角。式(5.187) 表明电偶极矩辐射场的平均能流密度与方位 θ 有关，一般称 $\sin^2\theta$ 为辐射角分布，反映电偶极辐射的方向特性。在与 $\boldsymbol{p}$ 垂直的方向上辐射最强，在平行于 $\boldsymbol{p}$ 的方向上辐射为零。电偶极子辐射的角分布如图 5.25 所示。

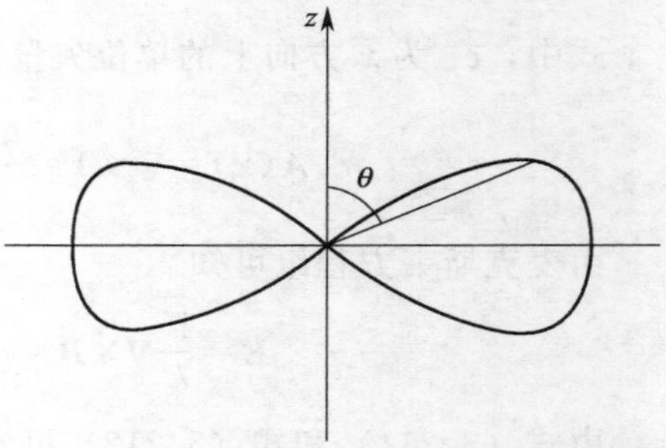

图 5.25　z 方向电偶极子辐射的角分布

辐射源单位时间内辐射出电磁场的总能量称为辐射功率，辐射功率可以通过能流对半径为 R 的球面进行积分得到：

$$P=\oint_{\Sigma}|\overline{S}|\cdot d\boldsymbol{\Sigma}=\oint_{\Sigma}|\overline{S}|\cdot R^2\sin\theta d\theta d\phi=\frac{|\ddot{\boldsymbol{p}}|^2}{32\pi^2c^3\varepsilon_0}\int_0^{2\pi}\int_0^{\pi}\sin^3\theta d\theta d\phi \tag{5.215}$$

$$=\frac{|\ddot{\boldsymbol{p}}|^2}{12\pi c^3\varepsilon_0}=\frac{p_0^2\omega^4}{12\pi c^3\varepsilon_0}=\frac{cp_0^2}{12\pi\varepsilon_0}\left(\frac{2\pi}{\lambda}\right)^4$$

(5.215) 表明电偶极辐射功率与辐射频率的四次方成正比或者与辐射波长的四次方成反比。所以高频率的振荡偶极子可以得到较大的辐射功率。

例题 5-9：偶极矩为 p_0 的电偶极子与 z 轴夹角为 θ_0。以角速度 ω 饶 z 轴旋转。试计算远区的辐射场和辐射场的能流密度。

解：设辐射波长远大于偶极子的线度。系统的偶极矩可以写为：

$$\boldsymbol{p}=p_0\cos\theta_0\boldsymbol{e}_z+p_0\sin\theta_0\cos\omega t\boldsymbol{e}_x+p_0\sin\theta_0\sin\omega t\boldsymbol{e}_y$$

$$=p_0\cos\theta_0\boldsymbol{e}_z+p_0\sin\theta_0 e^{-i\omega t}(\boldsymbol{e}_x+i\boldsymbol{e}_y)$$

因此

$$\ddot{\boldsymbol{p}}=-\omega^2p_0\sin\theta_0 e^{-i\omega t}(\boldsymbol{e}_x+i\boldsymbol{e}_y)$$

将此式代入式 (5.186) 可得

$$\boldsymbol{B}=-\frac{\mu_0}{4\pi}\frac{\omega^2p_0\sin\theta_0}{cR}e^{i(kR-\omega t)}[(\boldsymbol{e}_x+i\boldsymbol{e}_y)\times\boldsymbol{e}_r]$$

$$=\frac{\mu_0}{4\pi}\frac{\omega^2p_0\sin\theta_0}{cR}e^{i(kR-\omega t)}(\cos\theta\boldsymbol{e}_\phi-i\boldsymbol{e}_\theta)$$

$$\boldsymbol{E}=c\boldsymbol{B}\times\boldsymbol{e}_r=\frac{\mu_0}{4\pi}\frac{\omega^2p_0\sin\theta_0}{R}e^{i(kR-\omega t)}(\cos\theta\boldsymbol{e}_\theta+i\boldsymbol{e}_\phi)$$

辐射场平均能流为

$$\overline{S}=\frac{1}{2}\mathrm{Re}[\boldsymbol{E}\times\boldsymbol{H}^*]=\frac{c}{2\mu_0}|\boldsymbol{B}|^2\boldsymbol{e}_r=\frac{\mu_0\omega^4p_0^2\sin^2\theta_0}{32\pi^2cR^2}(1+\cos^2\theta)\boldsymbol{e}_r$$

例题 5-10：两个相同的随时间谐变的电偶极矩，同向地排在一条直线上，相距为 a，试计算它们在远区的总辐射场。

解：假设偶极矩沿 z 轴方向排列，如图 5.26 所示。两个电偶极子的偶极矩分别为

$$\boldsymbol{p}_1=\boldsymbol{p}_2=\boldsymbol{p}_0\mathrm{e}^{-\mathrm{i}\omega t}$$

此系统的辐射场为两个电偶极子辐射场的叠加，两个偶极子分别存在时产生的辐射场为

$$\boldsymbol{B}_1=\frac{\mu_0\mathrm{e}^{\mathrm{i}kR_1}}{4\pi cR_1}\ddot{\boldsymbol{p}}_1\times\boldsymbol{e}_r$$

$$\boldsymbol{B}_2=\frac{\mu_0\mathrm{e}^{\mathrm{i}kR_2}}{4\pi cR_2}\ddot{\boldsymbol{p}}_2\times\boldsymbol{e}_r$$

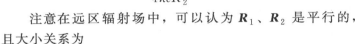

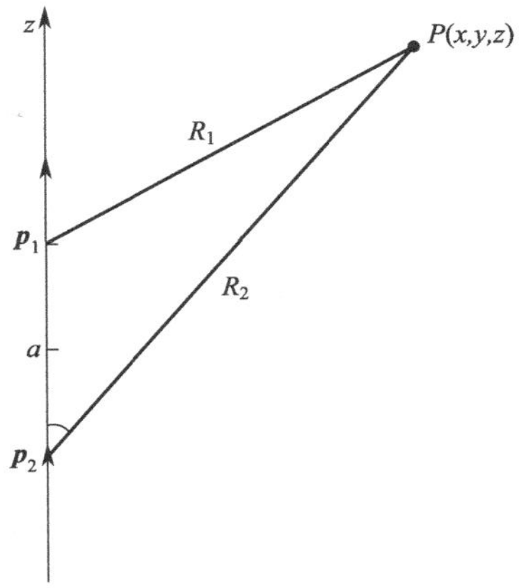

图 5.26　例题 5-10 示意图

注意在远区辐射场中，可以认为 $\boldsymbol{R}_1$、$\boldsymbol{R}_2$ 是平行的，且大小关系为

$$R_1=R_2-a\cos\theta$$

在叠加场中，分母中的 $\boldsymbol{R}_1$、$\boldsymbol{R}_2$ 的大小看成是相等的。

所以总辐射场为

$$\boldsymbol{B}=\boldsymbol{B}_1+\boldsymbol{B}_2=\frac{\mu_0}{4\pi cR}(\mathrm{e}^{\mathrm{i}kR_1}+\mathrm{e}^{\mathrm{i}kR_2})\ddot{\boldsymbol{p}}\times\boldsymbol{e}_r=\frac{\mu_0}{4\pi cR}\mathrm{e}^{\mathrm{i}kR}(1+\mathrm{e}^{-\mathrm{i}ka\cos\theta})\ddot{\boldsymbol{p}}\times\boldsymbol{e}_r$$

电场为

$$\boldsymbol{E}=\frac{\mathrm{i}c^2}{\omega}\nabla\times\boldsymbol{B}=c\boldsymbol{B}\times\boldsymbol{e}_r$$

习题

5.1　导体中的电磁波与介质中的电磁波相比有何特点？

5.2　对电磁波来讲，导电介质为良导体的条件是什么？

5.3　试由麦克斯韦方程组，导出时谐电磁波所满足的亥姆霍兹方程（假设介质均匀、各向同性，而且区域内无电荷及电流）。

5.4　试证明真空中平面电磁波有：

(1) 横波（TEM）；

(2) $\boldsymbol{E}$、$\boldsymbol{B}$、$\boldsymbol{k}$ 组成右手螺旋系统；

(3) $\sqrt{\varepsilon_0}E_0=\sqrt{\mu_0}H_0$。

5.5　在求解电磁场方程时，为什么要引入矢势和标势？

5.6　什么是规范变换和规范不变性？它们有什么意义？

5.7　以电偶极矩辐射场为例，说明辐射场的性质。

5.8　一平面电磁波以 $\theta=45°$ 从真空中入射到 $\varepsilon_r=2$ 的介质中，电场强度方向垂直于入射面，求反射系数和折射系数。

5.9 水的电容率$\varepsilon=8\varepsilon_0$，电导率$\sigma_c=1(\Omega\cdot\text{m})^{-1}$，$\mu=\mu_0$，当$\frac{\sigma_c}{\omega\varepsilon}>10$时，可以把海水视为良导体。求：

(1) 可将海水视为良导体的最高工作频率f_0；

(2) $f_1=10^4\text{Hz}$，$f_2=10^8\text{Hz}$时，电磁波的衰减长度d_1，d_2；

(3) 在上述频率下，若海水某处电场强度仅为空气中的0.1%，求该处海水的深度。

5.10 一可见平面光波由水入射到空气，入射角为60°。证明这时将会发生全发射，并求折射波沿表面传播的相速度和透入空气的深度（设该波在空气中的波长为$\lambda_0=6.28\times10^{-5}\text{cm}$，水的折射率为$n=1.33$）。

5.11 有两个频率和振幅都相等的单色平面波沿z轴传播，一个波沿x轴方向振动，另一个波沿y轴方向振动，但相位比前者超前$\frac{\pi}{2}$，求合成波的振幅。

5.12 真空中一频率为300MHz，电场振幅为1mV/m的均匀平面波垂直射向很大的平面厚铜板上（铜板的电磁参量为$\mu=\mu_0$，$\varepsilon=\varepsilon_0$，$\sigma_c=5.8\times10^7\text{S/m}$）。求

(1) 铜表面处的投射电场和磁场；

(2) 铜表面处的传导电流体密度和穿透深度；

(3) 铜表面上每平方米导体内的功率损耗。

5.13 波导中电磁场沿z轴方向传播，试用$\nabla\times\boldsymbol{E}=\mathrm{i}\omega\mu_0\boldsymbol{H}$及$\nabla\times\boldsymbol{H}=-\mathrm{i}\omega\varepsilon_0\boldsymbol{E}$证明波导中电磁场的$E_x$、$E_y$、$H_x$、$H_y$分量都可以通过$E_z$、$H_z$表示出来。

5.14 矩形波导横截面尺寸为$a=2.3\text{cm}$，$b=1\text{cm}$，传输频率为10GHz的TE_{10}波。求截止波长和传播电磁波的相速度。

5.15 频率为$3\times10^{10}\text{Hz}$的微波，在横截面尺寸为$a\times b=0.7\text{cm}\times0.4\text{cm}$的矩形波导中能以什么波型传播？在横截面尺寸为$a\times b=0.7\text{cm}\times0.6\text{cm}$的矩形波导中能以什么波型传播？

5.16 平面电磁波垂直入射到金属表面上，试证明透入金属内部的电磁波能量全部转变为焦耳热。

5.17 无限长的矩形波导，在$z=0$处被一块垂直插入的理想导体平板完全封闭，求在$z=0$到$z=-\infty$这段管内可能存在的波形。

5.18 证明整个谐振腔内的电场能量和磁场能量的时间平均值总相等。

5.19 设平板间的距离为a，试求理想导体平板间横磁波的临界频率。

5.20 振幅为E_0的线偏振平面电磁波，由真空垂直投射到良导体表面上，求导体受到的辐射压力。

5.21 两个电偶极子的电偶极矩相互成直角，以同一频率做简谐变化，偶极矩强度为p，两者相位差为$\frac{\pi}{2}$，试计算远区的辐射场和能流密度。

5.22 设有一球对称的电荷分布，以频率ω沿径向做简谐振动，求辐射场，并对结果给予物理解释。

5.23 利用电荷守恒定律，验证$\boldsymbol{A}$和φ的推迟势满足洛伦兹条件。

5.24 带电粒子e作半径为a的非相对论性圆周运动，回旋频率为ω，求远处的辐射电磁场和辐射能流。

5.25 设有沿 z 方向振动的线偏振平面波 $\boldsymbol{E}=\boldsymbol{E}_0 e^{i(kx-\omega t)}$ 照射到一个绝缘介质球上，引起介质球极化，极化矢量 $\boldsymbol{p}$ 是随时间变化的，因而产生辐射。设照射平面波的波长 $\frac{2\pi}{k}$ 远大于球的半径 R_0，求介质球所产生的辐射场和能流。

5.26 设有一电偶极矩为 $\boldsymbol{p}$，频率为 ω 的电偶极子到理想导体平面距离为 a，$\boldsymbol{p}$ 平行于导体平面。设 $a \ll \lambda$，求在 $R \gg \lambda$ 处的辐射场和辐射能流。

第6章

狭义相对论

前面几章所讨论的电磁规律，都没有涉及参照系的问题。事实上物理学的任何规律都是相对于一定的参考系而言的，宏观电磁场的运动规律由麦克斯韦方程组所表述，问题是麦克斯韦方程组究竟在哪个参考系成立？从一个参考系变换到另一个参考系时，电动力学中的方程形式如何变化？电磁场量如何变化？这些问题都是重大的物理问题，对这些问题的解决揭示了经典时空观的局限性，促使1905年爱因斯坦建立了狭义相对论，以及新的时空观。

本章从经典物理学的时空观出发，分析揭示其内在矛盾，进而引入爱因斯坦的两条基本假设，建立爱因斯坦狭义相对论基本原理。由狭义相对论的基本原理导出洛伦兹变换的一般表达式，在此基础上讨论狭义相对论的时空性质，阐述相对论力学和相对论电动力学。

6.1 狭义相对论基本原理

任何物理量都可以用一组数来表示，物理世界的规律可通过时间、空间等坐标来描述。物理量的值一般与坐标系的选择有关，但物理规律本身应当与坐标系的选取无关。因而人们假定，物理规律在任何不同的坐标系中的表述形式都相同，这一基本假定称为相对性原理。

6.1.1 伽利略相对性原理

经典力学主要包括：牛顿运动定律、万有引力定律和牛顿的（绝对）时空观。而绝对时空观是经典力学的基础。

牛顿认为：“绝对的、真正的和数学的时间自身在流逝着，并且均匀地、同任何外界事物无关地流逝着”“绝对的空间就其本性而言，是和外界任何事物无关，而永远是相同的和不动的”。即时间和空间是不受任何外界事物的影响而“绝对不变”的。因此，依据牛顿的绝对时空观，在所有的惯性系中观测两个物理事件发生的时间间隔和空间间隔都是绝对相同的。

牛顿的绝对时空观在数学上可通过不同的惯性系间的时空坐标变换关系，即伽利略变换表示出来。

如图6.1所示，两个惯性系 S 和 S'，S' 系相对于 S 系沿 x 轴正方向以匀速 v 运动，且在 $t'=t=0$ 时两惯性系原点 O'、O 重合。设图中任一点 P 处发生一物理事件，设该事件在 S'、S 系中的时空坐标分别为 (x', y', z', t') 和 (x, y, z, t)，它们之间满足伽利略变换：

$$\begin{cases}x'=x-vt\\y'=y\\z'=z\\t'=t\end{cases}\tag{6.1}$$

其逆变换关系为

$$\begin{cases}x=x'+vt'\\y=y'\\z=z'\\t=t'\end{cases}$$

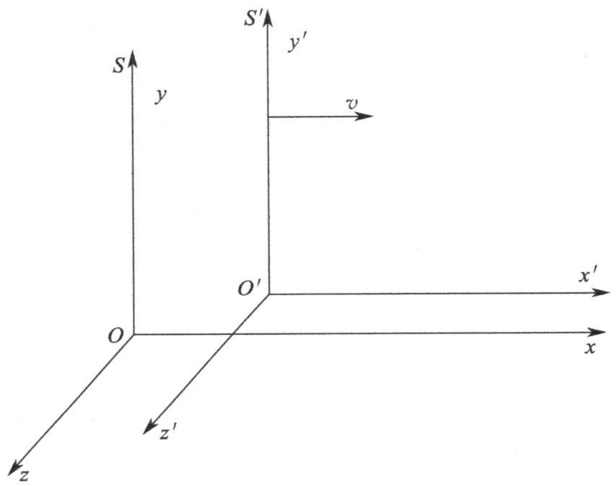

图 6.1 事件在不同惯性系下示意图

根据伽利略变换，任意的两物理事件 1 和 2 在 S'系和 S 系中的时间、空间间隔分别为

$$t_2'-t_1'=t_2-t_1$$

$$(x_2'-x_1')^2+(y_2'-y_1')^2+(z_2'-z_1')^2=(x_2-x_1)^2+(y_2-y_1)^2+(z_2-z_1)^2$$

或者

$$\Delta t'=\Delta t, \Delta r'^2=\Delta r^2$$

可见，任意物理事件 1 和物理事件 2 在两惯性系 S'和 S 中的时间间隔、空间间隔相等，与惯性系的选取无关，时间和空间间隔是绝对的。

由式（6.1）对时间求导可得速度和加速度的变换关系。设在惯性系 S'和 S 中质点的运动速度分别为 $\boldsymbol{u}'(u_x', u_y', u_z')$和 $\boldsymbol{u}(u_x, u_y, u_z)$，则速度变换关系为

$$\begin{cases}u_x'=\dfrac{dx'}{dt'}=u_x-v\\u_y'=u_y\\u_z'=u_z\end{cases}\tag{6.2}$$

其逆变换关系为

$$\begin{cases}u_x=u_x'+v\\u_y=u_y'\\u_z=u_z'\end{cases}$$

加速度变换关系：

$$a'_x = a_x, a'_y = a_y, a'_z = a_z \tag{6.3}$$

即 $\boldsymbol{a}' = \boldsymbol{a}$。因物体质量 $m' = m$，所以有

$$\boldsymbol{f}' = m'\boldsymbol{a}', \boldsymbol{f} = m\boldsymbol{a}$$

且 $\boldsymbol{f}' = \boldsymbol{f}$。可见，同一物体在不同惯性系 S'、S 中的时空坐标虽然不同，但它所遵守的牛顿运动定律在不同惯性系中的表达形式是一样的。也就是说，牛顿定律在伽利略变换下保持不变，或者称牛顿定律在伽利略变换下具有协变性。进一步可以证明动量守恒定律、机械能守恒定律等基本力学规律在伽利略变换下也都具有协变性。

像质量、加速度、力等物理量，在不同惯性系中具有相同的量值，这一类物理量叫做不变量。而像速度、动量、机械能等物理量在不同的惯性系中具有不同的量值，它们不是不变量。尽管在不同的惯性系中，系统的动量、机械能量值可能不同，但动量守恒定律、机械能守恒定律等力学规律如上所述却是协变的，这一类物理量称为守恒量。

由于经典力学规律在伽利略变换下具有协变性，因此不可能借助任何经典力学规律的实验把一个惯性系和其他惯性系区别开来，确定观测者自己所在惯性系的运动状态。也就是说不存在一个特殊的比其他惯性系更优越的惯性系，或者说在经典力学中一切惯性系都是等价的，通常称之为伽利略相对性原理。而式（6.1）就是伽利略相对性原理的数学表示。

6.1.2 狭义相对论原理

在经典力学中，人们对伽利略相对性原理确信无疑，但在电磁场理论中却出现了难以克服的困难，即伽利略相对性原理与电磁场理论相矛盾，在一般的物理规律中不再正确。例如，根据电磁波波动方程，在真空中的光速 $c = \frac{1}{\sqrt{\mu_0 \varepsilon_0}}$ 是一个常量，可是按伽利略速度变换公式（6.2），不同惯性系中的观测者测定同一束光的传播速度，结果却不同。若认为伽利略速度相加公式是正确的，则麦克斯韦电磁理论在伽利略变换下就不具有协变性，它只能在某一个特殊的惯性系（绝对静止的、与其相联系的绝对静止空间的介质设想为以太的参照系）中适用，真空中的光速仅仅对这个特殊惯性系是 c。因此，电磁运动规律不满足伽利略相对性原理。然而，迈克耳孙-莫雷的实验结果却否定了这一特殊参照系的存在，实验结果表明真空中的光速与传播方向无关，与光源运动速度无关，在不同的惯性系中均为常数 c。电磁理论及实验结果与伽利略相对性原理出现的矛盾使许多物理学家感到困惑，仿佛经典物理学“晴朗的天空出现了一朵乌云”。面对困境，历史上最伟大的物理学家之一爱因斯坦冲破经典时空观的束缚，大胆地、革命性地提出了时空间隔是相对的这一崭新的时空理论，动摇了统治整个物理学几百年的伽利略相对性原理和牛顿的经典力学。爱因斯坦认为，存在一个既适用于力学，又适用于电磁场理论的相对性原理，这种相对性原理是普遍存在的，伽利略相对性原理应加以修正。

爱因斯坦在正确地总结大量的实验事实和理论分析结果后，提出了两条基本假设，从而奠定了狭义相对论的基础。

① 相对性原理：所有惯性系都是等价的。物理规律（包括力学、电磁学等的规律）在不同惯性系中都可以表述为相同的数学形式。

② 光速不变原理：在所有惯性系中，真空中的光速沿任一方向都恒为 $c = \frac{1}{\sqrt{\mu_0 \varepsilon_0}} \approx 3 \times$

10^8 m/s，并与光源的运动无关。

这两条基本假设构成了爱因斯坦的相对性原理，它不同于伽利略的相对性原理。伽利略相对性原理只在伽利略变换下对力学定律成立。而爱因斯坦的相对性原理，却是在一种新的变换——洛伦兹变换下，对所有的物理规律都成立。相对性原理表明：任何惯性系在描述物理规律（包括力学、电磁学等的物理规律）时都是等价的、平权的。不论通过哪一种物理规律的实验，都不可能找到“绝对静止”的特殊参照系，或测定物体相对于“以太”的“绝对速度”。值得指出的是，这两条基本假设都只适用于惯性参照系，对于非惯性系不适用。

6.2 洛伦兹变换

显然伽利略变换式（6.1）与相对性原理和光速不变原理是相抵触的。因此，在狭义相对论中必须使用新的时空变换式替代伽利略变换式。像在绝对时空观基础上建立伽利略变换一样，本节依据狭义相对论的两条基本原理建立新的变换关系——洛伦兹变换。洛伦兹变换既区别于伽利略变换，又是伽利略变换的发展。

6.2.1 间隔及其不变性

以 x、y、z、t 为四个坐标轴，构成一个四维空间，这样便可以用四维空间中的一个点代表一个物理事件，这种点称为世界点。一个运动质点在不同时刻处在不同的空间的位置，可以用一系列的世界点来描述，这些点连成的曲线称为世界线。闵可夫斯基把时间引入三维空间组成了一个统一的四维时空，称为闵可夫斯基（四维）空间。

设有两个事件，在惯性系 S 中发生的时空坐标分别为（x_1，y_1，z_1，t_1）和（x_2，y_2，z_2，t_2），定义：相对论中两事件之间的四维间隔为

$$S^2=c^2(t_2-t_1)^2-|\boldsymbol{r}_2-\boldsymbol{r}_1|^2=c^2(t_2-t_1)^2-[(x_2-x_1)^2+(y_2-y_1)^2+(z_2-z_1)^2] \tag{6.4}$$

如果两事件的时空间隔为无限小，则四维间隔可表示成微分形式

$$\mathrm{d}S^2=c^2\mathrm{d}t^2-(\mathrm{d}x^2+\mathrm{d}y^2+\mathrm{d}z^2) \tag{6.5}$$

间隔是相对论时空理论的一个基本概念，若两事件在同一地点相继发生，令 $t_2-t_1=\Delta t$，则有 $\Delta S^2=c^2\Delta t^2$，这种情况下间隔就是光速与时间间隔乘积的平方。若两事件在不同地点同时发生，则有 $S^2=-(\Delta r)^2$，在这种情况下，间隔就是两事件的空间距离平方的负值。由此可见，间隔是把时间和空间统一起来的一个概念。

如果事件 1 和 2 分别代表电磁信号在某时刻从空间某点发出和在另一时刻另一地点接收这样两件事情，则这两事件在 S 系中的间隔 $S^2=0$，在 S'系中的间隔 $S'^2=0$。该结果说明以光信号联系的两个事件之间的间隔在不同惯性系中观测总是相等的，且等于零。但一般来说，两事件不一定用光信号联系，它们可能用其他方式联系，或者根本没有联系，此时间间隔并不一定为零，不过可以证明两者在不同惯性系中的值仍然相等，即有 $S'^2=S^2$。

由于惯性系中时空的均匀性（即四维空间中的一切时空点都是等价的），所以要求两惯性系间的时空变换必须是线性的变换关系。否则，两事件的空间间隔 Δr^2 就会与其所发生的空间位置有关，两事件的时间间隔 Δt 就会与其所发生的时刻 t 有关，这样就与空间和时间的均匀性相矛盾。所以，不同惯性系间的时空变换关系应是线性的。用 S^2 和 S'^2 分别表

示惯性系 S 和 S' 中的两事件的间隔，因二者之间是线性关系，设

$$S^2=aS'^2+b$$

因若 $S^2=0$，则 $S'^2=0$，所以上式中 $b=0$，故

$$S^2=aS'^2 \tag{6.6}$$

式中，a 为比例系数。由于空间和时间的均匀性，所以 a 应与空间坐标和时间 t 无关。又由于光速与方向无关，与两个参照系之间的相对速度方向无关，所以 a 只能是相对速度的绝对值的函数，即 $a=a(v)$。另一方面，由相对性原理，S'^2 也可用 S^2 来表示，即

$$S'^2=a'S^2$$

由于惯性系 S' 相对于 S 运动与 S 相对 S' 运动只是相对速度差一负号，而 a' 又与速度方向无关，所以有 $a'=a$，故

$$S'^2=a(v)S^2 \tag{6.7}$$

联立式（6.6）与式（6.7），得 $a^2=1$，即 $a=\pm1$。注意到一般情况下 $S^2\neq0$，若取 $a=-1$，由变换的连续性，则对于三个惯性系 S、S'、S'' 来说存在：

$$S^2=-S'^2, S^2=-S''^2, S''^2=-S^2$$

因而有 $S^2=-S'^2=-S''^2=-S^2$，$S^2=0$，与一般情况下的结论 $S^2\neq0$ 矛盾，故比例系数 a 只能取 $+1$，即

$$S^2=S'^2 \tag{6.8}$$

这就是时空间隔的不变性，其表明了任意两个事件的间隔，在从一个惯性系变到另一个惯性系中时是保持不变的。也就是说，在不同惯性系中任意两事件的间隔都相等，式（6.8）即是光速不变原理的数学表示。

例题 6-1：惯性系 S' 相对于惯性系 S 以速度 v 沿 x 轴方向运动，在 S' 上有一静止光源 G 和一反射镜 M，两者相距为 z'_0。光源向 z' 轴方向发出闪光，经 M 反射后回到光源。求两惯性系上观察到的闪光发出和接收的时间间隔和四维间隔。

解：在惯性系 S' 和 S 上观察到的物理过程如图 6.2 所示。在 S' 系上观察，闪光发出和接收之间的时间间隔 $\Delta t=2z'_0/c$，发出和接收是在同一地点 G 上发生的，因此空间间隔 $\Delta x'=\Delta y'=\Delta z'=0$，两事件的四维间隔为

$$(\Delta S')^2=c^2\Delta t'^2-(\Delta x'^2+\Delta y'^2+\Delta z'^2)=4z_0'^2$$

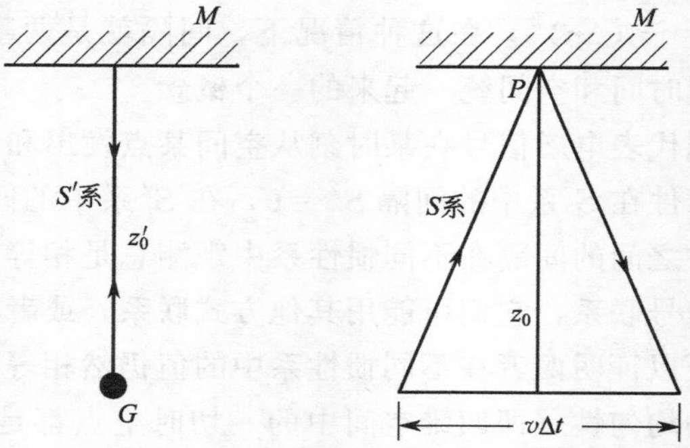

图 6.2　例题 6-1 示意图

在 S 系上观察，闪光发出和接收之间的时间为 Δt，在这段时间内，光源 G 已运动了 $\Delta x=v\Delta t$，光讯号传播的路程为 $2\overline{G_1P}=2\sqrt{z_0^2+\frac{1}{4}v^2\Delta t^2}=c\Delta t$，时间间隔 $\Delta t=2z_0/\sqrt{c^2-v^2}$，空间间隔 $\Delta x=v\Delta t=\frac{2vz_0}{\sqrt{c^2-v^2}}$，$\Delta y=\Delta z=0$，两事件的四维间隔为

$$(\Delta S)^2=c^2\Delta t^2-(\Delta x^2+\Delta y^2+\Delta z^2)=4z_0^2$$

考虑到与 $\boldsymbol{v}$ 垂直方向上的距离是不变的，因此

$$z_0'=z_0$$

由上可得

$$\Delta t=\frac{\Delta t'}{\sqrt{1-\frac{v^2}{c^2}}}$$

$$S'^2=S^2$$

显而易见，在两惯性系 S' 和 S 中观察到的两事件的时间间隔是不同的，而四维间隔 ΔS^2 却是相同的。

6.2.2　洛伦兹坐标变换

根据两惯性系间时空坐标变换的线性要求和间隔不变性，可以导出相对论时空坐标的变换关系式，即洛伦兹变换。

为处理问题方便起见，先将时空坐标 $(x，y，z，t)$ 用

$$x_1=x,x_2=y,x_3=z,x_4=\mathrm{i}ct \tag{6.9}$$

来表示。这样就引入了一个虚构的复四维空间（闵可夫斯基空间），其坐标所以写为

$$x_\mu=(x_1,x_2,x_3,x_4)$$

复四维空间中四维矢量的长度的平方 S^2 为

$$S^2=x_1^2+x_2^2+x_3^2+x_4^2 \tag{6.10}$$

由于该空间中的第四个坐标是虚数（即 $x_4=\mathrm{i}ct$），所以该空间矢量的长度的平方是非正定的，它可以大于零，可以等于零，也可以小于零。

在复四维空间中，如果假定第一个事件发生在 $t=0$ 时刻原点处，则两事件之间的四维间隔可以写成

$$S'^2=-x'^2_\mu \tag{6.11}$$

式中，下标 μ 表示由 1 到 4 求和。一般约定，以后出现的指标如为英文字母，就代表由 1 到 3 求和；如为希腊字母，就代表由 1 到 4 求和。由式（6.11）可见，两事件四维间隔的平方的负值 $-S^2$ 可以理解为复四维空间中与这两事件相对应的世界点的距离。同理，在 S' 系中：

$$S'^2=-x'^2_\mu \tag{6.12}$$

因此由式（6.11）和式（6.12）可以得到在两个惯性系中四维矢量的模不变，即

$$x_\mu^2=x'^2_\mu \tag{6.13}$$

式中，$x_\mu=(x_1，x_2，x_3，x_4)\equiv(\boldsymbol{r}，\mathrm{i}ct)$，为复四维空间的坐标。

下面讨论闵可夫斯基空间的坐标变换。因为要求坐标变换是线性的，且要求不改变矢量

的长度，所以可令变换关系为

$$\begin{cases} x_1'=\alpha_{11}x_1+\alpha_{12}x_2+\alpha_{13}x_3+\alpha_{14}x_4 \\ x_2'=\alpha_{21}x_1+\alpha_{22}x_2+\alpha_{23}x_3+\alpha_{24}x_4 \\ x_3'=\alpha_{31}x_1+\alpha_{32}x_2+\alpha_{33}x_3+\alpha_{34}x_4 \\ x_4'=\alpha_{41}x_1+\alpha_{42}x_2+\alpha_{43}x_3+\alpha_{44}x_4 \end{cases} \tag{6.14}$$

式（6.14）可以简写为

$$x_\mu'=\alpha_{\mu\nu}x_\nu \tag{6.15}$$

此处引入了爱因斯坦求和规则：凡是重复的指标都表示求和，求和范围应为一切可能值，这里的取值为1，2，3，4。由于四维矢量长度不变，即

$$x_\mu' x_\mu'=\alpha_{\mu\nu}x_\nu\alpha_{\mu\beta}x_\beta=\alpha_{\mu\nu}\alpha_{\mu\beta}x_\nu x_\beta=x_\nu x_\nu \tag{6.16}$$

故有

$$\alpha_{\mu\nu}\alpha_{\mu\beta}=\delta_{\nu\beta} \tag{6.17}$$

这说明该变换为正交变换，写成矩阵形式则为

$$\boldsymbol{\alpha}^T\boldsymbol{\alpha}=1 \tag{6.18}$$

设坐标系 S'以匀速 v 相对于坐标系 S 沿 x 轴运动。如果物理事件 P 相对于 S'系和 S 系的坐标矢量分别为 $\boldsymbol{x}'$和 $\boldsymbol{x}$，则有

$$\boldsymbol{x}'=\boldsymbol{\alpha x} \tag{6.19}$$

变换系数矩阵 $\boldsymbol{\alpha}$ 可写为

$$\boldsymbol{\alpha}=\begin{bmatrix} \alpha_{11} & \alpha_{12} & \alpha_{13} & \alpha_{14} \\ \alpha_{21} & \alpha_{22} & \alpha_{23} & \alpha_{24} \\ \alpha_{31} & \alpha_{32} & \alpha_{33} & \alpha_{34} \\ \alpha_{41} & \alpha_{42} & \alpha_{43} & \alpha_{44} \end{bmatrix} \tag{6.20}$$

下面分析式（6.20）中的16个常系数的取值：

（1）由于两个惯性系在 y 和 z 方向没有相对运动，可认定 $x_2'=x_2$，$x_3'=x_3$，即 $a_{22}=a_{33}=1$，$a_{21}=a_{23}=a_{24}=a_{31}=a_{32}=a_{34}=0$。

（2）根据空间的对称性，t'应与 y 和 z 无关，即与 x_2 和 x_3 无关。因此 $a_{42}=a_{43}=0$。

（3）对于 O'点，它在 S'系、S 系的坐标分别为 $x'=0$，$x=vt$，所以 $x_1'=a_{11}x_1+a_{12}x_2+a_{13}x_3+a_{14}x_4$ 中的四个常数只可能是 $a_{12}=a_{13}=0$，$-va_{11}=\mathrm{i}ca_{14}$。至此变换系数矩阵 $\boldsymbol{\alpha}$ 表示为

$$\boldsymbol{\alpha}=\begin{bmatrix} \alpha_{11} & 0 & 0 & \alpha_{14} \\ 0 & 1 & 0 & 0 \\ 0 & 0 & 1 & 0 \\ \alpha_{41} & 0 & 0 & \alpha_{44} \end{bmatrix} \tag{6.21}$$

考虑到变换系数应满足式（6.18）（即间隔不变），则在此特殊变换下系数应满足关系：

$$\begin{cases} \alpha_{11}^2+\alpha_{41}^2=1 \\ \alpha_{14}\alpha_{11}+\alpha_{41}\alpha_{44}=0 \\ \alpha_{14}^2+\alpha_{44}^2=1 \end{cases} \tag{6.22}$$

式中，$\alpha_{14}=\mathrm{i}\frac{v}{c}\alpha_{11}=\mathrm{i}\beta\alpha_{11}\left(\beta=\frac{v}{c}\right)$。

解得

$$\alpha_{11}=\alpha_{44}=\gamma,\alpha_{14}=-\alpha_{41}=\mathrm{i}\beta\gamma$$

式中，

$$\gamma=\frac{1}{\sqrt{1-\frac{v^2}{c^2}}}=\frac{1}{\sqrt{1-\beta^2}}。$$

故有

$$\boldsymbol{\alpha}=\begin{bmatrix}\gamma & 0 & 0 & \mathrm{i}\beta\gamma\\ 0 & 1 & 0 & 0\\ 0 & 0 & 1 & 0\\ -\mathrm{i}\beta\gamma & 0 & 0 & \gamma\end{bmatrix} \tag{6.23}$$

将式（6.23）代入式（6.19），可以得到

$$\begin{cases}x_1'=\gamma_{x_1}+\beta\gamma x_4\\ x_2'=x_2\\ x_3'=x_3\\ x_4'=-\mathrm{i}\beta\gamma x_1+\gamma x_4\end{cases} \tag{6.24}$$

即

$$\begin{cases}x'=\dfrac{x-vt}{\sqrt{1-\beta^2}}\\ y'=y\\ z'=z\\ t'=\dfrac{t-\frac{v}{c^2}x}{\sqrt{1-\beta^2}}\end{cases} \tag{6.25}$$

式（6.25）称为特殊洛伦兹变换式，该式是狭义相对论中的基本公式。如果把式（6.25）中的 v 代换为 $-v$，则可以得到洛伦兹逆变换公式。

$$\begin{cases}x=\dfrac{x'+vt'}{\sqrt{1-\beta^2}}\\ y=y'\\ z=z'\\ t=\dfrac{t'+\frac{v}{c^2}x'}{\sqrt{1-\beta^2}}\end{cases} \tag{6.26}$$

由洛伦兹变换关系式（6.25）或式（6.26），可得出以下几点重要结论：

（1）洛伦兹变换是相对论时空观的具体体现。在相对论中，空间间隔和时间间隔都不是绝对不变的，而是相对的，只有空间和时间共同组成的间隔才具有绝对的意义。时间和空间相互关联，不能割裂，既没有脱离空间的时间，也没有脱离时间的空间，两者既有区别又不可分。

（2）洛伦兹变换是适用于任何物理规律的变换关系，自然适用于力学，而伽利略变换仅

仅适用于力学范畴。由式（6.25）和式（6.26）显而易见，当运动速度 v 远小于真空光速 c 时，洛伦兹变换便简化为伽利略变换。因此，洛伦兹变换是伽利略变换的发展，伽利略变换则是洛伦兹变换的低速极限情况。经典力学适用于宏观低速运动领域，而相对论既适用于低速又适用于高速运动领域。

（3）只有在 $v<c$ 时，$\sqrt{1-\beta^2}$ 才是实数，否则便为虚数，在 S 系中的"真实"物理事件变成了 S'系中的"虚"事件，它将失去真实的物理意义。所以，物体运动速度都不能大于真实光速。真实光速是相对论中的极限速度，通常称为光速极限。

（4）正如经典力学规律具有伽利略变换协变性一样，符合相对论要求的物理规律应具有洛伦兹变换协变性。

6.2.3 洛伦兹速度变换

利用洛伦兹坐标变换式（6.25）或式（6.26），可导出相对论的速度变换公式，即洛伦兹速度变换公式。

设一粒子相对于 S 系和 S'系的运动速度分别为

$$u_x=\frac{\mathrm{d}x}{\mathrm{d}t},u_y=\frac{\mathrm{d}y}{\mathrm{d}t},u_z=\frac{\mathrm{d}z}{\mathrm{d}t}$$

$$u_x'=\frac{\mathrm{d}x'}{\mathrm{d}t'},u_y'=\frac{\mathrm{d}y'}{\mathrm{d}t'},u_z'=\frac{\mathrm{d}z'}{\mathrm{d}t'}$$

若 S'系以速度 v 沿 x 轴正向相对于 S 系运动，则由洛伦兹坐标变换式（6.25）两端取微分得

$$\begin{cases}\mathrm{d}x'=\dfrac{\mathrm{d}x-v\mathrm{d}t}{\sqrt{1-\beta^2}}\\ \mathrm{d}y'=\mathrm{d}y\\ \mathrm{d}z'=\mathrm{d}z\\ \mathrm{d}t'=\dfrac{\mathrm{d}t-\dfrac{v}{c^2}\mathrm{d}x}{\sqrt{1-\beta^2}}\end{cases}$$

所以有

$$\begin{cases}u_x'=\dfrac{\mathrm{d}x'}{\mathrm{d}t'}=\dfrac{u_x-v}{1-\dfrac{v}{c^2}u_x}\\ u_y'=\dfrac{\mathrm{d}y'}{\mathrm{d}t'}=\dfrac{u_y\sqrt{1-\beta^2}}{1-\dfrac{v}{c^2}u_x}\\ u_z'=\dfrac{\mathrm{d}z'}{\mathrm{d}t'}=\dfrac{u_z\sqrt{1-\beta^2}}{1-\dfrac{v}{c^2}u_x}\end{cases}\tag{6.27}$$

由上式，用 $-v$ 代替 v 可得其逆变换公式为

$$\begin{cases} u_x = \dfrac{u'_x + v}{1 + \dfrac{v}{c^2}u'_x}y \\ u_y = \dfrac{u'_y\sqrt{1-\beta^2}}{1+\dfrac{v}{c^2}u'_x} \\ u_z = \dfrac{u'_z\sqrt{1-\beta^2}}{1-\dfrac{v}{c^2}u'_x} \end{cases} \tag{6.28}$$

式（6.27）和式（6.28）即为洛伦兹速度变换公式。

由此式可看到，当物体速度 $u_x \ll c$（或 $u'_x \ll c$）时，洛伦兹速度变换公式将简化为伽利略速度变换关系式（6.2）。

值得指出的是，经典的伽利略速度相加公式可使速度无限增大，而相对论的速度相加公式表明，速度的极限仍为 c。如在速度为 $\frac{2}{3}c$ 的舰艇上载有一门大炮，炮弹以 $\frac{2}{3}c$ 的速度发射出去，根据伽利略速度公式，炮弹相对地面的速度是 $\frac{4}{3}c > c$。但依据相对论的速度公式：

$$u_x = \frac{u'_x + v}{1+\dfrac{v_1}{c^2}u'_x} = \frac{\dfrac{2}{3}c + \dfrac{2}{3}c}{1 + \dfrac{\dfrac{2}{3}c \times \dfrac{2}{3}c}{c^2}} = \frac{12}{13}c < c$$

即使 $u' = c$，$v = c$，仍有 $u = c$。这正是光速不变原理的要求。

例题 6-2： 求匀速运动介质中的光速。

解： 设介质沿 $\boldsymbol{x}$ 方向以速度 v 运动，取 S' 固定在介质上，在 S' 上观测介质中的光速在各个方向上均为 $\frac{c}{n}$，n 为介质的折射率，由洛伦兹速度变换公式可得：

光沿介质运动方向的传播速度为

$$u_x = \frac{u'_x + v}{1+\dfrac{v}{c^2}u'_x} = \frac{\dfrac{c}{n} + v}{1 + \dfrac{v}{c^2}\dfrac{c}{n}}$$

若 $v \ll c$，则有

$$u_x \approx \left(\frac{c}{n} + v\right)\left(1 - \frac{v}{nc}\right) \approx \frac{c}{n} + v\left(1 - \frac{1}{n^2}\right)$$

光在逆介质运动方向的传播速度为

$$u_x = \frac{-\dfrac{c}{n} + v}{1 - \dfrac{v}{nc}} \approx -\frac{c}{n} + v\left(1 - \frac{1}{n^2}\right)\ (v \ll c\ 时)$$

光在垂直于介质运动方向的传播速度（$u'_x = 0$）为

$$u_x = v, u_y = \sqrt{1-\frac{v^2}{c^2}}\frac{c}{n}$$

6.3 相对论时空性质

通过前面的讨论知道，在闵可夫斯基四维空间中，时间间隔和空间间隔都会随惯性系的不同而变化，它们是相对量，只有四维间隔才是不变的，是绝对量。相对论时空性质与牛顿时空性质有着明显不同，原来所习惯的时空观念都需要改变。

6.3.1 时空结构

根据任意两事件之间的间隔定义式（6.4）：

$$S^2 = c^2\Delta t^2 - (\Delta x^2 + \Delta y^2 + \Delta z^2) = c^2\Delta t^2 - \Delta r^2$$

可以把四维间隔分为三类：

（1）$S^2=0$，即 $\Delta r = c\Delta t$，称为类光间隔。具有这种间隔的两事件一定可以用光信号联系起来，为关联事件（可以用信号联系起来的事件）。

（2）$S^2>0$，即 $\Delta r < c\Delta t$，称为类时间隔。具有这种间隔的两事件可用低于光速 c 的信号来联系，也为关联事件。

（3）$S^2<0$，即 $\Delta r > c\Delta t$，称为类空间隔。具有这类间隔的两件事不可能有任何联系，为非关联事件。

为便于用直观图像表示上述分类的几何意义，可把三种间隔用时空图表示出来，如图6.3所示。

由图6.3可见，时空结构可由锥面方程为 $ct=r$ 的“光锥”分为三个区域。如果时空结构图上的原点 O 代表事件1，任意点 $P(x, y, z, t)$ 代表发生的事件2，则光锥面上的任何一点 P 与 O 的间隔是类光的，光锥面内的任何一点 P 与 O 的间隔是类时的，光锥面外的任何一点 P 与 O 的间隔是类空的。

在 $t=0$ 时，由原点 O 发出的光信号将沿锥面传播（45°的世界线）。速度小于真空光速 c 的任何物质系统的世界线都处在光锥以内，位于上半个光锥内（$t>0$）的事件 P 相对于事件 O 称为绝对将来，位于下半个光锥内（$t<0$）的事件 P 相对于事件 O 称为绝对过去。因而物质系统可在绝对过去（下半个光锥内）从某处 A 沿 AO 到达 O，而在绝对将来（上半个光锥内）又沿 OB 继续运动。在 O 点的一个物质系统不会来自也永远不可能到达光锥以外的类空区域中的任何一点，所以类空域中的任何一点 P 对于 O 点而言都是“绝对远离的”，即 P 与 O 是绝对异地的，二者的时间关系“将来”或“过去”只是相对的。

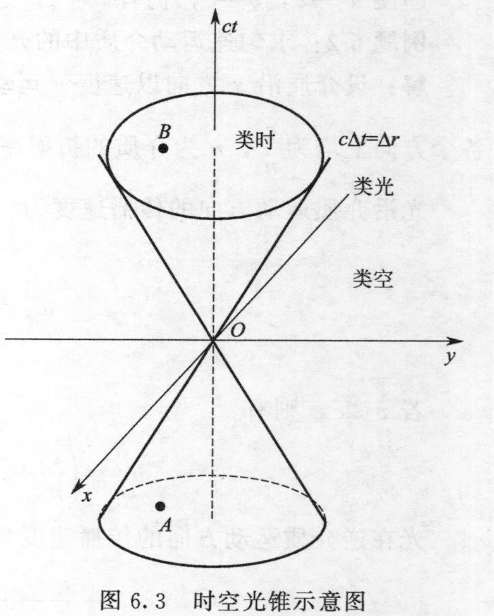

图 6.3 时空光锥示意图

由于四维间隔不随参照系的变换而变化，是一绝对量，因而上述空间结构的三类间隔区域的划分也是绝对的。由此可知，若对某惯性系，事件 P 在事件 O 的光锥内，则当变到另一惯性系时，虽然 P 的时空坐标都改变，但 ΔS^2 不变，所以 P 仍保持在 O 的光锥内。同样，若对某惯性系，事件 P 在 O 的光锥外，则对所有惯性参照系而言事件 P 都在 O 的光锥外。这是相对论时空性质之一。

6.3.2 因果关系对信号传递速度的限制

如果两事件存在因果关系，即原因在前，结果必须在后，则它们的先后次序应当是绝对的，不论在哪一个参照系中，这种先后次序都是不能颠倒的。为了使两事件间存在的因果关系不被破坏，两事件的信号（或相互作用）传递速度必然满足一定的限制性条件。

设 S 系中 x 轴上的两个关联事件 A、B 分别发生在 t_A、t_B 时刻，联系信号速度为

$$u=\frac{x_B-x_A}{t_B-t_A} \tag{6.29}$$

在 S' 系中观察发生 A、B 两事件的时间间隔为

$$\begin{aligned}\Delta t'=t'_B-t'_A&=\frac{(t_B-t_A)-\frac{v}{c^2}(x_B-x_A)}{\sqrt{1-\beta^2}}\\&=\left(1-\frac{uv}{c^2}\right)(t_B-t_A)/\sqrt{1-\beta^2}\end{aligned} \tag{6.30}$$

若要求 $\Delta t'=t'_B-t'_A$ 与 $\Delta t=t_B-t_A$ 同号，必有

$$1-\frac{uv}{c^2}>0 \text{ 或 } uv<c^2 \tag{6.31}$$

式中，v 为两惯性系间的相对速度，它总小于真空光速 c，因为参考系总是具体的物质；u 为信号速度，即物质速度，故 $u<c$。因此式（6.31）总是成立的，也就是说相对论与因果关系并不矛盾。式（6.31）表明因果关系要求物质的最大运动速度不能超过真空光速 c。可见因果事件的四维间隔一定是类时的，而具有类空间隔的两事件一定没有因果关系。

任何有因果关系的两个事件 O 和 P，只要不存在超光速的相互作用，则 P 一定在 O 的光锥内。若事件 O 作用或影响于事件 P，则 P 点一定在 O 的光锥上半部，即事件对 O 来说是“将来”；若事件 P 作用或影响于事件 O，则 P 点一定在 O 的光锥下半部，即事件 P 对 O 来说是“过去”。这种将来与过去不会因参照系的变换而改变，即时间次序是绝对的。

6.3.3 同时的相对性

所谓同时事件是指在同一惯性系中观测同一时刻发生的两个事件。设有两个事件 1 和 2，在 S' 系中观察它们的时空坐标分别为 (x'_1, t'_1)、(x'_2, t'_2)，在 S 系中观测是 (x_1, t_1) 和 (x_2, t_2)，根据洛伦兹变换可得两事件的时间间隔为

$$\Delta t'=t'_2-t'_1=\frac{(t_2-t_1)-\frac{v}{c^2}(x_2-x_1)}{\sqrt{1-\beta^2}} \tag{6.32}$$

如果两事件在 S 系中观测是同时发生的，即 $t_1=t_2$，则该两事件在 S' 系中的时间间隔为

$$t'_2-t'_1=-\frac{v}{c^2}(x_2-x_1)/\sqrt{1-\beta^2} \tag{6.33}$$

由以上两式可看出：

① 在 S 系中同时发生的两事件，在 S' 系中却不一定是同时的。若 $x_2-x_1=0$，则有 $\Delta t'=t'_2-t'_1=0$，这说明不同地的同时是相对的，同地的同时是绝对的。

② 同时具有相对性意味着：对于在某一惯性系中相对静止的已校准而位于不同地点的时钟，在另一惯性系中观察它们将是没有校准的。因此，在不同的惯性系中不可能存在统一的时间标准。

例题 6-3： 设地球上诞生一婴儿甲，火星上诞生一婴儿乙，乙比甲晚生了 3 分钟。如果有一飞船从地球匀速直飞火星，试问在飞船上的观察者看来，乙和甲谁大？大多少？（假设飞船的速度 v 是 $0.5c$、$0.69c$、$0.8c$，火星离地球的距离为 7830 万公里。）

解： 设地球为 S 系，飞船为 S' 系，坐标原点同取在地球上，以从地球直指火星的连线为 x 轴。甲和乙的诞生分别为事件 1 和 2。已知 $x_2-x_1=7830\times10^4\text{km}$，$t_2-t_1=180\text{s}$，所以

$$\Delta t'=t'_2-t'_1=\frac{(t_2-t_1)-\frac{v}{c^2}(x_2-x_1)}{\sqrt{1-\beta^2}}$$

$$=\frac{180-\frac{v}{c^2}7830\times10^7}{\sqrt{1-\frac{v^2}{c^2}}}$$

当 $v=0.5c$ 时，$\Delta t'=58\text{s}$，甲比乙大 58s；

当 $v=0.69c$ 时，$\Delta t'=0$，甲和乙同时出生；

当 $v=0.8c$ 时，$\Delta t'=-48\text{s}$，甲比乙小 48s。

6.3.4 运动时钟变慢

现在来讨论在不同参考系上观察同一物理过程所经历的时间间隔之间的关系。

设相对 S' 系静止的物体先后发生了两个事件，发生的时刻分别为 t'_1 和 t'_2，时间间隔为 $\Delta\tau=t'_2-t'_1$，常称 $\Delta\tau$ 为固有时间（或静止时间、同地时间）。在 S 系看来，该物体以速度 v 运动，因此事件 1 和 2 发生的地点不同，设分别为 x_1 和 x_2，两事件的时间间隔 $\Delta t=t_2-t_1$，称为运动时间（或异地时间），由洛伦兹变换可知

$$\Delta t=t_2-t_1=\frac{(t'_2-t')+\frac{v}{c^2}(x'_2-x'_1)}{\sqrt{1-\frac{v^2}{c^2}}}$$

式中，$x'_2-x'_1=0$，$t'_2-t'_1=\Delta\tau$。所以

$$\Delta t=\frac{\Delta\tau}{\sqrt{1-\frac{v^2}{c^2}}} \tag{6.34}$$

由式（6.34）可看出：

（1）在不同惯性系中测量两事件的时间间隔不相等，相对于该物体运动的速度越大，则时间间隔越长；反之则越短。相对于该物体静止的时间间隔，即同地时间最短。$\Delta t>\Delta\tau$，说明运动时间变长，或运动的时钟变慢，这就是运动时钟的延缓效应。应指出这种效应是由时空的基本属性引起的，与时钟的具体结构无关。

（2）时钟延缓效应具有相对性。在 S 系上看到静止于 S' 系的时钟变慢；反之，在 S' 系上看静止于 S 系的时钟也同样变慢。

如图 6.4 所示，在 S 系上相距 l 的两点上有校准了静止的两只钟 A 和 B，及以速度 v 运动的钟 A'。当 A、A' 重合时，两钟都指零，同时把各自惯性系的钟都调到零。当 A' 到达 B 处时，S 系的钟都指向 l/v，但 S 系看到 A' 指向的却是 τ，由式（6.34）可得

$$\frac{l}{v}=\frac{\tau}{\sqrt{1-v^2/c^2}} \tag{6.35}$$

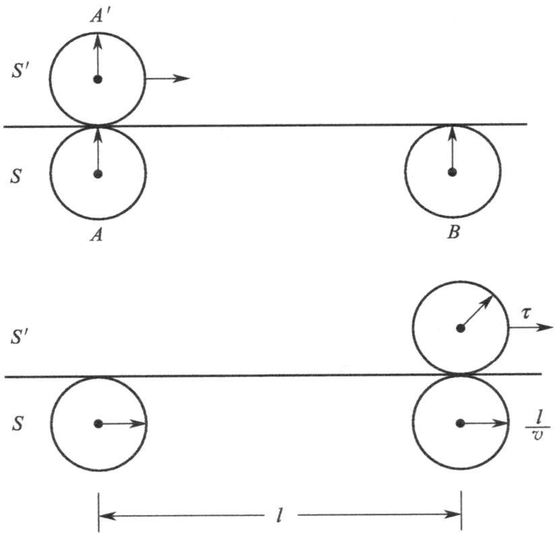

图 6.4　不同参考系下的时钟示意图

从而有 $\tau<\frac{l}{v}$，这说明在 S 系中看到的运动的钟（静止于 S' 系的钟）走慢了。尽管 S' 系看到自己的钟指向 τ，S 系的钟指向 l/v，但它并不认为 S 系的钟走快了。它认为 S 系的钟 A 和 B 并没有同时对准零，即当 A 指向零时，B 却提前到了 δ。如图 6.5 所示，由洛伦兹变换关系得

$$\Delta t'=0=\frac{\delta-\frac{v}{c^2}l}{\sqrt{1-\frac{v^2}{c^2}}}$$

$$\delta=\frac{v}{c^2}l$$

虽然 B 指向 l/v，但它是从 δ 开始的，因此

$$\frac{l}{v}-\delta=\frac{l}{v}\left(1-\frac{v^2}{c^2}\right)=\tau\sqrt{1-\frac{v^2}{c^2}}<\tau \tag{6.36}$$

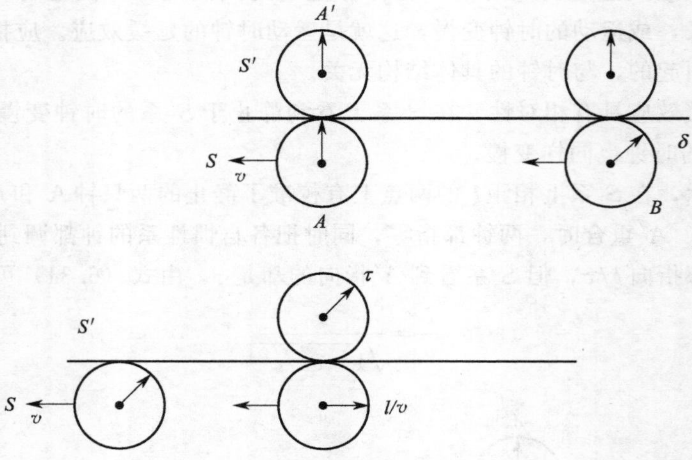

图 6.5　不同参照系时钟校准示意图

所以在 S'系看来，S 系的钟同样也是慢了，且与 S 系看到的 S'系的钟一样慢。由此可见，运动时钟变慢效应起源于同时的相对性，各自认为对方的钟都没有同时校准。

6.3.5　运动长度的收缩

设静止于 S'系中的物体的长度为 $l_0=x_2'-x_1'$，l_0 称为固有长度（或静止长度），并设物体以速度 v 沿 S 系 x 轴正方向运动，在 S 系中看物体的前后端点同时($t_1=t_2$)分别与 $P_1(x_1)$点和 $P_2(x_2)$点重合，如图 6.6 所示。$x_2-x_1=l$ 就是 S 系中所测物体的长度，称为运动长度。

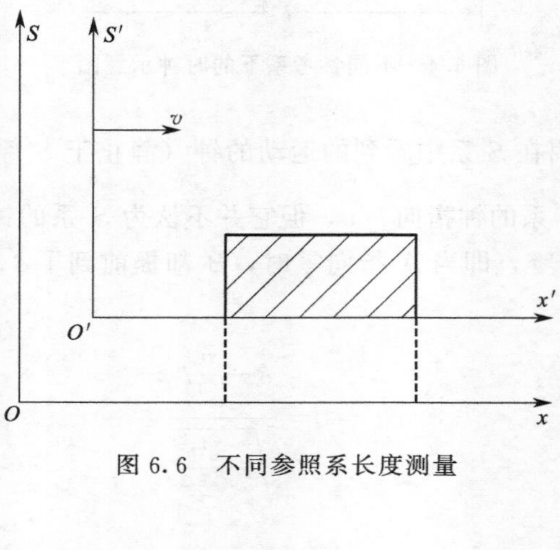

图 6.6　不同参照系长度测量

由洛伦兹变换得

$$x_2'-x_1'=\frac{(x_2-x_1)-v(t_2-t_1)}{\sqrt{1-\frac{v^2}{c^2}}}$$

因为

$$t_1=t_2, x_2'-x_1'=l_0, x_2-x_1=l$$

所以

$$l=l_0\sqrt{1-\frac{v^2}{c^2}} \tag{6.37}$$

显然物体的运动长度比静止长度缩短了，通常称之为运动长度变短或尺缩效应。

由式（6.37）可知：

① 物体的静止长度最长，沿运动方向上的运动长度总比静止长度短，且速度越大，运动长度越短。在垂直于运动的方向上，运动长度与静止长度始终相等。因而，测量一个静止立方体的运动形象是长方体，测量一个静止球体的运动形象是椭球。

② 运动长度缩短效应是相对的。在 S 系上测量到静止于 S'系的物体长度变短了。反之，在 S'系上测量到静止于 S 系的物体长度同样地变短。

设物体静止于 S 系中，静止长度为 $l_0=x_2-x_1$，S'系以速度 v 相对于 S 沿 x 轴运动，由洛伦兹变换得

$$x_2-x_1=\frac{(x_2'-x_1')-v(t_2'-t_1')}{\sqrt{1-\frac{v^2}{c^2}}}$$

因在 S'系中测物体长度时必须同时测定该物体两端的坐标，即要求 $t_1'=t_2'$。这时运动长度为 $l=x_2'-x_1'$，所以

$$l=l_0\sqrt{1-\frac{v^2}{c^2}}$$

可见，运动长度 l 仍小于静止长度，存在运动长度收缩效应。

例题 6-4： 如图 6.7 所示，一根米尺静止地放置在高速运动的车厢中，与运动方向成 30°角，如果在站台上测得该米尺与运动方向成 45°角，则火车运动速度是多大？此时米尺多长？

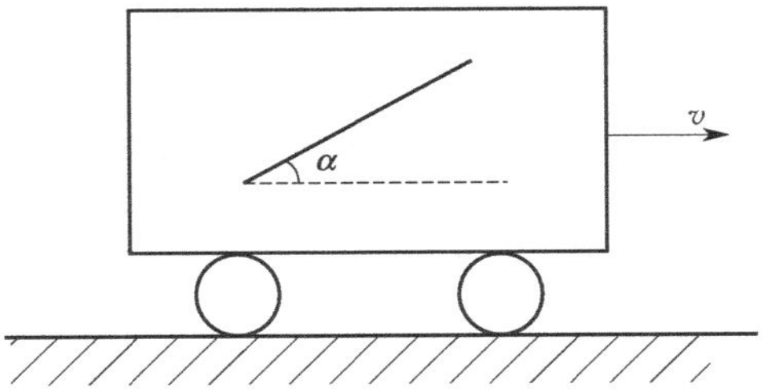

图 6.7　例题 6-4 示意图

解： 车厢内的观测者测得米尺沿运动方向的投影为 $x'=\cos\alpha'=\frac{\sqrt{3}}{2}$，垂直于运动方向的

投影 $y'=\sin\alpha'=\frac{1}{2}$，站台上测得米尺与运动方向倾斜的角度 $\alpha=45°$，应有 $\tan\alpha=y/x=1$，由洛伦兹变换得

$$\tan\alpha=1=\frac{y}{x}=\frac{\frac{1}{2}}{\frac{\sqrt{3}}{2}\sqrt{1-\frac{v^2}{c^2}}}$$

解之有 $v=0.58c$，此时站台上测得 $x=y=y'=\frac{1}{2}$，所以米尺长度为

$$l=\sqrt{x^2+y^2}=\sqrt{\left(\frac{1}{2}\right)^2+\left(\frac{1}{2}\right)^2}\approx 0.7(\mathrm{m})$$

例题 6-5：静止的长度为 l_0 的车厢，以速度 v 相对于地面运动，由车厢的后壁以速度 u_0 向前抛出一个小球，求地面观测者测到小球从后壁到前壁的运动时间。

解： 选地面为 S 系，车厢为 S' 系，车厢以速度 v 沿 x 方向运动。设小球由后壁抛出为事件 P_1，小球与前壁相碰为事件 P_2，它们在 S 系、S' 系中的坐标分别为 (x_1,t_1)、(x_2,t_2) 和 (x'_1,t'_1)、(x'_2,t'_2)。

在 S 系（即地面）上看到小球由后壁到前壁的运动时间为

$$\Delta t=t_2-t_1=\frac{t'_2+\frac{v}{c}x'_2}{\sqrt{1-\frac{v^2}{c^2}}}-\frac{t'_1+\frac{v}{c}x'_1}{\sqrt{1-\frac{v^2}{c^2}}}=\frac{1}{\sqrt{1-\frac{v^2}{c^2}}}\left[(t'_2-t'_1)+\frac{v}{c^2}(x'_2-x'_1)\right]$$

$$=\frac{1}{\sqrt{1-\frac{v^2}{c^2}}}\left[\frac{l_0}{u_0}+\frac{v}{c^2}\times l_0\right]=\frac{l_0}{u_0}\frac{1+\frac{u_0v}{c^2}}{\sqrt{1-\frac{v^2}{c^2}}}$$

式中，$t'_2-t'_1=\frac{l_0}{u_0}$；$x'_2-x'_1=l_0$。

6.4 相对论电动力学

按照狭义相对论的要求，所有物理规律对洛伦兹变换应具有协变性。而物理规律是由不同的物理量构成的物理方程来描写的，那么物理规律应表示成何种数学形式的物理方程才具有洛伦兹变换的协变性呢？

6.4.1 物理规律的协变性

任何物理规律的表达式都是由一些物理量构成的等式。物理规律在洛伦兹变换下所具有的性质取决于物理量在同样变换下的性质。

6.4.1.1 物理量按洛伦兹变换性质的分类

不同物理量在洛伦兹变换（正交变换）下具有不同的变换性质，通常根据这种变换关系

把物理量区分为标量、矢量（一阶张量)、二阶张量……。洛伦兹变换矩阵形式为

$$\text{正变换：}\boldsymbol{\alpha}=\begin{bmatrix}\gamma & 0 & 0 & \mathrm{i}\beta\gamma\\ 0 & 1 & 0 & 0\\ 0 & 0 & 1 & 0\\ -\mathrm{i}\beta\gamma & 0 & 0 & \gamma\end{bmatrix}$$

$$\text{逆变换：}\boldsymbol{\alpha}^{-1}=\tilde{\alpha}=\begin{bmatrix}\gamma & 0 & 0 & -\mathrm{i}\beta\gamma\\ 0 & 1 & 0 & 0\\ 0 & 0 & 1 & 0\\ \mathrm{i}\beta\gamma & 0 & 0 & \gamma\end{bmatrix}$$

（1）标量

如果一个物理量在洛伦兹变换下保持不变，则称此物理量为洛伦兹标量，或称洛伦兹不变量。如某物理标量在 S'系中用A'表示，在 S 系中用A 表示，则有

$$A'=A \tag{6.38}$$

由此可知：四维间隔是标量，故有时和光速等也是标量，它们与运动无关。

（2）矢量（一阶张量)

一些物理量有四个分量，如 A_μ ($\mu=1, 2, 3, 4$)，并且同四维时空坐标变换一样满足洛伦兹变换：

$$A'_\mu=\alpha_{\mu\nu}A_\nu \tag{6.39}$$

式中，$\alpha_{\mu v}$ 为洛伦兹变换系数。A_μ 称为四维矢量。

（3）张量

若物理量有十六个分量，即 $T_{\mu\nu}$ (μ，$\nu=1, 2, 3, 4$)，在洛伦兹变换下满足

$$T'_{\mu\nu}=\alpha_{\nu\alpha}\alpha_{\nu\beta}T_{\alpha\beta} \tag{6.40}$$

则该类物理量称为二阶四维张量。

标量、矢量、张量可统称为张量。四维标量只有一个分量，$4^0=1$，称为零阶四维张量；四维矢量有四个分量，$4^1=4$，称为一阶四维张量；二阶四维张量有十六个分量，$4^2=16$；依次可以定义高阶张量。

例题 6-6：（1）证明四维梯度算符$\dfrac{\partial}{\partial x_\mu}$为一阶四维张量（或四维矢量)；（2）证明两个四维矢量的标积是四维标量。

解：（1）因为 $x'_\mu=\alpha_{\mu\nu}x_\nu$，$x_\mu=\alpha_{\mu\nu}x'_\nu$，所以

$$\frac{\partial}{\partial x'_\mu}=\frac{\partial}{\partial x_v}\frac{\partial x_\nu}{\partial x'_\mu}=\alpha_{\mu\nu}\frac{\partial}{\partial x_\nu}$$

即$\dfrac{\partial}{\partial x_\mu}$为四维矢量算符。

（2）若两个四维矢量分别为 A_μ、B_μ，则有

$$A'_\mu=\alpha_{\mu\nu}A_\nu, B'_\mu=\alpha_{\mu\nu}B_\nu$$

所以

$$A'_\mu B'_\mu=\alpha_{\mu\nu}A_\nu\alpha_{\mu\beta}B_\beta=\alpha_{\mu\nu}\alpha_{\mu\beta}A_\nu B_\beta=\delta_{\nu\beta}A_\nu B_\beta=A_\nu B_\nu$$

6.4.1.2 物理规律的协变性

相对论原理指出，所有惯性参照系都是等价的，物理规律在所有惯性系中都有相同的形式。因此，一个方程是否满足相对性原理的要求，就要看这个方程能否将不同惯性系表示成相同的形式，而这取决于方程的每一项是否属于同一类协变量。如果方程两边各项物理量都是由同阶的四维张量构成的，那么这种形式的方程在洛伦兹变换下，各项均按同一规律变换，保证了方程的形式不变，从而满足相对性原理的要求，称这种形式的方程式为协变式。例如，某物理规律的四维形式的方程为

$$C_\mu = A_\mu + B_\mu$$

式中，A_μ、B_μ、C_μ 分别代表 S 系中的不同物理量。现把上式变换到 S'系中，因为 $A'_\mu = \alpha_{\mu\nu} A_\nu$，$B'_\mu = \alpha_{\mu\nu} B_\nu$，$C'_\mu = \alpha_{\mu\nu} C_\nu$，所以

$$C'_\mu = \alpha_{\mu\nu} C_v = \alpha_{\mu\nu}(A_\nu + B_\nu) = \alpha_{\mu\nu} A_v + \alpha_{\mu\nu} B_\nu = A'_\mu + B'_\mu$$

显然，S'系中的方程形式与 S 系中的方程形式相同。

由上可见，要判断物理规律是否满足相对性原理，只需看其物理方程是否是协变的。换句话说，利用四维形式的协变量构成的张量（协变）方程可方便地判断相应物理规律是否具有协变性，是否满足相对性原理的要求。

6.4.2 电磁场理论的协变形式

根据爱因斯坦相对性原理，用于描述电磁场运动规律的电荷守恒定律、麦克斯韦方程组、洛伦兹力公式等都应写成协变形式。亦即把它们及其所包含的各个电磁场量纳入闵可夫斯基四维时空中，写成四维张量形式，使得方程中各项都是同类协变量。本小节的主要内容就是把原来三维形式的电磁运动规律诸方程改写为满足洛伦兹变换的四维协变形式。

6.4.2.1 电荷守恒定律的协变形式

实验指出：电荷是守恒的。三维形式的电荷守恒定律可表示为

$$\nabla \cdot \boldsymbol{j} + \frac{\partial \rho}{\partial t} = 0 \tag{6.41}$$

引入四维电流密度矢量：

$$j_\mu = (\boldsymbol{j}, \mathrm{i}c\rho) \tag{6.42}$$

考虑到四维梯度算符$\dfrac{\partial}{\partial x_\mu} = \left(\nabla, \dfrac{\partial}{\partial x_4}\right)$，三维形式的式（6.41）可改写为四维协变形式：

$$\frac{\partial j_\mu}{\partial x_\mu} = 0 \tag{6.43}$$

这是一个四维散度方程，$\dfrac{\partial j_\mu}{\partial x_\mu}$在洛伦兹变换下是不变的，是一个洛伦兹标量。式（6.43）即为四维协变形式的电荷守恒定律。

四维电流密度矢量 $j_\mu =$（$\boldsymbol{j}$，$\mathrm{i}c\rho$）把电流密度 $\boldsymbol{j}$ 与电荷密度 ρ 统一了起来。通常的电流密度 $\boldsymbol{j}$ 和电荷密度 ρ 是物理量 j_μ 的不同方面。可以证明电流密度 $\boldsymbol{j}$ 和电荷密度 ρ 满足下述变换关系：

$$\begin{cases} j_1'=\gamma(j_1-\rho v) \\ j_2'=j_2 \\ j_3'=j_3 \\ j_4'=\gamma\left(\rho-\dfrac{v}{c^2}j_1\right) \end{cases} \tag{6.44}$$

上式表明四维电流密度矢量 j_μ 满足

$$j_\mu'=\alpha_{\mu\nu}j_\nu \tag{6.45}$$

根据四维矢量的定义，显然 $j_\mu=(\boldsymbol{j},\ \mathrm{i}c\rho)$ 满足的变换关系正是四维矢量的变换关系，因此 $j_\mu=(\boldsymbol{j},\ \mathrm{i}\rho c)$ 构成四维矢量。

6.4.2.2　电磁势方程（达朗贝尔方程）的协变形式

电磁场可以用磁矢势 $\boldsymbol{A}$ 和标势 φ 来描写，在洛伦兹规范条件下，电磁势满足达朗贝尔方程：

$$\begin{cases} \nabla^2\boldsymbol{A}-\dfrac{1}{c^2}\dfrac{\partial^2\boldsymbol{A}}{\partial t^2}=-\mu_0\boldsymbol{j} \\ \nabla^2\varphi-\dfrac{1}{c^2}\dfrac{\partial^2\varphi}{\partial t^2}=-\rho/\varepsilon_0 \end{cases} \tag{6.46}$$

式中，$\boldsymbol{A}$ 和 φ 满足洛伦兹条件：

$$\nabla\cdot\boldsymbol{A}+\frac{1}{c^2}\frac{\partial\varphi}{\partial t}=0 \tag{6.47}$$

引入一个四维电磁势矢量，简称四维势，即

$$A_\mu=\left(\boldsymbol{A},\boldsymbol{i}\ \frac{\varphi}{c}\right) \tag{6.48}$$

则式（6.46）可合并为一个方程：

$$\Box A_\mu=-\mu_0 j_\mu \tag{6.49}$$

式中，$\Box=\nabla^2-\dfrac{1}{c^2}\dfrac{\partial^2}{\partial t^2}=\dfrac{\partial}{\partial x_\mu}\dfrac{\partial}{\partial x_\mu}$，称达朗贝尔算符，它是一个四维标量算符。注意到式中右端 j_μ 是四维矢量，故 A_μ 应为四维矢量，可以证明 A_μ 满足变换式：

$$\begin{cases} A_1'=\gamma\left(A_1-\dfrac{v}{c^2}\varphi\right) \\ A_2'=A_2 \\ A_3'=A_3 \\ A_4'=\gamma(\varphi-vA_1) \end{cases} \tag{6.50}$$

即满足四维矢量变换关系：

$$A_\mu'=\alpha_{\mu\nu}A_\nu \tag{6.51}$$

同样，洛伦兹条件式（6.47）可写成四维形式：

$$\frac{\partial A_\mu}{\partial x_\mu}=0 \tag{6.52}$$

它是一个四维散度方程，显然它是协变的。

式（6.49）和式（6.52）即为用电磁势表示的麦克斯韦方程组的协变形式。它表明用电磁势表示的麦克斯韦方程是满足相对性原理的。

6.4.2.3 麦克斯韦方程组的协变形式

(1)电磁场张量

电磁场量 $\boldsymbol{E}$ 和 $\boldsymbol{B}$ 用电磁势可表示为

$$\begin{cases}\boldsymbol{B}=\nabla\times\boldsymbol{A}\\ \boldsymbol{E}=-\nabla\varphi-\dfrac{\partial\boldsymbol{A}}{\partial t}\end{cases}\tag{6.53}$$

它们的六个分量分别为

$$\begin{cases}B_1=\dfrac{\partial A_3}{\partial x_2}-\dfrac{\partial A_2}{\partial x_3},\quad E_1=\mathrm{i}c\left(\dfrac{\partial A_4}{\partial x_1}-\dfrac{\partial A_1}{\partial x_4}\right)\\ B_2=\dfrac{\partial A_1}{\partial x_3}-\dfrac{\partial A_3}{\partial x_1},\quad E_2=\mathrm{i}c\left(\dfrac{\partial A_4}{\partial x_2}-\dfrac{\partial A_2}{\partial x_4}\right)\\ B_3=\dfrac{\partial A_2}{\partial x_1}-\dfrac{\partial A_1}{\partial x_2},\quad E_3=\mathrm{i}c\left(\dfrac{\partial A_4}{\partial x_3}-\dfrac{\partial A_3}{\partial x_4}\right)\end{cases}\tag{6.54}$$

电磁场量 $\boldsymbol{E}$ 和 $\boldsymbol{B}$ 不是四维矢量，但是利用四维矢势 A_μ，可把它们表示为一个四维二阶张量：

$$F_{\mu\nu}=\frac{\partial A_v}{\partial x_\mu}-\frac{\partial A_\mu}{\partial x_v}\tag{6.55}$$

$F_{\mu\nu}$ 有十六个分量，可表示为矩阵形式：

$$\boldsymbol{F}=\begin{bmatrix}0 & B_3 & -B_2 & -\dfrac{\mathrm{i}}{c}E_1\\ -B_3 & 0 & B_1 & -\dfrac{\mathrm{i}}{c}E_2\\ B_2 & -B_1 & 0 & -\dfrac{\mathrm{i}}{c}E_3\\ \dfrac{\mathrm{i}}{c}E_1 & \dfrac{\mathrm{i}}{c}E_2 & \dfrac{\mathrm{i}}{c}E_3 & 0\end{bmatrix}\tag{6.56}$$

$F_{\mu\nu}$ 或 $\boldsymbol{F}$ 通常称为电磁场张量，它是一个四维二阶反对称张量（即 $F_{\mu\nu}==-F_{\nu\mu}$）。

(2)麦克斯韦方程组的四维协变形式

利用电磁场张量 $\boldsymbol{F}_{\mu\nu}$ 和四维电流密度矢量 $\boldsymbol{j}_\mu$ 可以把用电磁场量表示的麦克斯韦方程组写为协变形式。

$\nabla\cdot\boldsymbol{E}=\rho/\varepsilon_0$，$\nabla\times\boldsymbol{B}-\dfrac{1}{c^2}\dfrac{\partial\boldsymbol{E}}{\partial \mathrm{t}}=\mu_0\boldsymbol{j}$ 可合并写为

$$\frac{\partial F_{\mu\nu}}{\partial x_\mu}=\mu_0 j_\mu\tag{6.57}$$

$\nabla\cdot\boldsymbol{B}=0$，$\nabla\times\boldsymbol{E}=-\dfrac{\partial\boldsymbol{B}}{\partial t}$可合并写为

$$\frac{\partial F_{\nu\alpha}}{\partial x_\mu}+\frac{\partial F_{\mu\nu}}{\partial x_\alpha}+\frac{\partial F_{\alpha\mu}}{\partial x_\nu}=0\tag{6.58}$$

式（6.57）和式（6.58）即是四维协变形式的麦克斯韦方程组。电磁场量 $\boldsymbol{E}$ 和 $\boldsymbol{B}$ 统一在电磁场张量 $\boldsymbol{F}$ 之中，其表明电场和磁场反映了电磁场两个方面的性质，它们是统一的、不可分割的整体。

6.4.2.4 洛伦兹力密度公式的协变形式

用电磁场张量表示洛伦兹力密度公式。引入四维密度矢量：

$$f_\mu = F_{\mu\nu} j_\nu \tag{6.59}$$

式中，$F_{\mu\nu}$ 为电磁场张量；$\boldsymbol{j}_\nu$ 为四维电流密度矢量。四维力密度矢量各分量为

$$\begin{cases} f_1 = F_{11}j_1 + F_{12}j_2 + F_{13}j_3 + F_{14}j_4 = \rho E_1 + \rho(\boldsymbol{v}\times\boldsymbol{B})_1 \\ f_2 = F_{21}j_1 + F_{22}j_2 + F_{23}j_3 + F_{24}j_4 = \rho E_2 + \rho(\boldsymbol{v}\times\boldsymbol{B})_2 \\ f_3 = F_{31}j_1 + F_{32}j_2 + F_{33}j_3 + F_{34}j_4 = \rho E_3 + \rho(\boldsymbol{v}\times\boldsymbol{B})_3 \\ f_4 = F_{41}j_1 + F_{42}j_2 + F_{43}j_3 + F_{44}j_4 = \dfrac{\mathrm{i}}{c}\boldsymbol{E}\cdot\boldsymbol{j} \end{cases} \tag{6.60}$$

可见 f_1、f_2、f_3 即为洛伦兹力密度 $\boldsymbol{f} = \rho\boldsymbol{E} + \boldsymbol{j}\times\boldsymbol{B}$ 的三个分量，f_4 是与电功率相联系的一个分量。四维力密度的四个分量为

$$f_\mu = \left(\mathbf{f}, \frac{\mathrm{i}}{c}\mathbf{j}\cdot\boldsymbol{E}\right) \tag{6.61}$$

因为 $F_{\mu\nu}$ 和 j_μ 都是洛伦兹协变的，所以它们的乘积 f_μ 也必然是协变的。式（6-59）即为洛伦兹力公式的协变形式。

6.4.3 电磁场的变换公式

因为电磁场张量 $F_{\mu\nu}$ 是二阶张量，所以不同惯性系间的 $F_{\mu\nu}$ 变换关系满足

$$F'_{\mu\nu} = \alpha_{\mu\beta}\alpha_{\nu\gamma}F_{\beta\gamma} = \alpha_{\mu\beta}F_{\beta\gamma}\widetilde{\alpha}_{\nu\gamma} \tag{6.62}$$

相应的矩阵形式

$$\boldsymbol{F}' = \boldsymbol{\alpha}\boldsymbol{F}\widetilde{\boldsymbol{\alpha}} \tag{6.63}$$

式中，$\widetilde{\boldsymbol{\alpha}}$ 为 $\boldsymbol{\alpha}$ 的转置矩阵。所以式（6.63）写成分量形式则为

$$\begin{cases} E'_1 = E_1, & B'_1 = B_1 \\ E'_2 = \gamma(E_2 - vB_3), & B'_2 = \gamma\left(B_2 + \dfrac{v}{c^2}E_3\right) \\ E'_3 = \gamma(E_3 + vB_2), & B'_3 = \gamma\left(B_3 - \dfrac{v}{c^2}E_2\right) \end{cases} \tag{6.64}$$

此式即为不同惯性系间电磁场量的变换公式，若把电磁场量 $\boldsymbol{E}$ 和 $\boldsymbol{B}$ 按平行和垂直于相对运动速度的方向分解，则式（6.64）可表示为

$$\begin{cases} \boldsymbol{E}'_\parallel = \boldsymbol{E}_\parallel, & \boldsymbol{B}'_\parallel = \boldsymbol{B}_\parallel \\ \boldsymbol{E}'_\perp = \gamma(\boldsymbol{E} + \boldsymbol{v}\times\boldsymbol{B})_\perp, & \boldsymbol{B}'_\perp = \gamma\left(B - \dfrac{\boldsymbol{v}}{c^2}\times\boldsymbol{E}\right)_\perp \end{cases} \tag{6.65}$$

例题 6-7： 试求匀速运动的带电粒子 q 的场。

解： 设 S' 系的原点固定在带电粒子 q 上，且 $t' = t = 0$ 时与实验室参照系 S 系的原点重合，S' 系与 S 系的坐标轴对应平行，S' 系随带电粒子 q 相对于 S 系沿 x 轴正方向以速度 v

运动。

因带电粒子 q 相对 S' 系是静止的，其场为

$$\boldsymbol{E}'=\frac{1}{4\pi\varepsilon_0}\frac{q\boldsymbol{r}'}{r'^3},\boldsymbol{B}'=\boldsymbol{0}$$

利用电磁场变换公式，求得 S 系中的场为

$$\begin{cases}E_x=E'_x, & B_x=B'_x\\ E_y=\gamma(E'_y+vB'_z), & B_y=\gamma\left(B'_y-\dfrac{v}{c^2}E'_z\right)\\ E_z=\gamma(E'_z-vB'_y), & B_z=\gamma\left(B'_z+\dfrac{v}{c^2}E'_y\right)\end{cases}$$

其中 $\boldsymbol{B}'=\boldsymbol{0}$，所以

$$\begin{cases}E_x=\dfrac{1}{4\pi\varepsilon_0}\dfrac{qx'}{r'^3}, & B_x=0\\ E_y=\dfrac{\gamma}{4\pi\varepsilon_0}\dfrac{qy'}{r'^3}, & B_y=-\dfrac{\gamma}{4\pi\varepsilon_0}\dfrac{vqz'}{c^2r'^3}\\ E_z=\dfrac{\gamma}{4\pi\varepsilon_0}\dfrac{qz'}{r'^3}, & B_z=\dfrac{\gamma}{4\pi\varepsilon_0}\dfrac{v}{c^2}\dfrac{qy'}{r'^3}\end{cases}\tag{6.66}$$

利用洛伦兹变换可把 $\boldsymbol{r}'\to\boldsymbol{r}$。若只考虑 $t=0$ 时刻的场，这时：$x'=\gamma x$，$y'=y$，$z'=z$，$r'=r\left[x^2+\left(\dfrac{y}{\gamma}\right)^2+\left(\dfrac{z}{\gamma}\right)^2\right]^{1/2}$。故 S 系中的电磁场量为

$$\begin{cases}\boldsymbol{E}=\dfrac{1}{\gamma^2}\dfrac{1}{4\pi\varepsilon_0}\dfrac{q}{r^3}\dfrac{\boldsymbol{r}}{(1-\beta^2\sin^2\theta)^{3/2}}\\ \boldsymbol{B}=\dfrac{\boldsymbol{v}}{c^2}\times\boldsymbol{E}=\dfrac{1}{\gamma^2}\dfrac{\mu_0}{4\pi}\dfrac{q\boldsymbol{v}\times\boldsymbol{r}}{r^3}\dfrac{1}{(1-\beta^2\sin^2\theta)^{3/2}}\end{cases}\tag{6.67}$$

式中，$\gamma=\dfrac{1}{\sqrt{1-\beta^2}}$；$\beta=\dfrac{v}{c}$；$\theta$ 是 $\boldsymbol{r}$ 与 $\boldsymbol{v}$ 的夹角。

由上式可看到匀速运动的带电粒子 q 的场不再是球对称的，而是与 θ 有关。$\theta=0$ 处场最弱，$\theta=\dfrac{\pi}{2}$ 处场最强。随着带电粒子运动速度的增大，场的各向异性分布越强，当 $v\to c$ 时，场基本上趋于集中分布在垂直于 v 的 yOz 平面内，如图 6.8 所示。

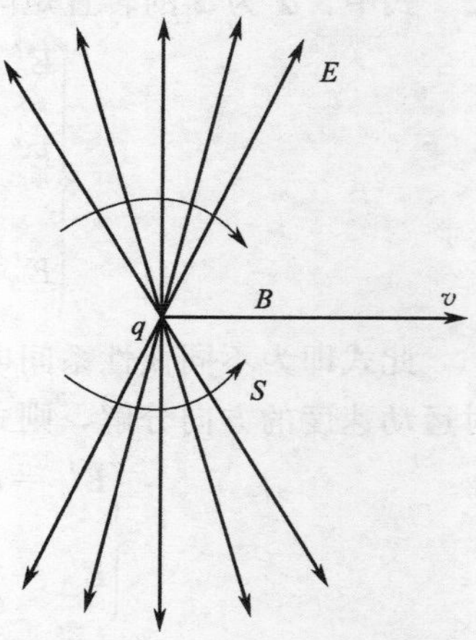

图 6.8　例题 6-7 示意图

电磁场能流分布：

$$\boldsymbol{S}=\boldsymbol{E}\times\boldsymbol{H}=\varepsilon_0[\boldsymbol{v}\boldsymbol{E}^2-\boldsymbol{E}(\boldsymbol{E}\cdot\boldsymbol{v})]$$

当 $v\to c$ 时，$\boldsymbol{E}$ 趋于垂直于 $\boldsymbol{v}$，故有

$$\boldsymbol{S}=\varepsilon_0\boldsymbol{E}^2\boldsymbol{v}=w\boldsymbol{V}$$

式中，$w=\varepsilon_0\boldsymbol{E}^2$，为电磁场能量密度。上式表明电磁能量以速度 v 随带电粒子 q 一起运动。

例题 6-8： 证明 $k_\mu=\left(\boldsymbol{k},\ \dfrac{\mathrm{i}}{c}w\right)$ 是四维波矢量，且 $k_\mu x_\mu$

为不变量。

解：设 S 系中平面电磁波为

$$\boldsymbol{E}=\boldsymbol{E}_0 e^{i(\boldsymbol{k}\cdot\boldsymbol{r}-\omega t)} \quad \boldsymbol{B}=\boldsymbol{B}_0 e^{i(\boldsymbol{k}\cdot\boldsymbol{r}-\omega t)}$$

用电磁场张量可表示成

$$F_{\mu\omega}=F_{\mu\omega}^0 e^{i(\boldsymbol{k}\cdot\boldsymbol{r}-\omega t)}$$

式中，$F_{\mu\omega}$ 为电磁场量幅值 $\boldsymbol{E}_0$、$\boldsymbol{B}_0$ 组成的张量的分量。利用电磁场变换公式，可得 S' 系中的电磁场张量：

$$F'_{\mu v}=\alpha_{\mu\beta}F_{\beta\gamma}\widetilde{\alpha}_{\gamma\nu}=\alpha_{\mu\beta}F_{\beta\gamma}^0\widetilde{\alpha}_{\gamma\nu}e^{i(\boldsymbol{k}\cdot\boldsymbol{r}-\omega t)}=F'^0_{\mu\nu}e^{i(\boldsymbol{k}\cdot\boldsymbol{r}-\omega t)}$$

式中，$F'^0_{\mu v}$ 为 S' 系中电磁场波幅 $\boldsymbol{E}'_0$、$\boldsymbol{B}'_1$ 组成的张量的分量。注意到上式中仍含有 S 系中坐标$(\boldsymbol{r},\ t)$，还应把其变换为 S' 系中坐标$(\boldsymbol{r}',\ t')$。设 S' 系沿 S 系 x 轴以速度 v 运动，由洛伦兹变换有

$$x=\frac{x'+vt'}{\sqrt{1-\beta^2}},y=y',z=z',t=\frac{t'+\frac{v}{c^2}x'}{\sqrt{1-\beta^2}}$$

代入 $F'_{\mu\nu}$ 式中得

$$F'_{\mu\nu}=F'^0_{\mu\nu}e^{i(\boldsymbol{k}'\cdot\boldsymbol{r}'-\omega' t')}$$

式中，$$k'_x=\frac{k_x-\beta\frac{\omega}{c}}{\sqrt{1-\beta^2}},\ k'_y=k_y,\ k'_z=k_z,\ \frac{\omega'}{c}=\frac{\frac{\omega}{c}-\beta k_x}{\sqrt{1-\beta^2}}。$$

若令

$$k_\mu=\left(\boldsymbol{k},i\frac{\omega}{c}\right)=\left(k_1,k_2,k_3,k_4=i\frac{\omega}{c}\right)$$

则

$$\begin{cases} k'_x=\dfrac{k_x+i\beta k_4}{\sqrt{1-\beta^2}} \\ k'_y=k_y \\ k'_z=k_z \\ k'_4=\dfrac{k_4-i\beta k_x}{\sqrt{1-\beta^2}} \end{cases} \tag{6.68}$$

可见 $\boldsymbol{k}_\mu$ 的变换关系与 $\boldsymbol{x}_\mu$ 的变换关系相同，即满足

$$k'_\mu=\alpha_{\mu\nu}k_\nu \tag{6.69}$$

故 $\boldsymbol{k}_\mu=\left(\boldsymbol{k},\ i\frac{\omega}{c}\right)$构成一个四维矢量，称为四维波矢量。显然：

$$k'_\mu x'_\mu=\alpha_{\mu\alpha}k_\nu\alpha_{\mu\beta}x_\beta=k_\nu x_\nu \tag{6.70}$$

是一不变量，即有

$$\boldsymbol{k}\cdot\boldsymbol{r}-\omega t=\boldsymbol{k}'\cdot\boldsymbol{r}'-\omega' t' \tag{6.71}$$

式（6.68）可写成下式：

$$\begin{cases} k'_x=\gamma\left(k_x-\dfrac{v}{c^2}\omega\right) \\ k'_y=k_y \\ k'_z=k_z \\ \omega'=\gamma(\omega-vk_x) \end{cases} \tag{6.72}$$

若波矢量 $\boldsymbol{k}$ 与 x 轴正方向夹角为 θ，$\boldsymbol{k}'$ 与 x 轴正方向夹角为 θ'，即

$$k_x=\frac{\omega}{c}\cos\theta, k'_x=\frac{\omega'}{c}\cos\theta'$$

代入式（6.72），便得

$$\omega'=\gamma\omega\left(1-\frac{v}{c}\cos\theta\right) \tag{6.73}$$

$$\tan\theta'=\frac{\sin\theta}{\gamma\left(\cos\theta-\dfrac{v}{c}\right)} \tag{6.74}$$

式（6.73）和式（6.74）就是相对论的多普勒效应公式和光行差公式。

若光源静止于 S' 系中，则 $\omega'=\omega_0$，ω_0 是静止光源的辐射角频率。由式（6.73）得运动光源的辐射角频率：

$$\omega=\frac{\omega_0}{\gamma\left(1-\dfrac{v}{c}\cos\theta\right)} \tag{6.75}$$

（1）当 $v\ll c$ 时，得经典多普勒效应公式：

$$\omega\approx\frac{\omega_0}{1-\dfrac{v}{c}\cos\theta}$$

（2）若 $\theta=90°$，得横向多普勒公式：

$$\omega=\omega_0\sqrt{1-\frac{v^2}{c^2}}$$

6.5 相对论力学

牛顿运动方程满足伽利略变换，但不满足洛伦兹变换，应当对其加以修正。首先应使其成为满足相对论的协变性方程，其次还应使修正后的力学规律在低速情况下与牛顿运动方程一致，即要满足低速极限的要求。

6.5.1 四维动量与质能的关系

6.5.1.1 四维速度和四维加速度

四维速度定义为

$$u_\mu=\frac{\mathrm{d}x_\mu}{\mathrm{d}\tau} \tag{6.76}$$

式中，$\mathrm{d}\tau=\mathrm{d}t\sqrt{1-\beta^2}$，为物体的固有时间，它是一个不变量。由于 $\mathrm{d}x_\mu$ 是四维矢量，

所以 u_μ 也是四维矢量，它的四个分量分别为

$$\begin{cases} u_1=\dfrac{dx_1}{d\tau}=\dfrac{dx_1}{dt\sqrt{1-\beta^2}}=\dfrac{v_1}{\sqrt{1-\beta^2}}=\gamma v_1 \\ u_2=\dfrac{dx_2}{d\tau}=\dfrac{v_2}{\sqrt{1-\beta^2}}=\gamma v_2 \\ u_3=\dfrac{dx_3}{d\tau}=\dfrac{v_3}{\sqrt{1-\beta^2}}=\gamma v_3 \\ u_4=\dfrac{dx_4}{d\tau}=\dfrac{ic}{\sqrt{1-\beta^2}}=ic\gamma \end{cases} \tag{6.77}$$

可记为

$$u_\mu=\frac{dx_\mu}{d\tau}=\left(\frac{d\boldsymbol{r}}{d\tau},ic\frac{dt}{d\tau}\right)=(\gamma\boldsymbol{v},ic\gamma) \tag{6.78}$$

式中，$\boldsymbol{v}=\dfrac{d\boldsymbol{r}}{dt}$为三维速度。

四维加速度定义为

$$a_\mu=\frac{du_\mu}{d\tau}=\left(\frac{d^2\boldsymbol{r}}{d\tau^2},ic\frac{d^2t}{d\tau^2}\right) \tag{6.79}$$

它的分量为

$$\begin{cases} \boldsymbol{a}=\dfrac{d\boldsymbol{u}}{d\tau}=\gamma\dfrac{d(\gamma\boldsymbol{v})}{dt} \\ a_4=\dfrac{du_4}{d\tau}=\dfrac{d(ic\gamma)}{\sqrt{1-\beta^2}dt} \end{cases} \tag{6.80}$$

6.5.1.2　四维动量

(1) 质速关系

动量守恒定律是物理学中的一个普遍规律，欲使动量守恒定律在洛伦兹变换下具有协变性，必须重新定义质量和动量的概念。下面先来分析质量在不同惯性参照系之间的变换关系。

考察两个全同粒子的碰撞，如图 6.9 所示。

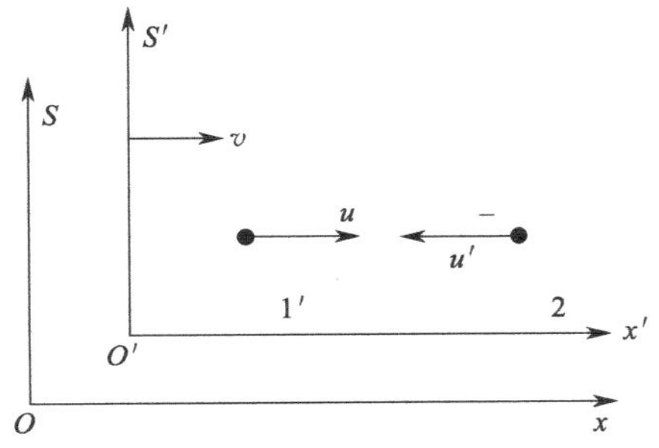

图 6.9　两个粒子碰撞示意图

在 S'系中有一个粒子以速度$\boldsymbol{u}'$运动，另一粒子以速度$-\boldsymbol{u}'$运动，根据动量守恒知，两粒子碰撞后改变方向。在 S 系中看碰撞前两粒子速度分别为$\boldsymbol{u}_1$ 和 $\boldsymbol{u}_2$。在碰撞的瞬间，在 S

系看两粒子的速度均为$\boldsymbol{u}$，在S'系看则为零。在S'系中看两粒子质量是一样的，而在S系看，因两粒子速度不同，所以其质量是否相等尚不能确定，可分别设为m_1和m_2，且$m_1+m_2=M$，由动量守恒：

$$m_1u_1+m_2u_2=Mu$$

及洛伦兹变换知

$$u_1=\frac{u'+v}{1+\frac{u'v}{c^2}},u_2=\frac{-u'+v}{1-\frac{u'v}{c^2}}$$

代入前式，化简得

$$\frac{m_1}{m_2}=\frac{1+\frac{u'v}{c^2}}{1-\frac{u'v}{c^2}} \tag{6.81}$$

利用洛伦兹速度变换公式可得下面关系式：

$$1+\frac{u'v}{c^2}=\left[\frac{\left(1-\frac{u'^2}{c^2}\right)\left(1-\frac{v^2}{c^2}\right)}{1-\frac{u_1^2}{c^2}}\right]^{1/2} \tag{6.82}$$

$$1-\frac{u'v}{c^2}=\left[\frac{\left(1-\frac{u'^2}{c^2}\right)\left(1-\frac{v^2}{c^2}\right)}{1-\frac{u_2^2}{c^2}}\right]^{1/2} \tag{6.83}$$

将式（6.82）和式（6.83）代入式（6.81），得

$$m_1\sqrt{1-\frac{u_1^2}{c^2}}=m_2\sqrt{1-\frac{u_2^2}{c^2}} \tag{6.84}$$

即

$$m\sqrt{1-\frac{u^2}{c^2}}=\text{常数} \tag{6.85}$$

式中，u为粒子运动速度，其说明粒子质量与运动速度有关。式（6.85）中的常数就是粒子静止时的质量，称为静止质量，记为m_0。而运动速度为u的粒子的质量称为运动质量，用m表示，故有

$$m=\frac{m_0}{\sqrt{1-\frac{u^2}{c^2}}} \tag{6.86}$$

此即是质速关系式。

（2）四维动量

四维动量定义为

$$p_\mu=m_0u_\mu \tag{6.87}$$

式中，m_0为静止质量；u_μ为四维速度。显而易见，p_μ是一个四维矢量。它的四个分量为

$$p_\mu=(m_0\gamma\boldsymbol{u},\mathrm{i}m_0\gamma c)=(m\boldsymbol{u},\mathrm{i}mc)=(\boldsymbol{p},\mathrm{i}mc) \tag{6.88}$$

$\boldsymbol{p}=m\boldsymbol{u}$ 即是三维空间中动量的定义。若令

$$W=mc^2 \tag{6.89}$$

则四维动量便可写成

$$p_\mu=\left(p,\frac{\mathrm{i}}{c}W\right) \tag{6.90}$$

利用洛伦兹速度变换关系可得四维动量变换关系：

$$\begin{cases}p'_x=\gamma\left(p_x-\dfrac{v}{c^2}W\right)\\ p'_y=p_y\\ p'_z=p_z\\ W'=\gamma(W-vp_x)\end{cases} \tag{6.91}$$

可以证明式中 W 即为物体的能量。而式（6.89）就是著名的质能关系式，因此四维动量矢量又称为能量-动量矢量。

（3）质能关系

根据能量守恒，力 $\boldsymbol{F}$ 对物体所作功率应等于物体能量 W 的增加率，即

$$\begin{cases}\dfrac{\mathrm{d}W}{\mathrm{d}t}=\boldsymbol{F}\cdot\boldsymbol{u}=\dfrac{\mathrm{d}\boldsymbol{p}}{\mathrm{d}t}\cdot\boldsymbol{u}\\ \mathrm{d}W=\mathrm{d}\boldsymbol{p}\cdot\boldsymbol{u}=\mathrm{d}(m\boldsymbol{u})\cdot\boldsymbol{u}=m\boldsymbol{u}\cdot\mathrm{d}\boldsymbol{u}+u^2\mathrm{d}m\end{cases} \tag{6.92}$$

另一方面，由质速关系知

$$m^2c^2-m^2u^2=m_0^2c^2$$

对上式两边取微分，得

$$c^2\mathrm{d}m=u^2\mathrm{d}m+m\boldsymbol{u}\cdot\mathrm{d}\boldsymbol{u} \tag{6.93}$$

比较式（6.92）和式（6.93），可以得到

$$W=mc^2$$

可见 $W=mc^2$ 就是以速度 $\boldsymbol{u}$ 运动、质量为 m 的物体所具有的总能量。而静止物体具有的能量 $W_0=mc^2$，它是物质的基本属性之一。

任意运动物体的动能等于总能量减去净止能量，即

$$T=mc^2-m_0c^2 \tag{6.94}$$

值得一提的是，在相对论里只有上式才表示物体的动能，而 $\frac{1}{2}mu^2$ 不再有原动能的意义。

相对论质能关系 $W=mc^2$ 与粒子（或其他物体）的具体结构无关。所以，质能关系不仅适用于一个粒子，而且也适用于许多粒子组成的复合体。对于复合体，它在静止参照系中的能量为 $W_0=mc^2$。但是由于复合体中的粒子之间具有相互作用能，所以 W_0 不等于所有粒子的静能量之和，即

$$W_0\neq\sum_i m_{0i}c^2$$

式中，m_{0i} 为第 i 个粒子的静质量。两者之差：

$$\Delta W=W_0-\sum_i m_{0i}c^2 \tag{6.95}$$

称为复合体的结合能，相应的质量差：

$$\Delta m = m_0 - \sum_i m_{0i} \tag{6.96}$$

称为质量亏损。显然，结合能等于质量亏损与真空光速平方的乘积。即

$$\Delta W = (\Delta m)c^2 \tag{6.97}$$

质能关系是近代基本粒子理论和核理论研究的重要依据，并已为大量实验所证实。质能关系反映了作为惯性量度的质量和作为运动量度的能量之间的联系。

6.5.2 相对论力学方程

现在把牛顿力学方程修正为洛伦兹协变的力学方程，三维动量对时间的变化率等于物体受到的外力，与此相仿，在相对论中为使力满足协变性要求，定义四维力

$$K_\mu = \frac{\mathrm{d}p_\mu}{\mathrm{d}\tau} \tag{6.98}$$

显而易见，K_μ 是一个四维矢量，其前三个分量为

$$\frac{\mathrm{d}\boldsymbol{p}}{\mathrm{d}\tau} = \gamma\,\frac{\mathrm{d}\boldsymbol{p}}{\mathrm{d}t} = \gamma\boldsymbol{F}$$

在低速情况下，$\gamma \to 1$，$\frac{\mathrm{d}\boldsymbol{p}}{\mathrm{d}\tau} \to \boldsymbol{F}$ 满足低速极限的要求。K_μ 的第四个分量是

$$K_4 = \frac{\mathrm{d}p_4}{\mathrm{d}\tau} = \gamma\,\frac{\mathrm{d}}{\mathrm{d}t}\left(\frac{\mathrm{i}}{c}W\right) = \frac{\mathrm{i}}{c}\gamma\boldsymbol{F}\cdot\boldsymbol{u}$$

所以四维力的四个分量分别为

$$K_\mu = \gamma\left(\boldsymbol{F}, \frac{\mathrm{i}}{c}\boldsymbol{F}\cdot\boldsymbol{u}\right) \tag{6.99}$$

比较式（6.98）和式（6.99），可得

$$\boldsymbol{F} = \frac{\mathrm{d}\boldsymbol{p}}{\mathrm{d}t} \tag{6.100}$$

$$\boldsymbol{F}\cdot\boldsymbol{u} = \frac{\mathrm{d}W}{\mathrm{d}t} \tag{6.101}$$

这就是相对论的力学方程。在牛顿力学中，质量被认为是不变的，所以 $\boldsymbol{F} = \frac{\mathrm{d}\boldsymbol{p}}{\mathrm{d}t}$ 与 $\boldsymbol{F} = m\boldsymbol{a}$ 等同，但在相对论中，质量是变量，$\boldsymbol{F} = \frac{\mathrm{d}\boldsymbol{p}}{\mathrm{d}t}$ 不能等同于 $\boldsymbol{F} = m\boldsymbol{a}$。这时式（6.100）可写成

$$\boldsymbol{F} = m\,\frac{\mathrm{d}\boldsymbol{u}}{\mathrm{d}t} + \boldsymbol{u}\,\frac{\mathrm{d}m}{\mathrm{d}t} = m\boldsymbol{a} + \frac{\boldsymbol{u}}{c^2}(\boldsymbol{F}\cdot\boldsymbol{u}) \tag{6.102}$$

例题 6-9：一个静止质量为 m_{10}，速度为 $\boldsymbol{v}$ 的粒子与一个静止质量为 m_{20} 的静止粒子碰撞后合二为一，求合成粒子的静质量 m_0 和速度 $\boldsymbol{u}$。

解：根据两粒子碰撞前后动能守恒和能量守恒，有

$$\frac{m_{10}v}{\sqrt{1-\frac{v^2}{c^2}}} = \frac{m_0 u}{\sqrt{1-\frac{u^2}{c^2}}} \tag{6.103}$$

$$\frac{m_{10}c^2}{\sqrt{1-\frac{v^2}{c^2}}}+m_{20}c^2=\frac{m_0c^2}{\sqrt{1-\frac{u^2}{c^2}}}, \text{或 } W_1+W_{20}=W \tag{6.104}$$

因为能量和动量间存在关系：

$$W^2=p_1^2c^2+(m_0c^2)^2$$

$$c^2p_1^2=(m_1c^2)^2-(m_{10}c^2)^2=W_1^2-W_{10}^2$$

所以

$$W_1^2+W_{20}^2+2W_1W_{20}=W_1^2-W_{10}^2+m_0^2c^4$$

解出 $m_0=\frac{1}{c^4}(W_{10}^2+W_{20}^2+2W_1W_{20})$，并与式（6.103）和式（6.104）联立，可得

$$\boldsymbol{u}=\frac{m_{10}v}{m_{10}+m_{20}\sqrt{1-\frac{v^2}{c^2}}}$$

习题

6.1 在地球上测得飞行火箭的长度为其静止长度的一半，求火箭的飞行速度。

6.2 设有两根相互平行的细棒，它们的静止长度均为 L_0，且以相同的速率沿棒的方向相对于我们运动，但运动方向相反。问站在一根细棒上测量另一根细棒的长度 L 是多长？

6.3 在惯性系 S 中，有两个物体以相同的速度 u 沿 x 轴正方向运动，它们的距离一直保持为 L。今有一观察者以速度 v 沿 x 轴正方向运动，问他测得的这两个物体间距 L'是多少？

6.4 一道闪光从 O 点发出，稍后在 P 点被吸收。在 S 系中，OP 具有长度L 且与 x 轴正方向成 θ 角。求在相对于 S 系以恒定速度 v 沿 x 轴正方向运动的 S'系中：(1) 从光发出到被吸收相隔的时间是多少？(2) 从光发出点到吸收点的空间间隔 L'是多少？

6.5 在海拔 50km 处由高能宇宙射线产生的 π^{-1} 介子以 $0.99c$ 的速度垂直飞向地球表面，在与 π^+ 介子保持相对静止的惯性系中测得它的寿命约为 $\tau=2.6\times10^{-8}$s，问：(1) 从地球上看，π^+ 介子的平均寿命是多少？它平均在海拔多少米衰变？(2) 若没有相对论效应，它能飞越多大距离？

6.6 设有三个惯性系 S、S'、S''。它们各对应坐标轴相互平行，若 S'系以速度 v 相对于 S 系沿 x 轴正向运动，S''系以速度 u 相对 S'系沿 x 轴正向运动。试求从 S 系到 S''系的洛伦兹变换。

6.7 有一光源 S 与接收器 R 相对静止，距离为 L_0，S-R 装置浸在均匀无限大的液体介质（静止折射率为 n）中。试按下列三种情况分别计算从光源发出信号到接收器接到信号所经历的时间：(1) 液体介质相对于 S-R 静止；(2) 液体沿 S-R 连线方向以速度 v 流动：(3) 液体沿垂直于 S-R 连线方向以速度 v 流动。

6.8 设在惯性系中有一静止的光源 A，它所发出的光穿过一根沿着 AB 以匀速 v 运动的介质柱体后到达 B 点。已知 A、B 两点间距离为 L，介质柱长为 L_0（$L_0\ll L$），静止时介

质的折射率为 n，试求光由 A 到 B 点所需要的时间。

6.9 试由四维速度定义式导出四维速度的变换式。

6.10 试由四维动量定义式导出四维动量的变换式。

6.11 设一标量函数 $\varphi(x, y, z, t)$，它满足波动方程：

$$\nabla^2\varphi-\frac{1}{c^2}\frac{\partial^2\varphi}{\partial t^2}=0$$

试证明此波动方程在洛伦兹变换下具有协变性。

6.12 由电磁场量变换关系式证明（$\boldsymbol{E}\cdot\boldsymbol{B}$）是一不变量。

6.13 由电磁场量变换关系式证明 $B^2-\frac{E^2}{c^2}$是一不变量。

6.14 证明真空中的麦克斯韦方程组在洛伦兹变换下具有不变性。

6.15 设无限大平板电容器以匀速 $\boldsymbol{v}$ 沿平面运动，求周围空间的电磁场（静止电荷面密度为 σ）。

6.16 有一发光原子，当它静止时辐射光波的波长为 λ_0，设该原子以匀速 $\boldsymbol{v}$ 相对于惯性系 S 运动。试由频率变换关系求：(1) 顺 $\boldsymbol{v}$ 方向传播的光波频率；(2) 逆 $\boldsymbol{v}$ 方向传播的光波频率。

6.17 一个处于基态的原子吸收能量为 $h\nu$ 的光子而跃迁到激发态，基态能量比激发态能量低 ΔW。求光子的频率。

6.18 一个质量为 m_0 的静止粒子，衰变成静质量分别为 m_{10} 和 m_{20} 的两个粒子。求这两个粒子的动能。

6.19 试导出相对论质量变换关系。

6.20 在 S 系中，作用于粒子上的力定义为矢量 $\boldsymbol{F}=\frac{\mathrm{d}}{\mathrm{d}t}$（$m\boldsymbol{u}$），在 S'系中则定义 $\boldsymbol{F}'=\frac{\mathrm{d}}{\mathrm{d}t}(m'\boldsymbol{u}')$，试导出作用力的变换关系。

第7章

带电粒子和电磁场的相互作用

本章讨论带电粒子与电磁场的相互作用。先介绍带电粒子的电磁场辐射，尔后讨论带电粒子与电磁场的相互作用问题。

7.1 运动带电粒子产生的电磁场

7.1.1 李纳-维谢尔势

任意运动带电粒子的电磁势称为李纳-维谢尔势。由推迟势公式可知，一个任意运动带电粒子 q 在空间 x 点，时刻 t 产生的电磁势 $\varphi(x, t)$、$\boldsymbol{A}(x, t)$ 只决定于该粒子在辐射时刻（又称推迟时刻）t'（$t'=t-\frac{r}{c}$）的位置和速度，而与粒子的加速度无关，也与粒子在其他时刻的运动状态无关。也就是说不论带电粒子在时刻 t' 以前和以后是怎样运动的，不论粒子是做匀速直线运动，还是在不断改变速度大小、方向，只要在 t' 时刻带电粒子的速度以及粒子与场点（$\boldsymbol{x}$ 点）的距离确定，则在 $\boldsymbol{x}$ 处，时刻 t 产生的势总是一定的。因而可设想选择一种最简单的运动状态，假设带电粒子 q 以 $\boldsymbol{v}(t')$ 做匀速直线运动，只要它的速度等于任意运动带电粒子 q 在 t' 时刻的速度，同时，在 t' 时刻的粒子指向场点 $\boldsymbol{x}(x, y, z)$ 的矢径 $\boldsymbol{r}$ 与由任意运动带电粒子 q 指向场点 $\boldsymbol{x}(x, y, z)$ 的矢径相同，那么所设想做直线运动的粒子在场点 $\boldsymbol{x}$、时刻 t 产生的电磁势就与所讨论的做任意运动的带电粒子在 $\boldsymbol{x}$ 处、t 时刻的电磁势完全一样。于是可通过洛伦兹变换由一个沿 x 轴作匀速直线运动的带电粒子 q 所产生的电磁势求得任意运动的带电粒子 q 所产生的电磁势。

取惯性系 S'，如图 7.1 所示。

在 t' 时刻 S' 与 q 相对静止，且 $v(t')$ 沿 $\boldsymbol{x}$ 轴正方向。在 S' 系中观测，$(\boldsymbol{x}'_0, t'_0)$ 为电荷的时空坐标，$(\boldsymbol{x}_0, t_0)$ 为场点的时空坐标，带电粒子 q 在 S' 系的电磁势为

$$\begin{cases}\varphi_0=\dfrac{1}{4\pi\varepsilon_0}\dfrac{q}{r_0}\\ \boldsymbol{A}_0=0\end{cases} \tag{7.1}$$

式中，$\boldsymbol{r}_0$ 为 S' 系中源点（电荷 q 所在点）到场点的径矢，$\boldsymbol{r}_0=\boldsymbol{x}_0-\boldsymbol{x}'_0$。现将 S' 系中的电磁势变换到实验 S 系中：

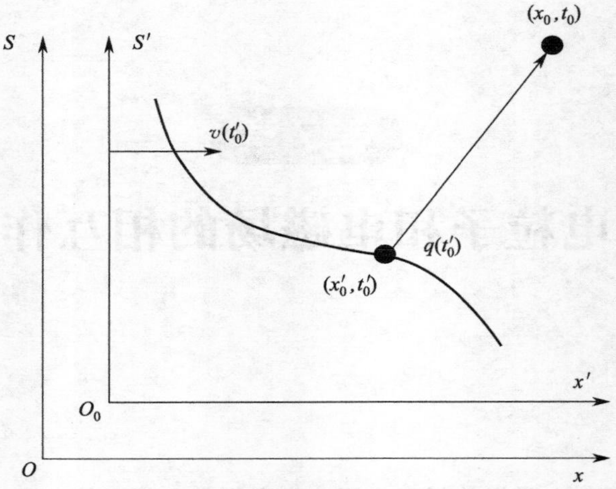

图 7.1 不同参照系粒子位置图

$$\begin{cases} A_x = \dfrac{A'_x + \dfrac{v}{c^2}\varphi'}{\sqrt{1-\dfrac{v^2}{c^2}}} = \gamma\left(A'_x + \dfrac{v}{c^2}\varphi'\right) \\ A_y = A'_y \\ A_z = A'_z \\ \varphi_x = \dfrac{\varphi' + vA'_x}{\sqrt{1-\dfrac{v^2}{c^2}}} = \gamma(\varphi' + vA'_x) \end{cases}$$

式中，$\boldsymbol{A}'$、φ'即为$\boldsymbol{A}_0$、φ_0。代入得 S 系中电磁势：

$$\begin{cases} \boldsymbol{A} = \gamma \dfrac{1}{4\pi\varepsilon_0} \dfrac{q}{r_0} \dfrac{\boldsymbol{v}}{c^2} \\ \varphi = \gamma \dfrac{1}{4\pi\varepsilon_0} \dfrac{q}{r_0} \end{cases} \tag{7.2}$$

由于 $r_0 = c\ (t_0 - t'_0)$，由洛伦兹变换可以得到

$$t_0 - t'_0 = \gamma\left[(t-t') - \frac{v}{c^2}(x-x')\right]$$

$(x',\ t')$ 和 $(x,\ t)$ 分别为 S 系中电荷与场点的时空坐标，因为 $v\ (x-x') = \boldsymbol{v}\cdot\boldsymbol{r}$，其中 $\boldsymbol{r} = \boldsymbol{x} - \boldsymbol{x}'$，所以

$$r_0 = c(t_0 - t'_0) = \gamma\left[r - \frac{\boldsymbol{v}}{c}\cdot\boldsymbol{r}\right]$$

式中，$r = c\ (t-t')$。代入式 (7.2)，可以得到

$$\begin{cases} \boldsymbol{A} = \dfrac{1}{4\pi\varepsilon_0 c^2} \dfrac{q\boldsymbol{v}}{\left(r - \dfrac{1}{c}\boldsymbol{v}\cdot\boldsymbol{r}\right)} \\ \varphi = \dfrac{1}{4\pi\varepsilon_0} \dfrac{q}{\left(r - \dfrac{1}{c}\boldsymbol{v}\cdot\boldsymbol{r}\right)} \end{cases} \tag{7.3}$$

此表达式称为李纳-维谢尔势。需要指出的是，上式中的 $\boldsymbol{v}=\boldsymbol{v}\ (t')$，$\boldsymbol{r}=\boldsymbol{x}-\boldsymbol{x}_q\ (t')$，都是 $t'=t-\dfrac{r}{c}$ 时刻的值，而 $\boldsymbol{A}$、φ 为 t 时刻的值。若令

$$\tilde{q}=\frac{q}{1-\dfrac{1}{c}\boldsymbol{v}\cdot\boldsymbol{e}_r}$$

式中，$\boldsymbol{e}_r=\dfrac{\boldsymbol{r}}{r}$，为 $\boldsymbol{r}$ 方向单位矢量。则

$$\begin{cases}\boldsymbol{A}=\dfrac{\tilde{q}\boldsymbol{v}}{4\pi\varepsilon_0 c^2 r}\\ \varphi=\dfrac{\tilde{q}}{4\pi\varepsilon_0 r}\end{cases}\tag{7.4}$$

$\tilde{q}$ 称为有效电荷，$1-\dfrac{\boldsymbol{v}\cdot\boldsymbol{e}_r}{c}$ 称为电荷量的修正因子。可见 φ 的表示与静止电荷的电势表示相同，只不过这里的 r 是指 t' 时刻的值、φ 是指 t 时刻的值。

7.1.2　运动带电粒子的电磁场

根据式（7.3）及电磁场与电磁势之间的关系，便可求得运动带电粒子的电磁场 $\boldsymbol{E}$ 和 $\boldsymbol{B}$。因为

$$\boldsymbol{E}=-\nabla\varphi-\frac{\partial\boldsymbol{A}}{\partial t}$$

$$\boldsymbol{B}=\nabla\times\boldsymbol{A}$$

注意到求微商运算是对场点 $\boldsymbol{x}$ 和时间 t 进行，而电磁势是用 t' 表示的，所以先作变量代换。由于

$$t'=t-\frac{r(t')}{c}=t-\frac{1}{c}\sqrt{|\boldsymbol{x}-\boldsymbol{x}'(\mathrm{t}')|^2}$$

首先求出 $\dfrac{\partial t'}{\partial t}$：

$$\frac{\partial t'}{\partial t}=1-\frac{1}{c}\frac{\partial r(t')}{\partial t'}\frac{\partial t'}{\partial t}=1+\frac{1}{c}\frac{\boldsymbol{r}}{r}\frac{\partial\boldsymbol{x}(t')}{\partial t'}\frac{\partial t'}{\partial t}=1+\frac{1}{c}(\boldsymbol{e}_r\cdot\boldsymbol{v})\frac{\partial t'}{\partial t}$$

$$\frac{\partial t'}{\partial t}=\frac{1}{1-\dfrac{\boldsymbol{e}_r\cdot\boldsymbol{v}}{c}}\tag{7.5}$$

式中，$\boldsymbol{v}=\dfrac{\partial\boldsymbol{x}'\ (t)}{\partial t'}$，为带电粒子在 t' 时刻的速度；$\boldsymbol{e}_\mathrm{r}$ 为 r 方向的单位矢量。其次求出 $\nabla t'$：

$$\nabla t'=-\frac{1}{c}\nabla r=-\frac{1}{c}\nabla r\bigg|_{t'=常数}-\frac{1}{c}\frac{\partial\boldsymbol{r}(t')}{\partial t'}\nabla t'$$

$$\nabla t'=-\frac{\boldsymbol{e}_r}{c\left(1-\dfrac{\boldsymbol{e}_r\cdot\boldsymbol{v}}{c}\right)}\tag{7.6}$$

故可得电磁场为

$$
\begin{aligned}
\boldsymbol{E} &= -\nabla\varphi - \frac{\partial \boldsymbol{A}}{\partial t} \\
&= -\nabla\varphi\big|_{t'=\text{常数}} - \frac{\partial\varphi}{\partial t'}\nabla t' - \frac{\partial \boldsymbol{A}}{\partial t'}\frac{\partial t'}{\partial t} \\
&= \frac{q}{4\pi\varepsilon_0 r^2\left(1-\frac{\boldsymbol{e}_r\cdot\boldsymbol{v}}{c}\right)^3}\left\{\left(1-\frac{v^2}{c^2}\right)\left(\boldsymbol{e}_r-\frac{\boldsymbol{v}}{c}\right)+\frac{r}{c^2}\boldsymbol{e}_r\times\left[\left(\boldsymbol{e}_r-\frac{\boldsymbol{v}}{c}\right)\times\dot{\boldsymbol{v}}\right]\right\}
\end{aligned}
\tag{7.7}
$$

$$
\boldsymbol{B} = \nabla\times\boldsymbol{A} = \nabla\times\boldsymbol{A}\big|_{t'=\text{常量}} + \nabla t'\times\frac{\partial \boldsymbol{A}}{\partial t'} = \frac{1}{c}\boldsymbol{e}_r\times\boldsymbol{E} \tag{7.8}
$$

式中，各物理量都应理解为推迟量，即是 t' 的函数。

由以上两式可看出，电磁场各由两部分组成。第一部分与 r^2 成反比，其与电荷联系在一起，不代表辐射的电磁场，称为感应场，它很快地衰减，不能将电磁场的能量传播到远处。第二部分与 r 成反比，其辐射能量必与 r 无关，这意味着它可以脱离场源而独立存在，可以辐射出去，因而称为辐射场。因辐射场与加速度 $\dot{\boldsymbol{v}}$ 有关，故又称"加速度"场。由式(7.7) 和式 (7.8) 可知，任意运动带电粒子的辐射电磁场为

$$
\boldsymbol{E}(\boldsymbol{x},t) = \frac{q}{4\pi\varepsilon_0 c^2 r\left(1-\frac{\boldsymbol{e}_r\cdot\boldsymbol{v}}{c}\right)^3}\boldsymbol{e}_r\times\left[\left(\boldsymbol{e}_r-\frac{\boldsymbol{v}}{c}\right)\times\dot{\boldsymbol{v}}\right] \tag{7.9}
$$

$$
\boldsymbol{B}(x,t) = \frac{1}{c}\boldsymbol{e}_r\times\boldsymbol{E} = \frac{q}{4\pi\varepsilon_0 c^2 r\left(1-\frac{\boldsymbol{e}_r\cdot\boldsymbol{v}}{c}\right)^3}\cdot\left[(\boldsymbol{e}_r\cdot\dot{\boldsymbol{v}})\frac{\boldsymbol{e}_r\times\boldsymbol{v}}{c}+\left(1-\frac{\boldsymbol{e}_r\cdot\boldsymbol{v}}{c}\right)(\boldsymbol{e}_r\times\dot{\boldsymbol{v}})\right] \tag{7.10}
$$

可以证明 $\boldsymbol{e}_r\cdot\boldsymbol{E}=0$，$\boldsymbol{e}_r\cdot\boldsymbol{B}=0$，$\boldsymbol{E}\cdot\boldsymbol{B}=0$。可见，辐射场是横向的，且 $\boldsymbol{E}$、$\boldsymbol{B}$ 和 $\boldsymbol{e}_r$ 满足右手螺旋关系，电磁场以横波的形式在空间中传播。

下面分两种情况分析讨论辐射的性质。

7.1.2.1 非相对论 (低速 $v\ll c$) 运动带电粒子的辐射

如果带电粒子的速度 $v\ll c$，且加速度 $\dot{\boldsymbol{v}}\neq 0$，则由式 (7.9)、式 (7.10) 可得到低速运动带电粒子的辐射电磁场为

$$
\boldsymbol{E} = \frac{q}{4\pi\varepsilon_0 c^2 r}\boldsymbol{e}_r\times(\boldsymbol{e}_r\times\dot{\boldsymbol{v}}) \tag{7.11}
$$

$$
\boldsymbol{B} = -\frac{q}{4\pi\varepsilon_0 c^3 r}\boldsymbol{e}_r\times\dot{\boldsymbol{v}} \tag{7.12}
$$

若取 z 轴为 $\dot{\boldsymbol{v}}$ 方向，则

$$
\boldsymbol{E} = \frac{q|\dot{\boldsymbol{v}}|}{4\pi\varepsilon_0 c^2 r}\sin\theta\boldsymbol{e}_\theta \tag{7.13}
$$

$$
\boldsymbol{B} = -\frac{q|\dot{\boldsymbol{v}}|}{4\pi\varepsilon_0 c^3 r}\sin\theta\boldsymbol{e}_\varphi \tag{7.14}
$$

考虑到带电粒子的偶极矩 $\boldsymbol{p}=q\boldsymbol{x}'$，$\ddot{\boldsymbol{p}}=q\dot{\boldsymbol{v}}$，可见低速运动带电粒子加速运动时产生的

辐射与电偶极辐射相似。

若低速带电粒子放在均匀磁场中作变速运动，则产生的辐射称为回旋辐射。回旋辐射相当于一个二维电偶极子产生的偶极辐射。

低速运动带电粒子辐射的能流密度为

$$\boldsymbol{S}=\boldsymbol{E}\times\boldsymbol{H}=\frac{q^2}{16\pi^2\varepsilon_0 c^3}|\dot{\boldsymbol{v}}|^2\sin^2\theta\,\frac{\boldsymbol{r}}{r^3} \tag{7.15}$$

单位时间辐射的能量即辐射功率为

$$\begin{aligned}P&=\oint_S \boldsymbol{S}\cdot \mathrm{d}\boldsymbol{\Sigma}=\frac{q^2}{16\pi^2\varepsilon_0 c^3}|\dot{v}|^2\oint\sin^2\theta\cdot\frac{\mathrm{d}\boldsymbol{\Sigma}}{r^2}\\&=\frac{q^2}{16\pi^2\varepsilon_0 c^3}|\dot{v}|^2\oint\sin^2\mathrm{d}\Omega=\frac{q^2|\dot{v}|}{6\pi^2\varepsilon_0 c^3}\end{aligned} \tag{7.16}$$

上式又称为拉莫尔公式。

7.1.2.2　相对论（高速运动）带电粒子的辐射

当带电粒子的运动速度 $v\sim c$ 时产生的辐射场由式（7.9）和式（7.10）确定。辐射能流密度：

$$\boldsymbol{S}=\boldsymbol{E}\times\boldsymbol{H}=\frac{1}{\mu_0 c}\boldsymbol{E}\times(\boldsymbol{e}_r\times\boldsymbol{E})=\frac{1}{\mu_0 c}E^2\boldsymbol{e}_r=\frac{q^2}{16\pi^2\varepsilon_0 c^3 r^2\left(1-\frac{\boldsymbol{e}_r\cdot\boldsymbol{v}}{c}\right)^6}\left\{\boldsymbol{e}_r\times\left[\left(\boldsymbol{e}_r-\frac{\boldsymbol{v}}{c}\right)\times\dot{\boldsymbol{v}}\right]\right\}^2\boldsymbol{e}_r \tag{7.17}$$

由此式可求得场点处在 $\mathrm{d}t$ 时间内穿过立体角 $\mathrm{d}\Omega$ 对应的沿 $\boldsymbol{e}_r$ 方向的面元的能量：

$$\mathrm{d}W=\boldsymbol{S}\cdot\mathrm{d}\boldsymbol{\Sigma}\mathrm{d}t=Sr^2\mathrm{d}\Omega\mathrm{d}t \tag{7.18}$$

这些能量是带电粒子在 $\mathrm{d}t'$ 时间间隔内发出的，所以带电粒子在单位时间内辐射出去的能量，即单位时间内带电粒子的能量损失为

$$-\frac{\mathrm{d}W}{\mathrm{d}t'}=Sr^2\mathrm{d}\Omega\,\frac{\mathrm{d}t}{\mathrm{d}t'}$$

由于 $\mathrm{d}t'=\mathrm{d}t-\frac{1}{c}\mathrm{d}r=\left(1-\frac{\boldsymbol{e}_r\cdot\boldsymbol{v}}{c}\right)^{-1}\mathrm{d}t$，因而单位时间内沿 $\mathrm{d}\Omega$ 方向单位立体角内的辐射能量，即角分布为

$$f(\theta\cdot\varphi)=\frac{\boldsymbol{S}\cdot\mathrm{d}\boldsymbol{\Sigma}\mathrm{d}t}{\mathrm{d}\Omega\mathrm{d}t'}=Sr^2\left(1-\frac{\boldsymbol{e}_r\cdot\boldsymbol{v}}{c}\right)=\frac{1}{\mu_0 c}E^2r^2\left(1-\frac{\boldsymbol{e}_r\cdot\boldsymbol{v}}{c}\right)=\frac{q^2}{16\pi^2\varepsilon_0 c^3}\frac{\left|\boldsymbol{e}_r\times\left[\left(\boldsymbol{e}_r-\frac{\boldsymbol{v}}{c}\right)\times\dot{\boldsymbol{v}}\right]\right|^2}{\left(1-\frac{\boldsymbol{e}_r\cdot\boldsymbol{v}}{c}\right)^5} \tag{7.19}$$

现在根据 $\boldsymbol{v}$ 与 $\dot{\boldsymbol{v}}$ 的关系讨论几种重要的辐射。

（1）轫致辐射

当 $\boldsymbol{v}//\dot{\boldsymbol{v}}$ 时的辐射，即带电粒子做加速直线运动时产生的辐射称为轫致辐射。如在直线加速器中的辐射、高能电子打在金属靶上时因运动减速而产生的 X 射线辐射、带电粒子在库仑场中的辐射等。

取 v 的方向为 z 轴正方向如图 7.2 所示，由式（7.19）可得辐射角分布为

$$f(\theta \cdot \varphi)=\frac{q^2|\dot{\boldsymbol{v}}|^2\sin^2\theta}{16\pi^2\varepsilon_0 c^3\left(1-\frac{v}{c}\cos\theta\right)^5} \tag{7.20}$$

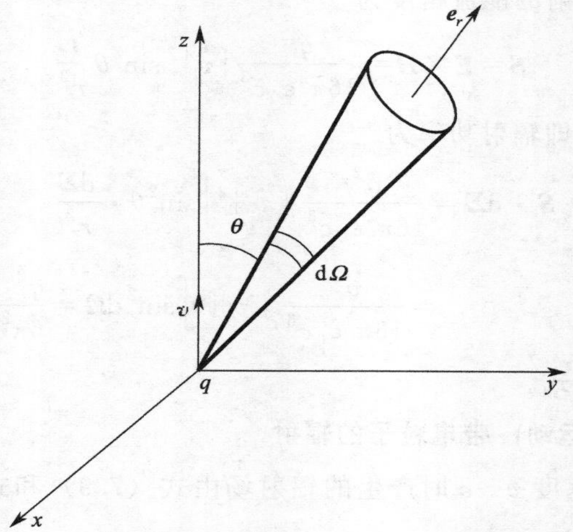

图 7.2 立体角选取示意图

由上式可看出角分布的特点是：①与 φ 无关，绕 $\boldsymbol{v}$（z 轴）旋转对称；②分母出现 $\left(1-\frac{v}{c}\cos\theta\right)^5$ 因子，它引起角分布向前倾，随着 v 增大，前倾的程度亦随之增大，分布如图 7.3 所示。

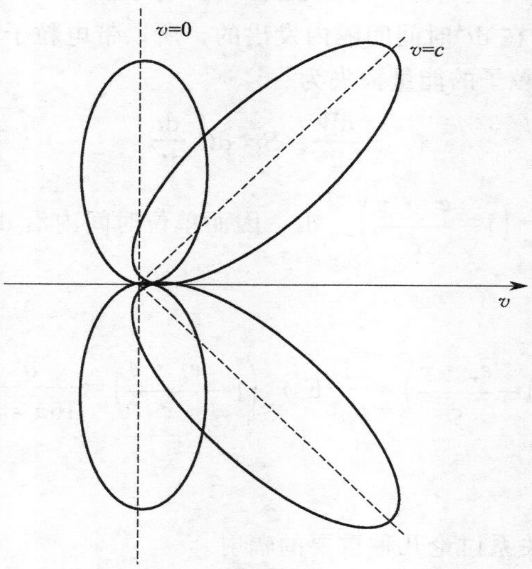

图 7.3 辐射角分布示意图

其辐射功率为

$$P=\oint f(\theta \cdot \varphi)\mathrm{d}\Omega=\frac{q^2|\dot{\boldsymbol{v}}|^2}{16\pi^2\varepsilon_0 c^3}\oint\frac{\sin^2\theta}{\left(1-\frac{v}{c}\cos\theta\right)^5}\mathrm{d}\Omega=\frac{q^2|\dot{\boldsymbol{v}}|^2}{6\pi\varepsilon_0 c^3}\frac{1}{\left(1-\frac{v^2}{c^2}\right)^3} \tag{7.21}$$

式（7.21）同低速运动情形相比，多了一个因子$\left(1-\frac{v^2}{c^2}\right)^{-3}$，所以，总辐射功率比低速运动时增强，且随 v 增大而增加。当 $v\to c$ 时，$P\to\infty$，其意味着要使高速带电粒子不断加速是很困难的，因为速度高时，辐射损失也变大。当 $v\ll c$ 时，式（7.21）退化为非相对论运动情况下的拉莫尔（Larmor）公式。

（2）同步辐射

当 $\boldsymbol{v}\perp\dot{\boldsymbol{v}}$ 时，即带电粒子做圆周运动时产生的辐射称同步辐射。如带电粒子在均匀静磁场中的运动。

设瞬时速度 $\boldsymbol{v}$ 的方向为 z 轴正方向，瞬时加速度 $\dot{\boldsymbol{v}}$ 的方向为 x 轴正方向，带电粒子所在位置为坐标原点，如图 7.4 所示。

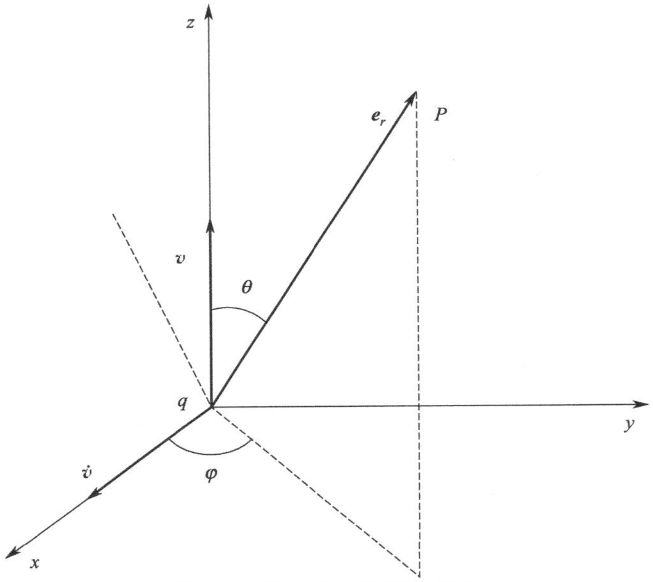

图 7.4　带电粒子位置示意图

则有

$$\boldsymbol{e}_r\cdot\boldsymbol{v}=v\cos\theta,\ \boldsymbol{e}_r\cdot\boldsymbol{v}=|\dot{\boldsymbol{v}}|\sin\theta\cos\varphi$$

辐射电磁场为

$$\boldsymbol{E}=\frac{q}{4\pi\varepsilon_0c^2r\left(1-\frac{v}{c}\cos\theta\right)^3}\left[|\dot{\boldsymbol{v}}|\sin\theta\cos\varphi\left(\boldsymbol{e}_r-\frac{\boldsymbol{v}}{c}\right)-\left(1-\frac{v}{c}\cos\theta\right)\dot{\boldsymbol{v}}\right]\tag{7.22}$$

$$\boldsymbol{B}=-\frac{q}{4\pi\varepsilon_0c^3r\left(1-\frac{v}{c}\cos\theta\right)^3}\left[\frac{|\dot{\boldsymbol{v}}|}{c^2}\sin\theta\cos\varphi(\boldsymbol{e}_r\times\boldsymbol{v})+\frac{1}{c}\left(1-\frac{v}{c}\cos\theta\right)\boldsymbol{e}_r\times\dot{\boldsymbol{v}}\right]\tag{7.23}$$

辐射能流密度为

$$\boldsymbol{S}=\frac{1}{\mu_0c}E^2\boldsymbol{e}_r=\frac{q^2|\dot{\boldsymbol{v}}|^2}{16\pi^2\varepsilon_0c^3r^2}\frac{\left(1-\frac{v}{c}\cos\theta\right)^2-\left(1-\frac{v^2}{c^2}\right)\sin^2\theta\cos^2\varphi}{\left(1-\frac{v}{c}\cos\theta\right)^6}\boldsymbol{e}_r\tag{7.24}$$

辐射角分布为

$$
\begin{aligned}
f(\theta,\ \varphi)&=Sr^2\ \frac{\mathrm{d}t}{\mathrm{d}t'}\\
&=Sr^2\left(1-\frac{v}{c}\cos\theta\right)\\
&=\frac{q^2\ |\ \dot{\boldsymbol{v}}\ |^2}{16\pi^2\varepsilon_0 c^3}\frac{\left(1-\frac{v}{c}\cos\theta\right)^2-\left(1-\frac{v^2}{c^2}\right)\sin^2\theta\cos^2\varphi}{\left(1-\frac{v}{c}\cos\theta\right)^5}
\end{aligned}
\tag{7.25}
$$

可见辐射角分布不仅与 θ 有关，而且与 φ 有关，在 $\varphi=0$ 平面中观察，这时角分布（在 $\varphi=0$ 平面内的分布）为

$$
f(\theta,0)=\frac{q^2|\dot{\boldsymbol{v}}|^2}{16\pi^2\varepsilon_0 c^3}\frac{\left(1-\frac{v}{c}\cos\theta\right)^2-\sin^2\theta\left(1-\frac{v^2}{c^2}\right)}{\left(1-\frac{v}{c}\cos\theta\right)^5}
$$

显然，在 $\theta=0$ 方向上辐射最强，在

$$
\cos\theta=\frac{v}{c}
$$

处辐射为零，辐射主要集中在

$$
\Delta\theta=2\theta_0=2\arccos\frac{v}{c}
$$

范围内，并且 v 越大，张角越小，能量分布越集中，如图 7.5 所示。

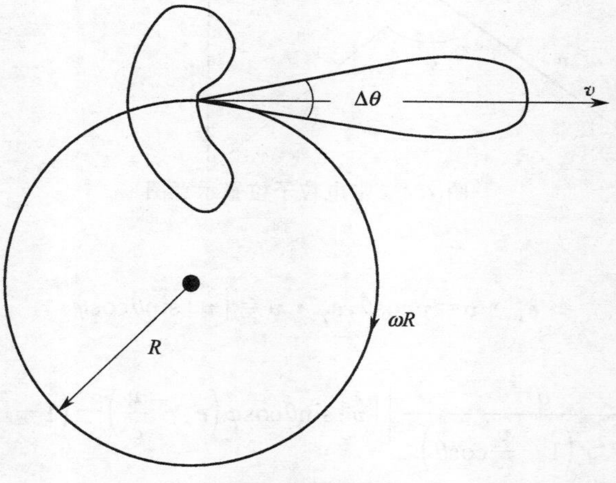

图 7.5　方位角为零度辐射角分布示意图

由此可见，一个相对论性粒子在圆周运动时发出的辐射如同一盏探照灯扫过空间，所以称其为同步辐射。

对式（7.25）积分，得辐射功率为

$$
P=\oint f(\theta\cdot\varphi)\mathrm{d}\Omega=\frac{q^2\ |\ \dot{\boldsymbol{v}}\ |^2}{6\pi\varepsilon_0 c^3\left(1-\frac{v^2}{c^2}\right)^2}
\tag{7.26}
$$

此结果与轫致辐射相比，相差因子$\left(1-\frac{v^2}{c^2}\right)$。若设带电粒子轨道半径为$R$，根据相对论力学可知，粒子的能量$W=m_0c^2/\sqrt{1-\frac{v^2}{c^2}}$，加速度$|\dot{\boldsymbol{v}}|=a_n=\frac{v^2}{R}$。代入式（7.26）得

$$P=\frac{q^2v^4}{6\pi\varepsilon_0R^2c^7}m_0^4W^4 \tag{7.27}$$

粒子每转一周，辐射能量损失为

$$\Delta W=\frac{2\pi R}{v}P=\frac{q^2v^3}{3\varepsilon_0Rc^3}\left(\frac{W}{m_0c^2}\right)^4 \tag{7.28}$$

上式表明，同步辐射能量损失与运动带电粒子能量的四次方成正比，能量越高，辐射损失越大。因此，带电粒子在回旋加速到一定速度时，将不能再被加速，加速粒子的速度（或能量）受到一定限制。

例题 7-1：试从李纳-维谢尔势出发，证明一个匀速运动点电荷的势可以用“同时量”表示为

$$\varphi(\boldsymbol{r},t)=\frac{q}{4\pi\varepsilon_0r\sqrt{1-\beta^2\sin^2\theta}}$$

$$\boldsymbol{A}(\boldsymbol{r},t)=\frac{\mu_0q\boldsymbol{v}}{4\pi r\sqrt{1-\beta^2\sin^2\theta}}$$

式中，$\beta=v/c$；r为时刻t点电荷至场点的距离；θ为该时刻点电荷指向场点的矢径$\boldsymbol{r}$与速度$\boldsymbol{v}$之间的夹角。

解：如图7.6所示。

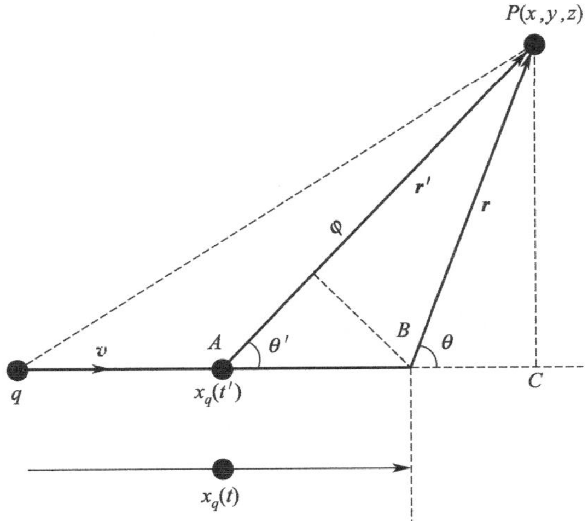

图7.6 例题7-1辐射粒子位置示意图

设$\boldsymbol{r}'$、$\boldsymbol{v}'$分别表示t'时刻粒子与场点之间的距离及粒子速度，由式（7.3）可得李纳-维谢尔势为

$$\varphi(\boldsymbol{r},t)=\frac{q}{4\pi\varepsilon_0\left(r'-\frac{1}{c}\boldsymbol{v}'\cdot\boldsymbol{r}'\right)}$$

$$\boldsymbol{A}(\boldsymbol{r},t)=\frac{\mu_0}{4\pi}\frac{q\boldsymbol{v}'}{\left(r'-\frac{1}{c}\boldsymbol{v}'\cdot\boldsymbol{r}'\right)}$$

式中，$r'-\frac{1}{c}\boldsymbol{v}'\cdot\boldsymbol{r}'=r'-\frac{v}{c}r'\cos\theta'$。因为 $r'=v(t-t')$，上式又可写为

$$r'-\frac{1}{c}\boldsymbol{v}'\cdot\boldsymbol{r}'=r'-\frac{v}{c}r'\cos\theta'=r'-\overline{AB}\cos\theta'=\overline{AP}-\overline{AQ}=\overline{PQ}=\sqrt{r^2-\overline{BQ}^2}$$

而 $\overline{BQ}=\overline{AB}\sin\theta'=\overline{AB}r'\sin\theta'/r'=v(t-t')r\sin\theta/[c(t-t')]=\frac{v}{c}r\sin\theta$，所以用“同时量”表示的匀速直线运动点电荷的势为

$$\varphi(\boldsymbol{r},t)=\frac{q}{4\pi\varepsilon_0 r\sqrt{1-\beta^2\sin^2\theta}}$$

$$\boldsymbol{A}(\boldsymbol{r},t)=\frac{\mu_0 q\boldsymbol{v}}{4\pi r\sqrt{1-\beta^2\sin^2\theta}}$$

例题 7-2：一质量为 m、电荷量为 q 的粒子以速度 $\boldsymbol{v}$ 从一电荷量为 q_1 的静止点电荷旁边飞过，瞄准距离为 a。假设运动粒子的速度 v 很大（但 $v\ll c$），以致可以认为基本上不偏离直线运动，而且其速度大小也基本上不变，试计算运动粒子因电磁辐射而损失的能量。

解：因带电粒子运动的速度 $v\ll c$，所以其以加速度 $\dot{v}$ 运动时辐射功率为

$$P=\frac{q^2|\dot{\boldsymbol{v}}|^2}{6\pi\varepsilon_0 c^3}$$

根据能量守恒定律，粒子由于辐射而引起的能量变化率为

$$\frac{\mathrm{d}E}{\mathrm{d}t}=-P=-\frac{q^2|\dot{\boldsymbol{v}}|^2}{6\pi\varepsilon_0 c^3}$$

粒子 q 运动至与 q_1 相距 r 时，由于库仑相互作用，q 的加速度为

$$\dot{\boldsymbol{v}}=\frac{\boldsymbol{F}}{m}=\frac{qq_1}{4\pi\varepsilon_0 mr^2}\boldsymbol{e}_r$$

$\boldsymbol{e}_r$ 是从 q_1 到 q 方向上的单位矢量，将 $|\dot{\boldsymbol{v}}|$ 代入前式得

$$\frac{\mathrm{d}E}{\mathrm{d}t}=-\frac{2q^4q_1^2}{3(4\pi\varepsilon_0)^3c^3m^2}\frac{1}{r^4}$$

因 q 做直线运动，即 q 的速度 $\boldsymbol{v}$ 的大小和方向都可以认为不变，由图 7.7 可知：q_1 与 q 间的距离为

$$r=\sqrt{a^2+v^2t^2}$$

此时

$$\frac{\mathrm{d}E}{\mathrm{d}t}=-\frac{2q^4q_1^2}{3(4\pi\varepsilon_0)^3c^3m^2}\frac{1}{(a^2+v^2t^2)^2}$$

两边积分，注意到

$$\int_{-\infty}^{\infty}\frac{\mathrm{d}t}{(a^2+v^2t^2)^2}=\frac{t}{2a^2(a^2+v^2t^2)}\bigg|_{-\infty}^{\infty}+\frac{1}{2a^2}\frac{1}{av}\arctan\left(\frac{vt}{a}\right)\bigg|_{-\infty}^{\infty}=\frac{\pi}{2a^3v}$$

故运动带电粒子 q 在整个飞行过程的能量损失：

$$\Delta E=\frac{2q^4q_1^2}{3(4\pi\varepsilon_0c)^3m^2}\int_{-\infty}^{\infty}\frac{\mathrm{d}t}{(a^2+v^2t^2)^2}=\frac{\pi q^4q_1^2}{3(4\pi\varepsilon_0ca)^3m^2v}$$

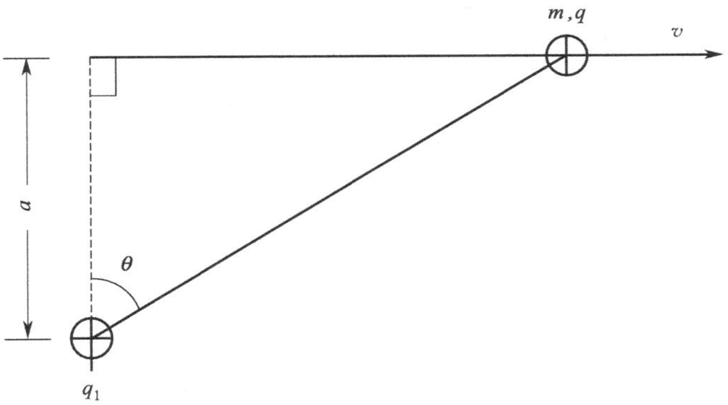

图 7.7　例题 7-2 示意图

7.2　切连科夫辐射

通过前面的讨论知道，在真空中只有当带电粒子做加速运动时才会产生辐射，做匀速运动时不会产生辐射。然而，1934 年苏联物理学家切连科夫在实验中发现在介质中运动的带电粒子即使做匀速运动，在一定条件下也会产生辐射，这种辐射称为切连科夫辐射。

切连科夫辐射是介质在运动电荷的电磁场作用下被激发产生次波，这些次波与原带电粒子的电磁场互相干涉所形成的相干辐射。其产生的物理机制可由图 7.8 简单说明：一个带电粒子以较小速度通过介质时，库仑场的作用使其邻近的原子极化，由于极化的对称性，不产生净的电偶极场，所以不辐射电磁波，如图 7.8（a）所示；但当带电粒子高速通过介质时，它所引起的极化仍保持运动方向的对称性，但前后不对称，如图 7.8（b）所示，这样就产生了净的电偶极场，并辐射电磁波。

因此，带电粒子通过介质时，在所经历路径上各点都会依次激发出球面次波，它们在介质中以速度 $v_p=\frac{c}{n}$ 传播（$n=\sqrt{\mu_r\varepsilon_r}$，是介质的折射率），当带电粒子的速度 $v<c/n$，各点激发的球面次波不可能相干，如图 7.9（a）所示，因而看不到辐射。当 $v>c/n$ 时，设带电粒子在时刻 t_1，t_2，…依次经过点 M_1，M_2，…，在时刻 t 到达 M 点；在同一时刻 t，M_1 处粒子产生的次波已经到达半径为 $\overline{M_1P}$ 的球面上，$\overline{M_1P}=\frac{c}{n}(t-t_1)$，而 $\overline{M_1M}=v(t-t_1)$，若取 $t_1=0$，则 $\overline{M_1P}=\frac{c}{n}t$，$\overline{M_1M}=vt$，如图 7.9（b）所示。

因 $v>c/n$，所以粒子路径上各点所产生的次波在时刻 t 都在一个锥面内，在粒子后面形成尾波。在尾波的波面（锥面）上各次波相互叠加，形成一个波面，因而产生向锥面法线方向传播的辐射。辐射方向与粒子运动方向的夹角 θ_c 满足

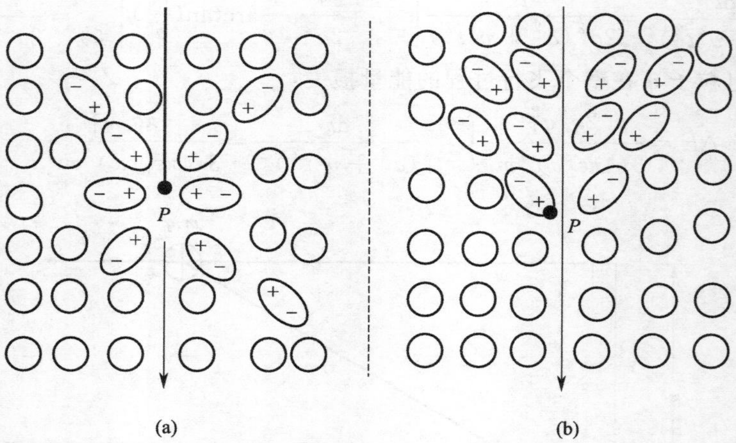

图 7.8 切连科夫辐射极化示意图

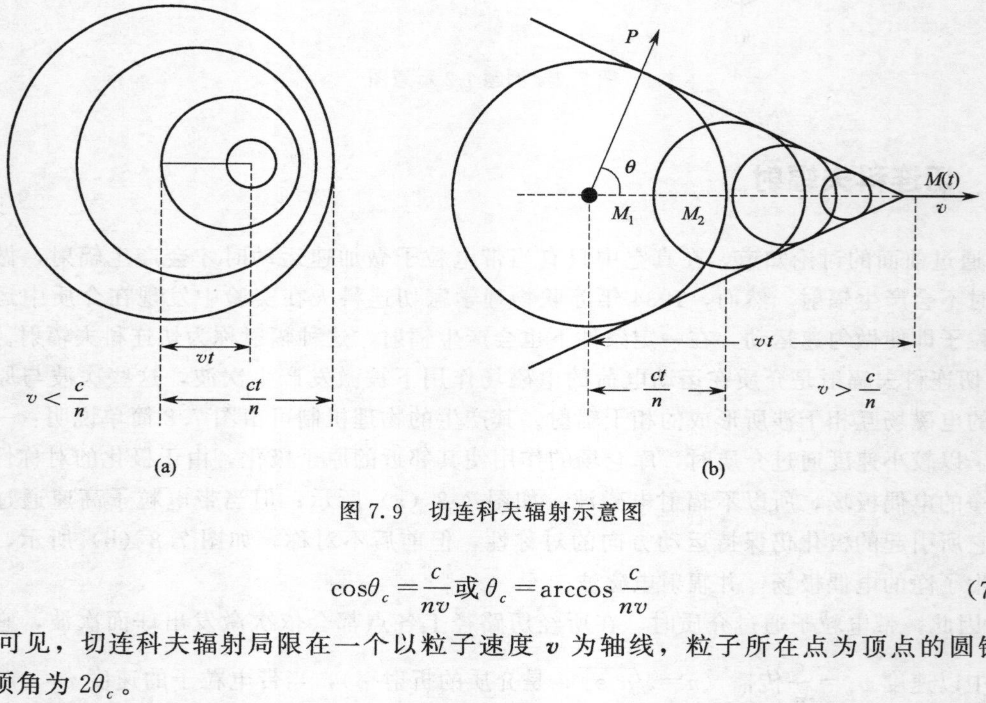

图 7.9 切连科夫辐射示意图

$$\cos\theta_c=\frac{c}{nv}\text{或}\theta_c=\arccos\frac{c}{nv} \tag{7.29}$$

可见，切连科夫辐射局限在一个以粒子速度 $\boldsymbol{v}$ 为轴线，粒子所在点为顶点的圆锥内，圆锥顶角为 $2\theta_c$。

从理论上可严格证明如上所述的切伦科夫辐射产生的条件及其辐射性质，下面作一简单介绍。设粒子以匀速 $\boldsymbol{v}$ 做直线运动，其位矢为 $\boldsymbol{r}=\boldsymbol{r}_q(t)$，它的电荷密度和电流密度可以表示为

$$\begin{cases}\rho(\boldsymbol{r},t)=q\delta[\boldsymbol{r}-\boldsymbol{r}_q(t)]\\ \boldsymbol{j}(\boldsymbol{r},t)=q\boldsymbol{v}(t)\delta[\boldsymbol{r}-\boldsymbol{r}_q(t)]\end{cases} \tag{7.30}$$

因此矢势为

$$\boldsymbol{A}(\boldsymbol{r},t)=\frac{\mu_0}{4\pi R}\int\boldsymbol{j}(\boldsymbol{r}',t')\delta\left[t'-\left(t-\frac{R}{c}\right)\right]\mathrm{d}V'\mathrm{d}t'=\frac{\mu_0}{4\pi}\int\frac{\boldsymbol{j}\left(\boldsymbol{r}',t-\frac{R}{c}\right)}{R}\mathrm{d}V' \tag{7.31}$$

对辐射场作频谱分析。由傅里叶积分变换：

$$\boldsymbol{j}(\boldsymbol{r},t)=\int_{-\infty}^{\infty}\boldsymbol{j}(\boldsymbol{r},\omega)\mathrm{e}^{-\mathrm{i}\omega t}\mathrm{d}\omega \tag{7.32}$$

得电流密度的傅里叶分量为

$$\boldsymbol{j}(\boldsymbol{r},\omega)=\frac{1}{2\pi}\int_{-\infty}^{\infty}\boldsymbol{j}(\boldsymbol{r},t)\mathrm{e}^{\mathrm{i}\omega t}\mathrm{d}t \tag{7.33}$$

将式（7.32）代入式（7.31），得

$$\begin{aligned}\boldsymbol{A}(\boldsymbol{r},t)&=\frac{\mu_0}{4\pi}\int\frac{1}{R}\mathrm{d}v'\int_{-\infty}^{\infty}\boldsymbol{j}(\boldsymbol{r}',\omega)\mathrm{e}^{-\mathrm{i}\omega\left(t-\frac{R}{c}\right)}\mathrm{d}\omega\\&=\frac{\mu_0}{4\pi}\int_{-\infty}^{\infty}\mathrm{e}^{-\mathrm{i}\omega t}\mathrm{d}\omega\int\frac{\boldsymbol{j}(\boldsymbol{r}',\ \omega)\mathrm{e}^{\mathrm{i}\omega R/c}}{R}\mathrm{d}V'\end{aligned} \tag{7.34}$$

而与矢势 $\boldsymbol{A}$ 的傅里叶积分式

$$\boldsymbol{A}(\boldsymbol{r},t)=\int_{-\infty}^{\infty}\boldsymbol{A}(\omega)\mathrm{e}^{-\mathrm{i}\omega t}\mathrm{d}\omega \tag{7.35}$$

$$\boldsymbol{A}(\omega)=\frac{1}{2\pi}\int_{-\infty}^{\infty}\boldsymbol{A}(\boldsymbol{r},t)\mathrm{e}^{\mathrm{i}\omega t}\mathrm{d}t \tag{7.36}$$

相比较，易得矢势 $\boldsymbol{A}$ 的傅里叶分量为

$$\boldsymbol{A}(\boldsymbol{r},\omega)=\frac{\mu_0}{4\pi}\int\frac{\boldsymbol{j}(\boldsymbol{r}',\omega)\mathrm{e}^{\mathrm{i}R\omega/c}}{R}\mathrm{d}V' \tag{7.37}$$

将式（7.33）代入式（7.37）得

$$\boldsymbol{A}(\boldsymbol{r},\omega)=\frac{\mu_0}{4\pi}\int_{-\infty}^{\infty}\mathrm{e}^{\mathrm{i}\omega\left(t'+\frac{r}{c}\right)}\mathrm{d}t'\cdot\int\frac{\boldsymbol{j}(\boldsymbol{r}',t')}{R}\mathrm{d}V' \tag{7.38}$$

再将式（7.30）代入式（7.38），注意到 $\boldsymbol{r}'$ 即为粒子坐标 $\boldsymbol{r}_q(t')$，对粒子体积积分后得

$$\boldsymbol{A}(\boldsymbol{r},\omega)=\frac{\mu_0}{8\pi}\int_{-\infty}^{\infty}\frac{q\boldsymbol{v}(t')}{R}\mathrm{e}^{\mathrm{i}\omega\left(t'+\frac{R}{c}\right)}\mathrm{d}t' \tag{7.39}$$

一般来说，带电粒子在有限区域内做加速运动，而观察点距粒子运动区域很远，如图 7.10 所示。因此对距离 R 作如下近似：

$$R\approx r-\frac{\boldsymbol{r}}{r}\cdot\boldsymbol{r}_q(t')=r-\boldsymbol{e}_r\cdot\boldsymbol{r}_q(t') \tag{7.40}$$

将式（7.40）代入式（7.39），分母中的 R 可用 r 代替，于是：

$$\boldsymbol{A}(\boldsymbol{r},\omega)=\frac{q\mathrm{e}^{\mathrm{i}kr}}{8\pi^2\varepsilon_0c^2r}\int_{-\infty}^{\infty}\boldsymbol{v}(t')\exp\left[\mathrm{i}\omega\left(t'-\frac{r-\boldsymbol{e}_r\cdot\boldsymbol{r}_q(t')}{c}\right)\right]\mathrm{d}t' \tag{7.41}$$

式中，$k=\dfrac{\omega}{c}$；$\boldsymbol{r}_q(t')$ 为带电粒子相对于原点的径矢；$\boldsymbol{e}_r=\boldsymbol{r}/r$ 为径向单位矢量；$\boldsymbol{A}(\boldsymbol{r},\ \omega)$ 为真空中推迟势的傅里叶分量。把式中真空光速 c 代换为介质中光速 c/n，便得介质中推迟势的傅里叶分量：

$$\boldsymbol{A}(\boldsymbol{r},\omega)=\frac{q\mathrm{e}^{\mathrm{i}kr}}{8\pi^2\varepsilon_0c^2r}\int_{-\infty}^{\infty}\boldsymbol{v}(t')\exp\left[\mathrm{i}\omega\left(t'-\frac{n}{c}\boldsymbol{e}_r\cdot\boldsymbol{r}_q(t')\right)\right]\mathrm{d}t' \tag{7.42}$$

设 $\boldsymbol{v}$ 沿 z 轴正方向，$\boldsymbol{e}_r$ 与 z 轴正方向（$\boldsymbol{v}$ 方向）夹角为 θ，则 $\boldsymbol{e}_r\cdot\boldsymbol{r}_q=rq\cos\theta$，又 $\boldsymbol{v}(t')\ \mathrm{d}t'=\mathrm{d}\boldsymbol{r}_q$，$\boldsymbol{v}t'=\boldsymbol{r}_q$，于是上式变为

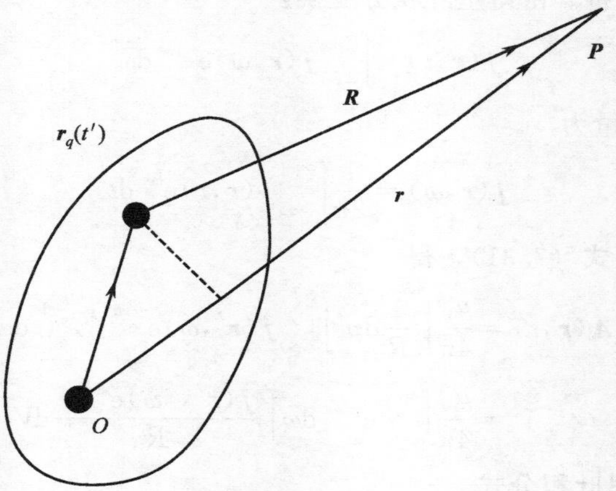

图 7.10　粒子与场点位置示意图

$$\boldsymbol{A}(\boldsymbol{r},\omega)=\frac{q}{8\pi^2\varepsilon_0 c^2 r}\mathrm{e}^{ikr}\int_{-\infty}^{\infty}\exp\left[\mathrm{i}\omega\left(\frac{1}{v}-\frac{n}{c}\cos\theta\right)r_q\right]\mathrm{d}\boldsymbol{r}_q \tag{7.43}$$

式中，$k=\omega n/n_c$，为介质中的波数。由矢势 $\boldsymbol{A}$ 与场量 $\boldsymbol{E}$、$\boldsymbol{B}$ 间的关系，可得辐射区的辐射场的傅里叶分量：

$$\boldsymbol{B}(\boldsymbol{r},\omega)=\nabla\times\boldsymbol{A}=\mathrm{i}\boldsymbol{k}\times\boldsymbol{A}(\boldsymbol{r},\omega)=\mathrm{i}\,\frac{\omega n}{c}\boldsymbol{e}_r\times\boldsymbol{A}(\boldsymbol{r},\omega) \tag{7.44}$$

$$\boldsymbol{E}(\boldsymbol{r},\omega)=\frac{c}{n}\boldsymbol{B}\times\boldsymbol{e}_r \tag{7.45}$$

即有

$$B(\boldsymbol{r},\omega)=\frac{\mathrm{i}\omega nq}{8\pi^2\varepsilon_0 c^3 r}\mathrm{e}^{ikr}\sin\theta\int_{-\infty}^{\infty}\exp\left[\mathrm{i}\omega\left(\frac{1}{v}-\frac{n}{v}\cos\theta\right)r_q\right]\mathrm{d}r_q \tag{7.46}$$

辐射能流密度为

$$\boldsymbol{S}=\boldsymbol{E}\times\boldsymbol{H}=\frac{c}{n\mu_0}B^2\boldsymbol{e}_r \tag{7.47}$$

总辐射能量角分布

$$\frac{\mathrm{d}W}{\mathrm{d}\Omega}=\frac{\int_{-\infty}^{\infty}\boldsymbol{S}\cdot\mathrm{d}\boldsymbol{\Sigma}\mathrm{d}t}{\mathrm{d}\Omega}=\int_{-\infty}^{\infty}\boldsymbol{S}\cdot\boldsymbol{e}_r r^2\mathrm{d}t=\frac{c}{n\mu_0}r^2\int_{-\infty}^{\infty}\boldsymbol{B}^2(t)\mathrm{d}t \tag{7.48}$$

对 $\boldsymbol{B}$ 进行傅里叶变换，可以证明 $\int_{-\infty}^{\infty}\boldsymbol{B}^2(t)\mathrm{d}t=4\pi\int_0^{\infty}|B(\omega)|^2\mathrm{d}\omega$

所以式 (7.48) 可化为

$$\frac{\mathrm{d}W}{\mathrm{d}\Omega}=\frac{4\pi c}{n\mu_0}r^2\int_0^{\infty}|\boldsymbol{B}(\omega)|^2\mathrm{d}\omega \tag{7.49}$$

单位频率间隔的能量角分布为

$$\frac{\mathrm{d}W(\omega)}{\mathrm{d}\Omega\mathrm{d}\omega}=\frac{4\pi c}{n\mu_0}r^2|B(\omega)|^2$$

$$=\frac{4\pi c}{n\mu_0}r^2|\mathrm{i}k\boldsymbol{e}_r\times\boldsymbol{A}(\omega)|^2$$

$$=\frac{n\omega^2 q^2}{16\pi^3\varepsilon_0 c^3}\sin^2\theta\left|\int_{-\infty}^{\infty}\mathrm{e}^{\mathrm{i}\omega\left(\frac{1}{v}-\frac{n}{c}\cos\theta\right)r_q}\mathrm{d}r_q\right|^2 \tag{7.50}$$

式 (7.46) 和式 (7.50) 中所含有的积分是 δ 函数，即

$$\int_{-\infty}^{\infty}\mathrm{e}^{\mathrm{i}\omega\left(\frac{1}{v}-\frac{n}{c}\cos\theta\right)r_q}\mathrm{d}r_q=2\pi\delta\left(\frac{\omega}{v}-\frac{n\omega}{c}\cos\theta\right) \tag{7.51}$$

由 δ 函数性质可知，若 $\cos\theta\neq\frac{c}{nv}$，那么 $\boldsymbol{B}(r,\omega)=0$，$\frac{\mathrm{d}\omega}{\mathrm{d}\Omega\mathrm{d}\omega}=0$，无辐射。在粒子速度 $v<\frac{c}{n}$ 时，对所有 θ 值，总有 $\cos\theta<\frac{c}{nv}$，因而这种情况下不会产生辐射。而当粒子速度 $v>\frac{c}{n}$ 时，在 $\cos\theta=\frac{c}{nv}$ 方向上 $\boldsymbol{B}\neq0$，可产生辐射，且辐射最强，$\theta=\arccos\frac{c}{nv}$ 方向就是切连科夫辐射的方向，结果与式 (7.29) 一致。不过式 (7.46) 和式 (7.50) 还表明在 $\theta=\arccos\frac{c}{nv}$ 方向上电磁场和能流都趋于无穷大。无穷大出现的原因是假设了折射率 n 是与 ω 无关的常数，得到一个确定的辐射角 θ_c，且在此 θ_c 下辐射变为无限大。事实上，介质的 n 是频率 ω 的函数，考虑到这一点后，辐射场频谱会随 ω 增大而折射率 $n\to1$，从而在某一高频处中断，辐射不会在一个尖锐的辐射角下变为无穷大，而是会分布在一定宽度的辐射角内。

利用 δ 函数的性质，式 (7.50) 中积分模的平方可写成

$$\left|\int_{-\infty}^{\infty}\exp\left[\mathrm{i}\omega\left(\frac{1}{v}-\frac{n}{c}\cos\theta\right)r_q\right]\mathrm{d}r_q\right|^2=2\pi\delta\left(\frac{\omega}{v}-\frac{\omega n}{c}\cos\theta\right)\int_{-\infty}^{\infty}\mathrm{e}^{\mathrm{i}0}\mathrm{d}r_q$$

$$=2\pi\delta\left(\frac{\omega}{v}-\frac{\omega n}{c}\cos\theta\right)\int_{-\infty}^{\infty}\mathrm{d}r_q \tag{7.52}$$

式中，积分 $\int_{-\infty}^{\infty}\mathrm{d}r_q$ 表示带电粒子所通过的无穷大路程，当路程 L 远大于辐射波长时，则 $\int_{-\infty}^{\infty}\mathrm{d}r_q\sim L$。由此可得带电粒子通过单位路程、单位频率间隔辐射能量的角分布为

$$\frac{\mathrm{d}^2W}{\mathrm{d}\Omega\,\mathrm{d}\omega\,\mathrm{d}L}=\frac{n\omega^2q^2}{8\pi^2\varepsilon_0c^3}\left(1-\frac{c^2}{n^2v^2}\right)\delta\left(\frac{\omega}{v}-\frac{\omega n}{c}\cos\theta\right) \tag{7.53}$$

式中，函数 $\delta\left(\frac{\omega}{v}-\frac{\omega n}{c}\cos\theta\right)$ 表示只在 $\cos\theta=\frac{c}{nv}$ 方向上才有辐射。单位路程、单位频率间隔的辐射能量为

$$\frac{\mathrm{d}W}{\mathrm{d}L}=\frac{n\omega^2q^2}{8\pi^2\varepsilon_0c^3}\left(1-\frac{c^2}{n^2v^2}\right)\oint\delta\left(\frac{\omega}{v}-\frac{\omega n}{c}\cos\theta\right)\mathrm{d}\Omega$$

$$=\frac{q^2}{4\pi\varepsilon_0c^2}\left(1-\frac{c^2}{n^2v^2}\right)\omega \tag{7.54}$$

因光子的能量为 $\hbar\omega$，所以单位长度路程上所辐射的光子数为

$$\Delta N=\frac{q^2}{4\pi\varepsilon_0\hbar c^2}\left(1-\frac{c^2}{n^2v^2}\right)=\frac{\alpha}{c}\left(1-\frac{c^2}{n^2v^2}\right) \tag{7.55}$$

式中，$\alpha=\frac{q^2}{4\pi\varepsilon_0\hbar c}$，对于电子来说 $\alpha=\frac{e^2}{4\pi\varepsilon_0\hbar c}\approx\frac{1}{137}$，称为精细结构常数。

切连科夫辐射的性质可以用来测量带电粒子的速度。当粒子以速度 $v>\frac{c}{n}$ 通过介质时，

在切连科夫夹角方向发射光子，测出切连科夫辐射角就可得出粒子的速度。

7.3 运动带电粒子的电磁场对粒子本身的反作用力

带电粒子与电磁场的作用是相互的。运动的带电粒子激发电磁场，同时电磁场又反作用于带电粒子而影响其运动。这种对粒子自身的反作用可分为两个方面。一方面是存在于粒子周围、与速度有关（粒子静止时就是库仑场）的场，即自有场对它的作用，特点是场量与 r^2 有关，能量主要分布在粒子附近。自有场对带电粒子的反作用，使粒子的惯性增大，即有效质量增加。另一方面是与加速度有关的辐射场对粒子的作用，其特点是场量与 r 成反比。能量可辐射到任意远处，电磁场的辐射要带走动量和能量，粒子的能量因而减小，相当于对粒子产生一个阻尼作用。这种辐射场对带电粒子的反作用通常称为粒子的自作用力或辐射阻尼力。

7.3.1 电磁质量

现在先讨论自有场对粒子的反作用。设带电粒子的速度 $v \ll c$，其自有场的能量为

$$W = \frac{1}{2}\int\left(\varepsilon_0 \boldsymbol{E}^2 + \frac{1}{\mu_0}\boldsymbol{B}^2\right)\mathrm{d}v \tag{7.56}$$

其中自有场可由式（6.67）确定，即

$$\boldsymbol{E} = \frac{q(1-\beta^2)\boldsymbol{r}}{4\pi\varepsilon_0 r^3(1-\beta^2\sin^2\theta)^{3/2}} \simeq \boldsymbol{E}_0\left[1+\frac{1}{2}\beta^2 - \frac{3}{2}(\boldsymbol{\beta}\cdot\boldsymbol{r})^2/r^2\right] \quad (\beta \ll 1) \tag{7.57}$$

$$\boldsymbol{B} = \frac{1}{c^2}\boldsymbol{v}\times\boldsymbol{E} = \frac{1}{c}\boldsymbol{\beta}\times\boldsymbol{E}_0 \tag{7.58}$$

式中，$\beta = \frac{v}{c}$，保留 β^2 项；$\boldsymbol{E}_0 = \frac{q\boldsymbol{r}}{4\pi\varepsilon_0 r^3}$。所以自有场能量：

$$\begin{aligned}W &= \frac{1}{2}\int\varepsilon_0 \boldsymbol{E}^2\mathrm{d}v + \frac{1}{2\mu_0}\int\boldsymbol{B}^2\mathrm{d}v \\ &= \frac{1}{2}\varepsilon_0\int\boldsymbol{E}_0\left[1+\beta^2 - \frac{3(\boldsymbol{\beta}\cdot\boldsymbol{r})^2}{r^2}\right]\mathrm{d}v + \frac{1}{2\mu_0}\int\frac{1}{c^2}(\boldsymbol{\beta}^2\times\boldsymbol{E}_0)^2\mathrm{d}v \\ &= \frac{1}{2}\varepsilon_0\int\boldsymbol{E}_0\mathrm{d}v + \frac{1}{2\mu_0 c^2}\int(\boldsymbol{\beta}\times\boldsymbol{E}_0)^2\mathrm{d}v = W_0 + \frac{2}{3}\beta^2 W_0 = W_0\left(1+\frac{2}{3}\beta^2\right)\end{aligned} \tag{7.59}$$

式中，$W_0 = \frac{1}{2}\varepsilon_0\int E^2\mathrm{d}v$，为带电粒子的静电能。根据相对论的质能关系，一定的能量必然与一定的惯性质量相联系，因此，与式（7.59）所表示的自有场能量相联系的质量为

$$m_{em} = \frac{W}{c^2} = \frac{W_0}{c^2}\left(1+\frac{2}{3}\beta^2\right) \tag{7.60}$$

式中，m_{em} 称为电磁质量。

若略去 β^2 二次项的贡献，则得电磁质量常用表达式：

$$m_{em} = \frac{W_0}{c^2} \tag{7.61}$$

可见，电磁质量决定于自有场的能量 W，而 W_0 的值与电荷分布相关，其又取决于带

电粒子的自身结构。如对于电子来说，若把电子视为：

(1) 半径为 r_e 的带电球壳，则

$$W_0=\frac{e^2}{8\pi\varepsilon_0 r_e},\quad m_{em}=\frac{W_0^2}{c^2}=\frac{e^2}{8\pi\varepsilon_0 c^2 r_e}=\frac{1}{2}\left(\frac{e^2}{4\pi\varepsilon_0 c^2 r_e}\right)$$

(2) 半径为 r_e 的均匀带电小球，则

$$W_0=\frac{3e^2}{20\pi\varepsilon_0 r},m_{em}=\frac{W_0}{c^2}=\frac{3e^2}{20\pi\varepsilon_0 c^2 r_e}=\frac{3}{5}\left(\frac{e^2}{4\mu\varepsilon_0 c^2 r_e}\right)$$

比较两种情况，尽管电磁质量因电荷分布不同而结果不同，但其电磁质量的数量级与

$$m_{em}=\frac{e^2}{4\pi\varepsilon_0 c^2 r_e} \tag{7.62}$$

相同。因而，不论假设电荷分布在半径为 r_e 的球面上，还是在球体内，作为数量级来估计，带电粒子 q（包括电子 e）的电磁质量均可近似写成

$$m_{em}\approx\frac{q^2}{4\pi\varepsilon_0 c^2 r_e} \tag{7.63}$$

综上可知，带电粒子自有场对其的作用相当于带电粒子的质量增加了 m_{em}，由于运动带电粒子与自由场是不可分割的，所以实际测量的带电粒子的质量 m 应当是电磁质量 m_{em} 与非电磁质量 m_0 之和，即

$$m=m_{em}+m_0 \tag{7.64}$$

如果认为电子的质量主要来源于电磁场的贡献，即 $m\approx m_{em}=9.11\times10^{-31}\,\text{kg}$，则可估计出电子的经典半径为

$$r_e\approx\frac{e^2}{4\pi\varepsilon_0 mc^2}\approx2.817938\times10^{-15}(\text{m})$$

必须指出，因电子的经典半径 r_e 与电子内部结构有关，而到目前为止理论和实验上都没能确定电子具有的内部结构，所以这个数值并不是电子真实大小的尺寸，它只是用经典理论对电子大小所做的一种估算。

7.3.2　辐射阻尼

现在来研究带电粒子加速运动时的辐射场对粒子的反作用，即辐射阻尼力 $\boldsymbol{F}_r$。

当 $v\ll c$ 时，带电粒子做加速运动的辐射功率由式 (7.16) 确定，即

$$P(t)\approx P(t')=\frac{q^2|\dot{v}|}{6\pi\varepsilon_0 c^3} \tag{7.65}$$

根据能量守恒，粒子辐射功率等于 $\boldsymbol{F}_r$ 对其所做功率的负值，即等于外界克服阻尼力 $\boldsymbol{F}_r$ 所作的功率：

$$P(t)=-\boldsymbol{F}_r\cdot\boldsymbol{v} \tag{7.66}$$

设粒子作周期运动，周期为 T，则在一个周期内辐射阻尼力 F_r 对带电粒子做功的负值应等于粒子在一个周期内辐射出去的能量：

$$-\int_t^{t+T}\boldsymbol{F}_r\cdot\boldsymbol{v}\,\mathrm{d}t=\int_t^{t+T}p(t)\,\mathrm{d}t$$

$$=\int_t^{t+T}\frac{q^2\dot{\boldsymbol{v}}\cdot\dot{\boldsymbol{v}}}{6\pi\varepsilon_0 c^3}\mathrm{d}t$$

$$=\frac{q^2}{6\pi\varepsilon_0 c^3}\int_t^{t+T}\dot{\boldsymbol{v}}\cdot\frac{\mathrm{d}\boldsymbol{v}}{\mathrm{d}t}\mathrm{d}t=\frac{q^2}{6\pi\varepsilon_0 c^3}\left(\boldsymbol{v}\times\dot{\boldsymbol{v}}\Big|_t^{t+T}-\int_t^{t+T}\boldsymbol{v}\cdot\frac{\mathrm{d}\dot{\boldsymbol{v}}}{\mathrm{d}t}\mathrm{d}t\right) \tag{7.67}$$

因粒子运动一周后，$\boldsymbol{v}\ (t+T)\ \dot{\boldsymbol{v}}\ (t+T)\ =\boldsymbol{v}\ (t)\ \dot{\boldsymbol{v}}\ (t)$，所以上式右边第一项等于零，于是

$$-\int_t^{t+T}\boldsymbol{F}_r\cdot\boldsymbol{v}\mathrm{d}t=-\int_t^{t+T}\frac{q^2}{6\pi\varepsilon_0 c^3}\boldsymbol{v}\cdot\ddot{\boldsymbol{v}}\mathrm{d}t \tag{7.68}$$

比较两边，得辐射阻尼力：

$$\boldsymbol{F}_r=\frac{q^2}{6\pi\varepsilon_0 c^3}\ddot{\boldsymbol{v}} \tag{7.69}$$

辐射阻尼力又称洛伦兹摩擦力，它是一个周期内粒子的辐射场对其自身作用的一种平均效应，但不是瞬时力。

通过上述讨论可以看到，带电粒子激发的电磁场对其自身的反作用可以分成两部分：一部分表现为带电粒子的电磁质量，其作用反映在带电粒子的质量 m 中；另一部分表现为辐射阻尼力。考虑电磁场的反作用后，带电粒子 q 在 $v\ll c$ 情况下所满足的动力学方程为

$$m\dot{\boldsymbol{v}}=\boldsymbol{F}_\mathrm{e}+\boldsymbol{F}_\mathrm{r}=\boldsymbol{F}_\mathrm{e}+\frac{q^2}{6\pi\varepsilon_0 c^3}\ddot{\boldsymbol{v}} \tag{7.70}$$

该方程称为亚伯拉罕-洛伦兹（Abraham－Lorentz）运动方程，应指出该方程只适用于辐射阻尼力远小于外力 $\boldsymbol{F}_\mathrm{e}$ 的低速运动带电粒子。因为若外力 $\boldsymbol{F}_\mathrm{e}=0$，只有带电粒子“自己对自己”的作用时，式（7.70）可化为

$$m\dot{\boldsymbol{v}}=\frac{q^2}{6\pi\varepsilon_0 c^3}\ddot{\boldsymbol{v}}$$

其解之一为 $\dot{\boldsymbol{v}}=\boldsymbol{v}_0\mathrm{e}^{\frac{t}{\tau}}$，（$\tau=q^2/6\pi\varepsilon_0 c^3$），其说明带电粒子随着时间的增加可无限制地被“自我加速”，显然这一结果是与实际情况矛盾的。所以，式（7.70）只适用于辐射阻尼对带电粒子运动影响很小，相对外力 $\boldsymbol{F}_\mathrm{e}$ 来说可视作微扰的情况。

作为亚伯拉罕-洛伦兹方程的一个应用，下面来计算原子光谱的自然宽度。

7.3.3 原子光谱的自然宽度

在经典理论中，通常认为电子在原子中做谐振动，把原子当作谐振子处理，这就是原子的谐振子模型。谐振子在没有受到任何阻尼力时，其辐射频率就是振子的振荡频率，谱线频率是单一的。而实际上原子在辐射时会受到辐射阻尼力作用，谐振子作阻尼振动，谐振是衰减的，其辐射频率不再是单一的，而呈现一定的频率分布宽度，这就是原子谱线的自然宽度。

设电子电荷为 e，质量为 m，其运动方程为

$$m\ddot{\boldsymbol{r}}=-k\boldsymbol{r}+\frac{q^2}{6\pi\varepsilon_0 c^3}\dddot{\boldsymbol{r}} \tag{7.71}$$

令 $\omega_0^2=k/m$，则上式可写为

$$\ddot{\boldsymbol{r}}+\omega_0^2\boldsymbol{r}=\frac{e^2}{6\pi\varepsilon_0 c^3 m}\dddot{\boldsymbol{r}} \tag{7.72}$$

式中，ω_0 为电子的固有振动频率。在原子辐射时，电子所受辐射阻尼比静电库仑力小得多，可视作微扰，因此可采用逐级近似方法求解上述方程，零级近似式（7.72）变为

$$\ddot{\boldsymbol{r}}+\omega_0^2\boldsymbol{r}=0 \tag{7.73}$$

由此可得零级近似解：

$$\boldsymbol{r}=\boldsymbol{r}_0\mathrm{e}^{\mathrm{i}\omega_0 t} \tag{7.74}$$

考虑辐射阻尼作用时，得一级近似方程：

$$\ddot{\boldsymbol{r}}+\omega_0^2\boldsymbol{r}+\frac{e^2\omega_0^2}{6\pi\varepsilon_0 mc^3}\dot{\boldsymbol{r}}=0 \tag{7.75}$$

令

$$\gamma=\frac{e^2\omega_0^2}{6\pi\varepsilon_0 mc^3}$$

式中，γ 为衰减常数。式（7.75）简写为

$$\ddot{\boldsymbol{r}}+\gamma\dot{\boldsymbol{r}}+\omega_0^2\boldsymbol{r}=0 \tag{7.76}$$

在 $\gamma\ll\omega_0$ 时，方程的解为

$$\boldsymbol{r}=\boldsymbol{r}_0\mathrm{e}^{-\frac{\gamma}{2}t}\mathrm{e}^{-\mathrm{i}\omega_0 t} \tag{7.77}$$

振子的能量为

$$\boldsymbol{W}=\frac{1}{2}m\dot{\boldsymbol{r}}^2+\frac{1}{2}k\boldsymbol{r}^2=\frac{1}{2}m\boldsymbol{r}_0^2\omega_0\mathbf{e}^{-\gamma t}=\boldsymbol{W}_0\mathbf{e}^{-\gamma t} \tag{7.78}$$

可见，振子具有阻尼振动特点。通常把振子能量衰减为 W_0 的 1/e 所经历的时间称为振子的寿命，因此，振子的寿命为

$$\tau=1/\gamma \tag{7.79}$$

由偶极辐射公式可知振子激发的电磁场随时间的变化规律与振子的坐标随时间的变化规律相同，即辐射场的场强与 $\boldsymbol{r}$ 成正比，所以

$$\boldsymbol{E}(t)=\begin{cases}\boldsymbol{E}_0\mathrm{e}^{-\gamma t/2}\mathrm{e}^{-\mathrm{i}\omega_0 t} & t>0\\ 0 & t<0\end{cases} \tag{7.80}$$

由傅里叶变换，得辐射场的频谱：

$$\boldsymbol{E}(\omega)=\frac{1}{2\pi}\int_0^\infty \boldsymbol{E}(t)\mathrm{e}^{\mathrm{i}\omega t}\mathrm{d}t=\frac{\boldsymbol{E}_0}{2\pi}\int_0^\infty \mathrm{e}^{-\gamma t/2}\mathrm{e}^{\mathrm{i}(\omega-\omega_0)t}\mathrm{d}t=\frac{1}{2\pi}\frac{\boldsymbol{E}_0}{\frac{\gamma}{2}-\mathrm{i}(\omega-\omega_0)} \tag{7.81}$$

因为频谱强度 $I(\omega)\propto|\boldsymbol{E}(\omega)|^2$，所以辐射强度的频谱为

$$I(\omega)=\frac{I_0(\gamma/2\pi)}{\gamma^2/4+(\omega-\omega_0)^2} \tag{7.82}$$

$I(\omega)$ 是共振型分布。令 $\frac{\mathrm{d}I(\omega)}{\mathrm{d}\omega}=0$，可得当 $\omega=\omega_0$ 时，$I(\omega)$ 有极大值：

$$I_0(\omega_0)=\frac{2I_0}{\pi\gamma} \tag{7.83}$$

当 $\omega=\omega_0\pm\frac{\gamma}{2}$ 时：

$$I\left(\omega_0\pm\frac{\gamma}{2}\right)=\frac{I_0}{\pi\gamma}=\frac{1}{2}I_0(\omega_0)$$

即在 $w=\omega_0\pm\frac{\gamma}{2}$ 处，$I(\omega)$ 降为极大值的一半，如图 7.11 所示。

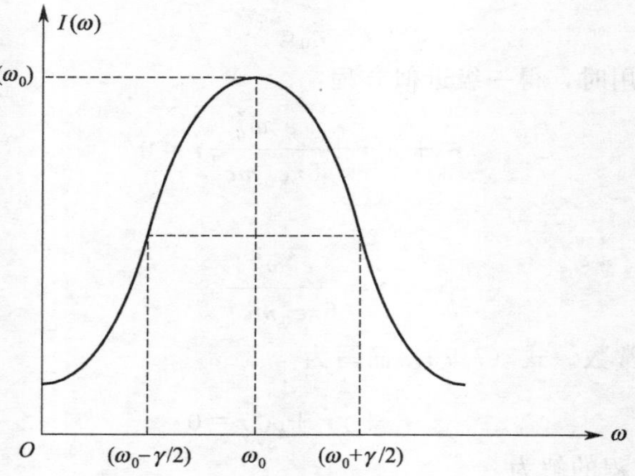

图 7.11　辐射角频谱示意图

规定谱线强度降为最大值的一半时所对应的频率宽度为谱线的自然宽度。故

$$\Delta\omega=\left(\omega+\frac{\gamma}{2}\right)-\left(\omega-\frac{\gamma}{2}\right)=\gamma \tag{7.84}$$

或表示为

$$|\Delta\lambda|=\left|\Delta\left(\frac{2\pi c}{\omega}\right)\right|=\frac{2\pi c}{\omega^2}|\Delta\omega|=\frac{2\pi c}{\omega_0^2}\gamma$$

一般情况下，原子的光谱线宽度不仅与辐射阻尼有关，也与原子间碰撞和多普勒效应等因素有关。而由辐射阻尼所引起的宽度与原子状态无关，不受温度、压力等的影响，故称为光谱线的自然宽度。上面运用经典电动力学理论对原子光谱线宽度的起因做了一些分析，这可以使读者对原子光谱线产生的物理机制有一个初步的直观的认识，但要对谱线宽度作出更为完满的理论解释，需应用量子理论去解决。

7.4　带电粒子对电磁波的散射

上一节讨论了带电粒子的电磁场对自身的反作用，本节讨论带电粒子对外电磁场的作用。当电磁波入射到带电粒子上时，带电粒子在电磁场的作用下以入射电磁波的频率作受迫振动，而使带电粒子向各方向辐射电磁波，这种由带电粒子受到电磁场作用而受迫振动所产生的辐射场，就好像是带电粒子把入射电磁波散射到其他各方向上去，所以把这种现象称为带电粒子对电磁波的散射。

7.4.1　自由电子对电磁波的散射

现讨论自由电子对电磁波的散射。设入射波的电场为

$$\boldsymbol{E}_i=\boldsymbol{E}_0\mathrm{e}^{\mathrm{i}(\boldsymbol{k}\cdot\boldsymbol{r}-\omega t)} \tag{7.85}$$

假定电子的运动速度 $v\ll c$，则可略去相对论效应及磁力作用。并且由于 $v\ll c$，自由电子强迫振动的振幅 r_0 远小于入射波的波长 λ，可认为电子只在坐标原点附近振动(即认为

场强是与位置无关的)，于是电子运动满足方程：

$$m\ddot{\boldsymbol{r}}=-e\boldsymbol{E}_0\mathrm{e}^{-\mathrm{i}\omega t}+\frac{e^2}{6\pi\varepsilon_0c^3}\dddot{\boldsymbol{r}} \tag{7.86}$$

式中右边第二项是辐射阻尼项。令 $\boldsymbol{r}=\boldsymbol{r}_0\mathrm{e}^{-\mathrm{i}\omega t}$，代入上式可得

$$\boldsymbol{r}=\frac{e\boldsymbol{E}_0}{m(\omega^2+\mathrm{i}\omega\tau)}\mathrm{e}^{-\mathrm{i}\omega t} \tag{7.87}$$

式中，$\tau=\dfrac{e^2\omega^2}{6\pi\varepsilon_0mc^3}=\dfrac{4\pi}{3}\dfrac{\omega}{\lambda}r_e$，$r_e=\dfrac{1}{4\pi\varepsilon_0}\dfrac{e^2}{mc^2}$ 是电子的经典半径。因一般电磁波：

$$\lambda\gg r_e\text{,即}\frac{\tau}{\omega}\ll 1$$

略去阻尼系数 τ 项得到电子振动方程

$$\boldsymbol{r}=\frac{e\boldsymbol{E}_0}{m\omega^2}\mathrm{e}^{-\mathrm{i}\omega t} \tag{7.88}$$

由式(7.88) 求出电子振动加速度 $\ddot{r}$，而后代入式(7.11) 得电子振动的辐射场(即散射场) 为

$$\boldsymbol{E}=\frac{e}{4\pi\varepsilon_0c^2R}\boldsymbol{e}_r\times(\boldsymbol{e}_r\times\ddot{\boldsymbol{r}}) \tag{7.89}$$

式中，$\boldsymbol{e}_r$ 为辐射方向(即散射方向) 的单位矢量。若用 α 表示散射方向 $\boldsymbol{e}_r$ 与入射场强 $\boldsymbol{E}_0$ 间的夹角，称为散射角，则散射波的场强可写为

$$E=\frac{e^2E_0}{4\pi\varepsilon_0c^2mR}\sin\alpha \tag{7.90}$$

散射波的平均能流密度大小为

$$S=\frac{1}{2}\varepsilon_0E^2c=\frac{e^4E_0^2}{32\pi^2\varepsilon_0m^2c^3R}\sin\alpha=\frac{\varepsilon_0cE_0^2}{2}\frac{r_e^2}{R^2}\sin^2\alpha \tag{7.91}$$

现取如图 7.12 所示坐标系。

设入射波沿 z 轴正方向传播，其电场强度 $\boldsymbol{E}_0$ 与 x 轴正方向的夹角为 φ，场点 P 在 xOz 平面上，$\boldsymbol{r}$ 与 z 轴正方向夹角为 θ，与 $\boldsymbol{E}_0$ 夹角为 α。α 与 θ、φ 间的关系为

$$\cos\alpha=\sin\theta\cos\varphi \tag{7.92}$$

如果入射波是非偏振的，即 $\boldsymbol{E}_0$ 在 xOy 平面上无规则取向，φ 角在 $0\sim 2\pi$ 内以等概率取值，因此，把式(7.91) 中的 $\sin^2\alpha$ 对 φ 求平均，得

$$\overline{\sin^2\alpha}=\frac{1}{2\pi}\int_0^{2\pi}(1-\cos^2\alpha)\,\mathrm{d}\varphi=\frac{1}{2\pi}\int_0^{2\pi}(1-\sin^2\theta\cos^2\varphi)\,\mathrm{d}\varphi=\frac{1}{2}(1+\cos^2\theta) \tag{7.93}$$

将其代入式(7.91) 得非偏振入射波的平均散射能流密度为

$$\bar{S}=\frac{r_e^2}{r^2}\frac{1}{2}(1+\cos^2\theta)\times\frac{1}{2}\varepsilon_0cE_0^2 \tag{7.94}$$

因入射波的平均能流密度：

$$I_0=\frac{1}{2}\varepsilon_0cE_0^2 \tag{7.95}$$

所以式(7.94) 又可表示为

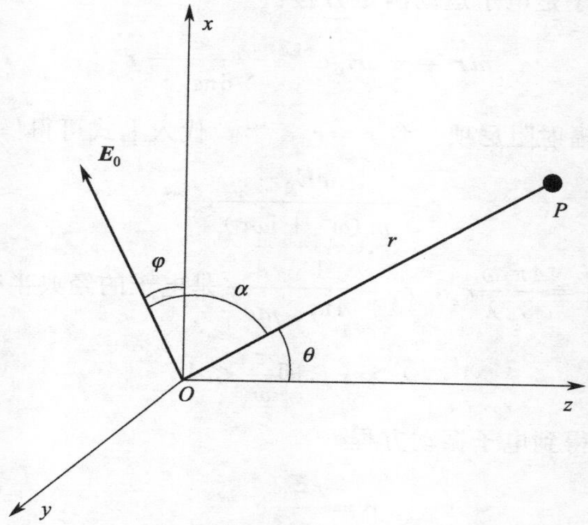

图 7.12 计算散射波坐标系选取示意图

$$\bar{S}=\frac{r_e^2}{r^2}\frac{1}{2}(1+\cos^2\theta)I_0 \tag{7.96}$$

上式对球面积分得散射的总平均功率：

$$P=\oint\bar{S}\,\mathrm{d}\Sigma=\oint\bar{S}r^2\,\mathrm{d}\Omega=\frac{8\pi}{3}r_e^2I_0 \tag{7.97}$$

式(7.97)称为汤姆森(Thomson)散射公式。因 I_0 是单位时间入射于单位垂直截面上的能量，所以上式表明被散射的能量相当于入射到面积为$\frac{8\pi}{3}r_e^2$ 的截面上的能量，或者说，电子的散射把相当于入射到$\frac{8\pi}{3}r_e^2$ 的面积上的电磁波能量散射到各个方向上去了，该面积称为自由电子对电磁波的散射截面。

在波的散射(包括粒子间的散射)研究中，散射截面是一个非常重要的物理量，一般定义为

$$\sigma_s=\frac{散射功率}{单位面积入射功率}=\frac{P}{I_0} \tag{7.98}$$

而单位立体角内的散射功率 $\bar{S}r^2$ 与入射波强之比则称为微分散射截面 $\mathrm{d}\sigma_s$，即

$$\frac{\mathrm{d}\sigma_s}{\mathrm{d}\Omega}=\frac{\bar{S}r^2}{I_0} \tag{7.99}$$

可见，散射截面反映了被散射的波的能量所占入射波能量的比值。在粒子间的散射中，其描写了粒子被散射的概率。

将式(7.96)代入微分散射截面定义式(7.99)，得电磁波被自由电子所散射的 Thomson 微分散射截面。

$$\frac{\mathrm{d}\sigma_s}{\mathrm{d}\Omega}=\frac{1}{2}r_e^2(1+\cos^2\theta) \tag{7.100}$$

7.4.2　束缚电子对电磁波的散射

下面讨论处于束缚态的电子(例如原子中的电子) 对电磁波散射的特性。对于束缚态的电子，可将其看作是一个具有固有频率 ω_0 的经典谐振子，在入射波电磁场、辐射阻尼及其他阻尼力(如由碰撞造成的阻尼力等) 作用下做强迫振动。如用 $m\tau'\boldsymbol{r}$ 表示其他阻尼力，则束缚电子的运动方程为

$$m\ddot{\boldsymbol{r}}+m\omega_0^2\boldsymbol{r}=-e\boldsymbol{E}-m\tau'\boldsymbol{r}+\frac{e^2}{6\pi\varepsilon_0c^3}\dddot{\boldsymbol{r}} \tag{7.101}$$

假定束缚电子的速度 $v\ll c$，入射波电场为

$$\boldsymbol{E}_i=\boldsymbol{E}_0\mathrm{e}^{\mathrm{i}(\boldsymbol{k}\cdot\boldsymbol{r}-\omega t)}$$

设 $\boldsymbol{r}=\boldsymbol{r}_0\mathrm{e}^{-\mathrm{i}\omega t}$，代入式(7.101) 得方程的解：

$$\boldsymbol{r}=-\frac{e}{m}\frac{\boldsymbol{E}_0\mathrm{e}^{-\mathrm{i}\omega t}}{\omega_0^2-\omega^2-\mathrm{i}\omega\tau}=-\frac{e}{m}\frac{\boldsymbol{E}_0}{\sqrt{(\omega_0^2-\omega^2)^2+(\omega\tau)^2}}\mathrm{e}^{-\mathrm{i}(\omega t-\delta)} \tag{7.102}$$

式中：

$$\tau=\tau'+\frac{e\omega^2}{6\pi\varepsilon_0mc^2}=\tau'+\frac{2}{3}\frac{r_e}{c}\omega^2 \tag{7.103}$$

$$\delta=\arctan\left(\frac{\omega\tau}{\omega_0^2-\omega^2}\right) \tag{7.104}$$

由式(7.102) 求出加速度：

$$\ddot{\boldsymbol{r}}=\frac{e}{m}\frac{\omega^2\boldsymbol{E}_0}{\sqrt{(\omega_0^2-\omega^2)^2+(\omega\tau)^2}}\mathrm{e}^{-\mathrm{i}(\omega t-\delta)} \tag{7.105}$$

把上式代入式(7.101) 可得束缚电子所激发的辐射电场：

$$\begin{aligned}\boldsymbol{E}&=\frac{e}{4\pi\varepsilon_0c^2}\frac{1}{R}[\boldsymbol{e}_r\times(\boldsymbol{e}_r\times\ddot{\boldsymbol{r}})]=\frac{e^2\omega^2}{4\pi\varepsilon_0mc^2R}\frac{\boldsymbol{e}_r\times(\boldsymbol{e}_r\times\boldsymbol{E}_0)}{(\omega_0^2-\omega^2-\mathrm{i}\omega\tau)}\mathrm{e}^{\mathrm{i}(\boldsymbol{k}\cdot\boldsymbol{r}-\omega t)}\\&=\frac{e^2\omega^2}{4\pi\varepsilon_0mc^2R}\frac{E_0\sin\alpha}{\sqrt{(\omega_0^2-\omega^2)^2+(\omega\tau)^2}}\mathrm{e}^{\mathrm{i}(\boldsymbol{k}\cdot\boldsymbol{r}-\omega t+\delta)}\end{aligned} \tag{7.106}$$

式中，α 为散射方向 $\boldsymbol{e}_r$ 与入射波电场 $\boldsymbol{E}_0$ 之间的夹角。

散射波的平均能流密度：

$$\begin{aligned}\bar{S}&=\frac{1}{2}\varepsilon_0E^2c=\left(\frac{1}{2}\varepsilon_0E_0^2c\right)\left(\frac{e^2}{4\pi\varepsilon_0mc^2}\right)^2\frac{\omega^4}{(\omega_0^2-\omega^2)^2+(\omega\tau)^2}\frac{\sin^2\alpha}{R^2}\\&=I_0\frac{r_e^2}{R^2}\frac{\omega^4}{(\omega_0^2-\omega^2)^2+\omega^2\tau^2}\sin^2\alpha\end{aligned} \tag{7.107}$$

若入射波是非偏振的，同样可把上式中$\sin^2\alpha$ 对 φ 求平均，即有$\sin^2\alpha=\frac{1}{2}(1+\cos^2\theta)$，于是散射波平均能流密度又可写为

$$\bar{S}=I_0\frac{r_e^2}{R^2}\frac{\omega^4}{(\omega_0^2-\omega^2)^2+\omega^2\tau^2}\frac{1}{2}(1+\cos^2\theta) \tag{7.108}$$

散射功率为

$$P = \oint \bar{S} R^2 \mathrm{d}\Omega = \frac{8\pi}{3} r_e^2 I_0 \left[\frac{\omega^4}{(\omega_0^2 - \omega^2)^2 + \omega^2 \tau^2} \right] \tag{7.109}$$

计算微分散射截面可以得到下式：

$$\frac{\mathrm{d}\sigma_s}{\mathrm{d}\Omega} = \frac{\bar{S} R^2}{I_0} = \frac{1}{2} r_e^2 (1 + \cos^2\theta) \left[\frac{\omega^4}{(\omega_0^2 - \omega^2)^2 + \omega^2 \tau^2} \right] \tag{7.110}$$

散射截面：

$$\sigma_s = \frac{8\pi}{3} r_e^2 \frac{\omega^4}{(\omega_0^2 - \omega^2)^2 + \omega^2 \tau^2} \tag{7.111}$$

(1) 当 $\omega_0 \gg \omega$ 时，式(7.111) 近似为

$$\sigma_s \approx \frac{8\pi}{3} r_e^2 \left(\frac{\omega}{\omega_0} \right)^4 \tag{7.112}$$

即散射截面 σ 与 ω^4 成正比，这种散射称为瑞利(Rayleigh) 散射。

(2) 当 $\omega_0 \ll \omega$ 时，式(7.111) 化为

$$\sigma_s \approx \frac{8\pi}{3} r_e^2 \tag{7.113}$$

即是自由电子散射截面。

(3) 当 $\omega_0 = \omega$ 时，式(7.111) 化为

$$\sigma_s \approx \frac{8\pi}{3} r_e^2 \left(\frac{\omega}{\tau} \right)^2 \tag{7.114}$$

由于 $\omega_0 \gg \tau$，因此当 $\omega = \omega_0$ 时，散射截面有尖锐的极大值，此时的散射称为共振散射。共振散射截面远大于汤姆森散射截面，其表明入射波的很多能量都被散射到各个方向去了。

在共振情形下，入射波能量被振子吸收，振幅增大，直到由振子散射出去的能量等于振子所吸收的入射波能量时，振幅才达到稳定值。当具有连续谱的电磁波入射到原子中的束缚电子上时，只有 $\omega = \omega_0$ 的电磁波部分被强烈吸收，因而形成一条吸收谱线。由式(7.109) 对 ω 积分得电子所吸收的能量：

$$\begin{aligned} W &= \frac{8\pi}{3} r_e^2 \int_0^\infty \frac{\omega^4 I_0(\omega)}{(\omega_0^2 - \omega^2)^2 + \omega^2 \tau^2} \mathrm{d}\omega \\ &\approx \frac{2\pi}{3} r_e^2 \omega_0^2 I_0(\omega_0) \int_0^\infty \frac{1}{(\omega_0^2 - \omega^2)^2 + \omega^2 \tau^2} \mathrm{d}\omega = \frac{2\pi}{3} r_e^2 \omega_0^2 I_0(\omega_0) \frac{2\pi}{\tau} \end{aligned} \tag{7.115}$$

若 $\Gamma' = 0$（即无碰撞、摩擦等其他阻尼），则

$$\tau = \frac{2}{3} \frac{r_e}{c} \omega^2$$

这时，电子吸收的能量：

$$W = \frac{\pi e^2}{2m\varepsilon_0 c} I_0(\omega_0) \tag{7.116}$$

共振现象是能量吸收与再辐射的过程，吸收的能量与入射波中频率为 ω_0 的能量 $I_0(\omega_0)$ 成正比。

7.5 宏观电介质球体对平面电磁波的散射

前面讨论了带电粒子在电磁波中的散射问题，本节讨论宏观的物体在电磁波中的散射问题。本节假定所讨论的宏观物体为球形非磁性介质，而且物体内没有传导电流和自由电荷。宏观物体在电磁波中的散射归结于麦克斯韦方程组的求解，通常是将电场与磁场分开考虑，给出对应的波动方程；再结合边界条件，给出满足边值问题的解。

在无源空间内，时谐电磁场满足麦克斯韦方程组：

$$\begin{cases}\nabla\times\boldsymbol{E}=\mathrm{i}\omega\mu\boldsymbol{H}\\ \nabla\times\boldsymbol{H}=-\mathrm{i}\omega\varepsilon\boldsymbol{E}\\ \nabla\cdot\boldsymbol{D}=0\\ \nabla\cdot\boldsymbol{B}=0\end{cases}\tag{7.117}$$

结合本构关系 $\boldsymbol{B}=\mu\boldsymbol{H}$，$\boldsymbol{D}=\varepsilon\boldsymbol{E}$，简单计算后可以得到电场与磁场满足的波动方程：

$$\begin{aligned}\nabla\times\nabla\times\boldsymbol{E}-k^2\boldsymbol{E}=\boldsymbol{0}\\ \nabla\times\nabla\times\boldsymbol{H}-k^2\boldsymbol{H}=\boldsymbol{0}\end{aligned}\tag{7.118}$$

这里的波矢满足$\boldsymbol{k}^2=\omega^2\varepsilon\mu$。由于是球形散射体，为了方便地处理边界条件，以散射球体中心为坐标系原点，构建球坐标系统（r，θ，φ）。

7.5.1 矢量球波函数

先考虑标量波动方程，即亥姆霍兹方程：

$$\nabla^2\psi+k^2\psi=0\tag{7.119}$$

在球坐标系下，波动方程式（7.119）可以写成如下的形式：

$$\frac{1}{r^2}\frac{\partial}{\partial r}\left(r^2\frac{\partial\psi}{\partial r}\right)+\frac{1}{r^2\sin\theta}\frac{\partial}{\partial\theta}\left(\sin\theta\frac{\partial\psi}{\partial\theta}\right)+\frac{1}{r^2\sin\theta}\frac{\partial^2\psi}{\partial\varphi^2}+k^2\psi=0\tag{7.120}$$

该波动方程的解称为球波函数。采用分离变量的方法，可以求解球波函数。设特解具有如下形式：

$$\psi(r,\theta,\varphi)=R(r)\Theta(\theta)\Phi(\varphi)\tag{7.121}$$

代入波动方程后，可以给出下面的三个独立的方程：

$$\frac{\mathrm{d}}{\mathrm{d}r}\left(r^2\frac{\mathrm{d}R}{\mathrm{d}r}\right)+[k^2r^2-n(n+1)]R=0\tag{7.122}$$

$$\frac{1}{\sin\theta}\frac{\mathrm{d}}{\mathrm{d}\theta}\left(\sin\theta\frac{\mathrm{d}\Theta}{\mathrm{d}\theta}\right)+\left[n(n+1)-\frac{m^2}{\sin^2\theta}\right]\Theta=0\tag{7.123}$$

$$\frac{\mathrm{d}^2\Phi}{\mathrm{d}\varphi^2}+m^2\Phi=0\tag{7.124}$$

这里出现的 m 与 n 为分离常数。

变量 R 满足的方程式（7.122）为球贝塞尔方程，其线性无关的特解为第一类球贝塞尔函数 j_n（kr）、第二类球贝塞尔函数 y_n（kr）、第一类球汉克尔函数 $h_n^{(1)}$（kr）及第二类球汉克尔函数 $h_n^{(2)}$（kr），方程的一般解则为这些特解中任意两个的线性组合。球汉克尔函数与球贝塞尔函数满足如下的关系：

$$\begin{cases}h_n^{(1)}(x)=j_n(x)+\mathrm{i}y_n(x)\\h_n^{(2)}(x)=j_n(x)-\mathrm{i}y_n(x)\end{cases}\tag{7.125}$$

变量 Θ 满足的式（7.123）为缔合勒让德方程，其特解为第一类缔合勒让德函数 $P_n^m(\cos\theta)$ 及第二类缔合勒让德函数 Q_n^m（$\cos\theta$）。这里考虑到实际问题，舍弃第二类缔合勒让德函数 Q_n^m（$\cos\theta$），因为其在 $\theta=0$，$\pm\pi$ 时发散。变量 Φ 满足的式（7.124）为谐振动方程，两个线性无关的特解为 $\cos m\varphi$ 与 $\sin m\varphi$，一般解为其线性组合。

最终可以给出，在球坐标系下，满足标量波动方程式（7.120）的特解为

$$\psi_{\mathrm{mn}}^{(J)}(k,r)=P_n^m(\cos\theta)\exp(im\varphi)z_n^{(J)}(kr)\tag{7.126}$$

这里第一类缔合勒让德函数 P_n^m（$\cos\theta$）具有如下的微分形式：

$$P_n^m(x)=\frac{1}{2^n n!}(1-x^2)^{m/2}\frac{\mathrm{d}^{n+m}}{\mathrm{d}x^{n+m}}[(x^2-1)^n]=(1-x^2)^{m/2}\frac{\mathrm{d}^m P_n(x)}{\mathrm{d}x^m}\tag{7.127}$$

式中，P_n（x）为勒让德函数。缔合勒让德函数具有如下的性质：

$$\begin{cases}P_n^{-m}(x)=(-1)^m\dfrac{(n-m)!}{(n+m)!}P_n^m(x)\\\int_{-1}^1 P_n^m(x)P_v^m(x)\mathrm{d}x=\dfrac{2}{2n+1}\dfrac{(n+m)!}{(n-m)!}\delta_{nv}\end{cases}\tag{7.128}$$

$z_n^{(J)}$（kr）代表四类球贝塞尔函数中的一个，这里的对应关系如下：

$$z_n^{(J)}(kr)=\begin{cases}j_n(kr) & J=1\\y_n(kr) & J=2\\h_n^{(1)}(kr) & J=3\\h_n^{(2)}(kr) & J=4\end{cases}\tag{7.129}$$

将标量波动方程的本征解 Ψ_{mn}^J（k，r）作为生成函数，构造如下的矢量球波函数：

$$\boldsymbol{L}=\boldsymbol{\nabla}\psi=[\tau_{mn}(\cos\theta)\boldsymbol{e}_\theta+\mathrm{i}\pi_{mn}(\cos\theta)\boldsymbol{e}_\varphi]\frac{z_n^{(J)}(kr)}{kr}\exp(im\varphi)$$

$$+\boldsymbol{e}_r P_n^m(\cos\theta)\frac{1}{k}\frac{\mathrm{d}}{\mathrm{d}r}[z_n^{(J)}(kr)]\exp(im\varphi)\tag{7.130}$$

$$\boldsymbol{M}=\boldsymbol{\nabla}\times(\boldsymbol{r}\psi)=[\mathrm{i}\pi_{mn}(\cos\theta)\boldsymbol{e}_\theta-\tau_{mn}(\cos\theta)\boldsymbol{e}_\varphi]z_n^{(J)}(kr)\exp(im\varphi)\tag{7.131}$$

$$\boldsymbol{N}=\frac{1}{k}\boldsymbol{\nabla}\times\boldsymbol{M}=[\tau_{mn}(\cos\theta)\boldsymbol{e}_\theta+\mathrm{i}\pi_{mn}(\cos\theta)\boldsymbol{e}_\varphi]\frac{1}{kr}\frac{\mathrm{d}}{\mathrm{d}r}[rz_n^{(J)}(kr)]\exp(im\varphi)$$

$$+\boldsymbol{e}_r n(n+1)P_n^m(\cos\theta)\frac{z_n^{(J)}(kr)}{kr}\exp(im\varphi)\tag{7.132}$$

这里定义了两个辅助函数 π_{mn}（$\cos\theta$）与 τ_{mn}（$\cos\theta$），它们的定义如下：

$$\begin{cases}\pi_{mn}(\cos\theta)=\dfrac{m}{\sin\theta}P_n^m(\cos\theta)\\\tau_{mn}(\cos\theta)=\dfrac{\mathrm{d}}{\mathrm{d}\theta}P_n^m(\cos\theta)\end{cases}\tag{7.133}$$

并满足如下的关系，

$$\begin{cases}\int_0^\pi(\pi_{mn}\tau_{mv}+\pi_{mv}\tau_{mn})\sin\theta\mathrm{d}\theta=0\\ \int_0^\pi(\pi_{mn}\pi_{mv}+\tau_{mn}\tau_{mv})\sin\theta\mathrm{d}\theta=\dfrac{2n(n+1)}{2n+1}\dfrac{(n+m)!}{(n-m)!}\delta_{nv}\end{cases}\tag{7.134}$$

对于矢量球波函数式（7.130）～式（7.132），通过计算可以发现其满足如下方程：

$$\nabla\times\nabla\times\boldsymbol{M}_{mn}^{(J)}-k^2\boldsymbol{M}_{mn}^{(J)}=0$$

$$\nabla\times\nabla\times\boldsymbol{N}_{mn}^{(J)}-k^2\boldsymbol{N}_{mn}^{(J)}=0$$

$$\nabla[\nabla\cdot\boldsymbol{L}_{mn}^{(J)}]+k^2\boldsymbol{L}_{mn}^{(J)}=0$$

$$\boldsymbol{M}_{mn}^{(J)}=\frac{1}{k}\nabla\times\boldsymbol{N}_{mn}^{(J)}$$

$$\boldsymbol{N}_{mn}^{(J)}=\frac{1}{k}\nabla\times\boldsymbol{M}_{mn}^{(J)}$$

$$\nabla\cdot\boldsymbol{M}_{mn}^{(J)}=0$$

$$\nabla\cdot\boldsymbol{N}_{mn}^{(J)}=0$$

$$\nabla\times\boldsymbol{L}_{mn}^{(J)}=0$$

$$\nabla\cdot\boldsymbol{L}_{mn}^{(J)}=-k\boldsymbol{\Phi}_{mn}^{(J)}$$

表明这些矢量球波函数是矢量波动方程的特解，一般解可以使用这些特解的线性组合进行表示。同时这里的矢量球波函数也满足如下的正交特性：

$$\int\boldsymbol{M}_{uv}^{*}\cdot\boldsymbol{N}_{mn}\mathrm{d}\Omega=0,\qquad\int\boldsymbol{L}_{uv}^{*}\cdot\boldsymbol{M}_{mn}\mathrm{d}\Omega=0$$

$$\int\boldsymbol{M}_{uv}^{*}\cdot\boldsymbol{M}_{mn}\mathrm{d}\Omega=\frac{4\pi n(n+1)}{2n+1}\frac{(n+m)!}{(n-m)!}z_n^2(kr)\delta_{mu}\delta_{nv}$$

$$\int\boldsymbol{M}_{\mathrm{uv}}^{*}\cdot\boldsymbol{M}_{mn}\mathrm{d}\Omega=\frac{4\pi n(n+1)}{2n+1}\frac{(n+m)!}{(n-m)!}z_n^2(kr)\delta_{mu}\delta_{nv}$$

$$\int\boldsymbol{N}_{uv}^{*}\cdot\boldsymbol{N}_{mn}\mathrm{d}\Omega=\frac{4\pi n(n+1)}{(2n+1)^2}\frac{(n+m)!}{(n-m)!}[(n+1)z_{n-1}^2(kr)+nz_{n+1}^2(kr)]\delta_{mu}\delta_{nv}$$

$$\int\boldsymbol{L}_{uv}^{*}\cdot\boldsymbol{L}_{mn}\mathrm{d}\Omega=\frac{4\pi}{(2n+1)^2}\frac{(n+m)!}{(n-m)!}[nz_{n-1}^2(kr)+(n+1)z_{n+1}^2(kr)]\delta_{mu}\delta_{nv}$$

$$\int\boldsymbol{L}_{uv}^{*}\cdot\boldsymbol{N}_{mn}\mathrm{d}\Omega=\frac{4\pi n(n+1)}{(2n+1)^2}\frac{(n+m)!}{(n-m)!}[z_{n-1}^2(kr)-z_{n+1}^2(kr)]\delta_{mu}\delta_{nv}$$

注意这里的符号“$*$”表示对角函数部分取复共轭，例如：

$$\boldsymbol{M}_{mn}^{*}(k,r)=[-\mathrm{i}\pi_{mn}(\cos\theta)\boldsymbol{e}_\theta-\tau_{mn}(\cos\theta)\boldsymbol{e}_\varphi]z_n(kr)\exp(-\mathrm{i}m\varphi)$$

所以可以把矢量球波函数作为一组正交完备的基矢函数，对于任意的场分布函数，均可以使用矢量球波函数进行展开表示。

考虑实际问题时，球波函数 $\psi_{\mathrm{mn}}^{(J)}$（k，r）需要满足单值、有界的条件，当 $r\rightarrow\infty$ 时，满足辐射条件。对于介质球内部的场或者原始入射场，由于其包含球坐标系的坐标原点，因此要求位置点 $r=0$ 处的场是有界的，只有当 $J=1$ 是特解时才能满足这一要求，因为 y_n（kr）、$h_n^{(1)}$（kr）及 $h_n^{(2)}$（kr）在 $r=0$ 处是发散的。对于介质球散射的场，强度随着 r 的增加而减小。依据球汉克尔函数得对于 $h_n^{(1)}$（kr）及 $h_n^{(2)}$（kr）的渐近表达式：

$$h_n^{(1)}(kr) \sim \frac{(-\mathrm{i})^n \mathrm{e}^{\mathrm{i}kr}}{\mathrm{i}kr}$$

$$h_n^{(2)}(kr) \sim -\frac{\mathrm{i}^n \mathrm{e}^{-\mathrm{i}kr}}{\mathrm{i}kr}$$

由于这里选择的时间谐振因子为 $\mathrm{e}^{-\mathrm{i}\omega t}$，$h_n^{(1)}$ (kr) 可以用来表示沿半径方向传播的波动，而 $h_n^{(2)}$ (kr) 则表示向着球心方向的会聚波，所以对于入射场及介质球内部的场，需要使用基矢$\boldsymbol{M}_{mn}^{(1)}$ 与$\boldsymbol{N}_{mn}^{(1)}$ 的组合展开，对于散射场，需要使用基矢$\boldsymbol{M}_{mn}^{(3)}$ 与$\boldsymbol{N}_{mn}^{(3)}$ 的组合进行展开。

7.5.2 平面电磁波的展开

考虑某一入射平面电磁波，如图 7.13 所示。

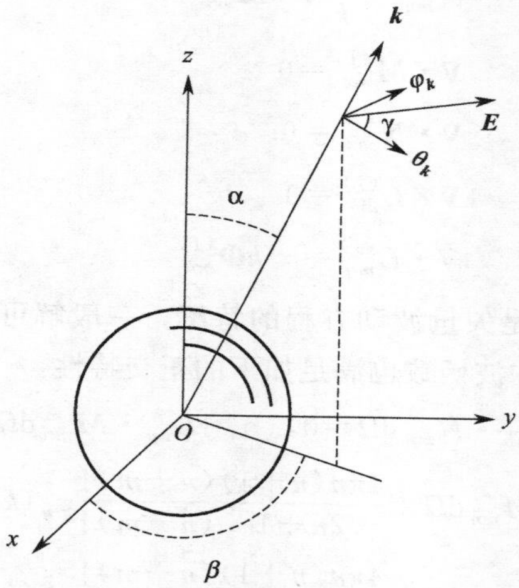

图 7.13 平面波入射示意图

其沿着波矢 $\boldsymbol{k}$ 的方向传播，则平面电磁波的波矢可以写成如下形式：

$$\boldsymbol{k}=k(\boldsymbol{e}_x \sin\alpha\cos\beta+\boldsymbol{e}_y \sin\alpha\sin\beta+\boldsymbol{e}_z \cos\alpha)$$

电磁波为横波，其电场强度 $\boldsymbol{E}$ 振荡的方向与波矢 $\boldsymbol{k}$ 的方向垂直，如图 7-13 所示。为了描述电场强度 $\boldsymbol{E}$ 的方向，选取入射方向与 z 轴确定的平面为入射平面，以此定义两个方向矢量$\boldsymbol{\theta}_k$ 与$\boldsymbol{\varphi}_k$，它们都与波矢 $\boldsymbol{k}$ 的方向垂直，其中$\boldsymbol{\theta}_k$ 在入射平面内，$\boldsymbol{\varphi}_k$ 与入射平面垂直。最终，入射的电磁波可以表示为如下的形式：

$$\boldsymbol{E}_0=(\boldsymbol{\theta}_k\cos\gamma+\boldsymbol{\varphi}_k\sin\gamma)\exp(\mathrm{i}\boldsymbol{k}\cdot\boldsymbol{r}) \tag{7.135}$$

式中，γ 为线极化角，表示电场强度 $\boldsymbol{E}$ 与方向矢量$\boldsymbol{\theta}_k$ 之间的夹角。因此当 $\gamma=0$ 时，电场强度 $\boldsymbol{E}$ 在入射平面内振动；当 $\gamma=\pi/2$ 时，磁场分量在入射平面内振动。

接下来，使用矢量球波函数将平面波展开，可以写成如下形式：

$$\boldsymbol{E}_0(\boldsymbol{r})=-\sum_{n,m}\mathrm{i}E_{mn}\left[p_{mn}\boldsymbol{N}_{mn}^{(1)}(k,\boldsymbol{r})+q_{mn}\boldsymbol{M}_{mn}^{(1)}(k,\boldsymbol{r})\right] \tag{7.136}$$

为了确定这里的展开系数，可以利用前面提及的正交关系。这里使用如下的恒等式：

$$\hat{\boldsymbol{I}}\exp(\mathrm{i}\boldsymbol{k}\cdot\boldsymbol{r})=\sum_{n=0}^{+\infty}\sum_{m=-n}^{+n}\left[\boldsymbol{A}_{mn}\boldsymbol{N}_{mn}^{(1)}(k,\boldsymbol{r})+\boldsymbol{B}_{mn}\boldsymbol{M}_{mn}^{(1)}(k,\boldsymbol{r})+\boldsymbol{C}_{mn}\boldsymbol{L}_{mn}^{(1)}(k,\boldsymbol{r})\right] \tag{7.137}$$

式中，$\hat{\boldsymbol{I}}$ 为单位并矢。对应的展开系数分别为：

$$\boldsymbol{A}_{mn}=\frac{2n+1}{n(n+1)}\frac{(n-m)!}{(n+m)!}\mathrm{i}^{n-1}[-\mathrm{i}\pi_{mn}(\cos\theta_k)\boldsymbol{\varphi}_k+\tau_{mn}(\cos\theta_k)\boldsymbol{\theta}_k]\exp(-\mathrm{i}m\varphi_k) \quad (7.138)$$

$$\boldsymbol{B}_{mn}=\frac{2n+1}{n(n+1)}\frac{(n-m)!}{(n+m)!}\mathrm{i}^{n}[-\mathrm{i}\pi_{mn}(\cos\theta_k)\boldsymbol{\theta}_k-\tau_{mn}(\cos\theta_k)\boldsymbol{\varphi}_k]\exp(-\mathrm{i}m\varphi_k) \quad (7.139)$$

$$C_{mn}=(2n+1)\frac{(n-m)!}{(n+m)!}\mathrm{i}^{n-1}P_n^m(\cos\theta_k)\boldsymbol{e}_k\exp(-\mathrm{i}m\varphi_k) \quad (7.140)$$

对比式（7.136）与式（7.137），容易得到入射平面电磁波的展开系数：

$$\begin{cases}p_{mn}=\dfrac{1}{n(n+1)}[\tau_{mn}(\cos\alpha)\cos\gamma-\mathrm{i}\pi_{mn}(\cos\alpha)\sin\gamma]\exp(-\mathrm{i}m\beta)\\ q_{mn}=\dfrac{1}{n(n+1)}[\pi_{mn}(\cos\alpha)\cos\gamma-\mathrm{i}\tau_{mn}(\cos\alpha)\sin\gamma]\exp(-\mathrm{i}m\beta)\end{cases} \quad (7.141)$$

依据展开系数，对于入射的平面电磁波，可以利用矢量球波函数，给出电磁波在空间中的电场分量及磁场分量。

7.5.3 平面电磁波对介质球体的散射

介质球外部空间中，任意一点的场来源于两个部分：原始入射场及介质球体的散射场。对于入射电磁波，有

$$\begin{cases}\boldsymbol{E}_{inc}(\boldsymbol{r})=-\sum\limits_{n,m}iE_{mn}[p_{mn}\boldsymbol{N}_{mn}^{(1)}(k,\boldsymbol{r})+q_{mn}\boldsymbol{M}_{mn}^{(1)}(k,\boldsymbol{r})]\\ \boldsymbol{H}_{inc}(\boldsymbol{r})=-\dfrac{k}{\omega\mu}\sum\limits_{n,m}E_{mn}[q_{mn}\boldsymbol{N}_{mn}^{(1)}(k,\boldsymbol{r})+p_{mn}\boldsymbol{M}_{mn}^{(1)}(k,\boldsymbol{r})]\end{cases} \quad (7.142)$$

式中，$E_{mn}=\mathrm{i}^nE_0\left[\dfrac{2n+1}{n\ (n+1)}\dfrac{(n-m)!}{(n+m)!}\right]^{1/2}$；$p_{mn}$ 与 q_{mn} 为入射电磁波的展开系数。当知道入射场的分布函数后，可以给出入射电磁波的展开系数。在这里的求和号中，指标 n 从 1 开始，变化到∞。实际计算过程中，引入截断指数 n_c，截断指数由计算区域的尺寸决定。其对于介质球体的散射场，其可以表示成如下的形式：

$$\begin{cases}\boldsymbol{E}_s(r)=\sum\limits_{n,m}iE_{mn}[a_{mn}\boldsymbol{N}_{mn}^{(3)}(k,\boldsymbol{r})+b_{mn}\boldsymbol{M}_{mn}^{(3)}(k,\boldsymbol{r})]\\ \boldsymbol{H}_s(r)=\dfrac{k}{\omega\mu}\sum\limits_{n,m}E_{mn}[b_{mn}\boldsymbol{N}_{mn}^{(3)}(k,\boldsymbol{r})+a_{mn}\boldsymbol{M}_{mn}^{(3)}(k,\boldsymbol{r})]\end{cases} \quad (7.143)$$

式中，a_{mn} 与 b_{mn} 为散射场的展开系数。则在介质球外部空间，总的电磁场为：

$$\boldsymbol{E}(\boldsymbol{r})=\boldsymbol{E}_{inc}(\boldsymbol{r})+\boldsymbol{E}_s(\boldsymbol{r}) \quad (7.144)$$

对于介质球体内部的场分布，其可以表示为如下的形式：

$$\begin{cases}\boldsymbol{E}_I(\boldsymbol{r})=-\sum\limits_{n,m}\mathrm{i}E_{mn}[d_{mn}\boldsymbol{N}_{mn}^{(1)}(k_s,\boldsymbol{r})+c_{mn}\boldsymbol{M}_{mn}^{(1)}(k_s,\boldsymbol{r})]\\ \boldsymbol{H}_I(\boldsymbol{r})=-\dfrac{k_s}{\omega\mu_s}\sum\limits_{n,m}\boldsymbol{E}_{mn}[c_{mn}\boldsymbol{N}_{mn}^{(1)}(k_s,\boldsymbol{r})+d_{mn}\boldsymbol{M}_{mn}^{(1)}(k_s,\boldsymbol{r})]\end{cases} \quad (7.145)$$

式中，c_{mn} 与 d_{mn} 为介质球内部场的展开系数。

接下来，利用边界条件确定待定系数。在介质球体的表面存在如下边界条件：

$$\begin{cases}[\boldsymbol{E}_{inc}+\boldsymbol{E}_s]\times\boldsymbol{e}_r=\boldsymbol{E}_I\times\boldsymbol{e}_r\\ [\boldsymbol{H}_{inc}+\boldsymbol{H}_s]\times\boldsymbol{e}_r=\boldsymbol{H}_I\times\boldsymbol{e}_r\end{cases} \quad (7.146)$$

此处，$\boldsymbol{e}_k=\boldsymbol{e}_r=\boldsymbol{k}/|k|$ 表示波矢 $\boldsymbol{k}$ 的方向矢量。

简单计算可以得到如下的线性方程组：

$$\begin{cases} j_n(x)q_{mn}=j_n(mx)c_{mn}+h_n^{(1)}(x)b_{mn} \\ m[xj_n(x)]'p_{mn}=m[xh_n^{(1)}(x)]'a_{mn}+[mxj_n(mx)]'d_{mn} \\ \mu_s[xj_n(x)]'q_{mn}=\mu_s[xh_n^{(1)}(x)]'b_{mn}+\mu[mxj_n(mx)]'c_{mn} \\ \mu_s j_n(x)p_{mn}=\mu_s h_n^{(1)}(x)a_{mn}+\mu m j_n(mx)d_{mn} \end{cases} \tag{7.147}$$

式中，$x=kr_s=\left(\dfrac{\omega}{c}n_s\right)r_s$；$m_s=\dfrac{k_s}{k}=\dfrac{n_s}{n}$。这里 r_s 为介质球体的半径，n_s 为介质球的折射率，n 为背景介质的折射率。

求解线性方程组，可以获得散射场与入射场展开系数之间的关系，以及介质球内部场与入射场展开系数之间的关系：

$$a_{mn}=a_n p_{mn},\quad b_{mn}=b_n q_{mn},\quad c_{mn}=c_n q_{mn},\quad d_{mn}=d_n p_{mn} \tag{7.148}$$

这里的 a_n、b_n、c_n 与 d_n 称为米氏散射系数，具有如下的形式：

$$a_n=\frac{\mu m_s^2 j_n(m_s x)[xj_n(x)]'-\mu_s j_n(x)[m_s x j_n(m_s x)]'}{\mu m_s^2 j_n(m_s x)[xh_n^{(1)}(x)]'-\mu_s h_n^{(1)}(x)[m_s x j_n(m_s x)]'} \tag{7.149}$$

$$b_n=\frac{\mu_s j_n(m_s x)[xj_n(x)]'-\mu j_n(x)[m_s x j_n(m_s x)]'}{\mu_s j_n(m_s x)[xh_n^{(1)}(x)]'-\mu h_n^{(1)}(x)[m_s x j_n(m_s x)]'} \tag{7.150}$$

$$c_n=\frac{\mu_s j_n(x)[xh_n^{(1)}(x)]'-\mu_s h_n^{(1)}(x)[xj_n(x)]'}{\mu_s j_n(m_s x)[x_s h_n^{(1)}(x)]'-\mu h_n^{(1)}(x)[m_s x j_n(m_s x)]'} \tag{7.151}$$

$$d_n=\frac{\mu_s m_s j_n(x)[xh_n^{(1)}(x)]'-\mu_s m_s h_n^{(1)}(x)[xj_n(x)]'}{\mu m_s^2 j_n(m_s x)[xh_n^{(1)}(x)]'-\mu_s h_n^{(1)}(x)[m_s x j_n(m_s x)]'} \tag{7.152}$$

米氏散射系数描述了介质球体的散射性质，它们只与散射球体的几何参数、光学参数，背景介质的光学参数，及入射电磁波的频率有关，而与入射电磁波的具体形式无关。已知散射球体的参数，可以很容易求解出这些米氏散射系数。

一旦确定了入射电磁波的形式，便可以确定入射电磁波对应的展开系数 p_{mn} 与 q_{mn}；同时依据米氏散射系数，可以给出散射场及介质球体内部场对应的展开系数，从而可以确定全空间的电场与磁场分布，这也就解决了宏观介质球体在平面电磁波中的散射问题。

习题

7.1 由推迟条件 $t'=t-\dfrac{r(t')}{c}$，$\boldsymbol{r}(t')=\boldsymbol{r}-\boldsymbol{r}_q(t')$，证明：

$$\frac{\partial t'}{\partial t}=\frac{1}{1-\boldsymbol{e}_r\cdot\boldsymbol{\beta}},\quad\nabla t'=-\frac{\boldsymbol{e}_r}{c(1-\boldsymbol{e}_r\cdot\boldsymbol{\beta})}$$

式中，$\boldsymbol{e}_r=\boldsymbol{r}/r$，$\boldsymbol{\beta}=\boldsymbol{v}_q(t')/c$。

7.2 电子的速度 $\boldsymbol{v}$ 与加速度 $\dot{\boldsymbol{v}}$ 的夹角为 α，证明 $\boldsymbol{v}$ 与 $\dot{\boldsymbol{v}}$ 平面内与 $\boldsymbol{v}$ 的夹角为 β 的方向上

无辐射，β 由以下方程决定：

$$\sin\beta=\frac{v}{c}\sin\alpha$$

7.3 一静止质量为 m，电量为 q 的相对论性粒子，在均匀恒定的磁场 $\boldsymbol{B}$ 中作圆周运动。已知它的动量为 p，求圆的半径和它辐射的总功率。

7.4 有一带电粒子 q 沿 z 轴做谐振动，$z=z_0\mathrm{e}^{-\mathrm{i}\omega t}$，设 $z_0\omega\ll c$，求：

(1) 它的辐射场和能流；

(2) 它的自场。比较两者的不同。

7.5 带电粒子 q 在 xy 平面上绕 z 轴做匀速圆周运动，角频率为 ω，半径为 R_0。$\omega R_0\ll c$，试计算辐射场的频率和能流密度。

7.6 一个作非相对论运动的粒子的速度从 v_0 减到 0，其速度变化为

$$v_z=\begin{cases}v_0 & t\leqslant 0\\ v_0-a_{0t} & 0\leqslant t\leqslant\dfrac{v_0}{a_0}\\ 0 & t\geqslant\dfrac{v_0}{a_0}\end{cases}$$

求带电粒子辐射的电磁能量。(可按偶极辐射处理)

7.7 设各向同性的带电谐振子（无外场时只受弹性恢复力 $-m\omega_0^2 r$ 作用）处于均匀恒定的外磁场 $\boldsymbol{B}_0$ 中，假定粒子速度 $v\ll c$，而且辐射阻尼可忽略。试计算：

(1) 振子运动的通解；

(2) 辐射场强。(设 $\omega_0\gg\dfrac{qB}{m}$)

7.8 一质量为 m，电量为 q 的非相对论性带电粒子（$v\ll c$）在恒定均匀磁场 $\boldsymbol{B}$ 中做圆周运动，设 $t=0$ 时，粒子能量和轨道半径分别为 E_0 和 r_0。求其辐射功率损失、粒子能量和轨道半径随时间变化的规律。

7.9 按照经典理论，氢原子是不稳定的，这是因为氢原子中电子绕原子核作圆周运动时要辐射能量，其轨道半径会逐渐缩小，最后电子会落到原子核上。当电子运动轨道半径为 r 时，求其辐射功率（已知 $v\ll c$），并近似计算电子从第一玻尔半径 a_0 落到中心原子核上所需时间。

7.10 (1) 导出粒子速度 $v=\beta c$、介质折射率 n 和切连科夫辐射相对于粒子飞行直线所构成的 θ 角之间的关系。(2) 在 20°C，一个大气压下，氢气的折射率为 $n=1.000135$，为了能使一个电子（质量约为 0.5 Mev/C^2）在 20℃和一个大气压的氢气介质中穿过而发生切连科夫辐射，该电子应有的最小动能为多少（单位：Mev）?

7.11 设电子在均匀外磁场 $\boldsymbol{B}_0$ 中运动，取磁场方向为 z 轴正方向，已知 $t=0$ 时，$x=R_0$，$y=z=0$，$\dot{x}=\dot{z}=0$，$\dot{y}=v_0$。试求：(1) 考虑辐射阻尼力时电子的运动轨道。(2) 证明电子在单位时间内辐射的能量等于电子在单位时间内损失的动能。

7.12 (1) 如果一静止带电粒子是半径为 a 的均匀带电球，电量为 q，求该粒子的电磁质量。如果电荷分布于球面上，则上述结果如何？(2) 上述带电粒子做匀速直线运动，且 $v\ll c$，试求电子激发的自有场的能量和动量。如果电子动量等于电磁场动量，电子的动能等于电磁场能量中与速度有关的那部分能量，试确定电子的电磁质量。

附录

变量符号表

$\boldsymbol{F}$	电场力、磁场力	$\boldsymbol{G}(\boldsymbol{x}, \boldsymbol{x}')$	格林函数
$\boldsymbol{R}_{12}$	1 指向 2 的位置矢量	w	电磁场能量密度
$\boldsymbol{e}_r$	径向单位矢	$\boldsymbol{L}$	力矩
$\boldsymbol{E}$	电场强度	C	电容
$\boldsymbol{B}$	磁感应强度	V	电压
q	电荷电量	I	电流强度
ρ	电荷体密度	$\boldsymbol{J}$	电流密度
σ	电荷面密度	σ_c	电导率
σ_ρ	极化电荷面密度	p	电功率
σ_m	磁荷面密度	σ_f	自由电荷面密度
λ	电荷线密度	N	粒子数密度
$\delta(\boldsymbol{x})$	δ 函数	$\boldsymbol{f}$	力密度
φ	标势	$\boldsymbol{v}$	带电粒子运动速度
$\boldsymbol{r}$	位矢	μ_0	真空磁导率
$\boldsymbol{p}$	电偶极矩	$\boldsymbol{A}$	磁场的矢势
D_{ij}	电四极矩张量分量	$\boldsymbol{m}$	电流磁矩
δ_{ij}	Kroneeker 符号	$\boldsymbol{M}$	磁化强度
$\overleftrightarrow{\boldsymbol{D}}$	电四极矩张量	$\boldsymbol{J}_M$	磁化电流
$\boldsymbol{P}$	极化强度	$\boldsymbol{H}$	磁场强度
ρ_P	极化电荷密度	χ_m	介质磁化率
χ_e	介质极化率	μ_r	介质相对磁导率
ε_0	真空介电常数	μ	介质磁导率
ε	介质介电常数	$\boldsymbol{\alpha}_f$	电流面密度
ε'	复介电常数	φ_m	磁标势
ε_r	介质相对介电常数	L_{ii}	自感系数
$\boldsymbol{D}$	电位移矢量	L_{ik}	互感系数
$\boldsymbol{n}$	界面法线矢量	$\boldsymbol{S}$	能流密度
$\boldsymbol{t}$	界面切向分量	$\boldsymbol{g}$	电磁动量密度

$\overleftrightarrow{\boldsymbol{T}}$	电磁场张力张量
$\boldsymbol{L}_{em}$	电磁角动量
ω	电磁波圆频率
$\boldsymbol{k}$	电磁波波矢
$\boldsymbol{k}_0$	电磁波单位波矢量
$k^{(0)}$	真空中波矢
λ	电磁波波长
v	电磁波传播速度
n_{21}	相对折射率
n	介质折射率
$r_{s,p}$	振幅反射系数
$t_{s,p}$	振幅透射系数
i_B	布儒斯特角
$R_{\perp,//}$	反射系数
$T_{\perp,//}$	透射系数
θ_C	全反射临界角
$\omega_{c,mn}$	临界角频率
$\lambda_{c,mn}$	临界波长
λ_{mnp}	振荡波长
ω_{mnp}	振荡频率
Q	品质因数
ΔS^2	四维间隔
$\Delta\tau$	固有时
j_μ	四维电流密度矢量
A_μ	四维势矢量
x_μ	四维位置矢量
$F_{\mu\nu}$	电磁场张量矩阵元
u_μ	四维速度矢量
a_μ	四维加速度矢量
p_μ	四维动量矢量
$f(\theta,\varphi)$	辐射角分布
r_e	电子半径
m_{em}	电磁质量
σ_s	散射截面
$d\sigma_s$	微分散射截面
τ	阻尼系数
γ	衰减常数
P	功率

参考文献

[1] 郭硕鸿．电动力学［M］．北京：高等教育出版社，2003.
[2] 蔡圣善，朱耘，徐建军．经典电动力学［M］．北京：高等教育出版社，2002.
[3] 罗春荣，丁昌林，段利兵．电动力学［M］．北京：电子工业出版社，2016.
[4] 杨世平，张波，李敬林．电动力学［M］．北京：科学出版社，2010.
[5] 俎栋林．电动力学［M］．北京：清华大学出版社，2016.
[6] 尹真．电动力学［M］．北京：科学出版社，2009.
[7] 王大伦，高成贵，杨勇．电动力学教程［M］．湘潭：湘潭大学出版社，2017.
[8] 关继腾，郑海霞．电动力学［M］．青岛：中国石油大学出版社，2015.
[9] 罗先刚．亚波长电磁学［M］．北京：科学出版社，2017.
[10] 虞福春，郑春开．电动力学［M］．北京：北京大学出版社，2003.
[11] 张锡真，张焕乔．经典电动力学［M］．北京：科学出版社，2017.
[12] 赵玉民．电动力学教程［M］．北京：科学出版社，2016.
[13] 全泽松．电磁场与电磁波［M］．成都：四川科学技术出版社，1992.
[14] 王玉仑，郭文彦．电磁场与电磁波［M］．哈尔滨：哈尔滨工业大学出版社，1985.
[15] 俞允强．电动力学简明教程［M］．北京：北京大学出版社，1999.
[16] 李承祖，赵风章．电动力学教程［M］．长沙：国防科技大学出版社，1997.
[17] 王秀江，刘迎春．电动力学［M］．长春：吉林大学出版社，2000.
[18] 陈世民．电动力学简明教程［M］．北京：高等教育出版社，2004.
[19] 刘觉平．电动力学［M］．北京：高等教育出版社，2004.
[20] J. D. Jackson. 经典电动力学［M］．影印版．北京：高等教育出版社，2005.
[21] W. Greiner. 经典电动力学［M］．影印版．北京：世界图书出版公司，2005.
[22] 大卫 J. 格里菲斯．电动力学导论［M］．贾瑜，胡行，孙强译．北京：机械工业出版社，2014.
[23] B. S. Guru，H. R. Hizirogu. 电磁场与电磁波［M］．影印本．北京：机械工业出版社，2002.
[24] 张善杰．工程电磁理论［M］．北京：科学出版社，2009.
[25] C. F. Bohren，D. R. Huffman. Absorption and Scattering of Light by Small Particles［M］．New York：John Wiley & Sons，1983.